ヴェネツィア
の
テリトーリオ
水の都を支える流域の文化

樋渡 彩
＋法政大学陣内秀信研究室＝編
鹿島出版会

ラグーナから見たプレアルピ（樋渡彩撮影）

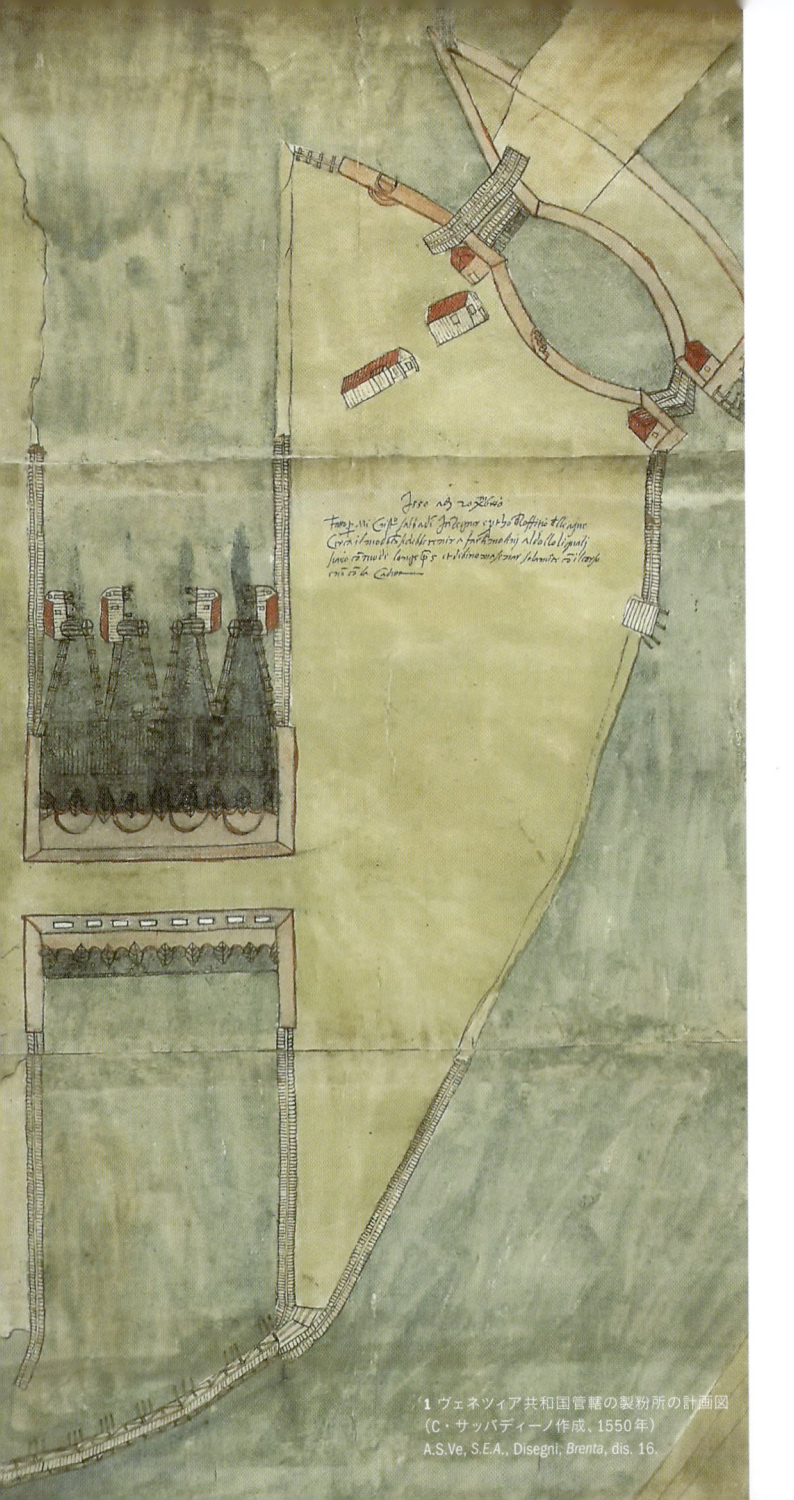

1 ヴェネツィア共和国管轄の製粉所の計画図
（C・サッバディーノ作成、1550年）
A.S.Ve, S.E.A., Disegni, *Brenta*, dis. 16.

ヴェネツィアとテッラフェルマ――序にかえて
樋渡 彩

　本書は、世界の人々を魅了し続ける水都ヴェネツィアに関し、その成立の基盤をより深く理解するための、これまでとはいささか異なる新たな見方を提示しようとする試みである。

　従来、東方とのつながりにばかり光が当たるなかで、長らく研究者の関心がおよびにくかったテッラフェルマ（本土）に目を向けたいと考えた。河川とその流域を通して、ヴェネツィアを支えてきた後背地、テッラフェルマの役割を新たな視点から考察し、相互の間に密接で有機的な関係がいかに形成されたかを解明するのである。ここでは都市の周辺に広がる地域、すなわちテリトーリオが主役となる。そこで本書は、シーレ川、ピアーヴェ川、ブレンタ川という3つの河川を取り上げ、それらの流域とヴェネツィアの関係を浮かび上がらせることを目的とし、ヴェネツィアの成立と繁栄を支えてきた、本土側に広がるいく筋もの川を軸とした水のテリトーリオのあり方を歴史的に描いていく。

　こうした研究の新動向は、1980年代以降、イタリアで顕著に見られるようになった。1960〜70年代における、歴史都市そのものに関する研究の膨大な蓄積をベースに、周辺の小集落や田園・農村景観への関心の広がりが、環境や土壌を大切にする新たな時代の実践的な都市づくり、地域づくりにとっても大きな柱となってきたのである。

　ヴェネツィアに関するこうした都市史研究の変遷については、筆者自身、「水都ヴェネツィア研究史」（陣内秀信、高村雅彦編『水都学I』法政大学出版局、2013年）においてすでに論じている。ヴェネツィアは、独特の魅力ある都市だけに、都市形成の歴史的研究には長い蓄積がある。しかし、水都としての都市を正面からとり上げる研究は、一部の例外を除き、1980年代以後に展開した。この都市固有のテリトーリオの広がりとして、ラグーナ（干潟）とテッラフェ

2 シーレ川、ピアーヴェ川、ブレンタ川の位置
（M・ダリオ・パオルッチ、樋渡作成）

ルマがあり、それぞれの研究が 80 年代前半にいかにして生まれ、90 年代以後どのように広がっていったかを、この論考のなかで明らかにした。本書も、こうしたヴェネツィア研究の先端的な領域へのチャレンジのひとつとして生まれている。

　ヴェネツィアはラグーナという特有の自然条件のもとで誕生し、形成・発展を遂げてきた。この水都が、微妙な生態系のバランスのうえにつくられ、その固有の都市環境を維持し、継承してきた姿は、ラグーナへの着目なしには理解できない。また、ラグーナの島々、水の空間がもつ自然の恵みと結びついた独特の農業、漁業、狩猟、製塩業の存在が、ヴェネツィアの人びとの食の暮らしを支えてきたことも重要な側面である。筆者は陣内研究室のメンバーとともに、こうした視点で 2014 年度からラグーナの現地調査を開始している。

　一方、ヴェネツィアの繁栄には、東方貿易で財をなしたと同時に、ヴェネツィアの背後に広がる本土との関わりが大きかったことはいうまでもない。水に囲まれながらも飲料水不足に悩まされ、石や木をはじめあらゆる物資の調達を外に依存せざるをえないヴェネツィアにとって、オリエントとのつながりばかりか、舟運を通じたテッラフェルマとの密接な結びつきは重要な命綱だった。舟運を得意としたヴェネツィアは、とりわけ、ラグーナに注ぐ河川沿いの地域と密接に結びつきながら発展してきたのである。本書は、こうした問題意識に立って、ヴェネツィアを支えてきた後背地である河川沿いの地域に焦点を定めるものである。

　先に本書の構成と各河川の流域について概観しておきたい。
　第 1 章では、ヴェネツィアを支えてきたテッラフェルマに光を当て、ヴェネツィア周辺地域を広範囲に論じている。まず、ヴェネツィア共和国時代のテッラフェルマの歴史を研究し続けている湯上良が、この地域の歴史的背景を論じた。
　次にラグーナに注いでいたシーレ川、ブレンタ川、ピアーヴェ川などの河川の付け替えの変遷を樋渡が述べ、ラグーナという特殊な地形のなかでヴェ

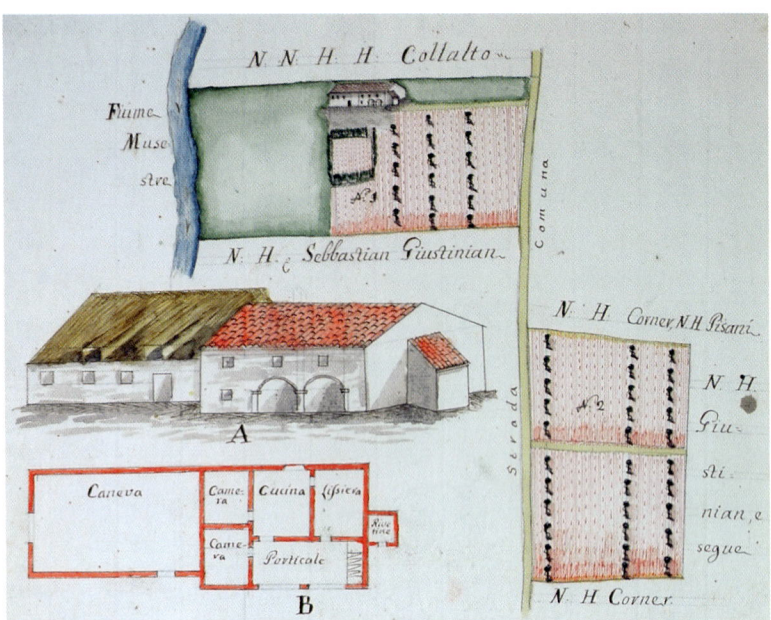

3 ヴェネト州の地域に見られる特徴的な農家　A.S.Tv, *C.R.S. S. Paolo*, b. 58.

4 シーレ川（1699年）　A.S.Tv, *C.R.S. S. Paolo*, b. 58.

ネツィア本島を成立させ続けるために、ラグーナの水循環を保つ壮大な治水事業が早くから行われてきた軌跡を示している。

　さらにM・ダリオ・パオルッチ（Matteo Dario Paolucci）が、ヴェネトの地域に見られる農家の建築タイプを分析し、その特徴を考察している >3。そこでは、国立トレヴィーゾ文書館所蔵のサン・パオロ修道院が所有した不動産に関する一連の史料が用いられた。

　続く第2章では、シーレ川流域の上流から下流までを描き、ヴェネツィアを支えてきたシーレ川地域に関するあらゆる視点からの考察を試みた。シーレ川は標高27mに水源をもち、湧水が集まってできた河川である >4。ラグーナに注ぎ、ヴェネツィアとトレヴィーゾ、および北のアルプス方面とを結ぶ重要な河川であった。だが、川の自然条件のため、船の航行が可能なのは、トレヴィーゾより下流側にかぎられた。そのため、ヴェネツィア～トレヴィーゾ間で活発な物資輸送が行われ、中継地に川港が形成された。

　本書では、シーレ川沿いで最も華やかな、ヴェネツィアとは古くから経済・文化交流があったトレヴィーゾを大きく扱っている >5。都市のなかを、しかも建物の下まで入り込んで運河がめぐる不思議な空間を、陣内研究室で培ってきた実測という手法を用いて図面化し、水都トレヴィーゾの空間的な特徴を示している >6。また、水辺空間の使われ方の実態を1811年の不動産台帳（カタスト・ナポレオニコ）とその地図を用いて分析・考察した >7。この不動産台帳からは、建物の用途や所有者が読みとれるだけでなく、まだ水車が機能していたころの様子を窺い知ることができる、水都トレヴィーゾを理解するうえで重要な史料のひとつである。

　シーレ川沿いで発達した街のひとつであるカジエール（Casier）は、舟で川

5 華やかな水都トレヴィーゾ（樋渡撮影）

6 都市のなかをめぐる運河（樋渡撮影）

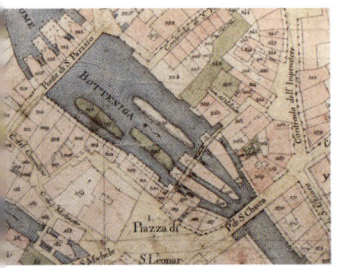

7 不動産台帳（カタスト・ナポレオニコ）の地図（1811年）

8 川港のカジエール

9 舟を牽引する牛と舟運を妨げないようにシーレ川沿いに立地される水車（A・プラティ作成、1764年）

を上る際、牽引していた動物の交代場所であった >8。流れの強いシーレ川では、舟の牽引は馬より力のある牛が利用され、交代場所は 5 ヵ所あったとされている。牽引の様子は 1764 年の A・プラティ（Angelo Prati）作成の絵地図にも描かれている >9。また、シーレ川に注ぐ支流や、シーレ川から水を引いた用水路上に水車が立地し、水車の設置が舟運を妨げないように工夫されていたこともわかる。

それに対し、トレヴィーゾを境に、舟運のない上流側では、シーレ川の水流をそのまま活用した水車を使う産業が発展した。とりわけ製粉の一大拠点となり、ヴェネツィアの人口増加とともに、食糧供給を担ってきた。こうした製粉所の所有者は修道院、ヴェネツィア出身の貴族などであった。19 世紀以降も産業拠点として継続され、製粉所などが立地し、工場・倉庫の立ち並ぶ風景が河川沿いに形成された >10。このようにシーレ川は物資輸送の拠点でもあり、食糧供給を支えてきたのである。当時のヴェネツィア共和国の政策を知るうえで欠かせない M・ピッテーリ（Mauro Pitteri）氏の研究が、われわれの考察にとっての基礎となった。その研究は、15 〜 19 世紀という広範囲にわたる時代を対象とし、製粉所の機能や活動を丁寧に追っている。ヴェネツィア共和国崩壊以後にも目を向けており、また、現在につながる視点をもつ点においてもわれわれのねらいと重なる。2013 年の調査では、M・ピッテーリ氏の案内のもと、製粉業が活発

だったふたつの地域をとり上げた。そのうちの
ひとつ、チェルヴァーラ湿原の再生には、M・ピッ
テーリ氏の研究成果が大きく貢献している >11。
彼の代表的な研究に、*I mulini del Sile : Quinto, Santa
Cristina al Tiveron e altri centri molitori attraverso la storia
di un fiume*, Battaglia Terme : La Galiverna, 1988 など
があり、2014 年 10 月に法政大学で行われた国
際シンポジウムでもそのテーマの講演を聞くこ
とができた。

　さらに、ダリオ・パオルッチが A・フォン・ザッ
ク作成の地図や I.G.M.（Istituto Geografico Militare）、
航空写真を用いて、シーレ川のテリトーリオ（地
域）における土地利用変遷を明らかにした。

10 シーレ川沿いに建つ工場、倉庫
（樋渡撮影）

　第 3 章では、木材輸送で知られるピアーヴェ
川流域をとり上げた >12。カドーレ地域に広がる
森からヴェネツィアまでの流れを一気に描くこ
とを試みている。木材はヴェネツィア共和国の
存続にとって最も重要な資源だった。地盤を固
めるための杭、あらゆる建物に使用される建材、
そして海洋都市国家の要である造船用の木材な
どである。その重要な木材は、1340 年代にはヴェ
ネツィア共和国が所有していたトレヴィーゾの
モンテッロの森や、1420 年代から支配したカ
ドーレなどのピアーヴェ川の上流域の森から供
給されていた。とりわけ国営造船所で使用する
木材については、ヴェネツィア政府が森を直接
管理し、ヴェネツィアまで輸送していた >13。こ
こでは、植林および伐採、丸太材の集積地、製

11 チェルヴァーラ湿原にある修
復された製粉所（樋渡撮影）

12 ピアーヴェ川（樋渡撮影）

13 ヴェネツィア共和国が所有し、管理していたカンシーリオの森（樋渡撮影）

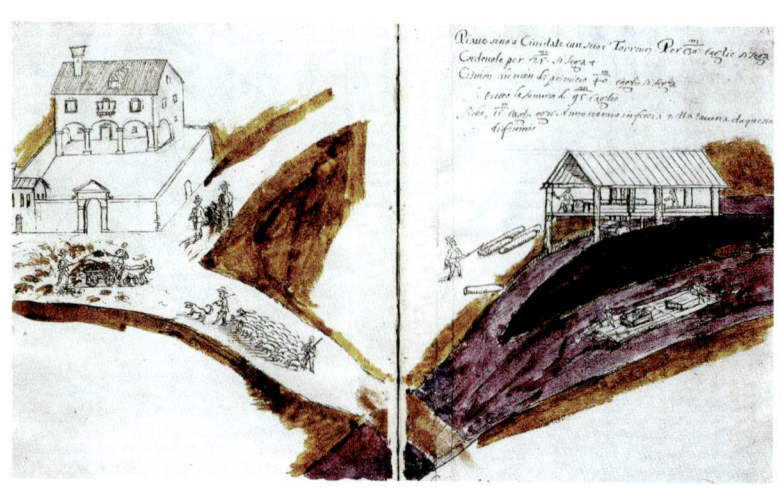

14 製材所と筏による木材輸送（1608年ごろ）
A.S.Ve, Secreta, Materie miste notabili, reg. 131, cc.22v-23r.

15 ゾルド渓谷に見られる「タビア」と呼ばれる木造建築（樋渡撮影）

材所、筏に組む場所などを突き止め、さらに筏師による交代制で筏を運ぶ方法を明らかにしている >14。それぞれの地域が役割を担い、連携することで木材輸送が成り立っていたのである。

　さらにこの筏の上には、製材のほか、鉄や銅などの鉱物、石、木炭に加えて毛織物などや、ハムやチーズなどの食料品も載せられていた。そうした輸送品に注目し、どのような地域からヴェネツィアまで届けられていたのかを明らかにした。ここでは、ヴェネツィアとのつながりを深く感じることのできるゾルド渓谷の製鉄業に注目し、板倉満代氏が鉄と釘の博物館（Museo del ferro e del chiodo）の展示内容を詳述した >15。

　筏に載せて輸送すれば、筏そのものの木材とそれに積んだ物資をヴェネツィアで商品として売りさばくことが可能で、帰路は舟と違って上流へ運ぶ必要もない。身軽で省エネを文字どおり実現していたのである。ピアーヴェ川流

11

16 ブレンタ川（樋渡撮影）

域では、こうしたヴェネツィアまでの木材輸送のシステムに焦点をあて、ヴェネツィアがどのような地域と結びつきながら発展を遂げたのかを考察する。

　この流域については、G・カニアート（Giovanni Caniato）によって研究が進められている。その代表として、G. Caniato (a cura di), *La via del fiume dalle Dolomiti a Venezia,* Sommacampagna：Cierre, 1993 と G. Caniato, et.al.,(a cura di), *Il Piave,* Sommacampagna：Cierre, 2004 が挙げられ、本書でもこの研究に沿って考察を進めている。

　最後の第４章ではブレンタ川流域をとり上げる **>16**。この川は現在のトレンティーノ＝アルト・アディジェ自治州にあるトレント自治県に水源をもつ。このブレンタ川を扱うことに、じつは本書のひとつの思いがこめられている。これまで都市史の分野では、政治的支配にもとづく範囲を扱うことが多く、ヴェネツィア共和国内のみを描く傾向が強かった。しかし、ブレンタ川流域

17 チズモン川と背後に広がるドロミテ（樋渡撮影）

を軸にすることで、ヴェネツィア共和国の内と外の関係を考察することもきると思われる。

　ブレンタ川の特徴のひとつは、この川に注ぎ込む支流がかつてのヴェネツィア共和国の領土を越えていることである。ヴェネツィア共和国の入り口には、川沿いにラッザレットという検疫施設が立地し、ヴェネツィア共和国内に病気を持ち込まない工夫がなされていた。ブレンタ川は必然的にヴェネツィア共和国の内外を結ぶ輸送ルートでもあった。第4章では、ヴェネツィア共和国にとって最も重要な木材に注目し、その中でもブレンタ川の上流に注ぐチズモン川沿いの地域からの輸送ルートをとり上げ、木材の伐採地域からヴェネツィアに届くまでをまとめた >17。

　木材はおもにピアーヴェ川流域から供給していたが、ヴェネツィア共和国内で生産された木材だけでは十分ではなく、領土の外からも調達する必要が

13

18 プリミエーロ渓谷（樋渡撮影）

19 ドーロ。若者でにぎわう元国営製粉所周辺（樋渡撮影）

あった。その地域のひとつがチズモン川流域であった >18。チズモン川流域で伐採された木材は、丸太のままこの川を利用して下流まで流される。下流に位置する税関を通り、ブレンタ川に流れ込んだ後、筏に組まれ、ヴェネツィアやパドヴァまで運ばれていくのである。こうした川を通じたモノと人と情報の流れから、外国との文化交流も育まれたに違いない。ブレンタ川をとり上げ、ヴェネツィアを支えてきた水のテリトーリオを明確にすることで、政治的支配圏とは異なる文化・経済圏を描くことが可能となるはずである。

また、ブレンタ川では、筏による輸送と同時に舟運も重要であった。とりわけ、ヴェネツィア〜パドヴァ間の舟運では、貴族の別荘が並ぶことからもその重要性を窺い知ることができる。運河は、ヴェネツィア共和国の治水事業として、しばしば付け替えが行われた。本書では、ブレンタ川の本流を付け替えような、大規模な治水事業を行いつつも、舟運を維持し続けてきたルートに注目し、その途中に位置するドーロに焦点を当てた >19。そして次に、政治・経済・文化あらゆる面で影響の強いパドヴァを大きく取り上げた。その形成史に関しては、パドヴァの郷土史家であるA・スーザ（Alberto Susa）が、古代から現代までのパドヴァの歴史を運河網の変遷から論じている。

このように、本書では新たな地域（テリトーリオ）論を構築するひとつの手法として、3つの河川をとり上げ、ヴェネツィアとそれぞれの河川流域との間に歴史的に成り立ってきた密接な相互関係を描くことを試みる >20。本書の記述を通して、華麗なるヴェネツィアの繁栄を足下から支えてきたシーレ川、ピアーヴェ川、ブレンタ川とその流域のテリトーリオが果たした役割の重要性への理解を深めていただければ幸いである。そして、ここで試みた水の側から地域を読み解く方法が、つねに人々の関心を引きつけてきたこのヴェネツィアという都市に対する従来の見方、考え方に少なからぬ変化をもたらしてくれることを期待したい。同時にまた、それが都市史研究にとって新たな可能性を切り拓くことに少しでも貢献できれば、これにまさる喜びはない。

20 A・ヴェストリの図（1709年）
A.S.Ve., *S.E.A.*, Disegni, *Diversi*, dis.109.

目次

ヴェネツィアとテッラフェルマ──序にかえて　樋渡 彩 ─────── 003
はじめに──本書の成立背景　陣内秀信 ───────────── 020

第1章　テリトーリオ　Territorio

1　ヴェネツィア共和国とテッラフェルマ ─────────── 028
テッラフェルマへの進出／陸の国家の多様な支配／
都市行政の制度と運用／経済・流通と税制／
トレヴィーゾと共和国のつながり／地域の情勢と水車

2　河川付け替えの変遷 ─────────────────── 042

3　ヴェネト州のラグーナ周辺における農家 ─────────── 048
形成発展の歴史／農家の形式／
農家と土地／農家のおもな施設と場所／
農家が保護されない状況

第2章　シーレ川流域 ──水車の産業と舟運　Fiume Sile

1　シーレ川流域の地理的、歴史的特徴 ─────────── 068
舟運と水車を使った産業の分布構造

2　トレヴィーゾ ────────────────────── 084
都市形成の歴史／市壁と市門／宗教施設／水辺空間／
シーレ川（Fiume Sile）／カニャン・グランド（Cagnan Grando）／
カニャン・デ・メツォ（Cagnan de Mezo）／
カニャン・デッラ・ロッジア（Cagnan della Roggia）／
カニャン・デル・シレット（Cagnan del Siletto）／
用水路を活用した産業／テリトーリオ

3　水車を活用する地域 ──────────────── 148
　　　シーレ川の製粉所／チェルヴァーラ湿原（Palude di Cervara）／
　　　クイント・ディ・トレヴィーゾ（Quinto di Treviso）

4　舟運で栄えた地域 ────────────────── 170
　　　レステーラ／カジエール（Casier）／
　　　カザーレ・スル・シーレ（Casale sul Sile）

5　シーレ川流域における農業景観の変遷 ─────── 194
　　　景観の保存状態に関するケーススタディ

口絵 ──────────────────────────── 209

第3章　ピアーヴェ川流域 ─── 山の文化と筏流し　*Fiume Piave*

1　ピアーヴェ川流域の地理的、歴史的特徴 ────── 226
　　　ピエーヴェ・ディ・カドーレ（Pieve di Cadore）／
　　　カラルツォ・ディ・カドーレ（Calalzo di Cadore）／
　　　ロッツォ・ディ・カドーレ（Lozzo di Cadore）／
　　　ストラマーレ（Stramare）

2　ベッルーノ（Belluno） ──────────────── 246
　　　ヴェネツィア共和国以前のベッルーノ／
　　　ヴェネツィア共和国の影響を色濃く残すベッルーノ

3　筏流しと結びついた地域の役割 ─────────── 264
　　　カドーレの森からヴェネツィアまでの木材輸送／ストゥア／
　　　チドロ／セゲリア／守護聖人サン・ニコロ／筏師の活動

4　ピアーヴェ川流域の産業とヴェネツィア ─────── 304
　　　ゾルド渓谷の製鉄・釘製造産業／フェルトレ（Feltre）

18

第 4 章　ブレンタ川流域──筏流し・産業・舟運　*Fiume Brenta*

1　ブレンタ川流域の地理的、歴史的特徴 ──────── 328
　　都市・集落の空間構造／ヴェネツィア共和国の国境に位置する集落

2　筏流しを支えた村と町 ──────────────── 340
　　プリミエーロ渓谷からヴェネツィアまでの木材輸送／
　　サン・マルティーノ・ディ・カストロッツァ (San Martino di Castrozza)／
　　フィエラ・ディ・プリミエーロ (Fiera di Primielo)／
　　フォンツァーゾ (Fonzaso)／アルシエ (Arsiè)／
　　ヴァルスターニャ (Valstagna)／ソラーニャ (Solagna)／
　　バッサーノ・デル・グラッパ (Bassano del Grappa)／
　　ヴェネツィア (Venezia)

3　ブレンタ川を利用した産業 ─────────────── 412
　　多様な産業／ノーヴェ (Nove)／
　　バッサーノの煙突

4　ヴェネツィア〜パドヴァ間の舟運 ──────────── 422
　　使われ続ける舟運ルート／ドーロ (Dolo)／パドヴァ (Padova)／
　　水都パドヴァの歴史とその機能の変遷 (Padova e le sue acque)

　図版掲載に関して ─────────────────── 479
　参考資料 ──────────────────────── 480
　おわりに ──────────────────────── 487
　略歴 ───────────────────────── 492
　Appendix ─────────────────────── 497

　Column
　01　製粉所のしくみ ─────────────────── 156
　02　ステファナート氏との再会 ──────────────── 190
　03　19世紀末〜1970年代の写真 ──────────────── 192
　04　オステリアの役割 ──────────────────── 300

はじめに ── 本書の成立背景
陣内秀信

　世界の人びとを魅了してきた水の都、ヴェネツィアは、これまでさまざまな視点から論じられてきた。そのおもな論点は、ラグーナにつくられた独特の都市構造や、オリエントとのつながりによって生まれた高度な建築の装飾と空間の構成原理、パラーディオをはじめとするルネサンスやバロック時代の建築家がつくり出した都市空間の魅力などであった。本書は、こうした従来のヴェネツィアの都市形成史研究の視座をさらに拡大し、深化させる新たな試みといえる。

　この本は、法政大学陣内研究室に所属し、長年、ヴェネツィアの都市形成史の研究に取り組んできた樋渡彩の企画構想にもとづき、私を含む陣内研究室のメンバーが協力してでき上がった成果である。彼女を指導し、陣内研究室を主宰する立場から、この本の成立の背景と価値について、いくつか書きとめておきたいと思う。

　ヴェネツィアの都市形成史の研究は、1980年代以降、この水都の繁栄を支えてきたラグーナ（干潟）やテッラフェルマ（本土）が担った役割に目を向ける必要性が認識されるようになった。樋渡はヴェネツィア留学中、現地の新たな研究動向を目の当たりにし、ヴェネツィア研究の新たなフェーズとして、この水都の背後に広がるテリトーリオ（地域）に早くから注目してきた。文献史料の収集や現地調査を進めながら、独自の視点で研究の構想を練ってきた。その蓄積にもとづき、陣内研究室では、2013年から2015年にかけての3年間、現地のフィールド調査を継続して行った。その膨大な成果群がこうして本書に結実したのである。

　かつてヴェネツィア共和国が支配したこのテッラフェルマは、ほぼ現在のヴェネト州にあたる。アルプスの手前の山岳地帯（プレアルピ）から丘陵地、ゆるやかな斜面地、低地、湿地を経てラグーナに至るという多様な地形や地質、

自然条件を有している。本書は、ヴェネツィアと本土の経済や文化の交流は、主として川を通じて展開したとの仮説にもとづいている。ヴェネト州のなかでもとくに、ピアーヴェ川、シーレ川、ブレンタ川の流域エリアに関する現地調査、文献調査にもとづく研究成果をまとめたものである。これらの河川は、舟運や筏流し、水車を活用した産業などによって、ヴェネツィアとじつに密接な関係をもっていたのである。

　ヴェネツィアとヴェネト州のテッラフェルマの関係に光を当てる本書は、陣内研究室での研究の蓄積があったからこそ、それを存分に活かし、発展させるかたちで生み出された。まず、ヴェネトと私自身、あるいは陣内研究室の関わりについて簡単に振り返っておきたい。そこにも、1970年代前半からのさまざまな時間の層の重なりがあり、この地方への私たちの関心の深まりやテーマの広がりを見てとれる。同時にそれは、イタリア社会の進展、およびイタリアの研究者の間での研究テーマの変遷ともつながっている。

　私がヴェネトと最初に出会ったのは、1973〜1975年にかけてのヴェネツィア留学中である。ヴェネツィア建築大学には、ヴェネト州の諸都市や田園部から多くの学生が学びにきていた。週末は帰省する学生がたくさんおり、家に招かれることもあった。このようにしてラグーナの水都ヴェネツィアとテッラフェルマであるヴェネトの密接な関係を身体で感じることができた。

　建築や都市計画の専門分野での最初のつながりは、「ヴェネト都市の広場」展だった。この展覧会は、ヴェネト州のスポンサーシップで実現し、ヴェネツィア建築大学のF・マンクーゾ（Franco Mancuso）教授、R・ブルットメッソ（Rinio Bruttomesso）講師が制作したもので、1986年に、東京の九段にあるイタリア文化会館で陣内研究室が協力して開催された。ヴェネト州の各地には綺羅星のごとく素晴らしい都市があり、その象徴として広場が存在することを知らしめる価値ある展覧会だった。

　マンクーゾ教授は、ヴェネトに関する最も重要な都市学者（ウルバニスタ）である。歴史とモルフォロジーの立場を中心に、大部の書物 *I centri storici del Veneto*, Milano : Silvana（1979）を刊行し、それが今なおヴェネト理解の基本テ

キストとなっている。

　1980年代には、ヴィチェンツァにあるパラーディオ研究センターが行う夏のパラーディオ・研究セミナーに参加し、ヴェネトの建築文化の華であるパラーディオの建築、とくにヴィッラについて見識を深める機会となった。そこで、このセンターの象徴的な存在であるR・チェーヴェゼ（Renato Cevese）教授と親しくなれたことも、私たちの水都研究に大きく影響している。1990年の夏、ヴィチェンツァで、日本とイタリアの建築家の交流シンポジウムが開催された際には、チェーヴェゼ教授や、パラーディオ研究の第一人者であるL・プッピ（Lionello Puppi）教授の講義と現地案内をいただくことができた。

　幸いにも1991年には、在外研究としてヴェネツィアにまた1年間滞在し、研究を深める機会があった。そのとき私は、ヴェネツィアに加え、上述のような数年来のさまざまな経験を通じ、興味が大きく膨らんだヴェネト州も研究対象にしようと考えた。

　じつは1980年代、ヴェネト州はイタリアの成長を支える主役的な地方となっていた。1960年代末、ミラノ・トリノ・ジェノヴァを結ぶ三角地帯を中心とする大企業による産業が衰退し、1970年代、イタリア経済は低迷した。それに代わって1980年代に台頭し、経済を活性化させたのが、「第3のイタリア」と呼ばれる中北部のイタリア（エミリア・ロマーニャ州からロンバルディア州の一部まで）だった。そのなかでもとくに従来、貧しく遅れたイメージをもっていたヴェネト州が、一躍主役に踊り出たのである。

　ファッションやデザインなどの分野で、イタリア人の個性や創造性が注目を浴びた。その製品を世界にアピールすることで、この時期に中小の都市が輝きを取り戻した。一方、ヴェネツィアはつねに魅惑的な都市として世界の人びとを惹きつけたが、あまりに観光地化が進んだため、特殊な街になりつつあった。そこで私たちは、歴史的都市空間のなかでの人びとの活気ある営みや個性豊かな暮らしぶりを紹介しようと、1993年に『プロセスアーキテクチュア』（プロセスアーキテクチュア）で「ヴェネト：イタリア人のライフスタイル」という特集を組んだ。イタリア都市の素顔に迫りたかったのである。ヴェ

ネツィアは意図的にはずし、パドヴァ、ヴィチェンツァ、ヴェローナ、トレヴィーゾというテッラフェルマの4都市を中心に取り上げ、そこにアーゾロなどの小都市が少し加わる内容になっている。これらの4都市では、それぞれの地元で活躍する人物（3名は建築家）にコーディネートを依頼し、都市の歴史解説や住宅・商業建築などの調査協力を得た。さらに、当時、ローマに留学し、ローマ大学のP・ファリーニ（Paola Falini）教授（2014年度日本建築学会文化賞受賞）のもとで都市再生の理論と実践を研究していた植田暁・内野晴日夫妻の協力を得て、この特集が実現した。同号ではとくに、トレヴィーゾの街の歴史の深さや、水路がいく筋もめぐる風景の美しさ、ヒューマンスケールの生活空間に魅せられた。また、それとともに、その田園の魅力に触れることができた。パドヴァについても深く知ることができた。パドヴァもやはり川や運河が幾重にもめぐる水都だったことが印象深かった。この貴重な経験が、私たちの水都の比較研究に大きく影響している。

　本書では、トレヴィーゾを最重要都市と位置づけ、その都市形成史と水都の空間構造の分析や考察にページをさいた。また、パドヴァについても、その重要性を鑑み、地元の歴史家であるA・スーザ氏に水都の発展史に関する執筆を依頼した。

　1991年のヴェネツィア滞在の研究成果は、『ヴェネツィア――水上の迷宮都市』（講談社現代新書、1992年）にまとめた。最終章を「本土」で締めくくり、水都とその周辺のテリトーリオとの関係の重要性を指摘している。

　また、2000年には、ミツカン 水の文化センターとタイアップし、トレヴィーゾを起点とするシーレ川流域の調査を実施した。トレヴィーゾでは、魚市場周辺の水辺空間を実測し、その構成を考察した。とくに、後の展開に大きな価値をもったのは、シーレ川の川下りだった。トレヴィーゾのやや下流からヴェネツィアのラグーナに向けて、船で川を下るのである。下流に向けて、自然条件が大きく変化し、多様な風景が広がっていた。原生林に近い自然が残る水辺では、「自然の音に耳を澄ましなさい」と、船長がエンジンを止めたのが今も記憶に残る。ヴェネツィア貴族のヴィッラを眺め、いくつかの小さな川港に立ち寄った。閘門を通りながら、広くて明るいラグーナの水域に

入った時の感動も忘れがたい。このとき、船長の G・ステファナート（Glauco Stefanato）氏が、若い歴史家と組んで自費出版したシーレ川に関する書籍 Pavan Camillo, *Sile: alla scoperta del fiume, immagini, storia, itinerari*, Treviso（1989）をプレゼントしてくれた。それが決定的だった。ひとつの川をめぐり、その自然条件や地域全体の歴史、街、建物、施設の建設史が詳細に調べられ、後に私たちの研究のキーワードにもなる「水車」や「閘門」についてもしっかり論じられていたのである。彼は、舟運の復権に情熱を燃やす船会社の社長だった。その後、イタリアでは川の研究が進み、興味深い本が続々と出版されることになるが、素人がこの時期に、学際的なアプローチにもとづき書籍にまとめていたことにたいへん驚かされた。私は、いただいたこの本をベースに、いつかシーレ川流域、とくにトレヴィーゾや川港の小さな街を研究してみたいと思ったのである。『水辺から都市を読む──舟運で栄えた港町』（陣内秀信・岡本哲志編著、法政大学出版局、2002 年）のアイデアは、そこに端を発する。

　陣内研究室におけるヴェネツィア、ヴェネト研究を新しい構想力によって、この 10 年余で大いに進展させたのが、本書の編著者、樋渡彩である。イタリア政府奨学金留学生として 2006〜08 年にかけてヴェネツィア建築大学に留学し、その成果を修士論文「舟運都市ヴェネツィアの近代化に関する研究──19 世紀から 20 世紀初頭を中心に」（2008 年度）にまとめ、ヴェネツィアの水都の性格が、近代の都市の構造的変化のなかでも、ダイナミックに受け継がれてきたことを論証した。樋渡はその後、博士課程に進学し、日本学術振興会特別研究員となり、ヴェネツィア研究を大きく発展させてきた。東京大学伊藤毅研究室が主宰する「沼地研究会」が、「インフラ」というテーマのひとつとしてヴェネトの運河網の形成発展に注目し、研究を行った際には、私と樋渡も 2011 年秋の現地調査に同行し、新たな知見を得ることができた。
　一方で、2012 年より 5 年間、私たちは科学研究費助成金基盤(S)（研究代表者：陣内秀信）を得て、世界の水都の比較研究に取り組んできた。その前段階としては、2004 年に創設された法政大学エコ地域デザイン研究所（所長：陣内秀信）において、やはり世界の水都の比較研究に関する膨大な蓄積を得ることがで

きた。近年の科研の研究プロジェクトでは、水都学の確立をめざし、新たな方法、視点の議論を重ね、さまざまな水都の見方を獲得しつつある。

その大きな柱のひとつは、都市だけを見るのではなく、それを支え、それと一体となって発展してきた地域、イタリア語でいう「テリトーリオ」への注目である。その発想は、東京を水都として捉える発想にも有効に働いた。堀割や河川がめぐる典型的な下町の水の都市だけでなく、山の手、武蔵野、多摩地域にも川、用水路、湧水、池など、水の空間が広がり、水のネットワークをかたちづくるのが東京の特徴であることが見えてきた。同時に、河川の舟運、筏流し、水車を用いた各種産業の発展で、江戸東京は周辺のテリトーリオと深い関係をもちつつ発展してきたことが再認識できたのである。島の上に発展し、資源の乏しいヴェネツィアにとっては、とくに、川を使った舟運、筏流しが重要であった。まさに、東京の荒川での研究と並行して、ヴェネトの河川の研究が進むこととなったのである。

ラグーナに成立したこの水都は、「水に囲まれていても、水にしばしば悩まされた」といわれ、雨水だけでは水不足となる時期は、本土から川の水を水路で引き、あとは小舟で運んでいた。また、ヴェネツィアは平坦な土地のため、水車による水のエネルギーを活用しにくい。そのため、ヴェネツィアの人たちは、本土の街に水車による製粉や火薬製造の任務を負わせたという。そのような事実を知ると、まさに水都ヴェネツィアの理解には、テリトーリオとの密接な結びつきを、文献史料だけでなく、現地調査を行って明らかにする必要性を強く感じるようになった。

こうして、2013年8月、シーレ川、ブレンタ川流域の現地調査を実施することになった。樋渡の強力なリーダーシップのもと、陣内、M・ダリオ・パオルッチ（エコ地域デザイン研究所研究員、2014年からヴェネツィア建築大学講師）に加え、須長拓也、真島嵩啓、道明由衣が研究室のメンバーとして参加し、さらにはOBの宇野允が修士論文（トレヴィーゾ、パドヴァ、ヴェローナ、ボローニャ、ミラノという内陸部の水都研究）で得た知識、経験を活かして調査に加わった。また、トレヴィーゾの調査には、陣内研究室のアマルフィ海岸調査、プーリア都市の調査（2012年）に同行し、その成果を大作の絵画作品として発表さ

れた、画家で早稲田大学教授の藪野健氏が参加し、本書にも氏の絵画作品を掲載している。

　また、私たちのヴェネト研究の力強い協力者には、ヴェネツィア大学の史学科で10年以上もヴェネトの近世経済史を研究し、同大学の博士号を取得した湯上良氏がいる。樋渡のヴェネツィア、およびヴェネト研究にも、多くの助言をいただいてきた。本書のもとになった現地調査にあたっては、ヴェネトの歴史研究の第一人者であるM・ピッテーリ氏を紹介いただき、この教授に多くの教示をいただいた。ピッテーリ氏は、まさに1980年代以後、活発になったヴェネトのテリトーリオ研究の牽引役のひとりである。地域の歴史や景観について、興味深い研究を次々と発表してきた。その特徴のひとつに、水車研究がある。川や運河に沿って数多くつくられた水車が、水のエネルギーを活かし、いかに地域の経済に貢献してきたかを明らかにしてきた。ピッテーリ氏の地域と水のつながりに関する研究（『水都学IV』[法政大学出版局、2015年]、基調論文「水のなかで水に事欠くヴェネツィア──14〜18世紀の飲料水・水力・河川管理」ほか）は、私たちの水都学の展開にとってきわめて重要な意味をもつ。また、本書の第1章は、湯上氏の論考である。ヴェネツィアとの関係から見たヴェネトのテリトーリオの歴史について執筆いただいた。

　2014年の夏には、もうひとつの重要な河川であるピアーヴェ川流域の現地調査を実施し、貴重な成果を積み上げることができた。これには、樋渡の指揮のもと、私、ダリオ・パオルッチ、道明由衣が参加している。

　このように、本書は、1980年代以降の研究動向をふまえ、研究室での積み重ねと過去3年間に実施した現地調査で得られた膨大なデータを分析考察し、成果としてまとめたものである。樋渡が本書の企画・執筆の中心となり、調査に参加したメンバー全員が分析考察、執筆を分担している。本書が、魅力的な水都、ヴェネツィアの成立と発展の歴史を新鮮な角度から見直すきっかけとなると同時に、日本を含む世界の水都の研究において、その背後に広がるテリトーリオとの有機的な関係に光を当てることの重要性を認識するうえで、ひとつの問題提起となれば幸いである。

1

テリトーリオ

Territorio

シーレ川上空から望むテッラフェルマ(樋渡撮影)

1 ヴェネツィア共和国とテッラフェルマ

テッラフェルマへの進出

　18世紀末のフランス革命以前、イタリア半島にはさまざまな国が存在し、各国は複雑な統治機構を備えていた。そのなかでも、ヴェネツィア共和国の機構は中世から続き、他の諸国と比較しても全人口に対する貴族層の割合が大きく、きわめて複雑だった。国家元首である総督を選出する際は、多くの段階を踏む複雑な選挙を行い、貴族が就任する行政官の任期も短期間であり、任期後には休職期間を設け、権力が偏らぬようになっていた。イタリア半島側の支配領域についても同じように複雑な状況だった。ヴェネツィア人自身は、自らの島々を中心に考え、大陸側を「動かぬ土地」を意味する「テッラフェルマ（Terraferma）」と呼んでいた。ヴェネツィア共和国は一般に現代の我々が抱く「共和国」のイメージからは大きくかけ離れ、機構こそ中央と地方の関係は構築されていたが、その支配の実態は地方ごとに千差万別だった。たとえば度量衡や通貨の交換比率などは、共和国が支配する前の時代からの慣習や特権が地方ごとに温存されることもあり、徴収される税も全土一律の基準で課せられるものではなかった。

　本書で扱うシーレ川の水車の事例でも、周囲の水車小屋からの距離や用水路の水深、堤防の広さ、海抜などが、ヴェネツィアの度量衡をもとにサン・マルコ石に彫られているが、こうしたものを通じて、統一された基準を普及しようとした様子がうかがえる。同じ河川の流域でもそれまでは基準が異なっていたのだ。ヨーロッパ各国において中央集権的な絶対王政が進展した時代にも、ヴェネツィアではそうした状況が続いた。

　中世から近世期のヨーロッパの価値観は、現代とは大きく異なり、商品や金銭を扱うことよりも、土地とそこに住む人々の動員力が重視され、騎士道

に代表されるように名誉を重んじる文化が形成されていた。一方、土地が狭いヴェネツィアや、四大海洋共和国と呼ばれたジェノヴァ、ピサ、アマルフィなどはそうした価値観とは異なる形で発展し、商業が発達していった >1。14世紀までイタリア半島内は群雄割拠の情勢が続いた。しかし、14世紀末から情勢が変化し、イタリア半島では強大な封建領主が近隣の街々を征服してゆき、そうした状況が各地でみられるようになった。また商業活動が活発に行われていた東方においても、オスマン帝国をはじめとしたイスラーム勢力の進出がはじまり、かつてのように安定した形で収益をもたらすことができなかった。

ヴェネツィアに最も近いトレヴィーゾでは、以前からヴェネツィア貴族たちも土地を所有していたが、15世紀以降国内における激しい議論の末、東方を重視する伝統的政策を転換し、テッラフェルマへ本格的に進出することとなった >2。パドヴァ、ヴィチェンツァ、ヴェローナといった現在のヴェネト州の都市だけではなく >3、ブレッシャ、ベルガモ、クレーマといったロンバルディア州の方面にも進出した。こうして「海の国家」と「陸の国家」が形成された。

1 ヴェネト州と四大海洋都市の位置（樋渡彩作成）

1 ベッルーノ
2 ヴィチェンツァ
3 トレヴィーゾ
4 ヴェローナ
5 パドヴァ
6 ヴェネツィア
7 ロヴィーゴ

3 ヴェネト州の県の位置（樋渡作成）

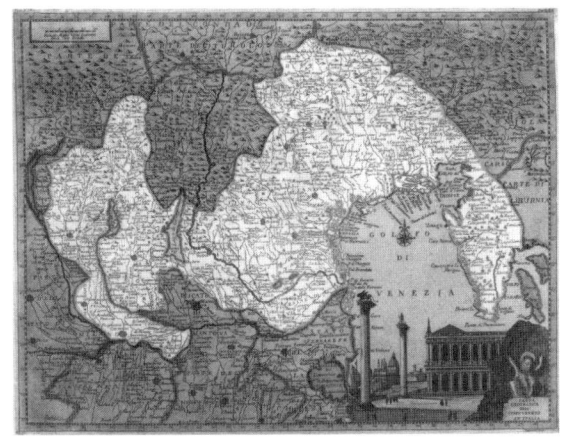

2 ヴェネツィア共和国の領土（1740〜1750年）
Anna Zanini, Luisa Tiveron, Marca trevigiana : Vedute e cartografia dal XVI al XIX secolo, Vicenza : Terra Ferma, 2010 をもとに樋渡追記

陸の国家の多様な支配

「陸の国家」の各地域について概観すると、共和国はおもに15世紀からテッラフェルマへの進出を本格化したが、先に触れたようにトレヴィーゾに関しては、古くから密接な関係にあった >4,5。トレヴィーゾ地域には、チェーネダの司教領や11世紀以前から続くといわれるコッラルト家の所領、共和国に功績のあった傭兵隊長に与えられた封土、修道院やスクオーラ（同信会や兄弟会などと訳される）が管理する広大な所領など、さまざまな状況が見られた。一方、規模が大きく、古い伝統をもつパドヴァに関しては、併合の際に激しい戦いが行われ、ヴェネツィアもその支配には苦労した。

ヴィチェンツァ、ヴェローナ、ブレッシャに関しては、古くからの慣習や法規の一部を修正した形で認めてもらうよう、各都市の側からヴェネツィアへ請願し、支配を受け入れることになった >6。しかし、これらの都市もつねに従順というわけではなかった。地理的にも距離のあるブレッシャの大貴族、ガンバラ家の一員などは共和国から呼び出しを受けた際、「ヴェネツィアの空気は体に悪い」と言い放ち、出頭を拒否する場合もあった。ベルガモではスアルディ家の力が強く、共和国の進出に際して激しい抵抗が見られた。

東に目を向けると、アルプスの標高が比較的低く、北からの神聖ローマ帝国や東からのさまざまな勢力の進出に対して防御の難しいフリウリ地方は、まさにモザイクの様相であった。ヴェネツィアに対して好意的だったサヴォ

4 トレヴィーゾの外観（1744年）
Anna Zanini, Luisa Tiveron, *Treviso : vedute e cartografia dal XV al XIX secolo*, Vicenza : Terra Ferma, 2008.

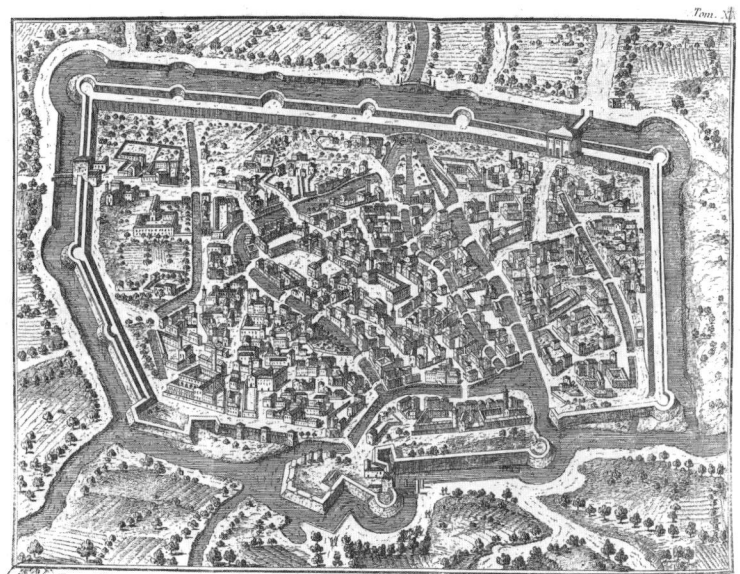

5 トレヴィーゾの都市図（1753年）
出典は図4と同じ

6 ヴェネツィア、トレヴィーゾ、パドヴァ、ヴィチェンツァの位置（1740〜1750年）
出典は図2と同じ

ルニャン家やマニン家のほかにも、ゴリツィア伯爵領など、通常は神聖ローマ帝国内に在住する者の所領もあり、さらにローマ帝国の時代まで起源を遡るアクイレイア総大司教もいた。ヴェネツィア共和国はそれらの勢力に対し、個別に対応し、面ではなく点ごとに支配を行った。ちなみにポルチーア家など、現在でもかつての城館に居住している者もいる。

　年代的には1404年以降の征服活動でヴィチェンツァ、パドヴァ、ヴェローナが、1420年以降はフリウリ、ベッルーノ、フェルトレ、カドーレが、1428年以降ブレッシャ、ベルガモ、1453年にはクレーマ、1484年にロヴィーゴとポレージネを獲得した **>7,8**。さらに15世紀後半にはラヴェンナやクレモナ、プーリアの諸港などを一時的に領有した。しかし1508年に結成されたカンブレー同盟によりヨーロッパの大部分と敵対し、翌年アニャデッロの戦いでの敗北によりトレヴィーゾ以外のすべての地域を失うが、1520年以前までに再びテッラフェルマ領を回復していった。

都市行政の制度と運用

　ヴェネツィア共和国の領土は、大議会によって選ばれた都市行政長官（rettore）を中心としたきめ細かいネットワークによって統治されていた。任期は任地によって異なるが、一般に2年程度と非常に短いものであった。パドヴァ、ヴィチェンツァ、ヴェローナ、ブレッシャ、ベルガモのように規模の大きい都市では、ふたりの都市行政長官、すなわち、民事・刑事に携わるポデスタ（podestà）と軍事・財務に携わるカピターノ（capitano）が配置されていた **>9**。それに対し、他の都市では、ひとりの都市行政長官がすべての役割を担い、ウーディネのみこの職位は、パトリア・デル・フリウリの総督（luogotenente）と呼ばれた。地方財務を担う財政・税務局は、おもに各地域の首府に位置した。財政・税務局では、ヴェネツィアの各行政部局に送られる予定となっている関税・消費税や国庫向けの各種の税が集められ、共和国から派遣された文武官への給与の支払いやそれらの人々によって行われた支出も管理した。

この役所は、大議会によって選ばれたひとり、ないしはふたりの財務管理官（camerlengo）によって率いられた。財務管理官は、しばしば都市行政長官と共に活動し、通常の任期はテッラフェルマ領において 16 ヵ月であった。この役所には他にも会計官（scontro）、帳簿管理官（quaderniere）、農場管理官（masser）

7 パドヴァの鳥瞰図
Camillo Semenzato, *Padova illustrata : la città e il territorio in piante e vedute dal XVI al XX secolo*, Padova : Programma, 1989.

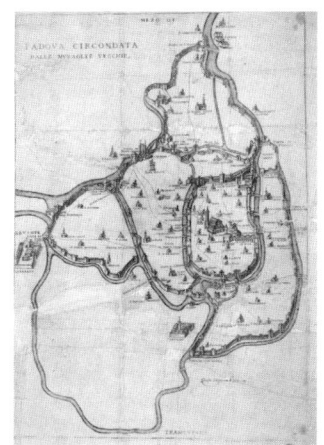

8 水路の巡るパドヴァ
Camillo Semenzato, *Padova illustrata : la città e il territorio in piante e vedute dal XVI al XX secolo*, Padova : Programma, 1989.

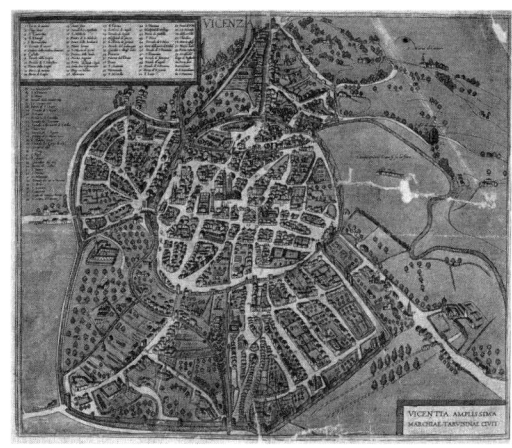

9 ヴィチェンツァの都市図（1588年）
Giuseppe Barbieri, *L'immagine di Vicenza : La la città e il territorio in piante, mappe e vedute dal XV al XX secolo*, Treviso : Canova, 2003.

といった常勤の人員がおり、各局が機能するか否かは、こうした人々による準備作業にかかっていた。

　さらにくわしく見ていくと 18 世紀初頭、テッラフェルマ領の財政・税務局は 15 あり、パドヴァ、ヴィチェンツァ、ヴェローナ、ブレッシャ、ベルガモ、トレヴィーゾ、ウーディネ、ロヴィーゴ、クレーマ、コローニャ、サロ、コネリアーノ、チヴィダーレ・ディ・ベッルーノ、フェルトレ、チヴィダーレ・ディ・フリウリに所在していた >10。行政の首府の担当領域と財政・税務局のそれがつねに一致しているわけではなく、たとえばバッサーノは、行政や司法においてはヴィチェンツァに属していたが、税務に関してはトレヴィーゾの財政・税務局のもとに編成されていた。関税・消費税は、全歳入の半分から、場所によっては 8 割近くを占めることもあった。課税項目の数は、各地の財政・税務局ごとに多様で、ブレッシャの財政・税務局では約 40 項目あった。一方、規模の小さい局においては 10 項目前後であった。税制改革は頻繁に行われたため、関税・消費税の課税項目ごとに徴収基準はさまざまであった。毎年定期的に徴収されない税項目や、名称の変化、他の税項目と統合されることもあった。また、各局は数多くの町村単位で税務管理を行っていた。本書で取り扱うトレヴィーゾ、そして同規模の歳入であったヴィチェンツァやベルガモの 3 つの財政・税務局だけでも 250 以上の徴税行政区域、66 の関税・消費税の課税項目があった。これらの数字からそれぞれの財政・税務局において細かい区域分けと多数の課税項目が存在し、その運営が複雑であったことが容易に想像できよう。また中央政府は、各地で古くから続く慣習や、貴族・在地勢力との利害関係に直面し、ヴェネツィアと在地勢力の間にはある種、政治的に拮抗した状態が存在した。

経済・流通と税制

　当時は、現代のように一律の税率で消費税が課される制度ではなく、さまざまな品目ごとに異なる税率の関税・消費税が存在した。たとえば、精肉や

その売買時に課される税（beccherie, carni）や、市壁の出入りの際に穀物に課される税（biade）などがある。城壁内へ運ばれる商品に課税される税は、ベルガモで「ジェネラーレ（generale）」、トレヴィーゾおよびフリウリでは「ムーダ（muda）」、ヴェローナでは「スタデッラ（stadella）」と呼ばれた。これらは現代の共和国とは異なり、国内であっても各都市の市壁を通過する際に課され、一般に内国関税と呼ばれるものである。河川沿いの水車との関係が密接で、製粉を行う際の税（macina）や、名称こそ製粉関連の税に似ているが、実際は人頭税に類似する税（macina a boccatico）も存在した。パンの生産に課せられた税（pestrin o pistoi）や絹に関する税（seta）の課税時期は、地域によってさまざまであった。ワイン関連については、「樽1ドゥカート税、樽詰め税、ワイン消費税（ducato per botte, imbottatura, vino a spina）」がおもに挙げられ、大きな税収を上げていた。これら関税・消費税の項目やその額は、各地の農業生産、消費、流通、地勢などが大きく反映している。

　ブドウ生産が盛んであったトレヴィーゾでは、ワイン関連の税収が重要な地位を占めた。一方、ヴェローナは交通や物流網の要衝であり、流通関連の税収が多かった >11。また特定の税種としては存在しないが、稲作も行われ、トレヴィーゾ地域では水車を脱穀に利用し、ヴェローナ南方のイーゾラ・デッラ・スカーラは、現在でも稲作が盛んな地域である。

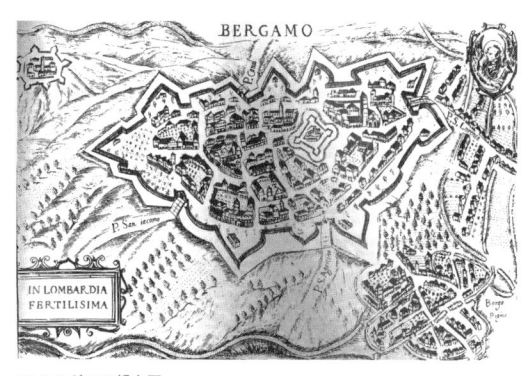

10 ベルガモの都市図
Maria Luisa Scalvini et al., *Le città nella storia d'Italia : Bergamo*, Roma-Bari : Editori Laterza, 1982.

テッラフェルマの各地にはヴィッラと呼ばれるヴェネツィア貴族たちの豪奢な邸宅が建てられ、今日でもその栄華を垣間見ることができる。これはおもに収穫の時期に利用され、盛大な宴会を通じて各家の威信を各地の人々に示しながら、翌年以降の地代の契約更新や狩りを行った。それらが済むとヴェネツィア貴族たちは都市へと戻り、オペラのシーズンが始まる秋から冬を迎えた。

　経済や産業においても各地でさまざまな特徴が見られた。ヴィチェンツァ地域では、アジアーゴ方面の高地等から注ぐ水流に恵まれ、繊維産業が発展した。スキーオやヴァルダーニョなどに代表されるように、現在でも世界を相手に商いを行っている。一方、隣のヴェローナ地域では、アーディジェ川以外の水流には期待できず、ヴァルポリチェッラなどで知られるように、おもにブドウの生産や北のゲルマン地域との交通の要衝として、各種の関税の徴収によって栄えた **>12**。山岳地帯にあるベッルーノ地域では、ピアーヴェ川を中心に木材の流通で栄え、現在でもアゴルドやカドーレは、世界でも有数の眼鏡産業の中心地となっている。

　このように水利の要素は非常に重要であった。ヴェネツィア近郊でもシーレ川やブレンタ川などは、流域各地での経済活動のみならず、都市ヴェネツィアへ各種の建材の供給や、水車を用いて挽いた製粉や食糧輸送にも使われた。さらにヴェネツィアと他国との間で輸出入された物品の取引にもそれらの河川を利用した。したがって、水を通して、共和国各地における起業家精神に裏打ちされた伝統を見て取ることができよう。

　本書で扱うピアーヴェ川の上流部に当たる現在のベッルーノ県は、共和国時代から 19 世紀初頭のナポレオンの時代まで、チヴィダーレ・ディ・ベッルーノ、フェルトレ、カドーレに行政区画が分かれていた。当時のベッルーノは、アゴルドとゾルドの山岳部からなるテリトーリオ・アルト（Terrirotio Alto）と、現在のベッルーノを中心とする平野部からなるテリトーリオ・バッソ（Terrirorio Basso）で構成されていた。またカドーレ地域を中心に「レーゴレ（Regole）」と呼ばれる入会地が存在し、コルティナ・ダンペッツォの中心部には、レーゴレを管理する一族の紋章で美しく飾られた館が現存している。

11 ヴェローナの鳥瞰図（1620〜1630年）
P. Brugnoli, A. Sandrini (a cura di), *L'architettura a Verona : nell'età della Serenissima (sec. XV - sec. XVIII)*, Verona : Arnoldo Mondadori, 1988.

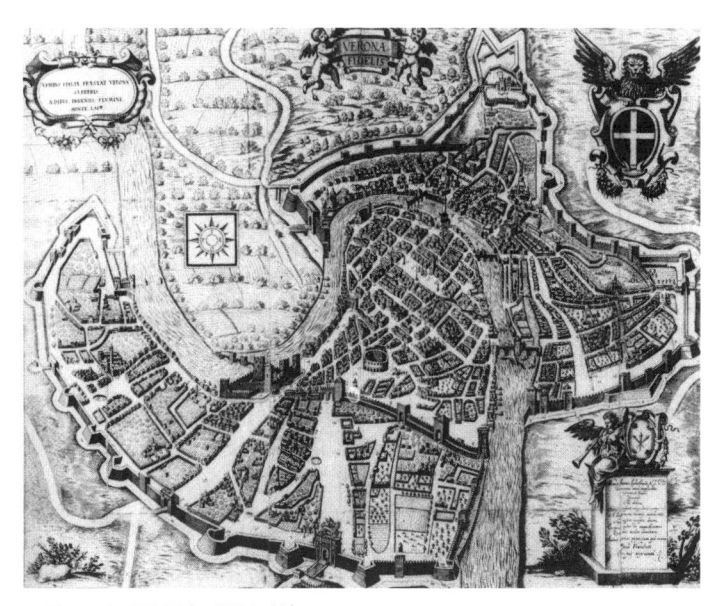

12 ヴェローナの都市図（17世紀中ごろ）
出典は図11と同じ

トレヴィーゾと共和国のつながり

　次にピアーヴェ川とシーレ川の流れるトレヴィーゾ地域について詳細を見ていこう。テッラフェルマ領監査審問官（Sindici Inquisitori della Terraferma）が18世紀にトレヴィーゾ領は「ライ麦とワインの産地である」と記したように、ライ麦はこの地域における重要産品であり、シーレ川沿いを中心に多くの水車小屋で挽き臼が稼働していた。当地は「マルカ・トレヴィジャーナ」と現代でも呼ばれるが、これはヴェネツィア共和国の支配が始まる以前のコムーネ期から用いられた呼称により、地域に根付いた伝統をイメージさせ、当地の人々の郷土に対する深い愛着や意識を感じさせる。現在、トレヴィーゾ県内を網羅するバス会社のひとつも「ラ・マルカ（La Marca）」と名付けられている。

　先に見たようにトレヴィーゾは、テッラフェルマで共和国の支配下となった最初の都市であった。共和国による最初の征服活動は1338年に行われ、1388年に再度行われた。かつて「ヴェネツィアを大きな家とするならば、ラグーナは漁場であり、トレヴィーゾは庭である」と言われるほど、共和国は当地に大きな関心を払った。この「庭」ではモンテッロ、その後背地にあたるベッルーノやカドーレ方面にはカンシーリオ（18世紀の史料によると、カンシーリオの森は十人委員会［Consiglio dei Dieci］が管理したことに由来する「コンシーリオ、コンセーリオ［Consiglio, Conseglio］」など、現在の名「カンシーリオ［Cansiglio］」とは異なる表記も見られる）、カイアーダ、ソマディーダ、ヴィズデンデといった「共和国の森」と呼ばれる自然資源の宝庫が拡がっていた。ピアーヴェ川などの河川を利用して、周囲の森などからは木材がラグーナまで運ばれた。こうした木材は、建材や造船材、ワインを醸造・輸送する樽に利用するだけでなく、流域につくられたレンガ工場では燃料として使われた。つくられたレンガは、再び水運によって運ばれ、建物のみならず、地盤にも大量のレンガを必要としたヴェネツィアの建材にも用いられた。水の流れを活用した水車も数多くつくられ、古くから、地域のもつ資源を最大限に活用した大きなサイクルが形成されていたといえよう。

　当時の行政区画や人口概要などについては、デル・トーレやピッテーリ、

ピッツァーティらのベネトン学術研究財団による、当地域に関するプロジェクトの成果として一連の出版物でくわしく表されている。

　城壁に囲まれたトレヴィーゾの都市と県内各地域に分け、当時の状況を見て行こう。この都市が支配する領域は、ヴェネツィアによる征服の後、上メストリーナと下メストリーナ（Mestrina di sopra e di sotto、合計24村）、上ゾザーニャと下ゾザーニャ（Zosagna di sopra e di sotto、66村）、上カンパーニャと下カンパーニャ（Campagna di sopra e di sotto、59村）、そしてピアーヴェ川此岸とピアーヴェ川彼岸（il quartiere del Piave di qua e di là、40村）の8つの地区に分割され、都市行政長官の直接管轄下にあった >13。

　ヴェネツィアは、この地域の首府をトレヴィーゾとした。管轄地域は広大で、「カステッリ（防備集落）」と呼ばれたほかの都市は、トレヴィーゾの上記8地区の外側にあった。ヴェネツィア人の行政官によって統治されたコネリアーノ、アーゾロ、カステルフランコ、メストレ、セラヴァッレ、ポルトブッフォレ、オデルツォ（後にモッタとノアーレも加わる）がそれに当たる。G・キットリーニは、コネリアーノを都市にかぎりなく近い規模をもつ「準都市（Quasi città）」と位置づけている。現在、当地の名産品として有名な白ワイン用のブドウ品種プロセッコは、18世紀の大寒波以降にトリエステ近郊から当地に導入された。さらにピコリットという稀少な種の導入も図られたが、これは生産量が少ないため農民たちに好まれず、当地には定着しなかった。現在でも、ブドウの生産量を抑制することで品質や価格を維持するトスカーナやピエモンテとは異なり、ヴェネトでは生産量を重視する傾向がある。また、セラヴァッレはアルプスを越えた地域との交易の中心地で、巨大な司教領をもつチェーネダの近隣にあり、要衝のひとつであった。現在、この両者は統合し、ヴィットリオ・ヴェネトというひとつの自治体を形成している。

地域の情勢と水車

　トレヴィーゾ地域全体の人口は、1551年に143,266人であった。1600年に

は約12万人に減少したものの、共和国末期の1790年には287,715人となっている（これらの数値は平均して10,000〜13,000人程度であったトレヴィーゾの城壁内の人口も含む）。1630年代、ペストの流行時にも人口は減少したが、その後は安定した状態が続いた。人口が減ったため、食糧供給の必要性が減少するにつれ、シーレ川流域の水車小屋の稼働状況に影響が見られるようになった。穀物に関係する税にもそうした状況が現れている。

こうした困難を前にした際の共和国の対策は、よく言えば現実的で状況に則していたが、一方で、ときとして場当たり的な対応に終始していた。18世紀には、行政官の種別が過剰となり、水利事業を担う国家が十分管理できなくなった。1709年の大寒波では、農産物の不作とそれに関わる各種の税収が落ち込み、数年後には、長年にわたるオスマン帝国との戦いが終焉を迎え、深刻な財政難に陥った。そのような状況を前に詳細な税務調査が行われ、共和国史上初めて国全体の収支を定期的に把握する国家貸借対照表がつくられた。18世紀初頭の製粉業の不振の原因は、自然条件以外にも、堤防と導水堤の維持管理が適切になされず、水の流れが周囲の田園地帯へ分散してしまったことも挙げられている。各地の社会資本整備と当時の財政事情との関連性を考慮するうえで、興味深い事実といえる。各種消費税をめぐって、自然災害を口実とした、土地の有力者と貴族間の不透明な関係も見られる。

またトレヴィーゾ県内には幅広い免税特権をもつ、広大な修道院や同信会の所領が存在した >14。16世紀にはサンティ・クアランタ修道院が多くの水車を所有していた。17世紀から18世紀にかけて行われたテッラフェルマ領監査審問官による調査でも、ヴェネツィアにあるサン・ロッコ同信会の所領の大きさが目を引くことから、各地の開発において修道院や同信会がディベロッパー的な役割も担ったと推測される。

水運や水の利用は、現代の陸上運送の主役である「アウトストラーダ」以上の役割を果たしたといっても過言ではない。M・ピッテーリによれば、「水車はひとつの領域圏内の経済・人口動向の状況をはかる貴重なバロメータ」（Pitteri 1988, p.18）となるのである。

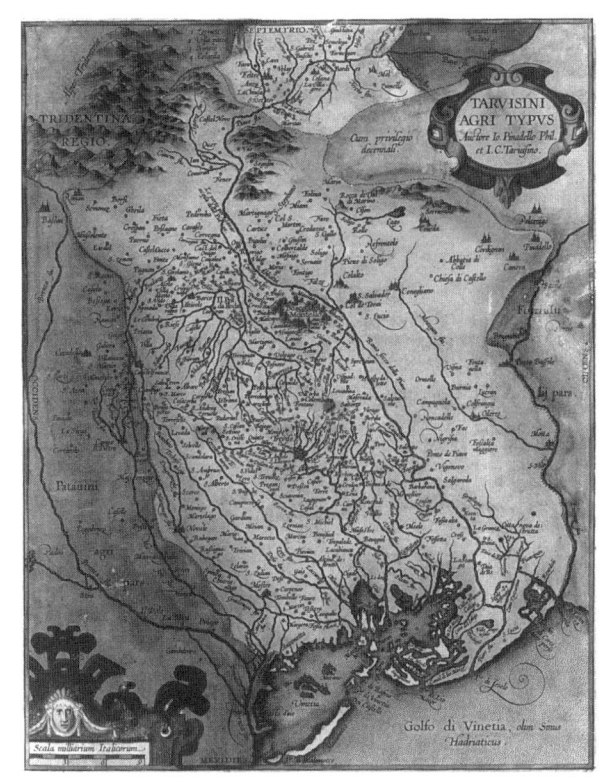

13 トレヴィーゾの領域
出典は図 2 と同じ

14 サン・パオロ修道院所有の水車
国立トレヴィーゾ文書館（以下 A.S.Tv と略す）、C.R.S. S. Paolo, b. 58.

2 河川付け替えの変遷

　世界にも類例のない水の都市を築き上げてきたヴェネツィアは、特有なラグーナ（干潟）という地形のなかに位置する。ラグーナは、本土からラグーナに流れ込む川によって運ばれた土砂の堆積と、アドリア海からの波の拮抗により形成された。同時にヴェネツィアは、河川流域から恩恵を受けながら発展してきた。しかし、淡水と海水が合流する場所は疫病が発生しやすく、マラリアの発生源になりかねなかったため、河川との闘いでもあった。そこでヴェネツィア政府は、ラグーナに注ぐ河川の河口をヴェネツィア本島から遠ざける治水事業に乗り出した。最終的にはラグーナの外側に河口を移し、アドリア海に直接流れ込むように河川の付け替えが行われた。ここでは、かつてラグーナに流れ込んでいた河川の流路変化を追ってみたい。

　ラグーナには、北からピアーヴェ川、シーレ川、ブレンタ川、バッキリオーネ川などの河川が土砂を運び、バレーナと呼ばれる広大な湿地帯を形成した。バレーナは、満潮時でも水面下に沈むことはなく、多様な植生があり、ラグーナの動物、鳥類が生息する自然豊かな場所である。1282年には、専門の行政官（Piovego）が設けられ、ラグーナの水面全体を公的立場から保護・管理の任務を負った。これらの河川にもたらされる土砂の堆積に対抗するために考えられてきた対策のひとつが本土を流れる河川を付け替える河川改修であった。

　ヴェネツィア本島のすぐ近くに河口をもつ河川は、ブレンタ川、ムゾーネ（Musone）川、マルツェネーゴ（Marzenego）川であった。とりわけ、ブレンタ川は頻繁に氾濫するほど水量も多く不安定な河川だった **>15**。そのため、いち早く河川改修が行われたのもブレンタ川で、すでに14世紀前半には河川改修が行われていた **>16**。このときの改修は、ブレンタ川の河口を南側に移す治水事業であったことから、ヴェネツィア本島からブレンタ川の河口を遠ざける目的であったと推測される。その後、ブレンタ川のすぐ北側を流れるムゾー

ネ川の流路も変更され、ブレンタ川に合流した。さらに、アドリア海へ水を排出しやすいよう、西側のマラモッコ潮流口（Bocca di Maramocco）に向けて、ラグーナ内の流路が整えられた。その後、何世紀もかけて幾度も流路変更が行われた。

　1507年には、内陸の都市のドーロ（Dolo）でブレンタ川の本流を分岐させ、南側を流れるバッキリオーネ川に合流させるために、ブレンタ・ヌオーヴァ（Brenta Nuova）運河が掘削された >17。この2本の河川が合流した河口はキオッジア付近にあったが、1540年には、河口をキオッジアの南側に移し、アドリア海に注ぐよう河川を付け替えている >18。さらに1610年、内陸都市

15 河川と運河の流路（14世紀）
V. Favero, R. Parolini, M.Scattolin (a cura di), *Morfologia storica della laguna di venezia*, Venezia : Arsenale, 1988 の図に樋渡追記

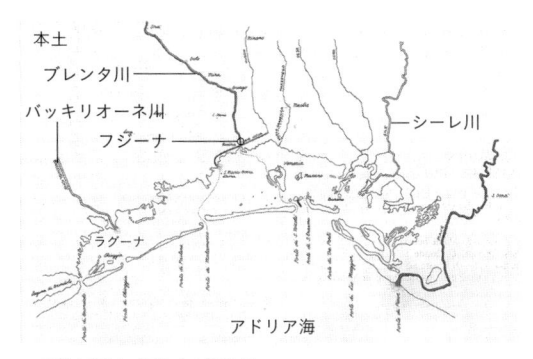

16 河川と運河の流路（14世紀末）
V. Favero et al. (a cura di), *Morfologia storica della laguna di venezia*, Venezia : Arsenale, 1988 の図に樋渡追記

のミーラ（Mira）からブレンタ川を分岐させ、タリオ・ヌオヴィッシモ（Taglio Nuovissimo）という運河を掘削し、ラグーナ外側のブロンドロの河口に合流させた **>19**。この治水工事によって、ブレンタ川とバッキリオーネ川はラグーナ内を通らず、本土から外海のアドリア海へ直接注ぐことになった。これで、かつてキオッジア付近に与えていた問題点の多くが解決したという。

　この背景には、キオッジア出身の C・サッバディーノ（Christoforo Sabbadino）の活躍が大きい。16 世紀初頭、ラグーナの水環境を管理する体制を強化するため、国家の恒久的な組織として「水利行政官」という役職が設立された。水利行政局長である C・サッバディーノは、ヴェネツィアの「自然らしさ」を尊重する立場にあり、ラグーナをひとつの有機体になぞらえ、キオッジアが肝臓、ヴェネツィアが心臓、トルチェッロ、ブラーノ、マッツォルヴォが肺、アドリア海との間の出入口が腕、運河が足、ラグーナの運河が血管にあたるとした。そして、人間の体のように、ラグーナ環境の状態は水と陸とのバランスにもとづくと考えたのである。そのうえで、ラグーナに注ぐ河川の流れを変えること、ラグーナを浄化する働きのある海水の流入を容易にすることの必要を説いた。C・サッバディーノは、農業開発のための開墾・開拓はラグーナの環境を壊すとして批判し、またその環境を保全するために、ブレンタ川、バッキリオーネ川の流れを変え、河口を南のブロンドロ港の外へ移した。

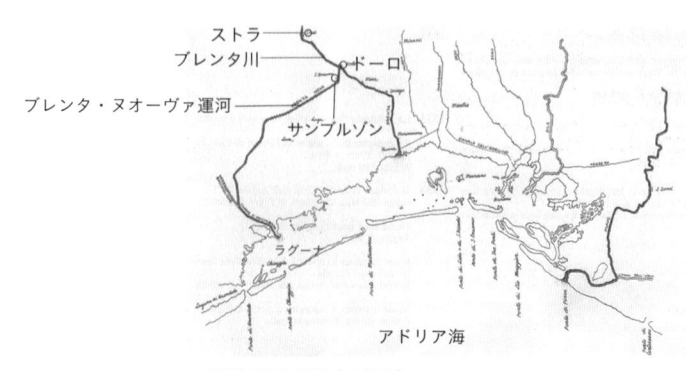

17 河川と運河の流路（16 世紀）
V. Favero et al. (a cura di), *Morfologia storica della laguna di venezia*, Venezia : Arsenale, 1988 の図に樋渡追記

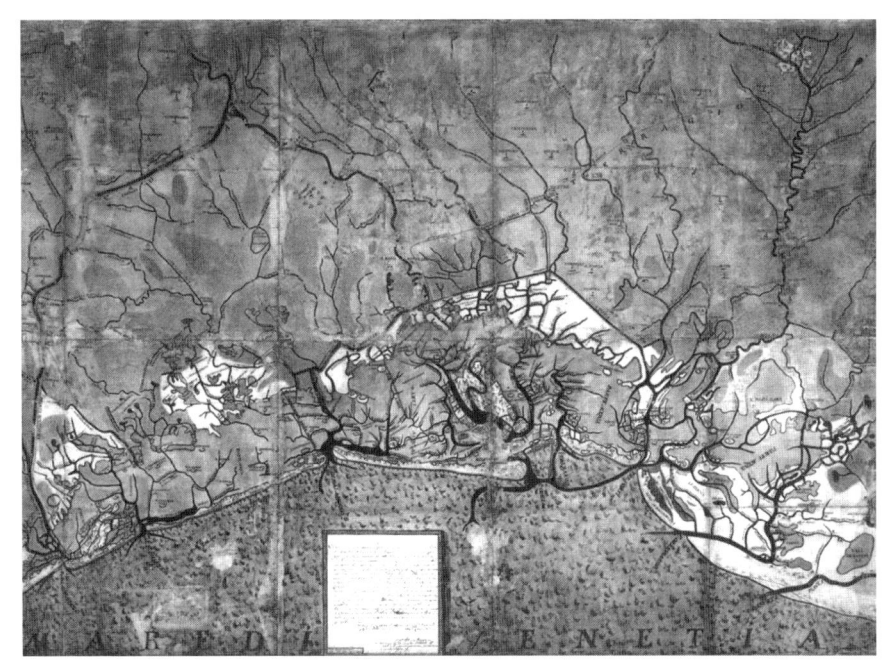

18 C・サッパディーノ作成の地図（1556年）地図はA・ミノレッリ［Angleo Minorelli］の複製（1695年）
国立ヴェネツィア文書館（以下 A.S.Ve と略す）、*Savi ed esecutori alle acque*（以下、*S.E.A.* と略す）、Disegni, *Laguna*, dis.13.

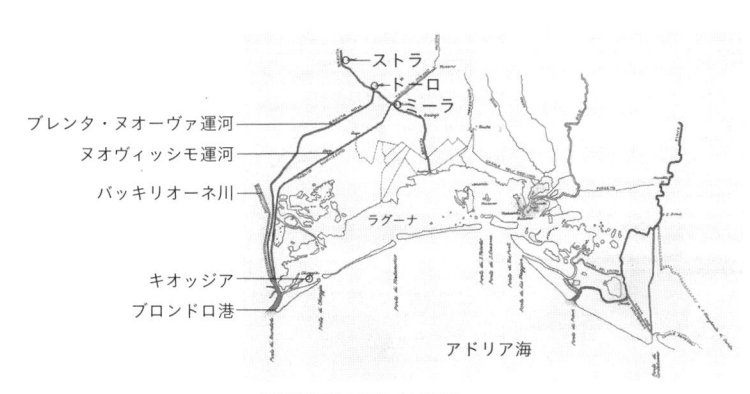

19 河川と運河の流路（17世紀）
V. Favero et al. (a cura di), *Morfologia storica della laguna di venezia*, Venezia：Arsenale, 1988 の図に樋渡追記

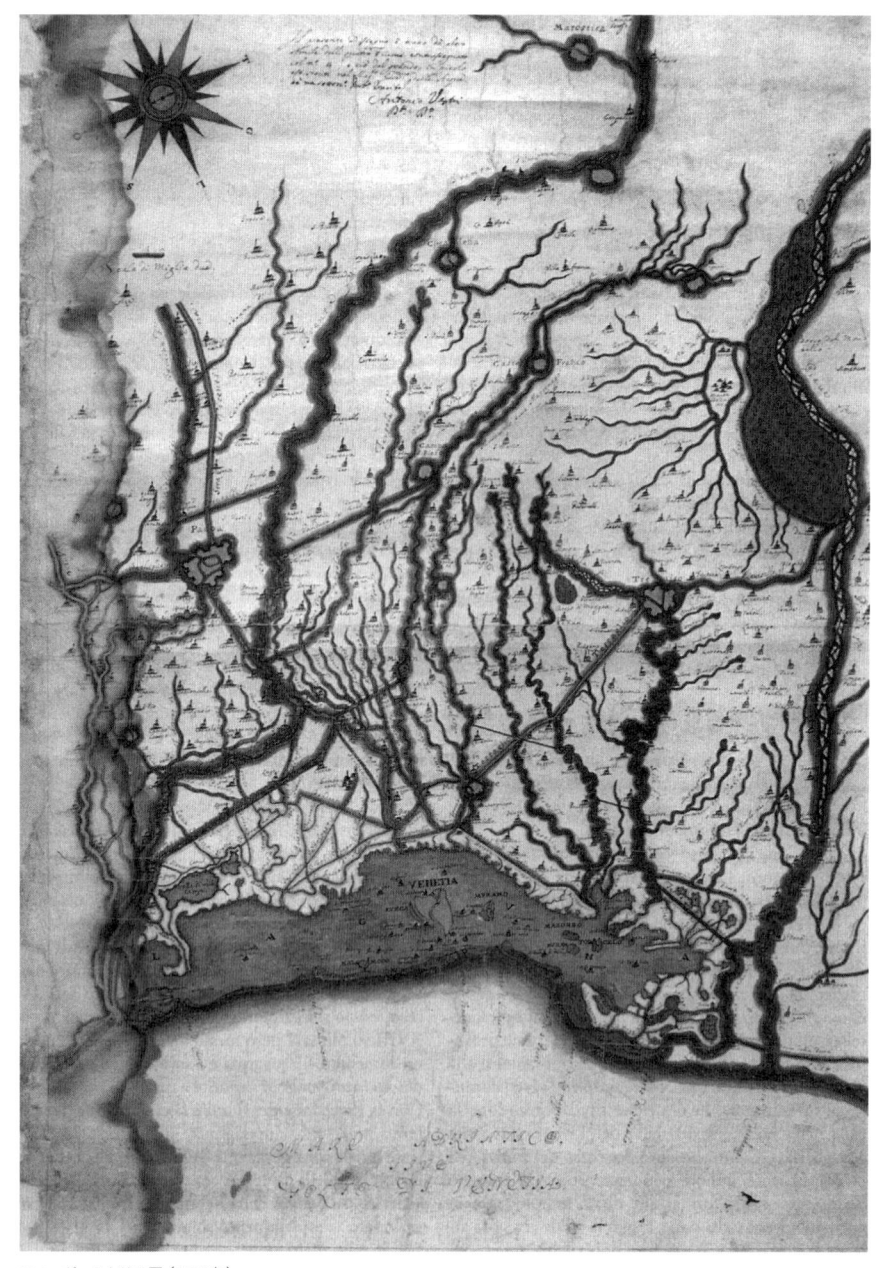

20 A・ヴェストリの図（1709年）
A.S.Ve, *S.E.A., Disegni, Diversi*, dis.109.

そのほかの河川においても、本土から直接アドリア海に注ぐように河川を迂回させた土木事業が行われた。ラグーナの北を流れる、水量の多いピアーヴェ川は、16世紀中ごろに、レ運河（Taglio di Re）の掘削が決定され、ラグーナから遠ざけられた。また、ヴェネツィア本島の北側に位置する、トルチェッロやブラーノ島付近に河口をもつ穏やかな流れのシーレ川は、1638年にタリオ・デル・シーレ（Taglio del Sile）という運河に本流を分岐させ、ピアーヴェ川の川床を利用して、ラグーナの外側に河口を移された >20。

　このようにヴェネツィア共和国政府は、ラグーナに注ぐ河川の本流の河口を18世紀までにアドリア海へ直接注ぐように改修し、本土から押し寄せてくるラグーナへの土砂の堆積と水量を減らすことで、安定した地形を維持するように努めた >21。その一方で、旧本流には閘門を設置することで、舟運の航路を確保し、ヴェネツィアとの航行の主軸であり続けたのである。

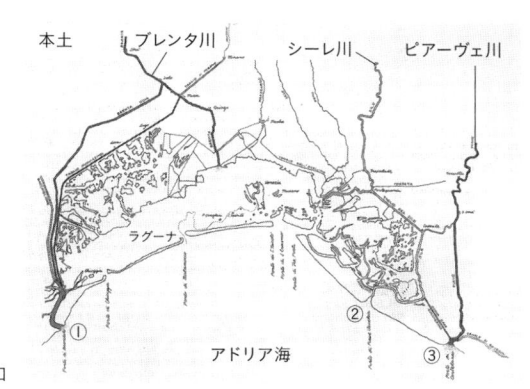

①ブレンタ川の河口
②シーレ川の河口
③ピアーヴェ川の河口

21 河川と運河の流路（18世紀）
V. Favero et al. (a cura di), *Morfologia storica della laguna di venezia*, Venezia : Arsenale, 1988 の図に樋渡追記

3　ヴェネト州のラグーナ周辺における農家

　テリトーリオにおける建築資産は、保護・保存の観点から考えると、ふたつの範疇に分けることができる。ひとつは、いわゆるモニュメントといえるもので、その固有性、希少性のために、完全に保護されなければならない。もうひとつは、機能を満たす目的でつくられた建物である。ヴィッラ（別荘）やパラッツォ（邸宅）、教会などに比べ、目立つ存在ではないことから、重要だとみなされないことが多い。

　こうしたマイナーな、あるいはヴァナキュラーな建築は、それぞれの時代の機能的、経済的な要請にシンプルに応える形でつくられてきた。そこでは芸術的な野心は無縁である。20世紀の半ばになってようやく、このような建築も価値ある研究対象と見なされるようになった。さまざまな機能の要請に応える設計上の豊かな解決方法や、地形や気候に適合しながら、農業景観のなかに、うまく調和して存在している姿が評価されるようになったのである。建物と地域の関係は、その文脈のなかでさまざまな形で発展した。機能的秩序の面から建設技術的な面に至るまでじつに多様である。たとえば、建物の色は、地元でとれる土や砂のなかに見つかる色素にほとんどつねによっているのである。これこそが、自然発生的な色彩計画を生んでいるのであり、色彩のバリエーションは、ある意味で、自然によって決定されているといえる。

　しかし、20世紀半ばから農家が研究対象になり始めたとはいえ、崩壊の危険性が見え始めるこうした資産の保存をいつも保証するまでには至っていない。ここでは、農家の歴史的変遷をたどり、建物の構成要素を分析し、さらには建物と農業景観の間の関係に注目することで、農家の再評価とその保護に貢献する方法を考えたい。

　ヴェネツィアのラグーナに面する平野部の農家は、イタリアの他の地域と同じように、実に多様な形式と類型を示している。その起源はやはり外部か

らの要因に密接に関係している。気候や地理的な位置は、建物の形態を特徴づける最初の重要な要素となる。また、土地所有や社会的な観点もまた、耕作されている作物同様、ある程度の重みを持っている。農家の発展条件を考察する際には、その地域に根づくある種の型を見極める必要がある。20世紀前半までは、つまり第2次世界大戦後の農地改革や多大な経済発展が上に述べてきたような要素の関係をゆがめてしまう前までは、こういった型が有効だと考えることができるのである。

このような考え方を基礎として、研究対象であるシーレ川沿いとラグーナに隣接した地域で発展した農家を眺めると、全域に共通する要素と逆にそれぞれの地域に適応した要素を示していることが見えてくる。

形成発展の歴史

この地域における農家の起源ははっきりしていない。とはいえ、ローマ時代以前に最も普及していた植物性の建築材料に代わり、おそらくローマ時代に徐々にレンガが使われ始めたことはたしかである。マランゴン (Marangon) が提示する説では、農家の起源は、ヴェネトが絶え間ない戦争や侵略に荒らされた中世よりも遅いとされる (2013, p.5)。最も平穏な時期、ヴェネツィア共和国の時代になってようやく農家は広く普及することができた。それ以前、農民は防御を固めた集落のなかで生活しなければならなかった。その名残はかすかに残っているが、こうした集落は少なくとも高い位置にあり、古いものになると堀に囲まれていた。農民たちはその安全な場所に庇護され、毎日そこから畑を耕しに出かけた。防御された集落のなかに大多数の建物があったとはいえ、田園のなかにもいくつかの建物あるいは住居群があった。実際、14～15世紀の図像的史料には、いくつかの孤立してある建物が描かれている。建築材料の観点から見れば、レンガや石の導入にはかなり時間がかかったと思われる。なぜなら中世では骨組みには木が、屋根を葺くためには藁が広く使われていたからである。15～16世紀の図像的史料のなかに、まだ多くの藁

の屋根を持つシンプルな長方形平面の木造の建物が見られるが、ベッリーニ（Bellini）、ジョルジョーネ（Giorgione）、そしてダ・ポンテ（da Ponte）の絵画に壁で囲われた建物の姿もある >22,23。ときには、建物の横に初期の家畜用の屋根が現れている。

　中世以来、農家のふたつの異なった構造が現れ始めた。ひとつはレンガの壁に囲まれ、テラコッタの屋根を備えた長方形平面の建物、ふたつ目は正方形平面で藁葺きの屋根の建物である。このふたつのタイプは農家（casa colonica）と小屋（casone）として発展していったと思われる〔訳者注：casa colonica をここでは農家と訳すが、もともと colono 自作農に由来する。とはいえ、本文にも説明があるとおり、自作農、小作、折半小作などを含め、農家の総称として用いていると理解してよい〕。

　農家は山岳的性格などの地理的環境、風土気候、土地所有の特徴、耕作形態によって、じつに多様な形で発展した。それに対して小屋は、建設要素と簡素な平面形態から判断すると、その起源は建築資材がほとんど存在せず、耕作地の拡張が制限されていたラグーナの小屋に遡ると考えられ、非常に簡素な住居または家畜小屋や作物小屋として使用された。

農家の形式

　農家の基本的な形はまず地理的環境、つまり山岳地帯、丘陵地帯、平地によって異なる。このほかに、所有地の分散、管理の実態（自作農、小作、折半小作）、耕作物の種類、家畜の有無などが、農家の形に影響する要素である。基本型の話に戻ると、カンディダ（Candida）は「並列」、「別棟」、「複合型」、「上下重ね型」の4つの型を提示している >24。この分別によって大半の農家を描写することができる。この4つの型を区別する基準は農家のふたつの主要な空間である住居空間（abitazione）と農業用空間（rustico）との関係である。住人の住まいと家畜の小屋ということである。

　カンディダは、並列型を「ヴェネツィア型」とも呼び、ヴェネツィアの商館

の典型的な柱廊（ポルティコ）のアレンジであるとしている。柱廊は悪天候から守る空間を得るというシンプルな要求に応えている。柱廊は農作業場や道具置き場になり、また柑橘類のようなデリケートな樹木を植えることもできた。並列型は機能によって住居空間と、1階に家畜小屋、上階に干し草置き場がある農業用空間に分けられている。住まいはつねに1階に台所といくつかの寝室があり、2階には穀物倉庫とほかの寝室がある。このふたつの部分

22 絵画に描かれた藁葺き屋根の小屋（カゾーネ）
G. Bellini 1426?-1516, Allegoria sacra, particolare, Galleria degli Uffizi di Firenze.

23 16世紀の組積造の小屋にも藁葺き屋根が広く使われた
Jacopo da Ponte 1515-1592, Estate, particolare, Kunsthistorisches Museum, Vienna.

の割合は耕作のタイプで分けられ、家畜を飼育している場合は敷地に対応して非対称になる。並列型はヴェネト平野の大半に普及したが、とくに「ヴェネツィア型」はヴェネトのラグーナの隣接地帯とトレヴィーゾの南の部分に広まった。

別棟型は反対により19世紀後半より後の新しい時期に干拓された地域（ヴェネツィア県の北東部）にあるタイプである。L字型の平面の住居も見られる。住居には、おそらく湿気の多い天候の影響であろうが柱廊は消えて、さまざまな産物を乾かす石で舗装された乾燥場が導入されている。

複合型は多くの別棟があり、その建物は農園の種類に応じて特化されている（特別な用途の物である）。

反対に上下重ね型は、住居空間と農業用空間が垂直に伸びていることがわかる。この型の分布は土地の不足の現れであり、研究対象からははずれているが、エウガネイ丘陵とヴェローナ、ヴィチェンツァ、トレヴィーゾの山岳地帯に見られる。

非常に特殊な型は、藁葺きの掘っ立て小屋（capanna）とより発達した形式の農家（casa colonica）を結ぶリングになる小屋（casone）の例である **>25**。この地域で見られる小屋は完全に自然素材でできており、正方形か長方形の平面形態で1間だけであった。続いてひとつは人間用、ひとつは家畜用のふたつの内部空間のある小屋が現れた。窓はなく、中央にかまどがあったと推測され、煙は藁の屋根から出ていった。この屋根は雨水が早く落ちるように強い傾斜をつけてあることが特徴であった。火事を起こしやすい構造から、小屋の北に壁に囲われた小さな突き出た空間をつくって炉を移し、火事の危険を最小限に防いだ。この空間は、すぐに家族全員がまわりに座ることができる大きな炉がつくれるほどに拡大した。これはヴァッレサーナ式というこの地方独特の形の炉の発展したものであり、今でもラグーナの地域で見ることができる **>26**。もちろん今日では藁の小屋の突き出し部分はなく、すべて近代化されレンガ造りの建物につくり変えられ、窓もついている。

ヴァッレサーナ式の炉は、馬小屋はほぼ存在しないというラグーナの環境のなかで発達したという事実とともに、冬の寒さと湿気をしのぐために、人々

が集まる暖かい空間をつくり出す必要性があった点も見逃せない。大きな規模の炉は、小屋のすべての居住者が居られる場所を提供し、それを建物の最も重要な社会性をもつ空間にしたのである。

　小屋は漁師または農民の家族用であったと推測される。建築の構造と技術はほかの建物とはかなり異なり、少なくともその形は独特である。周辺の大工が建て、内部は基本的に木と漆喰で塗られた葦でできていた。農業用空間の普及はラグーナの大半と一部パドヴァの奥に広がっている。

　ヴェネツィア県とトレヴィーゾ県およびパドヴァ県の南部を対象とするこの研究のエリアに戻ると、ラグーナ地域と平野部の間に本質的な区分が見てとれる。ヴァッレとラグーナとでの漁から菜園、農業におけるさまざまな活動がこれらの地域に見合うかたちで、建物のさまざまな形式にも結びついている。

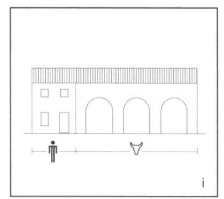

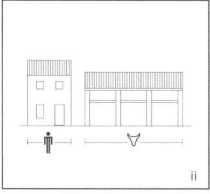

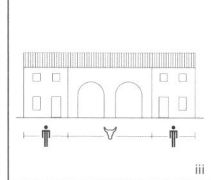

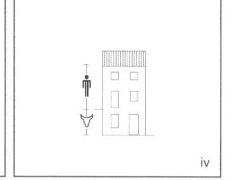

24 空間構成の基本的な型
i) 並列型、 ii) 別棟型、iii) 複合型、iv) 上下重ね型（M・ダリオ・パオルッチ作成）

25 おそらく炉の最初の設置後に、周壁が組積造でつくり替えられた葦葺屋根の小屋（カゾーネ）
P. Tieto, *I casoni veneti*, Padova: Panda, 1979.

26 トレポルティ市にある伝統的なヴァッレサーナ式の大きな炉をもつ小屋（カゾーネ、 M・ダリオ・パオルッチ撮影）

一方、ラグーナの最西部と東部では、別棟のある複合型と中庭型の複合型があり、ラグーナの中央部から北に向かうトレヴィーゾの南側にかけて、並列型が見られる。この形式はヴェネトのラグーナ一帯ではつねにアレンジされて取り入れられている。

　事実、「ヴェネツィア型」の並列された建物と、干拓地で生まれた建物を区別することはできる。「ヴェネツィア型」の並列された建物については、小屋についての別の論点が必要である。

　「ヴェネツィア型」の並列された建物、すなわち近くに家畜小屋があり、住居部分に干し草置き場がある建物にはいくつかの特徴がある。家の南側に柱廊（ポルティコ）が付き、周囲に炉のための突き出ている部分があり、ヴェネトの多くの建物に影響を与えていた。柱廊の配置にはさまざまな形があり、次のように分類できる >27。i）正面すべてについている、ii）住居部分にだけついている、iii）家畜小屋にだけついている、iv）農業棟の側面、ただし南北方向についている。

　カンディダの説によると（1959, p.116）、ひとつ目のモデルは社会的、また生産上の要求に応じたもので、ほかの3つの型も生じさせた。最も古い地域の特徴である柱廊は、干拓地である新しい地域では消え、その役割は農業用空間の前に置かれた簡素な庇がわりになり、通常、折半小作農家の典型である中小規模の生産のしくみと結びついていた。

　ファシズム時代の1915年から1938年の間に干拓された地域においては、状況はまったく違う。干拓計画は一般的に大規模な土地の造成事業にあたり、従って農業は粗放方式になった。その結果、建物は複合式で分離型になった。並列型の基本的な図式は大土地所有の要求に応じるために細分化され、特殊な単独の建物がさまざまな案に応じて配され、時折、中庭になったりした >28,29。

　北に向かい、トレヴィーゾ県に入ると、建物の配置がまだ散在している南部と似ており、より集中している高地との違いを見せている。低地では建物は敷地の端に配され、それが接する道路により近い位置にある。入口には、しばしば所有地の境界である堀にかかる橋を渡り達する。最も一般的な平面構成では、正面のすべてに、あるいは中央に柱廊を備えた並列型が見られる。

台所は、建物で最も重要な部屋であるため、つねに貯蔵庫と寝室もある1階に設けられた。また、しばしば北に突き出た部分に、炉と流し台がある別の空間を設けてつくられた。藁の小屋のころからある炉は、家の最も重要な部屋を暖めるためには、レンガ造りの突出部が必要であった。こうして火災の危険を最小限に減らしている。上階の空間はほとんど穀物倉庫にあてられるが、蚕が飼われることもあった。そして、ほかの空間はおもに寝室にあてられた。農業用空間では1階に家畜が飼われ、上階に干し草が置かれた。このふたつの要素が並列する型の別のケースで、ある程度広い農園では、中間に馬車を収容するテゾン（teson）と呼ばれる施設をはさむこともあった。住居空間－テゾン－農業用空間がある配置では、農業用は南北を軸に、住居は東西を軸に配されていた。

このテーマについてのさまざまなヴァリエーションに加え、対象地域全体のすべての農家に共通した問題として、空間全体の組織化という点がある。

・建物が東西の軸に沿っている。
・台所はつねに建物の1階の北側の炉が設けられている場所である。
・寝室は1階に設けられ、ときどきは2階にもある。
・大半の場合、柱廊は建物の南側正面全体につけられているか、部分的に農業用空間にのみ面している。
・家畜小屋の上にはつねに干し草置き場があり、住居の上階には穀物倉庫がある。
・最近では、屋根はすべて瓦葺きで、一般的には二重の傾斜をもつ切妻形式である。

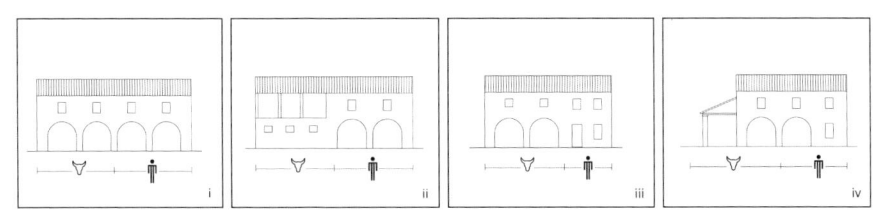

27 並列型民家における柱廊（ポルティコ）の配列形式（M・ダリオ・パオルッチ作成）

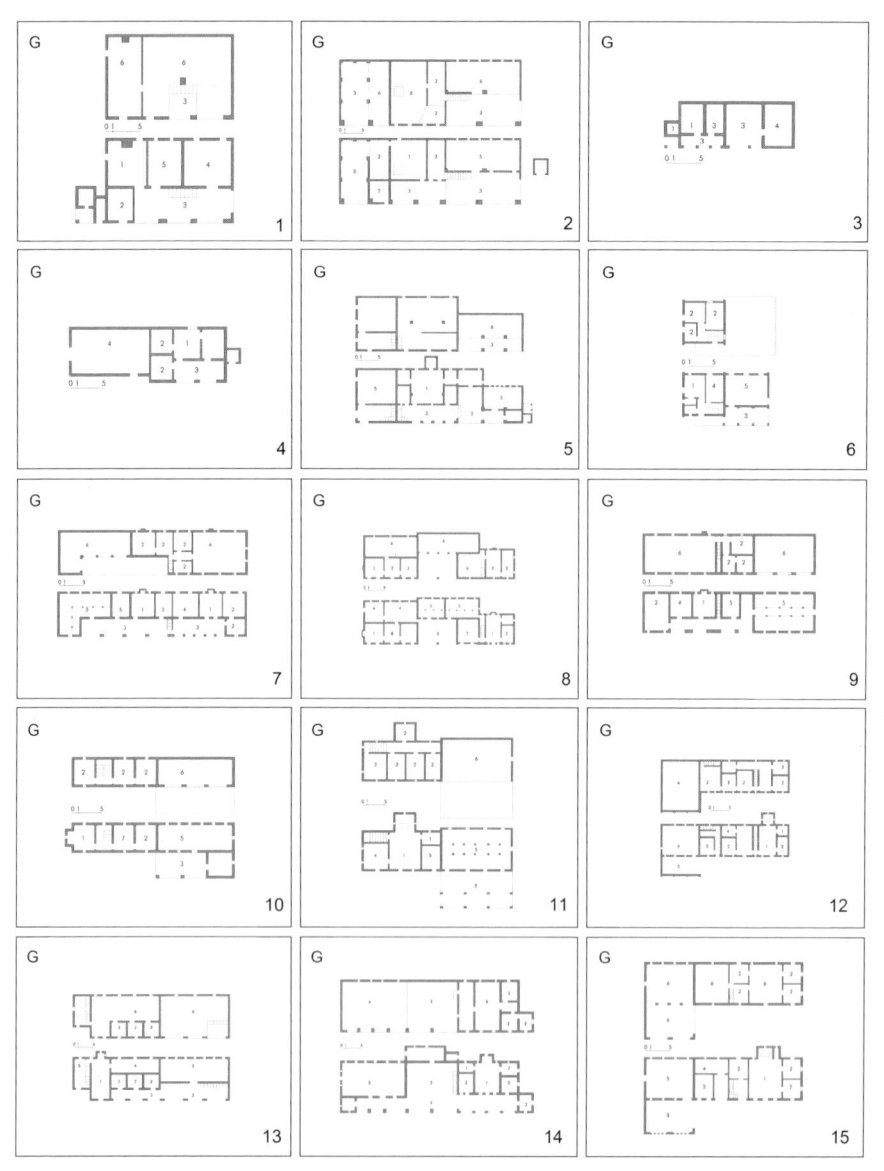

28 農家の平面形式（M・ダリオ・パオルッチ作成） 凡例：G−並列型、I−別棟型、M−複合型
用途：1−台所、2−寝室、3−ポルティコ、4−ワイン貯蔵庫、5−家畜小屋、6−穀物倉庫／干し草置き場、7−食堂
(1-Cervara di S. Cristina, A.S.Tv, *C.R.S. S. Paolo*, b. 58, f. 61; 2-Preganziol, A.S.Tv, *C.R.S. S. Paolo*, b. 58, f. 62; 3- Quinto di Treviso, A.S.Tv, *C.R.S. S. Paolo*, b. 58, f. 1; 4- Roncade, A.S.Tv, *C.R.S. S. Paolo*, b. 58, f. 60; 5- Schiavonia di Preganzion, A.S.Tv, *C.R.S. S. Paolo*, b. 58, f. 64; 6- Cavarzere, Candida, p. 86; 7- S. Maria di Sala, Candida, p.93; 8- Mirano, Caltana, Candida, p. 95; 9- Salzano, Candida, p. 98; 10- Eracla, Candida p.101; 11- Portogruaro, Candida, p. 103; 12- Pramaggiore, Candida, p. 105; 13- Ormelle, Candida p.175; 14- Ponte di Piave, Candida, p. 177; 15- Motta di Livenza, Candida, p. 178.)

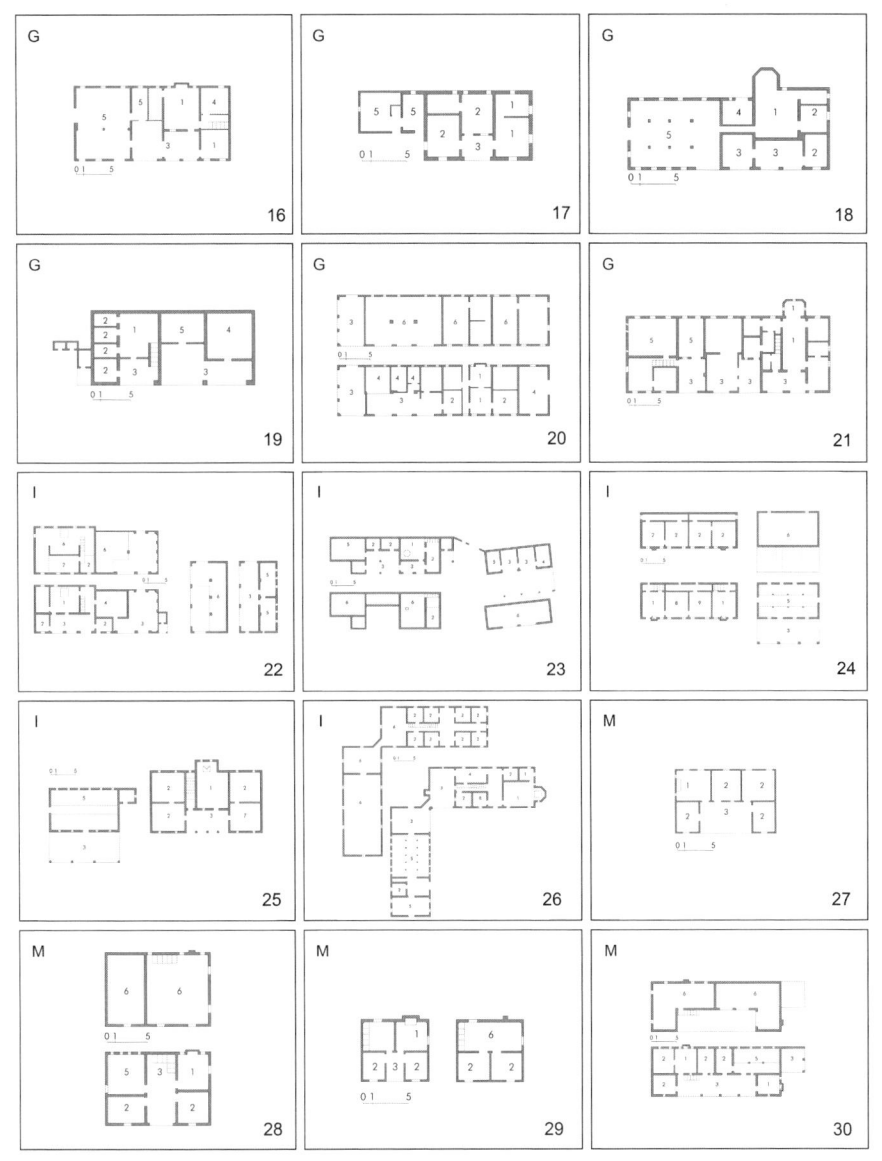

29 農家の平面形式（M・ダリオ・パオルッチ作成）　凡例：G−並列型、I−別棟型、M−複合型
用途：1−台所、2−寝室、3−ポルティコ、4−ワイン貯蔵庫、5−家畜小屋、6−穀物倉庫／干し草置き場、7−食堂
(16- Breda di Piave, Marangon, p. 30; 17- Roncade, Marangon, p. 27; 18- Casale sul Sile, Marangon, p. 33; 19- Rovare di S. Biagio di Callalta, Marangon, p. 29; 20- Quinto di Treviso, Marangon, p. 64; 21 Tiveron, Quinto di Treviso, Marangon, p. 71; 22- Cavarera di S. Cristina, A.S.Tv, *C.R.S. S. Paolo*, b. 58, f. 63; 23- Morgan, A.S.Tv *C.R.S. S. Paolo*, b. 58, f. 9; 24- Cavarzere, Candida, p. 88; 25- Eraclea, Candida, p. 106; 26- Oderzo, Candida, p. 180; 27- Lorenzaga, Motta di Livenza, Candida, p. 186; 28- S. Cassiano di Quinto, Marangon, p. 26-27; 29- Gradignano di Scorze, Marangon, p. 24; 30- Pianiga, Candida, p. 92.)

農家と土地

　建物と農地はつねに緊密で、農地により適した形の建物をもたらす関係である。この関係をよく示す例として、サン・パオロ修道院が所有した不動産に関する一連の史料のなかに、18世紀末のいくつかの絵図面（国立トレヴィーゾ文書館［A.S.Tv］, C.R.S. S. Paolo, b. 58）がある。それらを分析すると、農家の規模は、農地の面積と家族の人数によって決まってくることがわかる。第1の特徴は、家族や使用人の人数は変わりやすいため、穀物倉庫を利用したり、増築して調整したりするので、影響を受けやすいことである。つまり農家は、収穫物の倉庫を必要とするか、少なくとも環境を規定する農地の規模と耕作物のタイプに影響される。

　「コスタ・マッラ」という不動産に関する18世紀末の史料にある農地では、敷地の58％を森が占めるために建物を狭く使わざるをえない、つまり特別な部屋をもたない農家が見られる。残りの土地は種々雑多な、言い換えれば種まきに適した農産物、おそらく果樹、桑、ブドウなどの耕作地であった>30,31。耕作地を耕す畜牛のための牧草地は、4％にすぎない。建物内部においては、上階に干し草置き場のある牛小屋と上階に穀物倉庫のある中央の柱廊が多くを占め、台所と住居部分は建物の半分にも満たず、寝室は一部屋であったと思われる。つまり少人数の家族がおよそ8haの土地を集中的に耕作していたと考えられる。

　一方、モルガーノ（Morgano）のヴィッラ（村）の場合は状況が異なっている>32,33。ここでは、サン・パオロ修道院が所有する、前述の例より広い耕地をアンジェロとマッティオ兄弟が借りており、所有地の面積は前述の例とさほど変わらないが、耕作地の面積が約37％上回っていた。農家の複雑さは所有権を反映し、住居部以外が占める面積の割合は土地利用の種類の多さに比例する。ここでは、住居空間と農業用空間がふたつに分かれるタイプの建物では、農産物の保管場所が足りず、ワイン蔵と羊のための小屋を新たな建物として増築している。ワイン蔵から判断すると、所有地で大量のワインを醸造していたほか、牧場や冬の間に必要な干し草を補給するための牧草地を持ってい

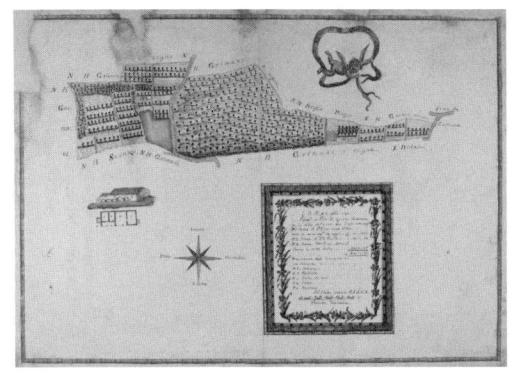

30 クイント・ディ・トレヴィーゾにある「コスタ・マッラ」という名称の不動産
A.S.Tv, *C.R.S. S. Paolo*, b. 58.

31 土地利用の比率および住居と農業用空間の割合（M・ダリオ・パオルッチ作成）

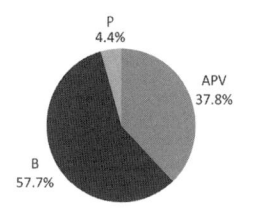

P 4.4%
APV 37.8%
B 57.7%

APV：畑・樹・ブドウ - arativo arb. vitato
P：牧草地 - prativo arborato
B：森林 - bosco

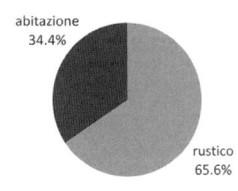

abitazione 34.4%
rustico 65.6%

abitazione - 住居
rustico - 農業用空間

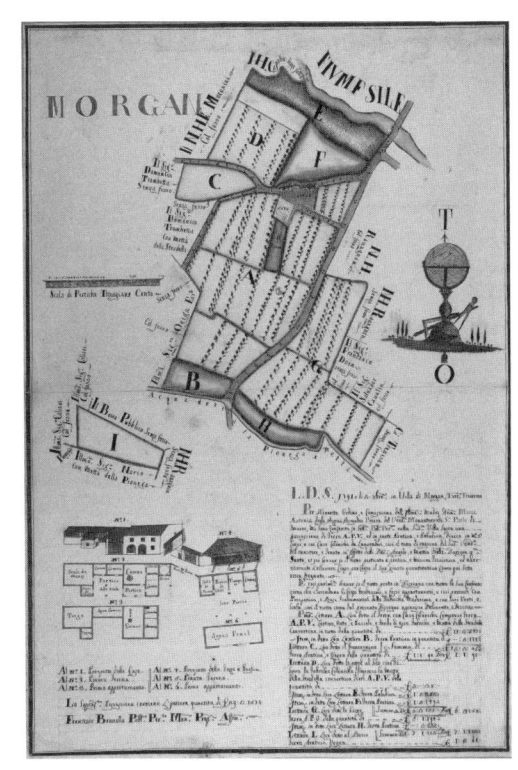

32 モルガーノにあるアンジェロとマッティオ兄弟に賃貸された不動産
A.S.Tv, *C.R.S. S. Paolo*, b. 58.

33 土地利用との比率および住居と農業用空間の割合（M・ダリオ・パオルッチ作成）

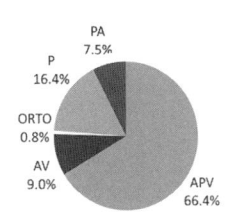

PA 7.5%
P 16.4%
ORTO 0.8%
AV 9.0%
APV 66.4%

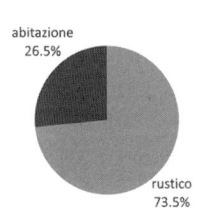

abitazione 26.5%
rustico 73.5%

abitazione - 住居
rustico - 農業用空間

AV：畑・ブドウ - arativo vitato
APV：畑・樹・ブドウ - arativo arb. vitato
PA：牧草地・樹 - prativo arb.
P：牧草地 - prativo
ORTO：菜園

59

たことがわかる。当時、一般的なブドウ畑は、穀物の畑に沿って並ぶ果樹や桑の木に蔓を絡ませてつくられていた。家族の日々の糧のために必要な要素には、菜園がある。つねに建物の近くに設けられ、動物の侵入を防ぐためにしばしば生け垣で囲まれていた。

外観で特筆すべきことは、まだ藁製であったワイン蔵と羊小屋の屋根である。これらの建物が建てられた地域は湿地で、大量の藁と同様の屋根をつくれるイグサを供給できた。最後に建物について述べると、実際6つの寝室と馬のために第3の小屋まで用意され、耕作の豊かさや働き手の数がみてとれる。

サン・パオロ修道院の所有地のほかの例として、居住以外の部屋の使われ方は耕作物によって大きく異なることを示しておこう >34,35。この所有地は、敷地の46％を広大な牧草地が占め、それに続き、ブドウ栽培に適した種々雑多な耕作地が30％を占めている。古い不動産絵図には牧草地の大きな広がりが見てとれるが、書かれた説明には、90％がブドウおよび樹と畑が並列する

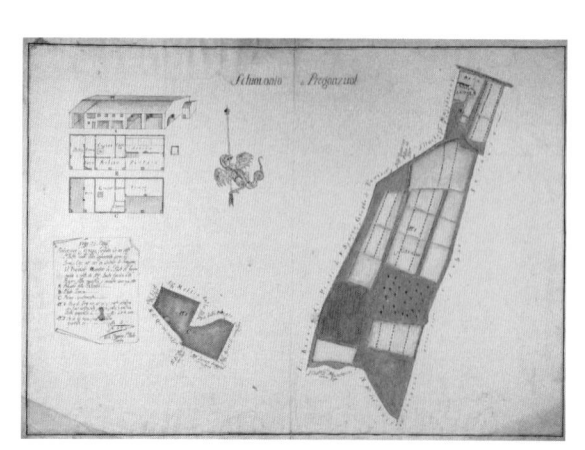

34 サント・カウニオに賃貸された不動産
A.S.Tv, *C.R.S. S. Paolo*, b. 58.

35 土地利用との比率および住居と農業用空間の割合（M・ダリオ・パオルッチ作成）

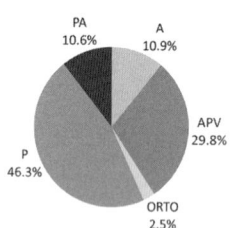

A：畑 - arativo semplice
APV：畑・樹・ブドウ - arativo arb. vitato
P：牧草地 - prativo
PA: 牧草地・樹 - prativo arborato
ORTO - 菜園

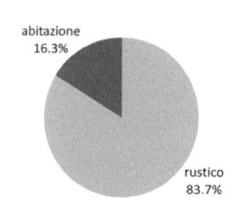

abitazione - 住居
rustico - 農業用空間

複合タイプで、牧草地は**10%**であることが読める。この場合においても、ワイン醸造が重要で、この農家の西側部分のすべてがその生産のために当てられていた。

　2階に寝室を実現するために、穀物倉庫が小さくなっていることも見ておきたい。小さいながらも生活にとって重要な要素は井戸であり、農家の設備のなかでつねに描かれ、また言及されてきた。

　第4のロンカーデの例では、農家とその所有地の深い関係がわかる**>36,37**。ここでは**7ha**の敷地をほぼすべてワイン醸造のためのブドウ栽培にあてており、居住部以外の割合は、前の例のように大きくない。ワイン貯蔵庫の屋根は2番目の例のように藁でできていた。建物は、屋根をつくるための材料を容易に見つけることができるムゼストレ川の近くに建っている。この農家の絵図には、2階の平面図が不足しているが、その埋め合わせとして、菜園が非常に詳細に描かれおり、その菜園を取り巻く枝を組んだ垣根の状態がよくわかる。

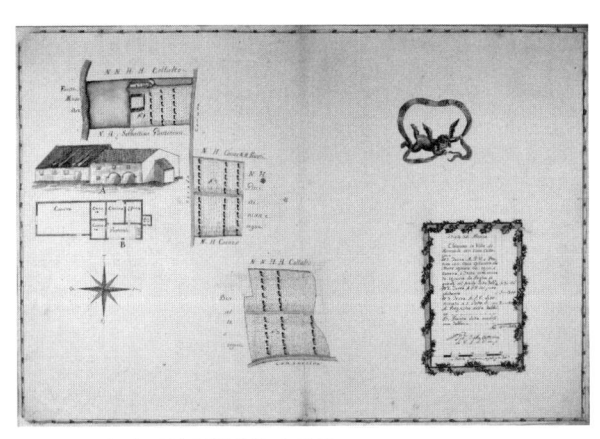

36 ロンカーデにある民家と関連施設の不動産
A.S.Tv, *C.R.S. S. Paolo*, b. 58.

37 土地利用との比率及び住居と農業用空間の割合（M・ダリオ・パオルッチ作成）

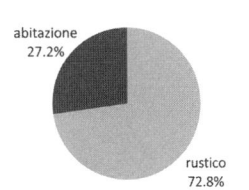

abitazione 27.2%
rustico 72.8%

ORTO - 菜園 abitazione - 住居
rustico - 農業用空間

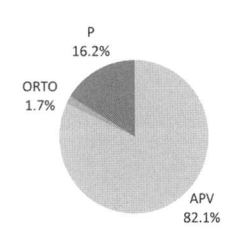

P 16.2%
ORTO 1.7%
APV 82.1%

A: 畑 - arativo semplice
APV: 畑・樹・ブドウ - arativo arb. vitato
P: 牧草地 - prativo
PA: 牧草地・樹 - prativo arborato

農家のおもな施設と場所

台所

　家畜小屋とともに住居の基本的な施設で、家族全員が集まる場所を代表していた。台所は、食事をするという最も自然な用途のほかに、蚕を飼ったり、冬の間は道具をつくったり、小さな仕事をする場所で、炉によって暖められた唯一の空間であった。古い時代には藁で建てられていた建物が火事になる危険を軽減するために、生レンガ、後に焼きレンガでつくられた突出部に設けられた。台所には、排水のための溝があり、つねに水を流せる流しも備わっていた。水は近くの井戸、または小川や泉から汲んでいた。後に炉は、安全性を重視して住居の外に設けられた。複数の家族で週に1、2度パンを焼くというように家屋とは離され、共同で使用されていた。

柱廊

　台所の次に重要な要素であり、台所の続きの部分として、また農作業をする場所として多機能な空間であった。また、すべての部屋は柱廊を通じてつながるという、建物の中心ともいえる位置にあった。2階に通じる階段も、通常は柱廊に設けられた。冬は東から強いボラ風が吹きつけるため、必ず南向きに設けられた。建物の長さ全部、または一部に沿ってつくられたため、冬には太陽が内部を暖めて温暖な場となり、夏は日陰を生むことで最高に快適な微気象をつくり出した。アーチの形状はおもに半円形であるが、ときに立ち上がりが低いものが使われたり、単純な木の梁を用いる場合もあった。

寝室

　数は家族の規模によって異なり、小規模の場合は1階に1部屋であり、人数が多い場合は2階にも設けられた。日光を最大限取り入れるために南向きに設けられた。農家は基本的に穀物倉庫に多くの空間をさくため、寝室は最小限に抑えられた。ただ、穀物倉庫では小さな子どもたちが寝ることもできた。

家畜小屋

　おもに乳牛と牛が入れられていた。加えていくつかの農家には馬のための2番目の小屋があった。母屋に付属するほかの小さな建物では豚や羊を飼っていた。家畜小屋を持てないより貧しい農家では、中庭で雌鳥、アヒル、ウサギなどのような小動物を飼っていた。家畜小屋は農業用空間の一部であり、干し草のブロックと屋根が象徴的であった。入口はしばしば南側にあり、必ずしも柱廊を通る必要はなかった。開口部は住居に比べて必ず小さく、とくに北へ長く伸びた形状により、家畜小屋とすぐ判別できた。内部では、家畜はかいば桶が置かれ、外壁に向かって櫛状に割られた空間に入れられていた。中央には、近くの肥だめに汚水を流す溝があった。この肥だめは肥料として使う堆肥の置き場であった。

　家畜小屋はしばしばフィロ（filò）またはフィオ（fiò）と呼ばれ、社会的性格のある別の機能も持っていた。つまり建物のなかで最も「暖められた」部屋であり、冬の夜に家族全員や近所の人々が集い談笑したり、手仕事をしたりする団らんの場所となった（E.Olmi,1978）。

干し草置き場

　つねに、家畜小屋の上に置かれ、一体となっていた。冬季の家畜のすべてのえさを守る場所で、相当な広さがあった。おもに仕切りのない空間であり、干し草は南側の大きな開口部から運ばれた。また干し草が腐らないようによい状態を保つために、北側の小さな開口部からもつねに空気が通るようにしていた。この干し草置き場から干し草は、小さな揚げ蓋を通して下の家畜小屋に落とされていた。干し草置き場の広さが十分ではない場合、家畜小屋のすぐそばに円筒状の束が置かれ、冬にはそこから取り込まれた。その構造は中央に柱があり、そのまわりで飼料が圧縮され、柱は金属製の小さな円形の屋根を支えていた。

穀物倉庫

　干し草置き場と同様に、ほかの農産物を置く場所である。つねに住居の上

階に置かれ、穀物だけでなくあらゆる種類の農産物を保管していたと思われる。この場合も産物をよい状態で保存するためにとくに換気が重要であった。空気を取り入れ、またネズミから産物を守る完全な管理をするために、建物の最上階が最も適当な場所であった。さらにネズミの襲撃から守るために特別な工夫がなされ、ネズミが侵入しにくい建材を使用し、ネズミが壁を上れないように表面にマルモリーノという漆喰を塗っていた。穀物倉庫では養蚕のようなほかの仕事も同時に行われた。

ワイン貯蔵庫

　ワインの醸造所のなかだけにあり、建物の最も涼しい場所、つまり必ず北側に設けられ、床は通常は土間または薄いレンガ板で、住居に比べて低い位置にあった。そこに樽や醸造に必要なすべての設備だけでなく、長い期間冷蔵しなければならないサラミやソーセージが保管されていた。

農家が保護されない状況

　これまで述べてきたことから、農業景観と深く結びついた建築的遺産の重要性が明確に浮かび上がる。土地利用と地域の文脈に結びついた建築の顕著な特性は、これまでさまざまなかたちで記録されてきた。建物保護の歴史は、ほかの国よりはるかに長くても、また早い時期に何人かの研究者が警鐘を鳴らしていたが、残念ながら、その価値を理解させるまでに至らなかった。パラーディオのヴィッラ別荘のような、最も記念碑的な建築物が保護され、保存を保障され、たびたび注意深く修復された一方で、農家のようなささやかな建築物はそれに値する関心を払われなかった。その結果、藁葺きの小屋（casone）のような最も壊れやすい建物が消え、昔の手仕事に対して荒っぽい改築がなされるなど、多くのさまざまな遺産が消失した。そのなかでも藁葺きの小屋の減少がおそらく最も重要である。20世紀初頭の藁葺きの小屋の数はかなり多く、パドヴァ県では2,328で1940年には2,122であった。その後、近代の

社会・経済的変化を受けて、衛生上の規則により、その存在が否定されるのは宿命であった。1959年の統計では、ピオーヴェ（パドヴァ県）で181の小屋が記録されたが、1970年代にパドヴァ県全体で10棟にまで減少している（Tieto, pp.70-79）。

今日、カゾーネはほとんど姿を消したとはいえ、本来の機能をまだ維持している農家がある程度、存在する >38,39,40,41。そこでも、作業の新しい技術、農業手段の使用、そしてまたさまざまな生活スタイルの変化などがもたらされる諸々の問題がある。

今日、建築資産として残っている数少ない農家において、機械を用いた新たな農業技術が導入されると、かつてはヴェネトの田園にどこにでも存在した井戸、鳩小屋、円錐形に積んだ麦藁の山などの小さな構造物が見捨てられてしまうおそれがある。この状態が続けば、これらすべてが姿を消すだろう。したがって、農家とこれらの小さな要素をローカルなミクロ・ストーリア（歴史）の証言として保存するためにも、その再評価を緊急に押し進めなければならない。

Bibliografia
M. Berengo, *L'agricoltura veneta dalla caduta della repubblica all'unità*, Milano, 1963.
L. Candida, *La casa rurale nella pianura e nella collina veneta*, Firenze: Olschki ed, 1959.
L. Gemin, *Documenti di architettura rurale nella marca trevigiana*, Asolo: Acelum ed., 1989.
I. Marangon, *Architetture venete*, Treviso: RG editore, 2013.
E. Olmi, *L'albero degli zoccoli*, 1978 (film).
G. Pietra, "Mentre stanno scomparendo gli ultimi casoni dell'agro padovano" in "*Atti e Memorie della R. Accademia di Scienze lettere ed arti in Padova*", LVI (1939-40), pp. 58-76.
P. Tieto, *I casoni veneti*, Padova: Panda ed., 1979.

38 ポルテグランディにある並列型の農家（住居空間、M・ダリオ・パオルッチ撮影）

39 ポルテグランディにある並列型の農家（農業用空間、M・ダリオ・パオルッチ撮影）

40 カ・トロンにある並列型の農家（M・ダリオ・パオルッチ撮影）

41 ガンバラレにある並列型の農家（M・ダリオ・パオルッチ撮影）

2

シーレ川流域

水車の産業と舟運

Fiume Sile

シーレ川流域のカジエール（樋渡撮影）

1 シーレ川流域の地理的、歴史的特徴

地理的概要

　シーレ川は、ヴェネト州のトレヴィーゾ県とヴェネツィア県にまたがり、トレヴィーゾとカステルフランコの間に位置する標高約 27m の湿原の湧水を水源とする河川である >1。水源の周辺は、ラグーナに注ぐゼーロ（Zero）川とデーゼ（Dese）川の水源でもあり、湧き水の豊富な場所である。シーレ川は水源から田園地域を通り、トレヴィーゾの市壁の南側をゆっくりと流れ、透き通る水の上では鳥たちが水遊びを楽しむ光景にも出会う >2。このシーレの名は、「静寂（silenzio）」に由来し、古くから穏やかな流れであったことが窺える。また、緑あふれる自然環境をつくり出してきたシーレ川沿いは、現在、さまざまな動植物の生息する自然公園として保護されている。そしてトレヴィーゾを過ぎると、低地を激しく蛇行しながら南下し、ポルテグランディ（Portegrandi）からラグーナの北側を縁どるように流れ、アドリア海に注ぐ。

政治的背景

　かつての本流はラグーナに注いでおり、ヴェネツィア共和国が誕生する以前から、ラグーナとテッラフェルマ、さらにはアルプス方面とを結ぶ「川の道」であった >3。川沿いには起源が青銅器時代にまでさかのぼる集落もあり、古くから重要な河川であったことがわかる。また、古代ローマ時代には、デーゼ川の河口付近に位置するアルティーノ（Altino）への街道がシーレ川を横断しており、シーレ川と街道の交点にあたるムゼストレ（Musestre）には古代ローマ時代の遺構が見つかっている。

　ヴェネツィア共和国が誕生するとシーレ川の重要性はますます高まった。商業用のバイパスとして活用され、11 世紀には河川の通航を監視するためにシーレ川沿いのカジエール（Casier）やカザーレ・スル・シーレ（Casale sul Sile）

1 シーレ川（A・フォン・ザック作成、1798-1805年）
Massimo Rossi (a cura di), *Kriegskarte 1798 – 1805 : Il Ducato di Venezia nella carta di Anton von Zach*, Treviso - Pieve di Soligo : Fondazione Benetton Studi Ricerche, Grafiche V. Bernardi, 2005.

2 多様な動植物の生息するシーレ川上流（樋渡彩撮影）

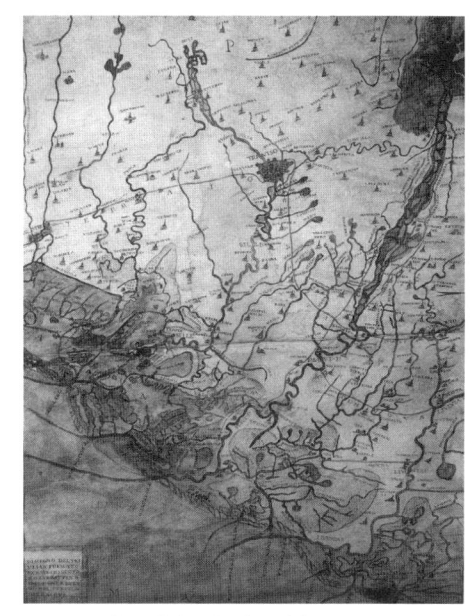

3 C・サッパディーノ作成の地図（1540年）
国立ヴェネツィア文書館（以下 A.S.Ve と略す）, *Savi ed esecutori alle acque*（以下 S.E.A. と略す）, Disegni, *Piave*, dis. 5.

などに塔が建設されるようになった >4。これは後に川港として発展する前身と考えられる。

　そして14世紀後半、トレヴィーゾがヴェネツィア共和国の支配下に置かれると、シーレ川はヴェネツィア共和国の領土に含まれ、重要な役割を担ってきた。そのひとつがシーレ川の水流を利用した水車を動力とする産業である >5。上流では、とりわけ製粉の一大生産拠点としてヴェネツィア共和国の人口増加を支えてきた。製粉業の生産拠点としてモルガーノ（Morgano）、サンタ・クリスティーナ（S. Cristina）、クイント・ディ・トレヴィーゾ（Quinto di Treviso）などがあげられる。この製粉業で栄えた上流域については、ヴェネトの地域史研究の第一人者であるM・ピッテーリの研究を紹介しながら詳述する。

　トレヴィーゾもまた、シーレ川や都市内の運河に水車を設置して製粉業、製紙業、革なめし業などさまざまな産業が興った。そのなかでも、ヴェネツィア共和国にとって重要だったのは、火薬の製造である。トレヴィーゾの市壁のすぐ外側で、シーレ川の水を引いた水路に沿って火薬製造所が建設された。火薬は、粉末をつくる工程があり、ここでも水車が動力として利用されていたのである。さらにトレヴィーゾは、港としても重要であった。港はトレヴィーゾを流れるシーレ川の最も下流部に置かれ、ヴェネツィアから発着する舟が停泊した >6。ここは、トレヴィーゾ〜ヴェネツィア間の商品だけでなく、トレヴィーゾ以北との取引も行われる中継地でもあった。シーレ川沿いで最も栄えたトレヴィーゾについては、後にくわしく取り上げる。

　また、トレヴィーゾ〜ラグーナ間には、トレヴィーゾへの中継地としていくつもの川港が発展していった。川港は、ラグーナからシーレ川を上る際に、舟を引いていた牛などの交代場所とほぼ重なる。暴れ川のブレンタ川とは違い、シーレ川は穏やかな河川ではあったが、水流が速かったことから、馬よりも牛が活躍した。この舟を引く動物の歩く道を「レステーラ(restera)」といい、1764年のA・プラティ作成の絵地図にも描かれている >7。

　このようにシーレ川流域はヴェネツィアとともに発展し、重要な河川であり続けたのである。しかしながら、ラグーナに土砂の堆積をもたらし、ラグーナ内の水循環を悪化させるという問題もあった。そこでヴェネツィア共和国

4 シーレ川沿いに聳える塔
Giorgio Garatti, *Il Nostro Sile*, Treviso : T.E.T., 1983.

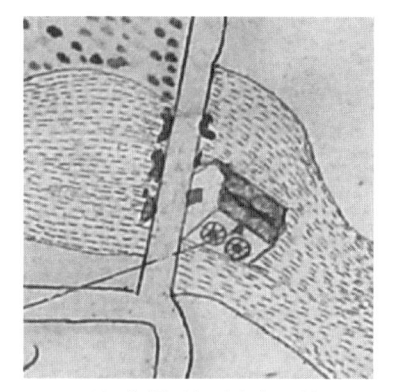

5 サン・パオロ修道院所有の水車（1717年）
国立トレヴィーゾ文書館（以下 A.S.Tv と略す）, *C.R.S. S. Paolo*, b. 58.

6 トレヴィーゾの港、1844年
A. Bondesan, G. Caniato, F. Vallerani, M. Zanetti (a cura di), *Il Sile*, Sommacampagna : Cierre, 1998.

は、ブレンタ川に続きシーレ川もラグーナから遠ざけるよう治水事業を行い、1683年、アドリア海に注ぐようにシーレ川の本流を旧ピアーヴェ川の川床に付け替えたのである。また本流を付け替える一方で、1684年、旧本流に閘門が建設され、ラグーナとシーレ川とをつなぐ重要な舟運ルートは維持された。この閘門の位置するポルテグランディでは、現在もラグーナとシーレ川を結ぶ重要な閘門が稼動している >8。

旧ピアーヴェ川の川床に付け替えられた現シーレ川の本流には、河口付近のカヴァッリーノ（Cavallino）に閘門がある。この閘門は、1632年、旧ピアーヴェ川とラグーナを結ぶ運河上に建設されたものである。その脇には、ラグーナに入る舟や積荷をコントロールする税関も設置された。このように、シーレ川は旧本流も現本流も重要な役割を担ってきたのである。

シーレ川を活用した産業

さて、ここまでシーレ川の上流から下流までを概観してきたが、シーレ川流域の産業について少し補足をしておきたい。シーレ川では、すでに710年には、豊富な水の流れを活かして、水車を利用した産業が興っていた。トレヴィーゾより上流域は、製粉の一大生産拠点であったが、それは後にくわしく扱うとして、ここでは、それ以外の産業に注目する。

トレヴィーゾより上流域では、シーレ川そのものを利用して魚の養殖が行われている。うなぎの有名なクイント・ディ・トレヴィーゾでは、20世紀から始まった新しい産業で、舟運のない地域ならではといえる。養魚場は幾何学的に整備され、特徴的な風景をつくり出している >9。

トレヴィーゾよりも下流では、シーレ川から水を引いた用水路の上や、シーレ川に注ぐ支流の河口に水車が設置される。1764年のA・プラティ作成の絵地図には、シーレ川に注ぐリンブラガ（Limbraga）川、ストルガ（Storga）川、メルマ（Merma）川そしてミニャゴラ（Mignagola）川の河口にそれぞれ水車のある施設が描かれ、公共の製粉所であることが記載されている >10。支流とシーレ川との落差を上手に活用した例である。現在も支流の河口付近は産業地帯になっている。巨大な工場が立地し風景は大きく変わったが、場所の記憶は

7 シーレ川沿いのレステーラ。牛による舟の牽引（A・プラティ作成、1764年）
F. Rossi, M. Dal Borgo (a cura di), *Un disegno in forma di libro*, Treviso : Compiano, 2011.

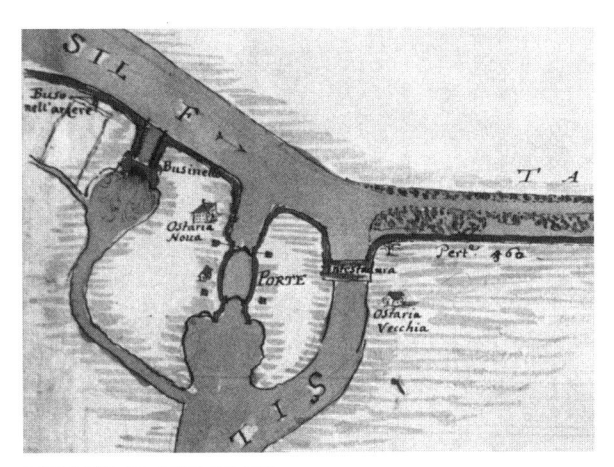

8 ポルテグランディの閘門（1734年）
A.S.Ve, *S.E.A.*, Relazioni, b. 36, dis. 25.

9 クイント・ディ・トレヴィーゾの養魚場（M・ダリオ・パオルッチ撮影）

受け継がれ、シーレ川を代表する風景のひとつといえよう >11。

シーレ川に注ぐムゼストレ川の河口には、工場ではなく教会が立地し、おそらく、歴史的にも水車の施設が設置されてこなかったと考えられる >12。この教会の起源は古く、もともとはシーレ川に正面を向けていたという。現在は、正面を 90 度回転し、ムゼストレ川に正面を向けている >13。そのムゼストレ川は別名「洗濯場通り」と呼ばれ、洗濯産業が興っていた。ロンカーデ（Roncade）、サン・チプリアノ（S. Cipriano）、サンタ・フォスカ（S. Fosca）の洗濯屋が代表的である >14。ヴェネツィアのホテル、レストラン、住宅から汚れたシーツや衣類がロンカーデに運ばれ、ムゼストレ川で洗濯され綺麗にした後、ヴェネツィアに届けていたのである。1938 年には 10 家族がムゼストレ川で洗濯業を営んでいたという。またムゼストレ川は、さまざまな商品や食品が輸送される、舟運にとっても重要な河川のひとつであった。このようにシーレ川流域にはヴェネツィアを支えるさまざまな産業が成り立ってきたのである。

舟運と水車を使った産業の分布構造

シーレ川は、その上流から下流まで、かつてのヴェネツィア共和国の領土内の起伏のほとんどない土地をゆっくりと蛇行しながら流れている >15。そのため、流域に位置する街および集落の違いは、ほとんどないように思われる。しかし水車を使った産業の分布に注目して、街および集落の空間構造を考察すると、その違いがはっきりと現れる。その違いを早速見ていこう。

まずシーレ川において、水車の立地はおもに 3 つに分けられる >16。ひとつ目はシーレ川から水路を引き、その用水路上に立地するタイプである。この例はシーレ川の上流から下流まで見られる。ふたつ目は、シーレ川そのものの流れを利用し、シーレ川上に立地するもので、おもに上流域に分布している。そして 3 つ目は、シーレ川に沿って立地するもので、とくにシーレ川に注ぐ支流の河口に立地するものである。ふたつ目と 3 つ目のタイプの分布傾向は、

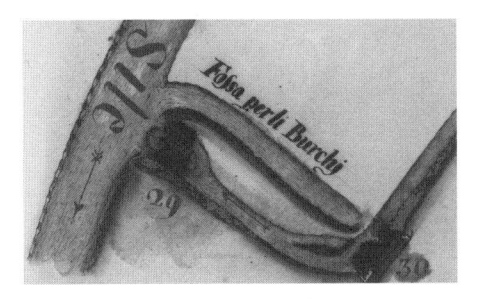

10 メルマ川河口に立地する水車（1764年）
出典は図7と同じ

11 シーレ川の支流の河口に立地する工場（須長拓也撮影）

12 ムゼストレ（17世紀末）
Camillo Pavan, *Sile : alla scoperta del fiume, immagini, storia, itinerari*, Treviso, 1989.

13 ムゼストレ川に正面を向ける教会（樋渡撮影）

14 ムゼストレ川で洗濯する洗濯屋（1922年）
出典は図12と同じ

トレヴィーゾのサン・マルティーノ（S.Martino）橋付近を境目としてはっきりと分かれる >17。トレヴィーゾは、ヴェネツィア共和国に統治される以前から商業都市として栄え、13 世紀末には、シーレ川に架かるサン・マルティーノ橋付近で水車を利用した産業が興ったといわれている。1764 年、A・プラティ作成の絵地図には、水車が川を堰き止めるように描かれている。また市壁の南側にも障害があり、この時代にはトレヴィーゾより上流へは舟が使えなかったことも読みとれる。18 世紀中ごろの絵画には、シーレ川に沿って大型船が停泊し、荷役の様子が描かれている >18。この場所は、1811 年の不動産台帳（カタスト・ナポレオニコ）の地図には「税関通り（Contrada della Dogana）」と書かれており、重要な港機能であったことがわかる。同地図から、シーレ川沿いに「舟の広場（Piazza della Barche）」が位置することも読みとれ、19 世紀の絵画には、「舟の広場」で荷揚げする様子がしばしば描かれる。これらのことから、シーレ川に沿ってトレヴィーゾの港湾エリアが広がり、サン・マルティーノ橋の下流側に配置された水車まで舟運が可能だったと推測される。つまり、トレヴィーゾのサン・マルティーノ橋を境として、シーレ川の上流側では水車を利用した産業エリアとして、下流側では川港として街の空間を使い分けていたのである。

次にこのような特徴的な水車の立地について、舟運との関係や、街および集落の空間構造をタイプ別に考察する。

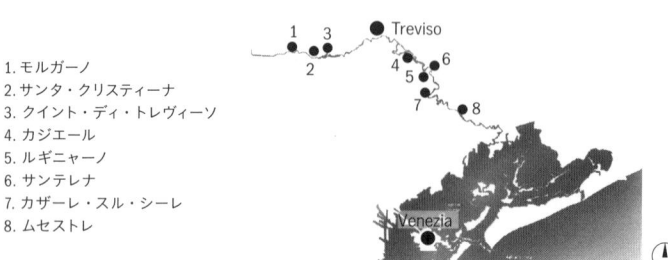

1. モルガーノ
2. サンタ・クリスティーナ
3. クイント・ディ・トレヴィーゾ
4. カジエール
5. ルギニャーノ
6. サンテレナ
7. カザーレ・スル・シーレ
8. ムセストレ

15 おもな街および集落の位置（須長、髙橋香奈作成）

第 2 章　シーレ川流域　　Fiume Sile

1 用水路上　　　　　　2 シーレ川上　　　　　　3 シーレ川沿い

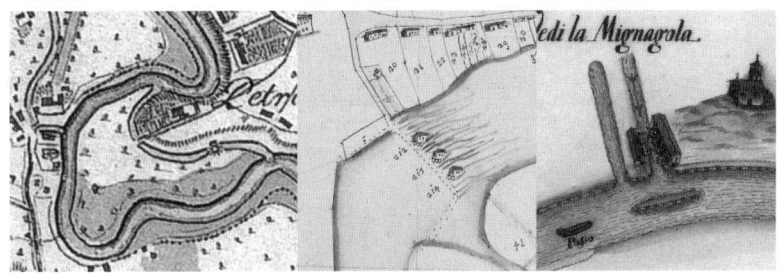

1798-1805年 A・フォン・ザック作成　　1714年 不動産台帳の地図　　1764年 A・プラティ作成

16 シーレ川における水車の立地
出典は左図より、図1と同じ、A.S.Tv, *Mappe antiche*, b.20.、図7と同じ

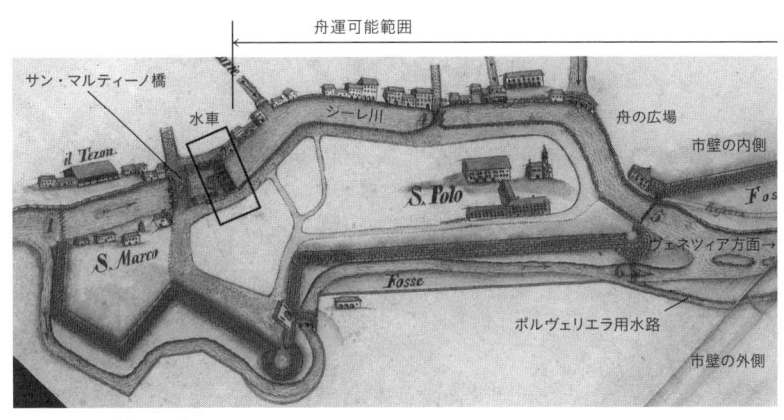

17 トレヴィーゾ（1764年）
出典は図7と同じ（樋渡追記）

18 トレヴィーゾ。シーレ川沿いの税関前（18世紀中ごろ）
Toni Basso, Andrea Cason, *Treviso ritrovata*, Treviso : Canova, 1977.

用水路を活用した産業

　河川の上流側と下流側を結んで用水路をつくり、その高低差を利用して水車を配した産業を興した例がここシーレ川でも見られる。蛇行の激しいカジエール周辺では、古くからその手法が使われてきた。この方法の代表例として、トレヴィーゾの市壁の外側で行われていた火薬製造業があげられる。トレヴィーゾの市壁の外側に位置するポルヴェリエラ用水路（Canale della Polveriera）では、ヴェネツィア共和国時代に火薬が製造されていた。国立トレヴィーゾ文書館保管の1681年のサン・パオロ修道院（S. Paolo）の史料からはポルヴェリエラ用水路の整備と、同用水路の河口における新たな火薬製造所の建設を計画したことがわかる >19。ここで製造された火薬は、舟でヴェネツィアまで運ばれていたが、この火薬製造所の変遷については、「トレヴィーゾ」のところで詳述する。

トレヴィーゾより上流の街および集落

　シーレ川の上流域では、古くから製粉業を生業としていた。史料から14世紀にはすでに製粉業が興っていたことが知られるが、それ以前からあったとされている。シーレ川の安定した流れと豊富な水量により、水車を動力としたエネルギーは理に適っていたのである。ヴェネツィアのラグーナ内では、潮の干満差を利用して水車による製粉が行われていたが、その動力はシーレ川の水量とは比べものにならなかった。次第にヴェネツィア共和国はシーレ川の製粉業者に委託することとなり、それによりシーレ川上流域は一大製粉生産拠点として栄えた。トレヴィーゾのサン・マルティーノ橋にある水車では、すでに14世紀にはヴェネツィアからシーレ川を通じて小麦が運ばれ、そこで製粉された後、今度は小麦粉がヴェネツィアまで運ばれていた。シーレ川の上流域でも同様に穀物がヴェネツィアのために挽かれていたと推測され、ヴェネツィアの人口増加はまさにこうした地域によって支えられてきたといえよう。ここではトレヴィーゾより上流における、水車を使った産業の分布と集落の構造を論ずる。

　トレヴィーゾより上流域のモルガーノ、クイント・ディ・トレヴィーゾ、

カニッツァーノ (Canizzano) などは、1798〜1805年のA・フォン・ザック作成の地図には、シーレ川上に施設が描かれている >20。また、ボンベン (Bomben)、クイント・ディ・トレヴィーゾ、ノガレ (Nogarè) では、絵図史料からわかるとおり、シーレ川を塞ぐように水車が配置されており、このエリアでは舟運を重要視していなかったと想像される >21,22。ここでは、クイント・ディ・トレヴィーゾを例に挙げ、水車の配置と集落の構造を考察する。

クイント・ディ・トレヴィーゾは、シーレ川の上流に位置し、かつて製粉業で栄えた街のひとつである。歴史的な事実は後にくわしく説明するとして、ここでは、地図を用いて読みとれることにとどめておきたい。1714年の不動

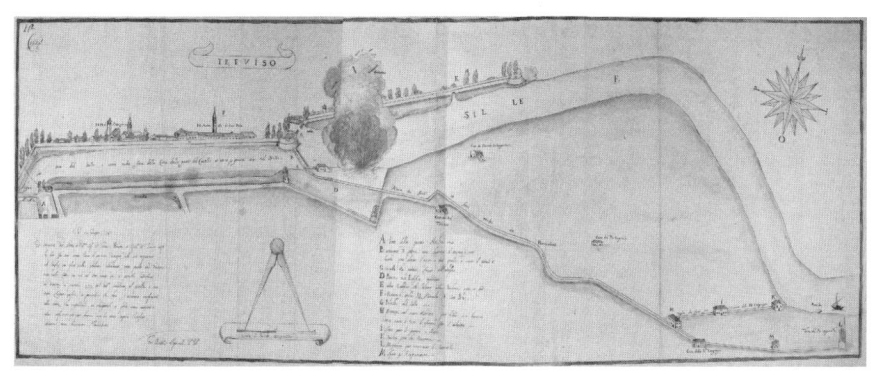

19 火薬製造所移転に関する絵図。火薬製造所の火災と新たな火薬製造所の位置を示している（1681年）
A.S.Tv, *C.R.S. S. Paolo*, b. 58.

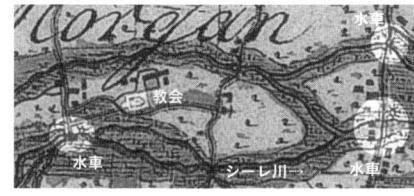

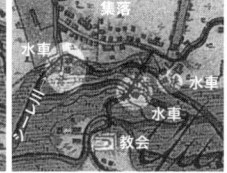

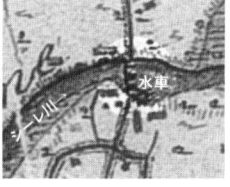

20 シーレ川上に立地する施設（1798-1805年）
出典は図1と同じ（樋渡追記）

産台帳の地図からは、すでにシーレ川の水流を利用して水車を活用していたことが確認できる >23。現在もシーレ川上に水車が設置され、水車と水車の間には、シーレ川を覆うように橋が架けられている。ここは、16世紀から製粉所として使用されていたという。また、20世紀にはシーレ川そのものに養魚場を設けたことから、シーレ川は産業の中心として機能しているといえる。集落の位置する左岸側の護岸には、小さな舟着き場があったようだが、これは比較的近い流域を往来する程度であり、舟運より、むしろ養魚や水車の動力を利用した産業に重きを置いていたと想像される。

さらに、集落は左岸側でシーレ川沿いに伸びているが、14世紀末に建設されたとされる教区教会はシーレ川の右岸に位置し、集落から離れている >20。また、シーレ川に面していないことから、川との関係性が薄い。

このように集落が水車から離れて位置し、教区教会がシーレ川ではなく街道に面して立地する集落構造は、トレヴィーゾより上流のモルガーノ、カニッツァーノなどにも同様に見られる。

トレヴィーゾより下流の街および集落

トレヴィーゾより下流に位置する水車の立地の特徴を挙げると、シーレ川に注ぐ支流の河口に水車が立地しており、上流のようにシーレ川を塞ぐ建造物はないことである >24。この違いは、舟運に関係していると考えられる。ヴェネツィア〜トレヴィーゾ間は古くから重要な舟運ルートで、現在でもこの区間を航行することができる。

ここで下流の街および集落の構成要素に注目する。河川沿いに教会が立地し、そのすぐ脇には空地が取られている >25。この空地は荷揚げ場として活用されたかつての港である。また、港に欠かせない重要な要素として、「オステリア（osteria）」というワインを飲み食事をする店が存在する >26。かつてのオステリアは、単なる休憩や交流の場ではなく、商談の場でもあったという。さらに、シーレ川に沿って、下流から牛などを利用して舟を引っ張る「レステーラ（restera）」という道が川港の発展に大きく関わったと推測される。その典型的な例として、トレヴィーゾから比較的近いカジエールとその下流のカザー

21 ボンベン家の製粉所（1801年）
A.S.Tv, *Comunale*.

22 ノガレの製粉所（1719年）
A.S.Tv, *C.R.S. S. Margherita*, b. 2.

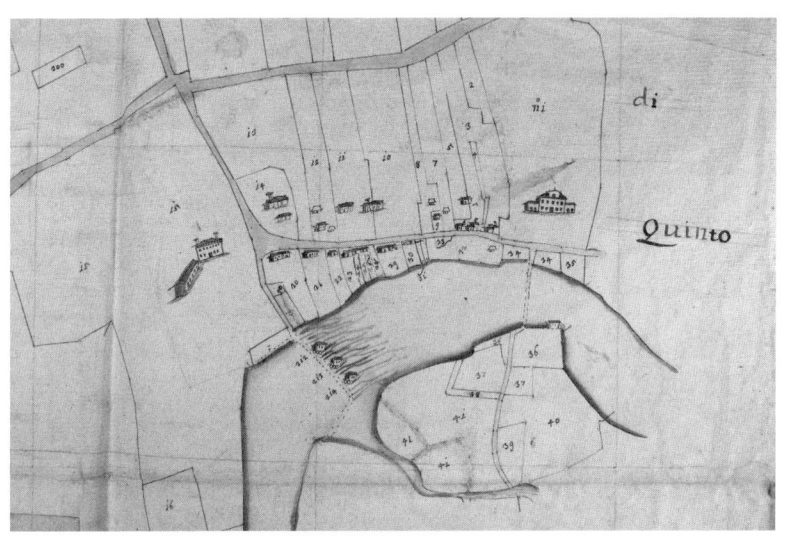

23 不動産台帳の地図（1714年）
A.S.Tv, *Mappe antiche*, b.20.

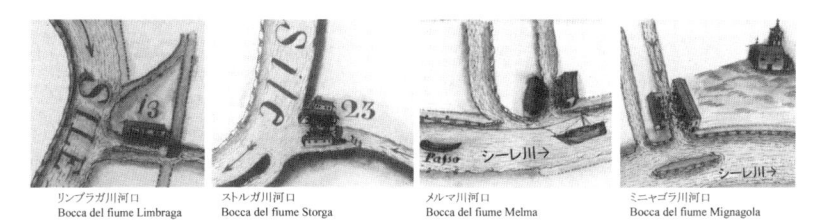

リンブラガ川河口
Bocca del fiume Limbraga

ストルガ川河口
Bocca del fiume Storga

メルマ川河口
Bocca del fiume Melma

ミニャゴラ川河口
Bocca del fiume Mignagola

24 シーレ川に注ぐ河川の河口に立地する水車（1764年）
出典は図7と同じ

81

レ・スル・シーレが挙げられる。これらふたつの街について、後に掘り下げて説明する。

　以上、シーレ川における水車の立地と舟運の関係を通して、この地域とヴェネツィアとの間で歴史的に密接な結びつきが成り立ってきたことを考察してきた。シーレ川の上流と下流ではトレヴィーゾを境に明らかに空間構造の違いが見られる >27。それは川の自然条件に合わせ、効率のよい利用を考えた結果として理に適ったシステムであり、上流域には水のエネルギーを活用する水車を用いた産業が、下流域には安定した水量を活かした舟運が発達した。

　このように、シーレ川流域の各地に、自然条件を巧みに利用したさまざまな産業が発達し、大都市ヴェネツィアを支えるのに大きく貢献してきた。河川、さらには運河という水の空間軸から、ヴェネツィアとテッラフェルマの間に成立していた社会・経済の密接な関係を捉え直すことで、ヴェネツィア共和国とその周辺を特徴づけてきた地域構造を新たな視点から描くことができるのではなかろうか。

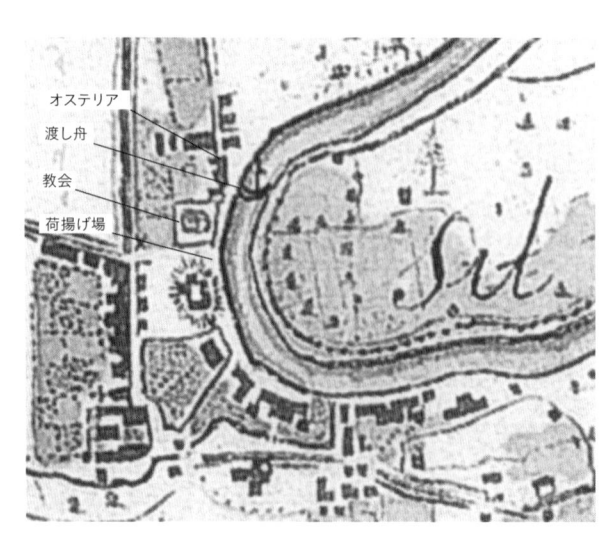

25 川港のカザーレ・スル・シーレ（1798-1805年）
出典は図1と同じ（樋渡追記）

26 元オステリア。壁面にオステリアの文字が残っている（須長撮影）

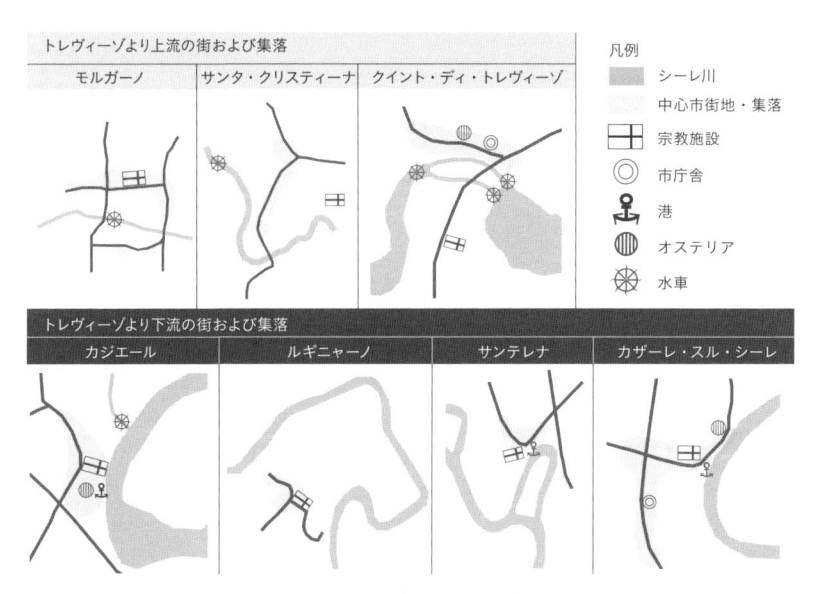

27 1798-1805年の街および集落の空間構造の概略図（須長、樋渡作成）

83

2 トレヴィーゾ

都市形成の歴史

　シーレ川沿いで最も華やかな都市はトレヴィーゾである >28。歴史的街区の間を5本もの運河が流れ、イタリアを代表する水の都市風景が広がる >29。勢いよく建物の下を流れる水の様子に誰もが驚きを覚える。また、市壁の南側を流れるシーレ川に加え、周辺には外堀が張りめぐらされており、"大陸の中の浮島"ともいえる。このような現在見られる姿は16世紀に完成した。ここでは、まずトレヴィーゾの歴史を概観し、16世紀の都市計画については後に堀り下げる。

起源
　トレヴィーゾの起源については、あまり知られていないが、紀元前15世紀、青銅中期に遡ることができ、シーレ川とボッテニガ川に挟まれた3つの丘の上に初期の集落が形成されたという説がある >30。その丘とは、シーレ川の北に位置するサンタンドレア広場（標高17.3m）、現在も多くの市民が集う広場のシニョーリ広場（標高14.9m）、そして都市の北側のドゥオーモ広場（標高15m）の3ヵ所である >31。
　また、トレヴィーゾの名前の由来は曖昧で、ケルト語の牛（tarvos）や、ゴール語の木造集落を意味する言葉（trev）からきているともいい伝えられている。また、3つの顔という意味のトレ・ヴィージ（tre-visi）をイメージした絵画や彫刻も残されている >32。

ローマ時代
　紀元前2世紀、ローマ人が勢力を伸ばすと、古ヴェネト人の居住地を彼

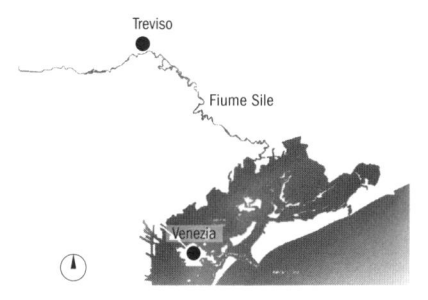

28 トレヴィーゾの位置（須長、高橋作成）

29 都市内をめぐる運河と運河沿いのポルティコ（M・ダリオ・パオルッチ撮影）

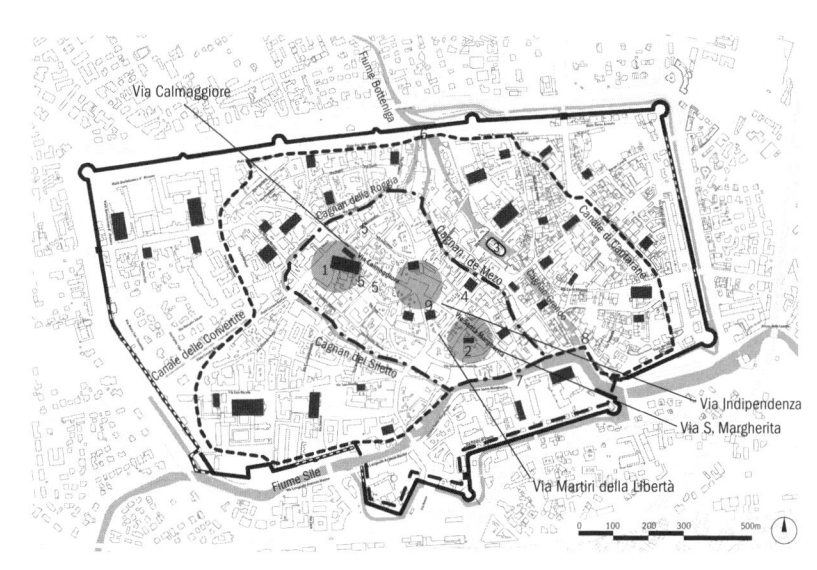

凡例

　古代ローマ時代以前の集落

市壁の変遷

- － － － 　市壁復元（8〜9世紀ごろ）
- ━ ━ ━ 　市壁復元（1280年ごろ）
- ━━━　 市壁復元（14〜15世紀）
- ▨▨▨▨ 市壁復元（1509年）
- ━━━ 　市壁現存（1509年）

　　　　　宗教施設

おもな宗教施設・橋・施設など
1. Duomo
2. S. Andrea
3. Pescheria
4. Loggia dei Cavalieri
5. Casa Torre
6. Ponte Frà Giocondo
7. Ponte S. Margherita
8. Ponte Dante

30 トレヴィーゾ全体図（須長、樋渡作成）

らはローマ都市の「タルヴィジウム」と呼び、ムニキピウム（municipium）という集落組織をつくって、そこに住む住民に古代ローマの市民権を認めた。また、この周辺地域には古代ローマの地域開発特有の碁盤目状の区画割り（centuriazione）が採用された。それと関連する形でトレヴィーゾの市壁内に南北、東西に古代ローマの大通りが整備された。それは、現在のメイン通りであるシニョーリ広場の脇を通るカルマッジョーレ（Calmaggiore）通り、インディペンデンツァ（Indipendenza）通り、サンタ・マルゲリータ（S. Margherita）通り、そして、マルティリ・デッラ・リベルタ（Martiri della Libertà）通りに当たる >30。また、大通りの交差点には、13世紀に建設された貴族の憩いの場所であるロッジア（Loggia dei Cavalieri）が現在も残っている。

401年、蛮族の侵入が始まり、フン族、西ゴート族、東ゴート族などの影響を受ける。そして757年、ランゴバルド人によりトレヴィーゾに重要な造幣局が置かれ、ヴェネツィア共和国に支配されるまで機能し続けた。8世紀から9世紀に建設されたとされるローマ時代の市壁は、現在のメツォ運河（Cagnan de Mezo）、ロッジア運河（Cagnan della Roggia）とシレット運河（Cagnan del Siletto）そしてシーレ川に囲まれている。このころ、都市の中心は自然河川のボッテニガ川とシーレ川を避けるようにつくられ、発展していたことが読みとれる。

そして、川港の機能を備えたトレヴィーゾは、中世初期を通して都市としての重要性を次第に高めていくことになった。司教座が置かれ、ランゴバルド公が君臨したこの都市は、カロリング王朝期にはマルカ・トレヴィジャーナの行政庁所在地となった。

12〜14世紀

1164年、フェリデリコ・バルバロッサ皇帝によって自治都市（Comune）が建設された。皇帝が認めたコムーネ既得の制度と特権を確保し、要塞都市として同意させた。また、1183年のコスタンツァ講和条約で認められ、その後、ヴェローナ同盟とロンバルディア同盟に加わった。この時代、シニョーリ広場の庁舎が建設され >33、さらに市壁の拡張により、東側の大運河（Cagnan Grando）

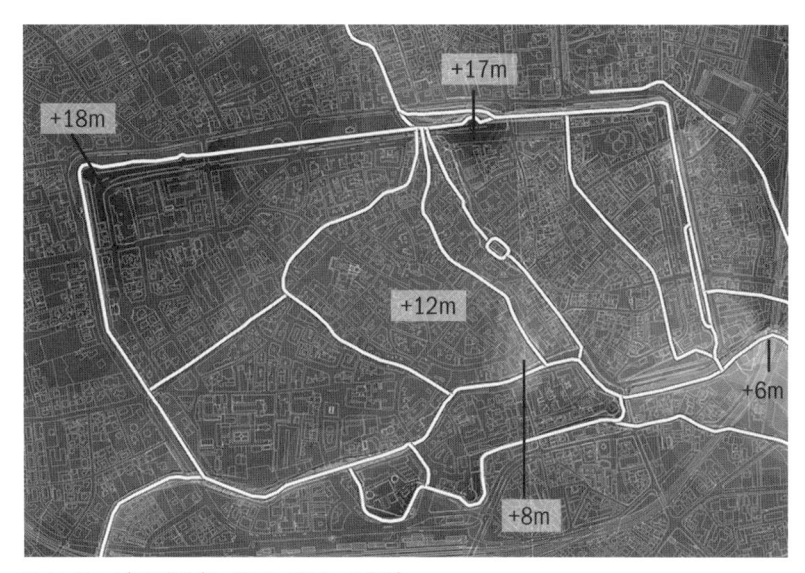

31 トレヴィーゾの標高図（M・ダリオ・パオルッチ作成）

32 3つの顔（tre-visi）と獅子（1603年）
Anna Zanini, Luisa Tiveron, *Treviso : vedute e cartografia dal XV al XIX secolo*, Vicenza : Terra Ferma, 2008.

と西側のロッジアーシレット運河も市壁内に取り込まれていたことがわかる。水の都市トレヴィーゾらしい風景が生まれつつあったと想像される。また、新たな都市の領域内には、サン・ドメニコ（S. Domenico）修道会やサン・フランチェスコ（S. Francesco）修道会の修道院が建設された。

そして自治都市の後、13〜14世紀、とりわけ1388年にヴェネツィア共和国の支配下に最終的に置かれるまで政治の不安定な時代が続いた。その一方で、この2世紀間は、職業組合の活動や、教会内に絵を描く芸術家の活動が活発になった。また、信徒会（confraternita）の運営するスクオーラが増え、毛織物業や穀物業が繁栄する。さらには、製紙業やイタリアで初めての活版印刷所（caratteri mobili）が誕生したのもこの時期である。建築では、住宅が伝統的な木造から石造に建て替えられ、現在見られるような、親水性の高い建築はこのころ確立したと推測される。

このように活気に満ちたトレヴィーゾには、外国から著名人も訪れていた。ダンテの息子のピエトロやペトラルカの娘のフランチェスカのように、定住を決める者までいたという。

完璧な要塞都市

ヴェネツィア共和国支配下の15世紀は政治的には平穏な時代で、経済や文化が成熟した時期である。15世紀末ごろ、トレヴィーゾでは、ヴェネツィア・ゴシック最盛期で、住宅の正面は、色彩豊かなフレスコ画で飾られた。

このころ、ヴェネツィア共和国は本土に領土を次々と広げていく。その一方で、ヴェネツィア共和国の領土拡大政策に対抗し、1508年、教皇ユリウス2世は、ルイ12世、皇帝マクシミリアンらとカンブレー同盟を結成した。ヴェネツィア共和国は、1509年、同盟軍との戦い（アニャデッロの戦い）で敗北し、本土に広げた領土の大部分を失ってしまう。そこで、唯一残ったトレヴィーゾを堅固な要塞都市として大改造するのである。

まず堀をめぐらし、市門を減らすことで、都市へのアクセスを制限する頑丈な市壁を築いた >34。また、非常時には水門を閉じることで、市壁の外側に広がる田園を氾濫させて、市壁内がまるで島になるような、新たな水のシス

33 シニョーリ広場に建つ庁舎（1851年）
出典は図32と同じ

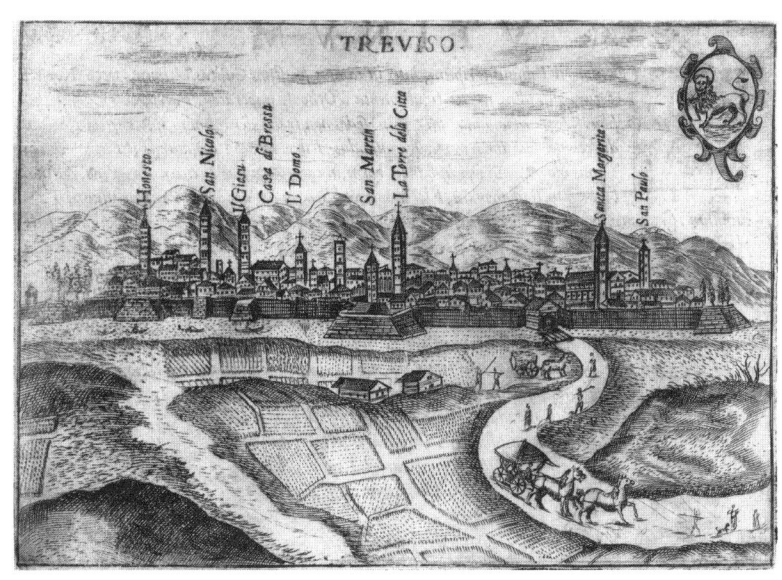

34 頑丈な市壁に囲まれたトレヴィーゾ（1599年）
出典は図32と同じ

テムが考案された。この計画は後に紹介する。16世紀、市壁のなかでは都市が発展を続け、高密な水の都市が築き上げられていった >35。

18世紀末にヴェネツィア共和国が崩壊すると、フランス、続いてオーストリアの支配下に入り、その後イタリア共和国に統一された後も都市に大きな変化はなかったが、1915〜1918年の第一次世界大戦では相当な被害を受けた。80%以上もの重要建造物が損害を受けたという。後にオリジナルの素材で大規模な修復が行われたおかげで、現在ではほぼもとの様相に戻っている。

市壁と市門

16世紀の市壁

現在見られる市壁は、16世紀に計画されたものである。当時、本土の領土を次々と拡大していたヴェネツィア共和国に対抗すべく、カンブレー同盟が結成された。1509年、ヴェネツィア共和国は、アニャデッロの戦いでカンブレー同盟に敗北し、トレヴィーゾ以外の本土の領土をほとんど失ってしまう。そこで、ヴェネツィア共和国はトレヴィーゾを要塞都市として改造することに決めた。堅固な防御システムは、ヴェローナ出身のジョヴァンニ技師（フラ・ジョコンドと呼ばれる）によって計画された。

新たにつくり替えられた市壁は、未開発地域を取り込むように拡張された >36。また、市壁の外側には堀がめぐらされ、土手が高く築かれた。市門の数は14から3つに減らされ、都市へのアクセスも制限された。市壁には、ヴェネツィア共和国を象徴する獅子の彫刻が堂々と飾られている >37。

さらに防御計画は田園部にまで広がり、市壁の外側に広がっていた集落はすべて壊され、この16世紀の市壁の内側に移転させられた。移転先は、16世紀の市壁内に新たに取り込まれた、北東のサン・トマーゾ地区と北西のサンティ・クアランタ地区にあたる。こうして、都市の非常事態の際、市壁の外側に広がる田園部を氾濫させることで、都市を島のように孤立させ、敵の侵入を防ぐことができたのである。この洪水システムは、ボッテニガ川の水

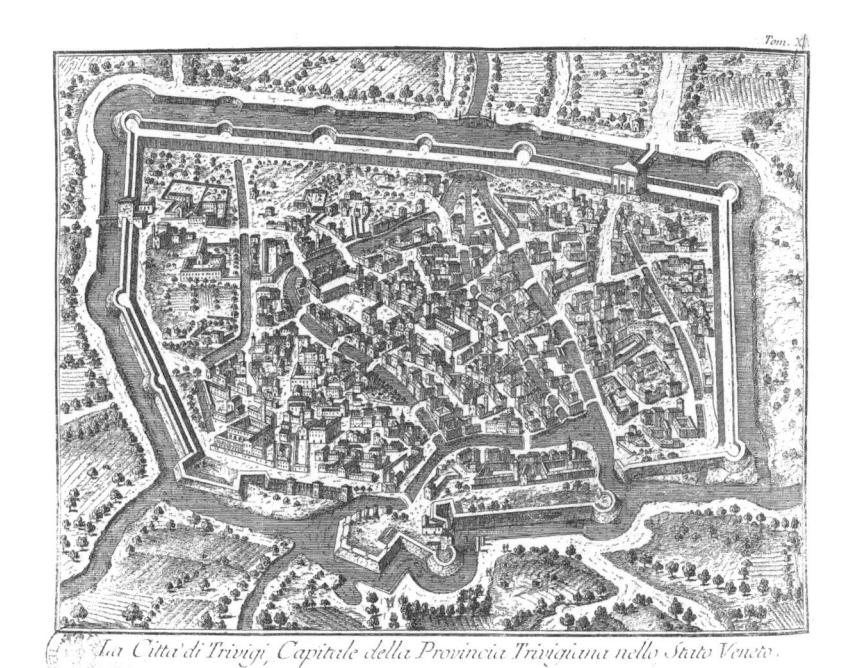

35 トレヴィーゾの都市図（1753 年）
出典は図 32 と同じ

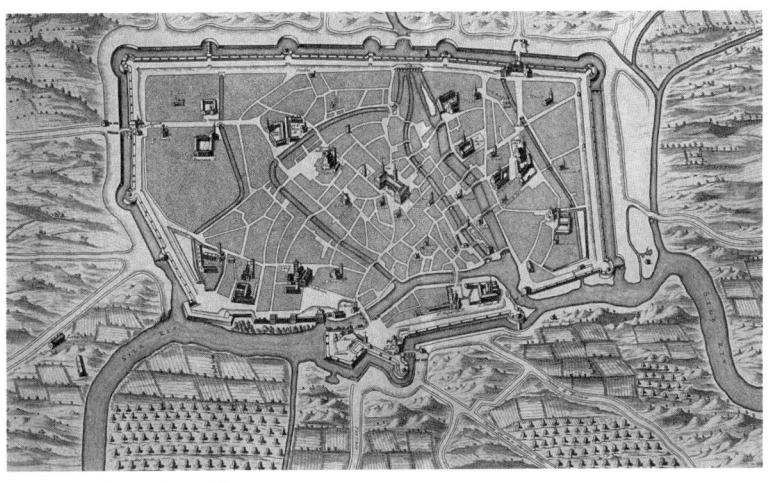

36 トレヴィーゾの地図（1704 年）
出典は図 32 と同じ

量を調整することで可能になるという。普段のボッテニガ川は北から市壁をくぐると、水門で3本の運河に分かれ、その後それぞれシーレ川に注ぐ。この水門によって、都市内を流れる運河の水量が調整されるだけでなく、いざという時の攻撃にも活用されていたのである。水を最大限利用したこのシステムは、水とともに生き続けてきたヴェネツィア共和国ならではの方法といえよう。

フラ・ジョコンドによって計画されたルネサンスの市壁建設は1513年、チェリ出身のロレンツォとアルヴィアノ出身のバルトロメオ指揮の下で再開される。

16世紀の市壁はほぼ今も維持されており、豊かな自然がその周辺を取り囲んでいる。土手は自転車や歩行者専用の空間になっており、市民の憩いの場として活用されている >38,39,160。また、フラ・ジョコンドによって考案された水門は、現在も同じ位置で都市内の水を調整し、穏やかな水辺空間を提供し続けている >40。

3つの市門

16世紀に3つにまで減らされた市門は、現在も維持されている。最も華やかなのは、北側に位置するサン・トマーゾ門（Porta S. Tommaso）で >41、1518年、ポデスタのパオロ・ナーニによって建設された。この門は、カヴァッリ地区の近くにある小教会にまつられたカンタヴェリーの大司教のサン・トマーゾ・ベケット（1118～1170年）にちなんで名づけられた。ファサードは高い土台の上に6つの柱を配し、その柱の最高点にはコリント式の柱頭を持ち、ヴェネツィア共和国を象徴する獅子の彫刻が施されている。しかし、オリジナルは1797年にフランス人によって市壁が壊された際に取り去られた。

ふたつ目のパドヴァ、ヴィチェンツァ方面にあたる北西のサンティ・クアランタ門は、ポデスタのアンドレア・ヴェンドラミンの下で、1517年に建設された。

3つ目のシーレ川の南のアルティーノ門は、古くからトレヴィーゾとヴェネツィア方面のメストレを陸路で結ぶ重要な門であった >42。セバスティアーノ・モーロがポデスタを務めたころの1513～1514年に建設された。この門

Portello e parte delle Mura di Treviso

37 獅子の彫刻が施された市壁（1846年）
出典は図 32 と同じ

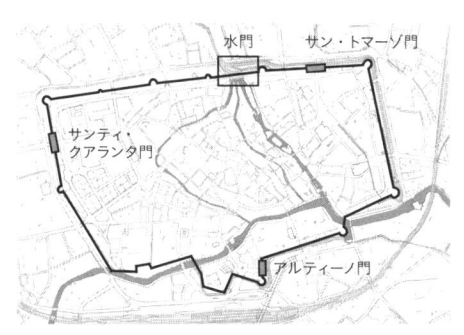

38 16 世紀の市壁・市門、断面図の位置図（真島嵩啓、樋渡作成）

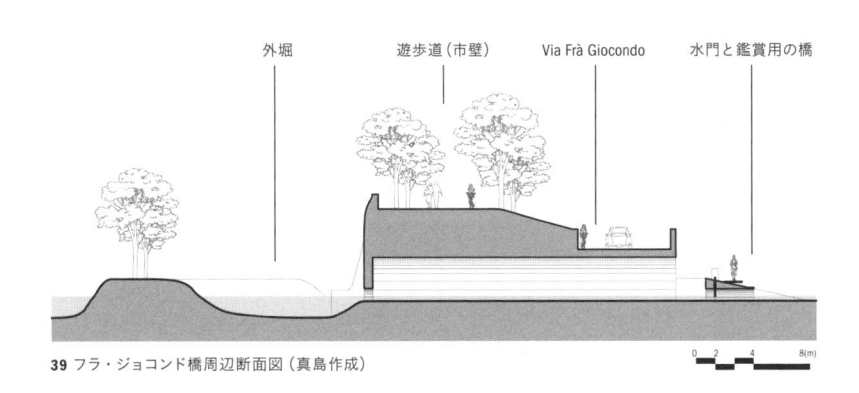

水門　サン・トマーゾ門
サンティ・クアランタ門
アルティーノ門

外堀　遊歩道（市壁）　Via Frà Giocondo　水門と鑑賞用の橋

39 フラ・ジョコンド橋周辺断面図（真島作成）

の名前の由来は、フン族から逃げてきたアルティーノ（città di Altino）の街の人々がこの門をくぐってトレヴィーゾに入ったというエピソードから、アルティーノ門と呼ばれるようになったという。アルティーノ門は、周辺の建物と隣接している点がほかのふたつの市門とは異なる。内側は小住宅で市門とは見えない一方で、外側は立派な橋らしい様相を見せる。16世紀以降はしばしばこの門を正面にして都市のイメージ図が描かれる。このことからもトレヴィーゾの重要な玄関であったことが窺える。現在、一部をホテルとして利用し、保存状態もよく、かつての記憶を継承している >43,160。

40 フラ・ジョコンド設計による水門・橋（樋渡撮影）

41 サン・トマーゾ門の外側（真島撮影）

42 アルティーノ門の外側（樋渡撮影）

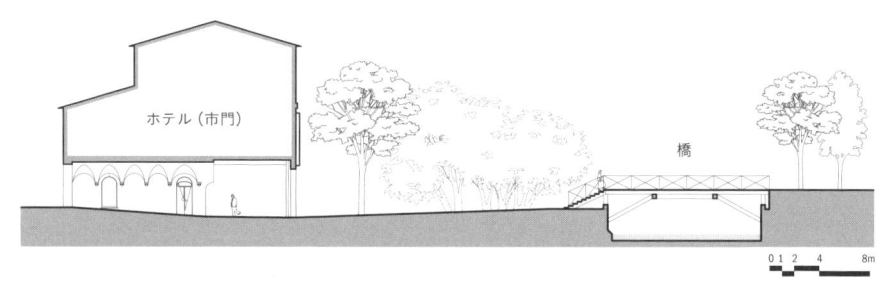

43 アルティーノ門周辺断面図（真島作成）

宗教施設

　トレヴィーゾの市壁内には数多くの宗教施設が立地する。その立地は、トレヴィーゾの都市の形成過程と大きく関係している。ここでは、その宗教施設の建設年代と立地の特徴を考察する >44。

　ドゥオーモ（Duomo）、サン・ヴィート（S. Vito）教会、サン・グレゴリオ（S. Gregorio）教会は、トレヴィーゾが都市として成熟する以前から建設されていたといわれており、どれも8～9世紀ごろの市壁内に立地する >45,46,47。標高もほぼ同じであることから、川から少し離れた地盤の安定した場所に建設されたと推測される。

　ドゥオーモは当時の都市の北西端に位置し、3～4世紀にはすでにこの場所に存在していたという。ドゥオーモの南側には、4世紀の初期キリスト教のモザイクの遺構がある >48。現在の聖堂は11～12世紀に遡り、ファサードは1836年に付け加えられた。

　サン・ヴィート教会は主要道路のカルマッジョーレ通りの1本北側に面し、庁舎の北に位置する。この教会の歴史は883年にまで遡ることができ、当時は宿泊施設が隣接していた。現在も12世紀に建設された壁がわずかに残っている。1363年、M・ヴェチェッリオによって壁祭壇がつくられ、1561年に再建された。

　8～9世紀の市壁の外側の南西に位置するサン・ニコロ（S. Nicolò）通りには、サン・テオニスト（S. Teonisto）修道院が立地する。この修道院の前身は10世紀以前に起源を持つ。サン・ニコロ通りは、通り沿いにローマ時代を起源とする井戸も見つかっていることから、すでにこの時代にはトレヴィーゾとほかの街を結ぶ街道であったことがわかる >49。

　修道院は8～9世紀ごろの市壁の内側にはなく、その外側に立地する。とりわけ1280年ごろ建設された市壁の内側に多いという特徴がある。修道院は、礼拝堂のほかに修道士の住居、菜園、産業空間などを有する複合施設であり、広大な敷地を必要とすることから、サン・ドメニコ修道会やサン・フランチェスコ修道会が修道院を建設する12世紀には、まだ密度の低いローマ時代の市

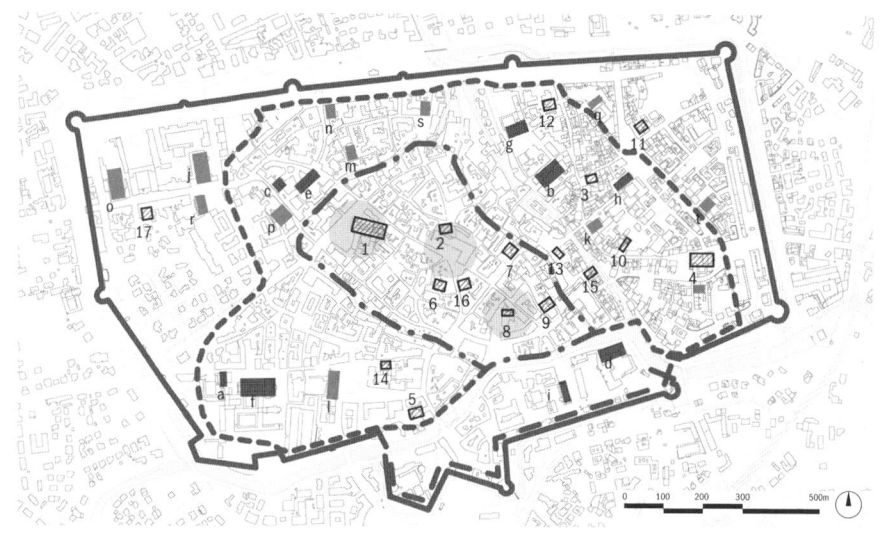

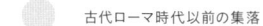

凡例

    古代ローマ時代以前の集落

市壁の変遷
- ･━･ 市壁（8～9世紀ごろ）
- ━━ 市壁（1280年ごろ）
- ━━ 市壁（14～15世紀）
- ━━ 市壁（1509年）

宗教施設
- ////// 教会
- ▓▓ 修道院（15世紀以前）
- ▓▓ 修道院（15世紀以降）

―教会―
1. Catetedrale di S. Pietro (8-9c)
2. S. Vito (8-9c)
3. S. Agostino (8-9c)
4. S. Maria Maggiore e la vicina S. Fosca (8-9c)
5. S. Martino (8-9c)
6. S. Gregorio (8-9c)
7. S. Michele (11c)
8. S. Andrea e S. G. di Riva (11c)
9. S. Pancrazio (11c)
10. S. G. d. Tempio (S. Gaetano) (11c)
11. S. Tomaso (11c)
12. S. Bartolomeo (11c)
13. S. Leonardo (11c)
14. S. Stefano (11c)
15. S. Agata (11c)
16. S. Lorenzo (13c)
17. S. Agnese (13c)

―修道院（15世紀以前）―
a. S. Teonisto (修道院の前身 8-9c)
b. S. Cristina e S. Parisio (1186)
c. Ognissanti (1202)
d. S. Paolo (1223)
e. S. Maria Nova (1232)
f. S. Nicolò (1282)
g. S. Francesco (13c)
h. S. Caterina (14c)
i. S. Margherita
j. S. Maria Master Domini

―修道院（15世紀以降）―
k. S. Chiara (1466)
l. Il Gesù (1521)
m. S. M. Bel fiore (1521)
n. S. Orsola (1631)
o. SS. Trinità (17c)
p. Corpus Domini (17c)
q. S. Maria Maddalena
r. SS. Quaranta
s. S. Giacomo
t. S. Maria Maddalena delle Covertite

44 宗教施設の分布図（須長作成）

45 ドゥオーモ（樋渡撮影） 　　**46** サン・ヴィート教会（樋渡撮影） 　　**47** サン・グレゴリオ教会（樋渡撮影）

97

壁の外側が選ばれたと考えられる。また修道院の多くは、サン・パオロ修道院のようにトレヴィーゾの周辺地域にも広大な土地を所有しており、農業や製粉業などを営んでいたことから、所有する土地に行きやすい場所に立地したとも考えられる **>50**。ドゥオーモの北で、アントニオ・カノーヴァ（Antonio Canova）通りに面して立地するサンタ・マリア・ノーヴェ（S. Maria Nove）修道院は、ロッジア運河をまたいで建設されていることから、かつては運河を活用する生産活動を行っていたと想像される **>51**。

16世紀には軍事政策に伴い移転された宗教施設もある。この軍事政策とは、市壁の外側に意図的に洪水を引き起こして、都市を敵から守ろうとするものである。そのため、市壁の外に広がっていた集落を一掃し、市壁の内側に集落ごと移転させたのである。16世紀の市壁の外側に位置していたサンティ・クアランタ村はこの軍事政策に伴い、教会を含む集落ごと市壁内に移転させられ、サンティ・クアランタ教区を設立した。また市壁の外側の北東に立地していた、サンタ・マリア・マッダレーナ・エ・サン・ジローラモ（S. Maria Maddalena e S. Girolamo）修道院も市壁内に移転させられた。これはサン・トマーゾ門から入ってすぐのサン・トマーゾ地区内にあった。こうして、トレヴィーゾの宗教施設は16世紀の市壁内に集中することとなる。

以上、宗教施設の立地について考察してきた。ここでもうひとつ付け加えておきたいことがある。それは、宗教施設の用途変更についてである。18世紀末のヴェネツィア共和国崩壊後、ナポレオンの支配下に置かれると、当時の政策により多くの宗教施設が国や市の所有となった。1811年の不動産台帳から、サン・フランチェスコ修道院は兵舎であることが確認でき、シーレ川沿いに立地するサン・パオロ修道院やサンタ・マルゲリータ（S. Margherita）修道院も国有地となっている。現在のサンタ・マルゲリータ修道院は、国立トレヴィーゾ文書館として利用され、19世紀に廃止されたそのほかの修道院も、学校や博物館などの公共施設に利用されている。このように大空間と立地から宗教施設は、時代に合わせて機能を変更しやすく、転用に相応しい建築であったといえる。

48 4世紀のモザイク、ドゥオーモ南側　初期キリスト教の洗礼堂の遺構（樋渡撮影）

49 サン・ニコロ通り沿いのローマ時代の井戸（樋渡撮影）

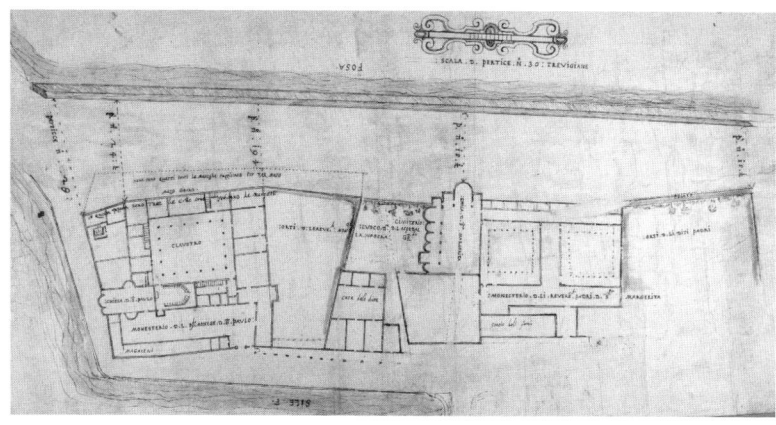

50 シーレ川沿いに立地するサン・パオロ修道院（左）とサンタ・マルゲリータ修道院（右）の平面図（18世紀）
A.S.Tv, *C.R.S. S. Paolo*, b. 58.

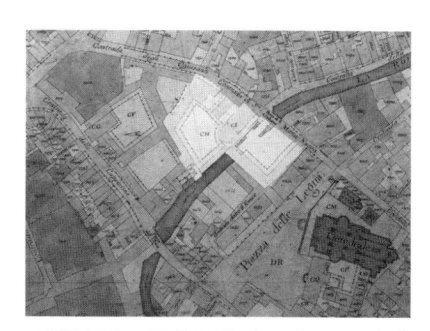

51 運河をまたいで立地するサンタ・マリア・ノーヴェ修道院（1811年、不動産台帳の地図）
Catasto napoleonico : mappa della città di Treviso, Venezia : Giunta Regionale del Veneto; Marsilio, 1990.

水辺空間

カニャン——運河の名称

　こうしたトレヴィーゾ独自の都市環境は、水の流れに支えられた。ここでは簡単に歴史地区を流れる運河の名称に注目する。最初の集落は、シーレ川と北からシーレ川に注ぐボッテニガ川の間に形成された。この穏やかな水の流れに挟まれ、都市は発展していく。

　現在のボッテニガ川は、市壁の内側に入るとすぐに、水門によって3本の運河に分岐され、一定の水位を保ちながら都市をめぐる。これら3本の運河の名称にはトレヴィーゾの方言の「カニャン(cagnan)」が使われる。

　東側のカニャンはもともとボッテニガ川であった。水量が多く、また最も幅の広い大運河であることから、この川はカニャン・グランド(Cagnan Grando)と呼ばれる。グランド(grando)は、イタリア語で大きいという意味のグランデ(grande)の方言である。方言が使用されていることも、古くから存在していたことを感じさせる。

　中央を流れる運河もまた、トレヴィーゾの方言で中央を意味するメツォ(mezo)が使われる。ほかに運河周辺の地名に合わせてブラネッリ(Buranellli)運河、ベッケリエ(Beccherie)運河、オスペダーレ(Ospedale)運河の名前を併せ持つ。

　大きく曲線を描く西側の運河は、上流をロッジア(Roggia)運河、下流をシレット(Siletto)運河と呼ばれる >52。用水路を意味するロッジアは、運河幅も狭く、水量も少ない。ロッジア運河に沿って古代ローマ時代の市壁があったといわれており、この運河を境に中心部と周縁部のような土地利用となる。シレット運河は別名スコルツァリエ運河(Cagnan delle Scorzarie)とも呼ばれ、かつては河口付近に革なめし業が興っていたことで知られる。

　トレヴィーゾをめぐるシーレ川と3本の運河沿いの特徴に関しては、後にくわしく説明する。

河川・運河の機能

　シーレ川とボッテニガ川の恩恵を受けながら都市は発展してきた。とりわけ、ヴェネツィアと結びつくシーレ川は物流機能として大きな役割を果たした。シーレ川を上り、外堀の柵をくぐると、すぐ右側に舟の広場（Piazza delle Barche）という荷揚げ場にたどり着く。大型帆船はここに停泊し、荷は馬車や荷車に積み替えられ、都市内部まで運ばれた。また、1811年の不動産台帳から、シーレ川に沿って、大運河の河口からシレット運河の河口まで、税関や塩の倉庫などの港機能が並んでいることが読みとれる >53。このような活気のある港の風景は、19世紀にしばしば描かれる >54。

　またすでに14世紀には、シーレ川では水車を活用していたという。スクオーラの運営する毛織物業や穀物業が興り、製紙業もこのころに始まる。1685年のイセッポ・クマン（Iseppo Cuman）作成の絵図から、水車の位置を把握することができる >55。1811年には、おもに製粉用に水車が利用され、都市の周辺部では製紙業や革なめし業など水質汚濁につながる利用も確認される >56。水に面した建物が多いのは、こうした水と密接に結びつく産業との関係があったからであろう。

　また、生活排水の直接流れ込む運河は、都市の裏のような機能も果たした。その一方で、洗濯場としても利用されていた。現在、20世紀初頭の街角の古

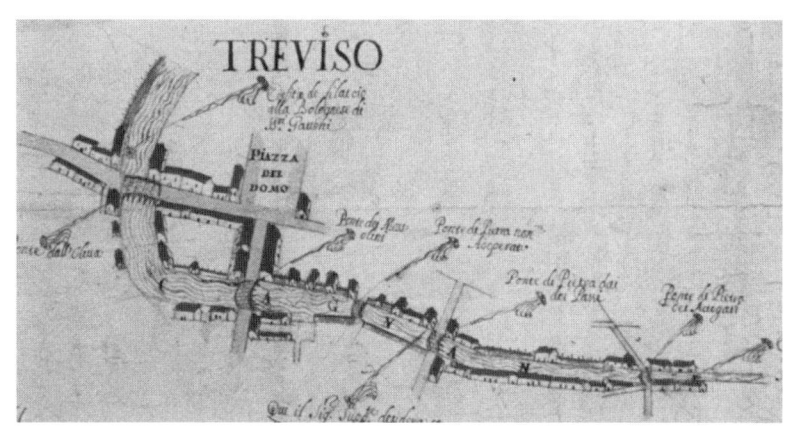

52 曲線を描くシレット運河　運河沿いに開口部を持つ建築群（1662年）
A.S.Ve, *Provveditori sopra beni inculti*, Disegni, *Treviso Friuli*, 420/15/3.

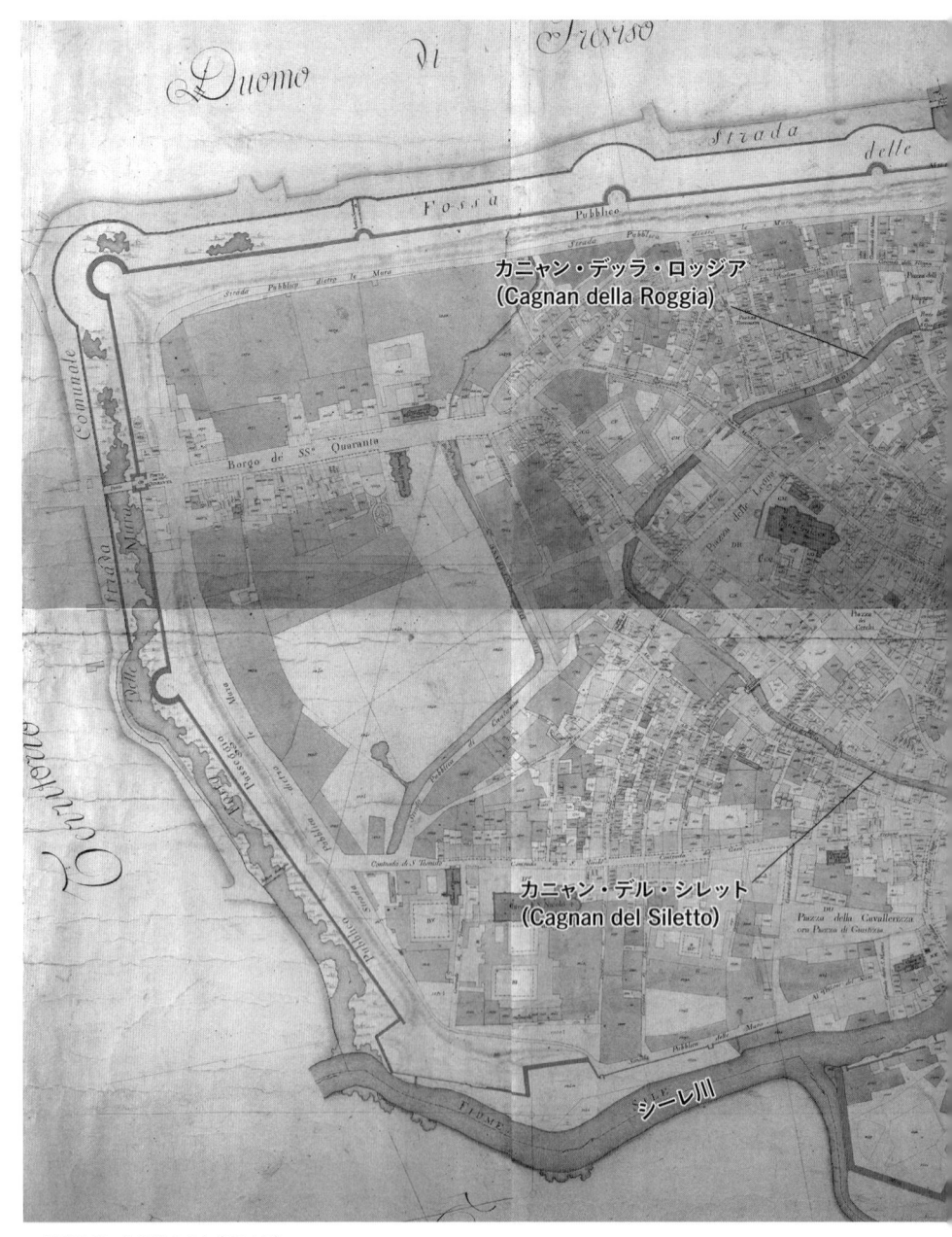

53 産業施設、洗濯場の分布（1811年）
出典は図51と同じ（須長、樋渡追記）

精米所

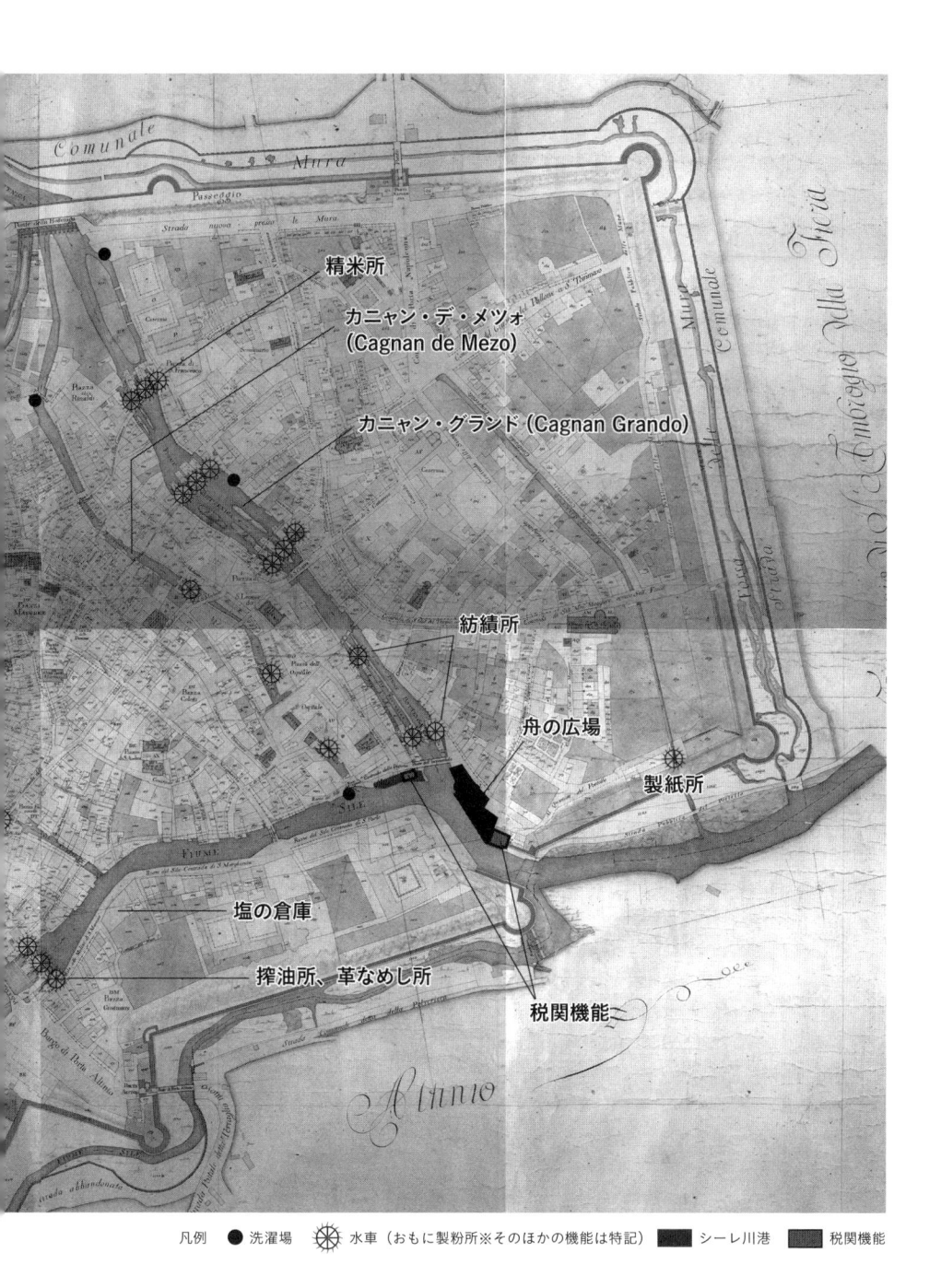

カニャン・デ・メツォ
(Cagnan de Mezo)

カニャン・グランド (Cagnan Grando)

紡績所

舟の広場

製紙所

塩の倉庫

搾油所、革なめし所

税関機能

凡例　● 洗濯場　✲ 水車（おもに製粉所※そのほかの機能は特記）　■ シーレ川港　■ 税関機能

写真から当時の様子を窺い知ることができる >57。

このように、豊富な水とともに発展してきたトレヴィーゾは、独特な都市環境をつくり出してきた唯一の都市（チッタ・ウニカ）なのである。

水辺の空間構成の分析

ここでは運河沿いに建つ建物がどのように運河と接しているのか、断面構成からその多様な水辺空間の分類を試みる >58。

まずスタンダードな形態として「直接型」がある。これは建物が川や運河から直接立ち上がっているタイプで、原型となる形態である。ただし、これには水辺が表となるものと裏になる2タイプがある。

次に「ポルティコ型」は、水の側にポルティコ（柱廊）を通しているタイプである。このタイプはトレヴィーゾの至るところに設けられている。水都ヴェネツィアにおいては、15世紀以降水際に通路を設ける際、フォンダメンタと呼ばれる水辺の道がつくられることが多かったため、このようなポルティコはあまり多く存在しない。つまり、トレヴィーゾ独自の空間といえるのがこのタイプである。

「側道型」は川や運河と建物との間に道路が設けられたタイプである。トレヴィーゾにおけるこのタイプは、自動車が通行可能な場合が多く、ある程度の幅員を有している。

「裏庭型」は水路と建物の間に、私有地である庭が設けられたタイプである。基本的に水辺からのアプローチはないため、この庭は住宅の裏庭となっている。

親水空間の分析

トレヴィーゾの親水空間は、公共空間と私的空間に大別される。公共の親水空間は水門近くやシーレ川沿い、運河が湾曲する場所などに設置された。そこはかつて公共の洗い場として利用され、古写真にもその様子が残されている >59。一方の私的空間は建物から直接張り出すタイプと裏庭等の空地を介するタイプに分類できる >60,61。建物から直接張り出すタイプは滑り出し窓のような形態を持ち、可動式の足場を運河に対して設けている。一方の空地を

54 シーレ川沿いの荷揚げ場（1865年）
出典は図32と同じ

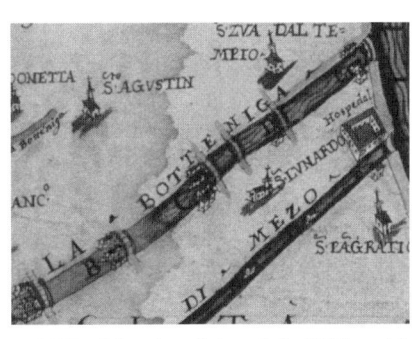

55 大運河の水車。イセッポ・クマン作成の絵図（1685年）
A.S.Ve, *Provveditori sopra beni inculti*, Disegni, *Treviso Friuli*, 425/18.B/3.

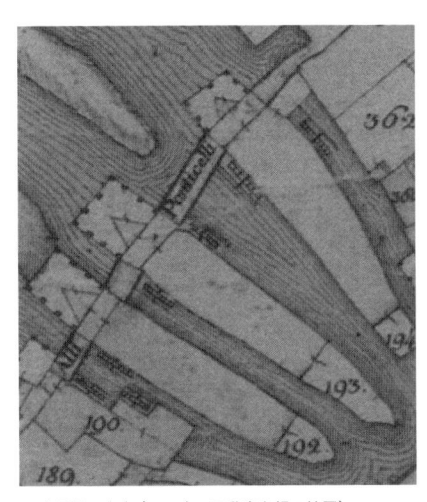

56 大運河の水車（1811年、不動産台帳の地図）
出典は図51と同じ

57 水門付近の洗濯場（1910年ごろ）

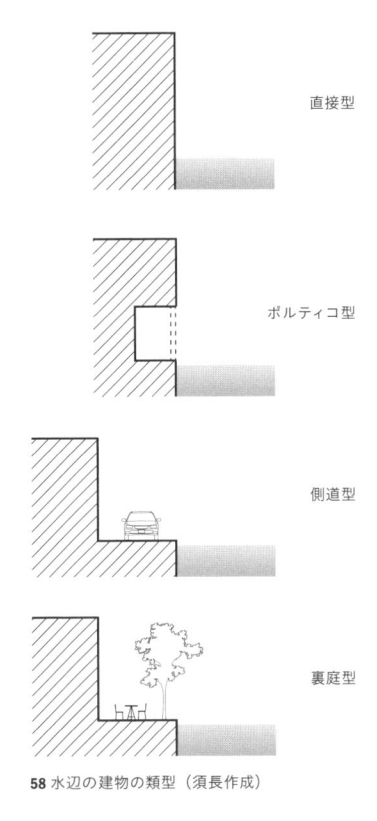

58 水辺の建物の類型（須長作成）

直接型

ポルティコ型

側道型

裏庭型

105

介するタイプは、おもに川や運河に面した裏庭に階段を設け、親水空間を形成している。このように、トレヴィーゾの親水空間は大きく3つのタイプに分類できる。これら地図上に分布すると、メツォ運河に親水空間が集中していることがわかる >62。つまり親水空間を分析することで、トレヴィーゾの都市構造が見てとれる。

59 公共の水辺へのアプローチ（道明由衣撮影）

60 私的な水辺のアプローチ（足場型、真島撮影）

61 私的な水辺のアプローチ（階段型、真島撮影）

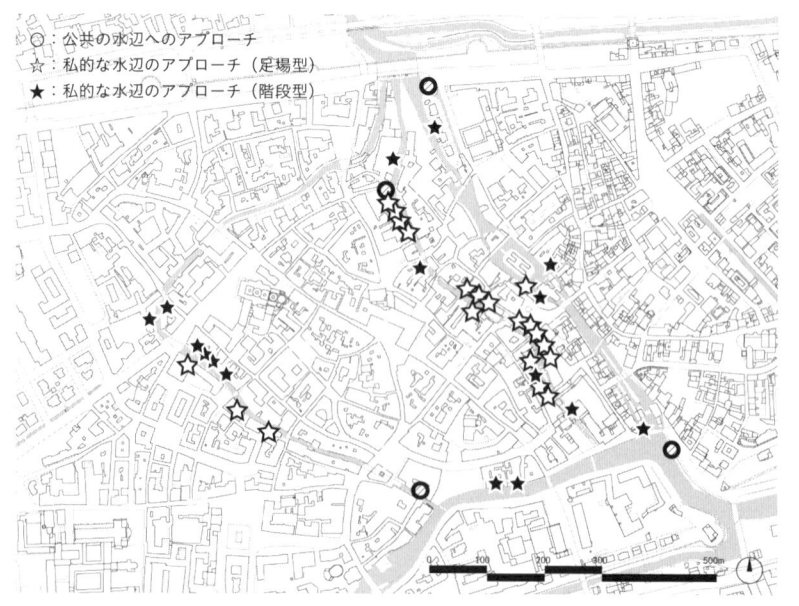

62 親水空間の類型（真島作成）

106 　第2章　シーレ川流域　　Fiume Sile

63 水力発電所、洗濯場、港の位置
（ヴェネト州の航空写真をもとに須長、真島作成）

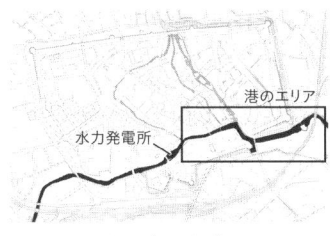

64 シーレ川の位置（須長作成）

シーレ川（Fiume Sile）

　ここからは、河川および運河についてそれぞれの特徴を見ていこう。まずトレヴィーゾの発展と深く結びついてきた、都市の南側を流れるシーレ川を堀り下げる **>63,64**。シーレ川の豊富な水量を利用して産業を興し、また舟運としても重要な川であった。また、サンタ・マルゲリータ通り（Riviera S. Margherita）にはシーレ川に沿って、アーチの連続するポルティコを施した建築が並び、この界隈が古くから発展してきたことを感じさせる。

　シーレ川と都市空間との関係性を見てみると、シーレ川の南側には平行して街路が設けられ（側道型）、一方の北側は建物が直接川に面して建てられている（直接型）。かつてここには水辺にファサードを向けた商館も多く見受けられた。現在は多くの建物が建て替えられ、近代的な集合住宅に変化したが、いくつかの邸宅は往時の姿をとどめている。次におもな都市の機能を取り上げる。

❶水力発電所

　現在、サン・マルティーノ橋の近くには、堰がつくられ、シーレ川の豊富な水量を利用した水力発電所が置かれている **>65,66**。この場所には、13世紀末

から水車を利用した産業があったことが知られている。また、ヴェネツィア共和国の支配下では、共和国用の穀物を製粉し、ヴェネツィアまで運んでいたという。1811年の不動産台帳の地図には、21基もの水輪が描かれ、生産拠点であったことが窺える >67。また同じ不動産台帳から、この一帯をふたりの貴族が所有していたことがわかる（左岸側は Cornaro Andrea、右岸側は Nani Apostino）。所有者のコルナーロ（Cornaro）家はヴェネツィアの貴族であることから、共和国時代からこのころまで所有が続いていたと推察される。ここでは、おもに小麦の製粉所、また、革なめし所や搾油所の動力としても水車は大いに利用されていた。このような川全体を塞ぐほどの水車を持つ施設は、舟運との関係のなかで建設された。

❷洗濯場

トレヴィーゾの特徴は、豊富な水を舟運や水車の動力源にするにとどまらず、都市の至る所で洗濯場という生活と密着して利用していた点である。シーレ川沿いや大運河の上流にある水門付近だけでなく、都市内を流れる3本の運河に面した場所も洗濯場として利用されていた。

シーレ川のかつての洗濯風景については、絵図や古写真から窺い知ることができる。舟運が行われていた当時でも、荷揚げ場の横で洗濯をする様子が見受けられ、舟運とも共存していたことがわかる。また図68から、自然にできた河原を洗濯場として巧みに利用していたことが確認できる。さらに、洗濯物の乾燥も同じ場所で行われていた。

❸港の機能

かつてシーレ川沿いは、船着き場、税関、塩の倉庫などの港機能が並んでいた >69。アドリア海からシーレ川を北上してきた舟は、トレヴィーゾの市壁の間を抜けて、正面に位置する荷揚げ場をめざした。1811年の不動産台帳の地図には、「舟の広場」（現在のジュゼッペ・ガリバルディ広場）と書かれており >70、舟を係留していた当時の様子がしばしば絵に描かれている >71,72,73,74。また大運河の河口に位置する税関通りには、1823年まで税関が立地していた。

65 水力発電所（須長撮影）

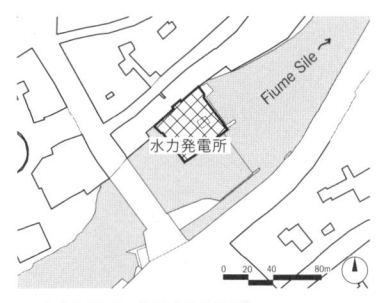

66 水力発電所の位置（須長撮影）

67 不動産台帳の地図（1811年）
出典は図51と同じ

68 洗濯場（1846年）
出典は図32と同じ

さらに、港には重要なオステリアもこの税関通りにあった。

時代は下り、舟の大規模化や積載量の増加と同時に、倉庫や工場といった輸送先が市壁の外へ移転すると、荷揚げ場も下流のゴッバ橋へと移転し、都市の中心部から離れていった。そして、トラック輸送が主流になった1975年には、舟による輸送が激減し、舟運と都市とのつながりは薄れていったのである。現在では、荷揚げ場があったゴッバ橋付近に、船を改装した水上レストランが置かれ、かつてのトレヴィーゾの姿をとどめている >75,76。

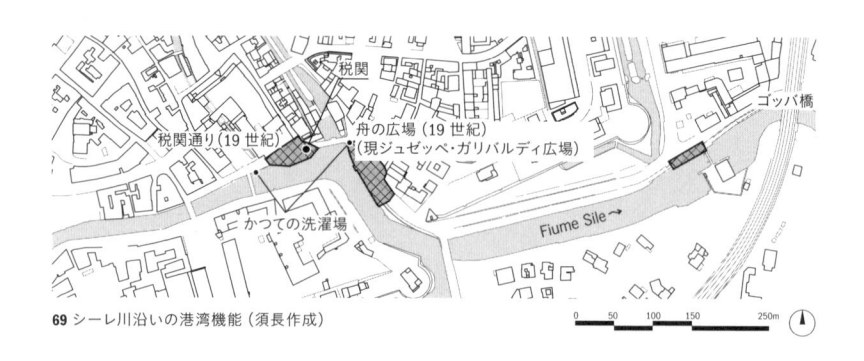

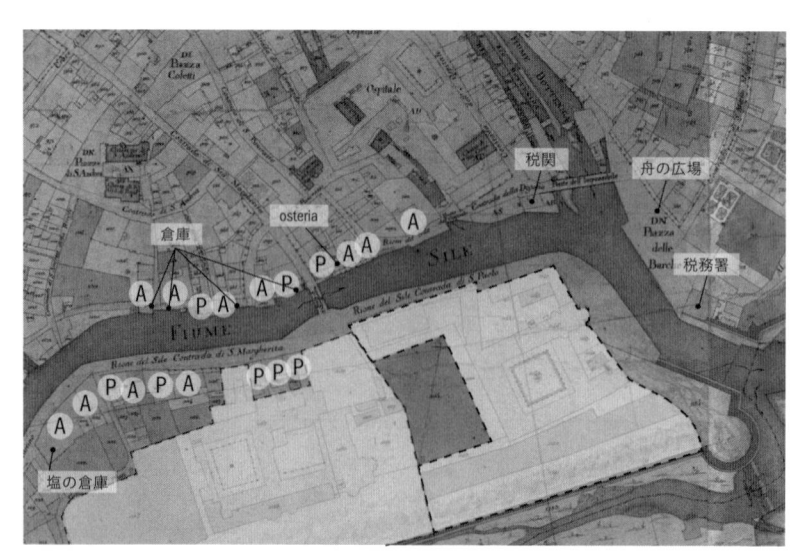

69 シーレ川沿いの港湾機能（須長作成）

70 不動産台帳の地図（1811年）　凡例：P 持ち家、A 賃貸住宅、[ ] 国有地
出典は図51と同じ（須長、樋渡追記）

110　第2章　シーレ川流域　　Fiume Sile

71 旧税関（右端、18世紀末）
Toni Basso, Andrea Cason, *Treviso ritrovata*, Treviso : Canova, 1977.

72 シーレ川沿いの並木（2013年、須長撮影）

73 舟の広場（1851年）
Anna Zanini, Luisa Tiveron, *Treviso : vedute e cartografia dal XV al XIX secolo*, Vicenza : Terra Ferma, 2008.

74 舟の広場から見たシーレ川沿い（2013年、須長撮影）

75 かつてのゴッパ橋付近

76 ゴッパ橋付近（2013年、須長撮影）

77 大運河周辺の調査対象地
出典は図63と同じ

78 大運河の位置（須長作成）

カニャン・グランド（Cagnan Grando）

　代表的な3本の運河のなかで、最も幅の広い大運河（カニャン・グランド）は、多様な水景を生み出している **>77,78**。上流部の比較的緩やかな密度のエリアは、緑に覆われた自然豊かな水景を形成している。

　また大運河はかつて多数の水車の並ぶ一大生産拠点だった。その様子は1685年のI・クマン作成の絵図からもわかる **>55**。1811年の不動産台帳の地図には、水の流れを妨げる魚市場はまだ存在せず、豊富な水の流れがあったと想像される。また大運河に設置された水車は、おもに製粉用であり、サン・パリジオ（S. Parisio）橋北側とサンタ・キアラ（S. Chiara）橋南側の水車がそれにあたる。それ以外にも、精米が行われたサン・フランチェスコ橋北側の水車や、紡績が行われたダンテ（Dante）橋北側の水車が存在した。これらの水車による動力がトレヴィーゾの産業を支えていたのである。現在、水車は産業としての機能は終えたものの、その一部を見ることができる **>79**。

　19世紀には、運河の中心部に中洲がつくられ、その上に魚市場が建設された。その周辺には水辺を意識した建築も多く存在し、人と水と街が一体となっ

たトレヴィーゾ独自の空間を生み出している。とくに運河沿いには、水辺を意識したファサードを持つ建築が多く存在することから、かつて舟が利用されていたことを想起させる。ここでは大運河の代表的な場所を掘り下げ、また舟運の航行についても考察する。

❶中洲に計画されたガーデンシティ

　大運河の上流部に位置するこの場所は、市壁内ではあるが中心市街地から少し離れた近代的なエリアである >80。そのなかで特徴的な点は、水路に挟まれた中洲の存在である。この中洲は元々サン・フランチェスコ修道院の所有であった。18世紀中ごろの絵画からは、この場所が菜園として利用されていた様子が窺える >81。その後、ヴェネツィア共和国が崩壊すると国有地となり、1811年の不動産台帳から、修道院の建物は兵舎（casesrma）として転用され、中洲はブドウ畑として利用されていたことが確認できる >82。

　現在、この中洲には住宅が建設されている。これらの住宅には東西の水辺

79 元精米所（樋渡撮影）

80 水門から大運河を望む（樋渡撮影）

81 水門からの風景（18世紀中ごろ）
出典は図18と同じ

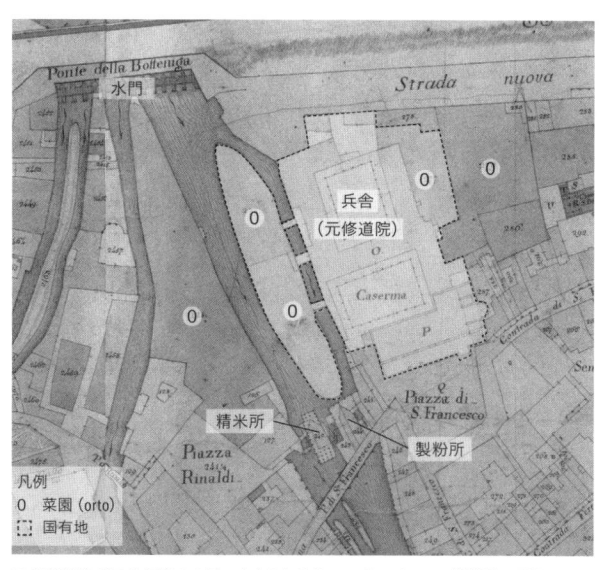

82 不動産台帳の地図（1811年）。もともとはサン・フランチェスコ修道院の所有であった大運河の中洲は、1811年当時は国有地で兵舎として利用されていた。図のように左岸と中洲は同じ所有者であったため、密接な関係性があったと考えられる
出典は図51と同じ（須長、樋渡追記）

を意識した計画が見受けられ、中洲という親水性を巧みに活かした広い前庭と裏庭が共存する、独自の住宅形態を生み出している >83,84,85,160。この住宅は20世紀に入ってから開発されたもので、E・ハワード（Ebenezer Howard）により19世紀末に提唱された「ガーデンシティ」と呼ばれる計画都市を、トレヴィーゾ流に解釈したものと考えられる。また、敷地内の裏庭から大運河へとアプローチできる個所も存在し、近代以降の住宅の中にも水辺とのつながりが感じられる。緑豊かなこのエリアは心地よい水辺と相まって、憩いの場として利用されている。

❷魚市場

　この場所に魚市場がつくられたのは、意外にも新しく、1855年のことである。建築家のボンベンによって、毎朝活気のある魚市場が計画された >86。この運河は、魚市場（ペスケリア）があることから、ペスケリア運河とも呼ばれる。この魚市場は大運河の中央に位置し、島のような形状をしている >87。約26mの幅を持つ楕円形の島の上には、常設の屋台が2列に向かい合って並んでいる。またこの島には、階段状の水辺へのアプローチが4ヵ所設けられており、生い茂った木々とともに自然豊かな独自の親水空間を形成している。この場所で売られている魚介類は、ヴェネツィアの中央市場から仕入れている。現在は自動車で輸送されているが、かつてはヴェネツィアからシーレ川沿いの荷揚げ場まで運ばれ、そこからは馬車でこの場所まで運ばれていたようである。通常であれば、馬車ではなく小舟を使い、舟運でこの魚市場まで運ぶのが最も効率的に思われるが、1811年の不動産台帳を見ると、この運河を塞ぐようにして水車小屋が設置されていたことから、舟でここまで運ばれてはいなかったと推測される >88,89。

❸魚市場に面した洗濯場

　シーレ川沿いや大運河の上流に位置する水門付近だけでなく、大運河の魚市場に面した場所も、洗濯場として活用されていた。水辺に面したポルティコの空間を利用して洗濯をしている様子が20世紀初頭の写真から窺える >90。

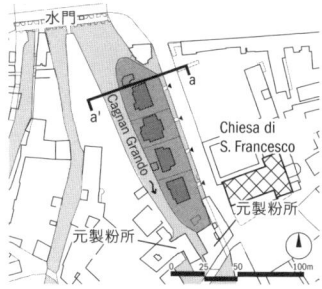

83 ガーデンシティの位置（須長作成）

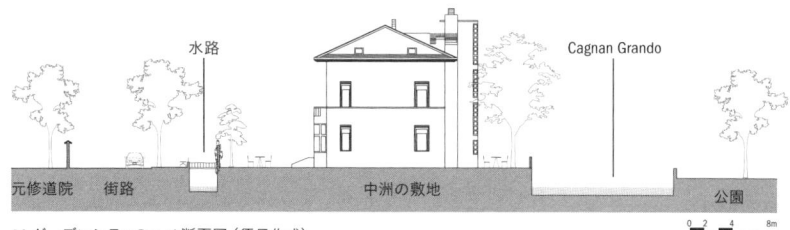

84 ガーデンシティの a-a' 断面図（須長作成）

85 ガーデンシティ周辺の連続立面図（宇野允、須長、樋渡作成）

86 魚市場周辺（須長作成）

87 魚市場（樋渡撮影）

115

この地区は、1811年の不動産台帳によると、サン・パリジオ通りに沿って賃貸の住宅の並ぶ、庶民的な地区であったことがわかる >88。水辺に面したポルティコのある建物と洗濯風景は、まさにトレヴィーゾ独自の水景を生み出している >91。

❹ ダ・カッラーラ（da Carrara）家の邸宅（現カッサマルカ財団）

現在カッサマルカ財団に利用されているダ・カッラーラ家の邸宅には13世紀のフレスコ画が残されていることから、その時代にはすでに存在していたとされている >92。建物は大運河とパレストロ通り（Via Palestro）の両面にファサードを向けている。運河側の1階には5つのポルティコが設けられ、舟が横付けできた。物資はポルティコ部分の荷揚げ場から、奥にある倉庫に運び込まれたことが想像される。通りに面した部分には商いや商談をするスペースが設けられ、2階は居住スペースとなっていた。この建物は、1987年に1階がギャラリーとなった複合文化施設にレスタウロされた >93。1990年代は外観の趣をそのままに、運河側のポルティコには水が引き込まれ、かつての姿をとどめていたが、現在は運河の部分は埋め立てられている。

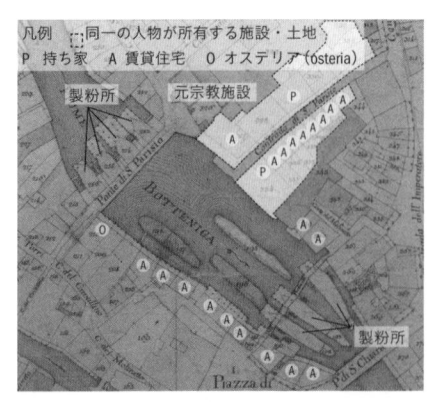

88 不動産台帳の地図（1811年）。魚市場周辺の水辺に面する建物は、おもに住宅でその多くが賃貸物件であった。また、特徴的なのが運河の北側に面する同一の人物が所有する土地で、日本の長屋のような形態であった
出典は図51と同じ（真島、樋渡作成）

89 製粉所の遺構（道明撮影）

90 洗濯場（20世紀初頭）
Toni Basso, *Un saluto da Treviso : centododici vecchie cartoline illustrate*, Treviso: Canova, 1973.

91 元洗濯場（2013年、須長撮影）

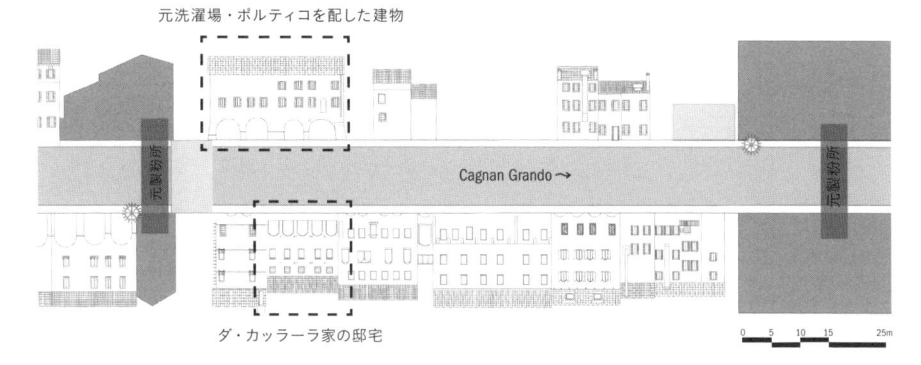

92 魚市場周辺の連続立面図（宇野、須長、樋渡作成）

93 ダ・カッラーラ家の邸宅。運河側の外観（樋渡撮影）

117

❺大運河の河口付近に位置する元製粉所

　最後に大運河がシーレ川に注ぐ河口付近についても触れておこう **>94**。ここは魚市場周辺と違い、観光名所でもなく、ごく一般的なトレヴィーゾの風景の広がる場所である。こうした素通りしてしまうような場所にも、かつての姿を思い起こさせる重要な価値が眠っている。ここでは、その事例をあげておく。この河口には、16世紀にはすでに水車が存在しており、1685年のI・クマン作成の絵図史料にも描かれている **>55**。また、1811年の不動産台帳によると、東側の水車はカリタ修道会のオスペダーレの所有で製粉所として利用され、一方、西側の水車は個人の所有で紡績所として利用されていた **>95**。

　1906年の、L・プレテ（Luigi Prete）による水車の取り替え計画から当時の建物用途を読みとれる **>96,97**。そこには製粉所や倉庫のほかに事務作業をするスペースがある。さらに、馬小屋（stalla）と干し草置き場もあることから、馬を使って荷を運んでいたと想像され、平面図から、人の馬との動線が分けられていたこともわかる。

　現在、西側に立地したアーチの施された建物は建て替わっており、橋の上の木造の建物は取り壊されている **>98,99**。一方、東側に位置するオスペダーレが所有していた建物は、そのままの状態で維持されている。この建物の下を勢いよく水が流れており、こうした様子は川とともに生活文化を育んできたトレヴィーゾならではの光景といえる。

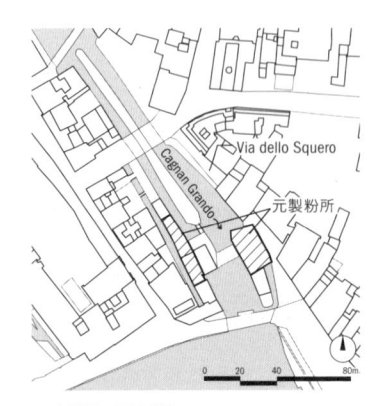

94 大運河の河口付近

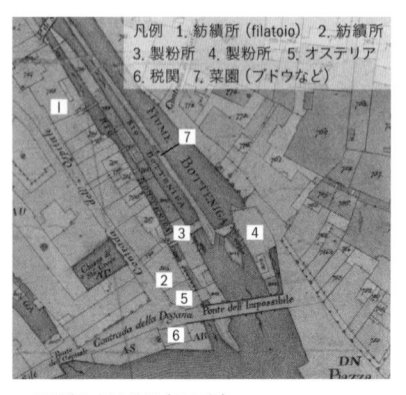

95 不動産台帳の地図（1811年）
出典は図51と同じ（樋渡追記）

凡例　1. 紡績所（filatoio）　2. 紡績所　3. 製粉所　4. 製粉所　5. オステリア　6. 税関　7. 菜園（ブドウなど）

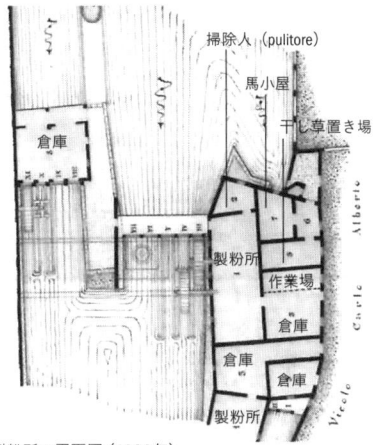

96 製粉所の平面図（1906年）
B. Bonaventura, I. Zucchegna (a cura di), *Acque e Roste Trevigiane*, Maserada sul Piave : Monti Zoppelli, 2003 の図に樋渡追記

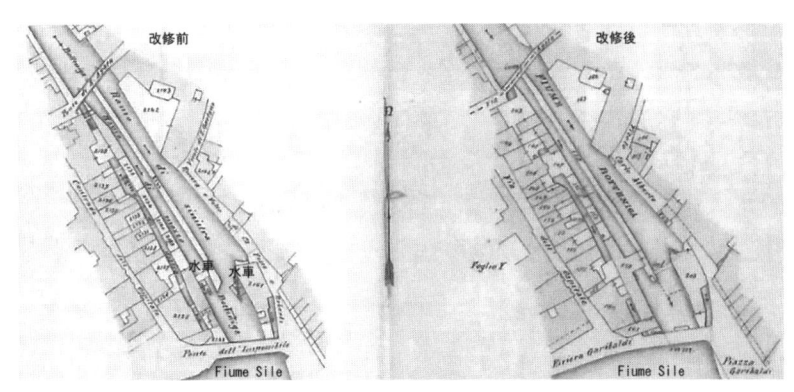

97 1906年改修以前（左）と以後の地図（右）。改修以前は両岸に位置する製粉所をつなげていないことがわかる
出典は図96と同じ

98 製粉所（20世紀初頭）
出典は図90と同じ

99 元製粉所（2013年、須長撮影）

大運河の舟運と水車の立地

　このように、産業を支えてきた水車はトレヴィーゾにとって非常に重要な施設であった。そこで、最も水車の多い大運河に焦点を当て、この運河がいつから産業空間として利用されたのか、舟運と水車の立地に注目しながら、運河の機能の変遷を考察する。

　現在、トレヴィーゾで一番川幅の広い大運河は水門で水量をコントロールされているが、もともとは自然河川のボッテニガ川であった。16世紀の市壁に囲まれるまでは、舟運が行われていたと推測される。その根拠は、大運河沿いには、舟から荷揚げしていたと想像される大きな開口部を配する建物が運河側に立地していることだ。なかでも大運河との関係性が強い例として、魚市場付近に建つ、水辺に開放的なポルティコを施した13世紀のダ・カッラーラ家の邸宅が挙げられる >93。このダ・カッラーラ家の邸宅でも、大運河から直接荷揚げを行っていたといわれている。また、サン・フランチェスコ橋の南側の建物にも、運河側の壁面に大きな開口部跡があり、運河との関係性が強かったことがわかる >100。この建物は開口部の様式から14世紀前後に建設されたと推測される。トレヴィーゾではシーレ川のサン・マルティーノ橋で13世紀末から水車が利用されていたが、この地域においては舟運が不可欠であったため、大運河で水車が使い始められるのは、それより遅い時代であると思われる。

　大運河の河口には、造船所通り（Via dello Squero）がある。その名から、この辺りに造船所があり、そこまで舟が入っていたと考えられる。現にこの場所には水辺に面してポルティコが施された建物が立地しており、周辺の建物とは違う様相を見せる >101。また16世紀には、ダンテ橋の北側に水車が存在していたことから、この時点で舟運機能が失われつつあったといえる。おそらく、ヴェネツィア共和国の指導の下、堅固な都市づくりのために、水門の計画とともに運河が整備され、同時に舟運から水車へと運河の利用目的が切り替わっていったのではないかと想像される。その後、1685年のI・クマン作成の絵地図には、運河上に多数の水車が設置されており、もはや舟運としての機能は失われ、一大生産拠点として成り立っていたことが推察される >55。

100 運河に面した開口部跡（樋渡撮影）

101 造船所通り（樋渡撮影）

102 メツォ運河周辺の調査対象地
出典は図63と同じ

103 メツォ運河の位置（須長作成）

カニャン・デ・メツォ（Cagnan de Mezo）

　代表的な3本の運河のなかで、中央を流れるメツォ運河（カニャン・デ・メツォ）のメツォとは、イタリア語で中央、真ん中を意味するメッツォ（mezzo）の方言である >102,103。この運河の特徴は、水と建物の近さとその密度にある。そのなかで最も特徴的な場所が上流部の、運河に面してポルティコが続くエリアである。そこにはレストランも設けられ、市民の憩いの場となっている。運河の中流部に位置する、狭い運河幅とそこに直接立ち上がる建築群が織りなす水景は、どこかヴェネツィアを彷彿させる。またこの運河の下流部は、かつてオスペダーレの建物であったパドヴァ大学の敷地内を流れ、構内に水辺空間を提供している。この運河にも水車は設置されていたが、規模はあまり大きくない。また舟運があったと思われる痕跡もいくつか残されている。この運河沿いの特徴ある通りや建物を次に見ていこう。

❶ブラネッリ通り（Sottoportico ai Buranelli）——賑わいのある界隈

　トレヴィーゾで最も印象的な風景はこのエリアだろう >104。メツォ運

河の上流に位置するこの場所は、左岸にポルティコを持つ建物が並び、右岸には運河から直接建ち上がる建物が並ぶ魅力的な空間を形成している **>105,106,107,160**。

　1811年の不動産台帳からは、工房（ボッテーガ）の集中するエリアであったことが読みとれ、かつては生産活動の盛んな活気に満ちた場所であったと推測される **>108**。たとえば運河に面した染物のボッテーガでは、運河の水を直接利用していたと考えられる。その記憶が現在も継承されていることがこの通りの親水性を思わせる所以かもしれない。さらにこの界隈には、劇場やオステリアもあることから、人の集まる賑わいのある場所だったと想像される。

　左岸のブラネッリ通りは、かつてヴェネツィアのブラーノ島で採れた魚を売る商人が住んでいたことから、この名がついたという。そのため、メツォ運河はブラネッリ運河とも呼ばれる。現在、ポルティコは公共道路としてだけでなく、レストランの屋外席としても活用されている **>109**。ポルティコの屋外席では、水辺と美味しいヴェネト料理を同時に楽しむことができるために、多くの客で賑わっている。さらに、80cmほどの腰壁に腰かける人や、水

104 ポルティコと水辺の共演する風景（須長撮影）

面を覗き込む人、ベンチに友人と座っておしゃべりする人など、この空間は多くの人に親しまれており、高い公共性と親水性を獲得している。

また、建物の 2 階の外壁には滑車がついていることから、水面から 2 階に荷物の揚げ降ろしをしていたことが予想でき、今では存在しない舟運もあったと想像される。ひとつの建物は小さなものだが、住居の機能だけでなく、移動、舟運、そして憩いの場として、都市のインフラの役割を担う重要な存在となっている。都市と建築がかい離する昨今の日本では見られない風景がここにはある。

対岸にはポルティコはないが、高い親水性があったといえる。対岸の建物には、1 階に滑り出し窓があり、さらに、付近に必ず鉄製のフックが付いている。これは、開閉可能な桟橋の鎖を引っかけるフックで、ここでは桟橋が河岸の代わりを果たし、1 階から荷物の揚げ降ろしを行っていたと予想される。ポルティコを持たないために、それが可能だったのである。現在その桟橋は存在しないが、右岸の建物も積極的に水辺と関わっていたことがよくわかる。

また、右岸の建築には、図 106 の断面図に現れる基礎部分の小さな空間に、もうひとつ重要な特徴がある。この空間はアーチによって支えられており、運河の水が流れていくように設計されている。これは運河に張り出して増築した際、水の流れを妨げない工夫だと考えられる。

このように、メツォ運河の上流部は親水性の高い空間を現在もとどめている。静かな水辺と整然と連なるポルティコが生み出す空間は、水都ヴェネツィアにもあまり見られないトレヴィーゾ独自の水景を形成している。

❷直接型の建築群 ── 運河に沿って直接建築が建つ地域

メツォ運河の下流に位置するこの場所は、運河に対して直接型の建築が建ち並び、ほとんどの建築が運河に面して煙突を配した独自の景観を形成している >110。煙突が運河沿いを向いているのは、運河と平行な街路にメイン・ファサードを持ち、運河が建物の裏側になっているからだと考えられる。さらに注視すると、この運河の左岸側は煙突が 2 階から伸び、右岸側は 1 階から伸びていることがわかる >111,112,113,160。この違いは、生活の中心となる台所が

どこに設けられているかによる。左岸側にはサンタ・マリア・デイ・バットゥティ（S. Maria dei Battuti）広場に面して、1階に商店や飲食店が並んでいる。そのため2階より上が居住空間となり、そこには排煙が必要な台所が設けられる。これは、1811年の不動産台帳からも、1階は飲食店であるオステリアや

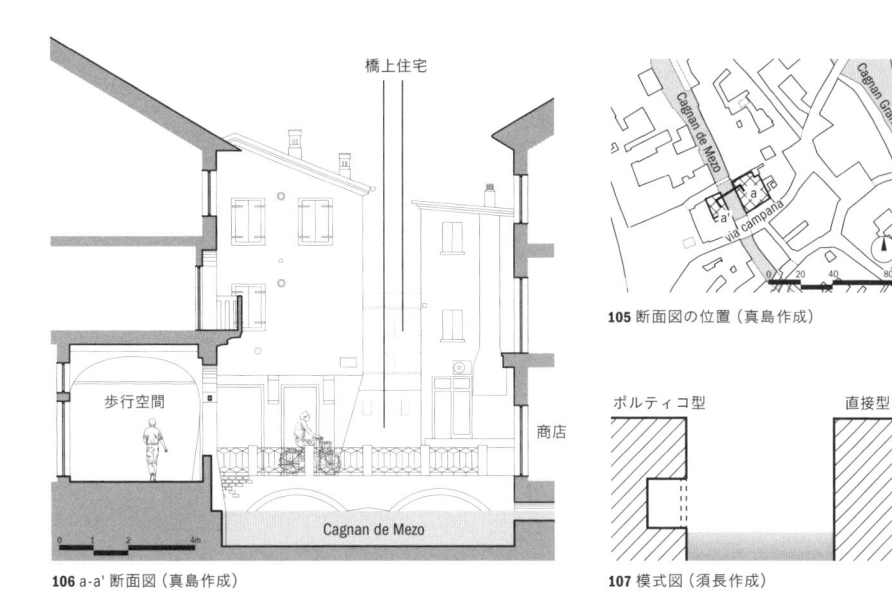

106 a-a' 断面図（真島作成）

105 断面図の位置（真島作成）

107 模式図（須長作成）

108 不動産台帳の地図（1811年）
出典は図51と同じ（樋渡追記）

109 レストランの屋外席として利用されるポルティコの空間
（樋渡撮影）

工房（ボッテーガ）のような住居以外の用途であったことが読みとれる >114。ここには1904年から現在まで続くオステリア・ルアナ（Osteria Luana）があるように、街の歴史や性質を地域住民がしっかりと受け継いでいるのである >115。人と建築とが一体になって、自然と向き合い、そして順応しているといえる。

　もうひとつ注目すべき点は、左岸側の建築に設けられた、1階下部の空間である >116。調査時に資材置き場として利用されていた、アーチ状の開口が印象的なこの個所は、運河に張り出して増築した際、水の流れを妨げないために工夫されたものだと推測される。

　一方、右岸側のサン・パンクラツィオ通り（Vicolo S. Pancrazio）には、このような商店が並ぶことはなく、落ち着いた住宅街である。1811年の不動産台帳でわかるように、1階から賃貸の住宅であったことから、当時から左岸とは異なる雰囲気であっただろう。このように都市のコンテクストが現在もこの場所の風景を形成しているのである。

　メツォ運河上には、かつてオスペダーレが所有していた小麦の製粉所がある。1811年の不動産台帳の地図から、ふたつの水車が確認でき、製粉所の左右に設置されていた。橋は水路に合わせてふたつのアーチを施している。そのアーチをくぐった水路にはボーヴァ（Bova）と呼ばれる水量を調整する板を固定するための跡や、サルトと呼ばれる落水用の仕掛けを現在も見ることができる。

❸広大な敷地を持つオスペダーレ

　シーレ川と合流するメツォ運河の下流に位置するオスペダーレは、シーレ川とサンタ・マリア・デイ・バットゥティ広場に挟まれた広大な敷地を持つ >117,118,160。この場所はメツォ運河の上流部のように高密な土地利用とは異なり、広い敷地で、比較的規模の大きい施設である。ローマ時代の市壁の外側に立地していることから、建設当時は粗密な空間が広がっていたと想像される。

　オスペダーレの起源はトレヴィーゾの同業者組合（università）が活動を始め

110 運河沿いに直接建ち並ぶ建築群
（樋渡撮影）

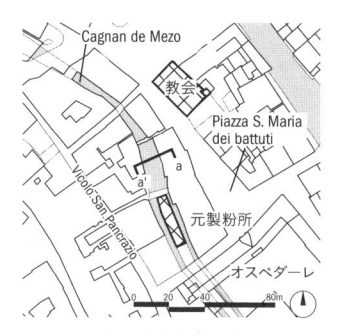

111 運河に沿って直接建築が建つ地域
（須長作成）

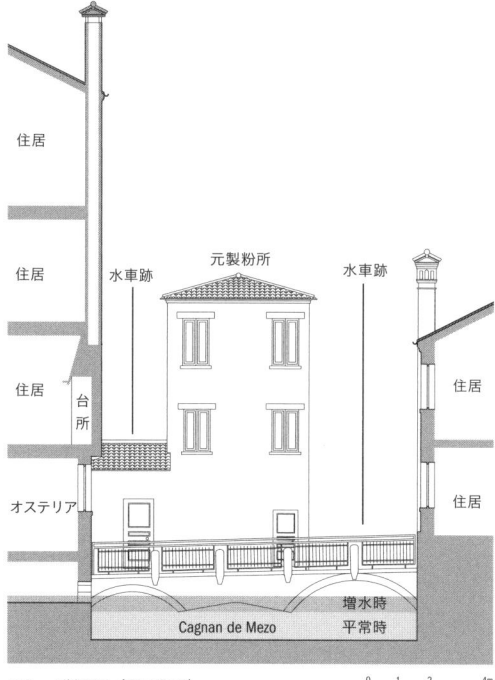

112 a-a' 断面図（須長作成）

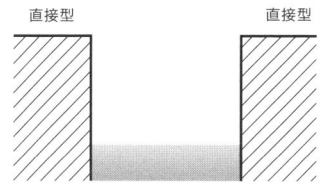

113 模式図（須長作成）

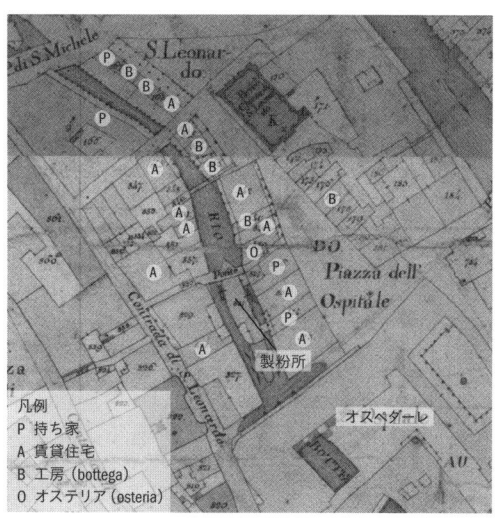

114 不動産台帳の地図（1811年）
出典は図51と同じ（樋渡追記）

凡例
P 持ち家
A 賃貸住宅
B 工房（bottega）
O オステリア（osteria）

127

た13世紀後半に遡る。1261年、聖職者でない信徒会（コンフラテルニタ）のスクオーラ・デイ・バットゥティが設立され、この信徒会によって、14世紀はじめに社会福祉事業を目的とした救護院（オスペダーレ）が興された。現在は当時の壁と柱廊の一部が発掘されており、敷地内に見ることができる>119,120。

現在の建物は広場側にロンバルディア様式の正面を向け、シーレ川沿いは、かつての税関が隣接する複合施設となっている>121。また、敷地内にはサンタ・クローチェ教会も立地し、中庭に正面を向ける>122。この複合施設は、カッサマルカ財団によって購入され、1999年10月、施設の一部を大学として使い始めた。

また、メツォ運河をまたぐようにして位置するこの敷地には、水車を利用した製粉所があった。かつてトレヴィーゾには、豊富な運河の水量を活かすべく水車を動力とした産業が発展しており、主食である小麦を挽く製粉業はとくに重要であった。

1811年の不動産台帳から建物用途と所有者を把握することができる>123。オスペダーレ所有の製粉所は、メツォ運河に3ヵ所、大運河に1ヵ所あることから、敷地の内外に製粉所を所有し、一大産業を築いていたことがわかる。オスペダーレの敷地内には、3つ水車が描かれており、メツォ運河を分岐させ、水量を調整していたことが確認できる。より狭い水路を使い、水車を回して

115 オステリアの窓から運河沿いを望む（真島撮影）

116 直接型建築の1階（道明撮影）

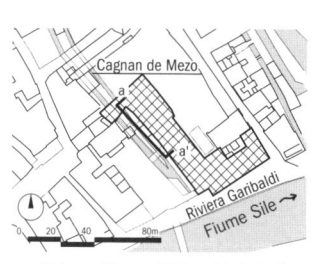

117 元オスペダーレの配置図（真島作成）

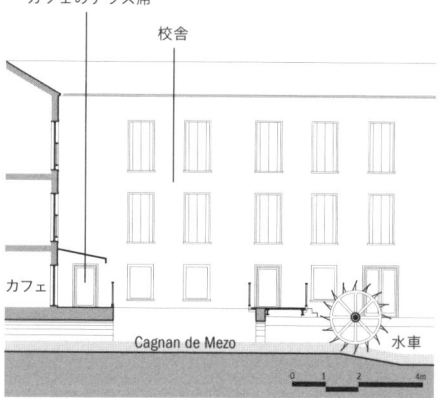

118 a-a' 断面図　メツォ運河沿いに建つ元オスペダーレ（真島作成）

119 敷地内の14世紀前半の遺構（樋渡撮影）

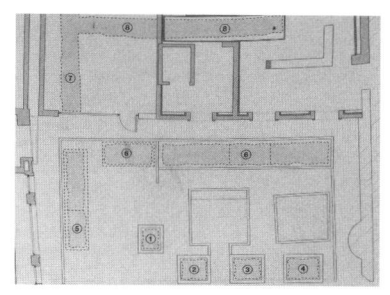

120 14世紀前半の遺構を示した平面図（現地の説明板より）。①②③④:柱廊／①と⑤の間:入口／⑥⑦⑧:1階の壁、倉庫

121 元オスペダーレの正面（樋渡撮影）

122 サンタ・クローチェ教会（樋渡撮影）

129

いたようである。3つの水車のうちふたつ（分流した水路の左側にあったもの）はなくなってしまったが、右側の水路には今も水流によって回る水車が存在する。

　現在、唯一残った水車は展示用で、観賞するために鉄骨の橋が架けられ、そこから水車の回転を眺めることができるほか、メツォ運河の上にまたがる建物には屋外テラスを設けており、どちらからも水車や川の流れを視認できる >124。水車を動かす装置や水の落差も設けられており、こうした土木的な部分は維持されていることが窺える。

　このように、時代の移り変わりとともにその用途を変え、水車による動力が不必要になった現在でも観光資源として利用されている。日常的には学生や市民の往来がある程度だが、カフェテリア開催のイベントが行われる際、この歴史的空間の水辺に大勢の人が集まり、イベントを楽しむ風景も見られる。

123 不動産台帳の地図（1811年）。オスペダーレ所有の建物製粉所：大運河1ヵ所、メツォ運河3ヵ所
出典は図51と同じ（須長、樋渡追記）

124 オスペダーレの水車とカフェテラス（須長撮影）

125 ロッジア運河周辺の調査対象地
（ヴェネト州の航空写真をもとに須長、真島作成）

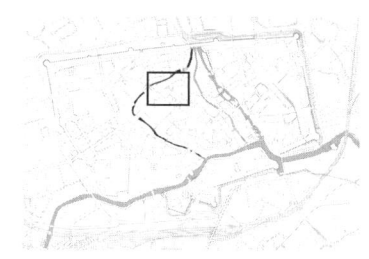

126 ロッジア運河の位置

カニャン・デッラ・ロッジア（Cagnan della Roggia）

ロッジア通りとコルナロッタ（Cornarotta）通り

　市街地の中心から少し西側に外れた場所に流れるのが、ロッジア運河（Cagnan della Roggia）である >125,126。この運河は、水車もなく、舟運の痕跡も少ないが、ほかの運河とは違った特徴をもつ。

　ロッジア運河は8～9世紀に建設されていたとされるローマ時代の市壁ラインにあたる >127。この運河沿いの特徴は、運河から直接建ち上がる直接型の建築が少なく、ローマ時代における市壁の内側にあたる左岸側では裏庭を配し、一方の市壁の外側にあたる右岸側には街路が運河に平行していることである。つまり、建物－庭－運河－街路－ポルティコを施した建物、というほかの運河ではあまり見られない空間構成である >128,129,160。

　左岸側は比較的広い敷地割になっており、大運河やメツォ運河ほど高密ではなく、落ち着いた雰囲気を醸し出している。それは、コルナロッタ通りに面して、現在、国家警察に使用されている16世紀のパラッツォ・ズッカレダ

（Palazzo Zuccareda）や現在ベネトン財団の所有するパラッツォ・ボンベンやパラッツォ・カオトルタ（Caotorta）などが並び、風格のある空間を形成しているためだと考えられる >130。1811年の不動産台帳から、コルナロッタ通りに沿ってズッカレダ家、ボンベン家、カオトルタ家の所有地を把握することができる >131。これらのほかにも所有者と居住者が同じ持ち家タイプの住宅が多く、当時から格式高い空間であったことが想像できる。またパラッツォのような邸宅には、運河に面して裏庭が設けられることが多く、それにより緑豊かな水景を形成している。現在、パラッツォ・カオトルタはベネトン財団の図書館として利用されている。この図書館はおもにヴェネト州やそのなかでもシーレ川流域に関する書籍を所蔵し、一般に開放されているため、利用しやすい。この図書館の運河側にある部屋には、大きな窓が施されている。裏庭とロッ

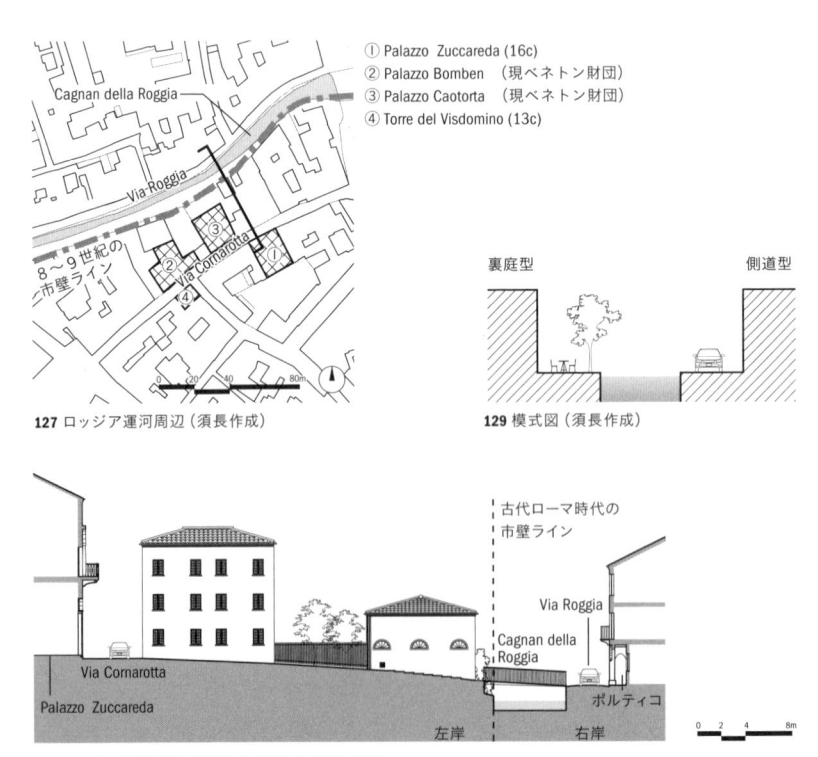

127 ロッジア運河周辺（須長作成）

① Palazzo Zuccareda (16c)
② Palazzo Bomben （現ベネトン財団）
③ Palazzo Caotorta （現ベネトン財団）
④ Torre del Visdomino (13c)

129 模式図（須長作成）

128 ロッジア運河周辺の断面図・立面図（須長作成）

ジア運河を感じる開放的な室内空間となっている >**132**。

　一方のローマ時代の市壁の外側とされる右岸側では、車1台がやっと通れる幅3.7mのロッジア通りが運河に平行している >**130**。そのロッジア通りに沿って、ポルティコを施した建物が並ぶ。この地域は、狭い通りなどヒューマン・スケールで計画された中世から存在してきた道であると推測できる。1811年の不動産台帳から、左岸に比べ、圧倒的に敷地割が狭く、空間構成の違いは明らかである >**131**。またポルティコを配したスキエラ型の建築の並ぶ賃貸住宅となっていることも読みとれる。左岸とは住民の社会的階層も違っていたことが想像され、人の行き交う雰囲気も異なっていたと思われる。

　こうした歴史的な特徴を現在もなお持続していることが、トレヴィーゾならではの風景を生み出しているのである。

130 ロッジア運河沿い。ベネトン財団（左）とロッジア通り沿いのポルティコのある住宅（右、樋渡撮影）

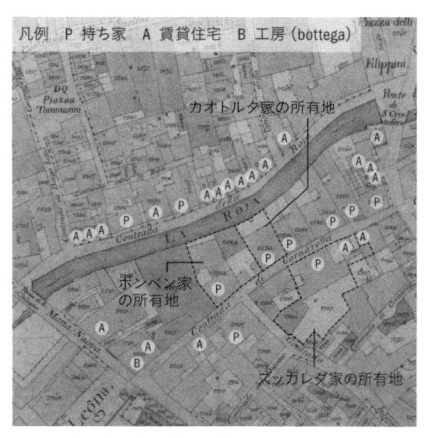

131 不動産台帳の地図（1811年）
出典は図51と同じ（須長、樋渡追記）

132 ベネトン財団の図書館から
ロッジア運河を望む（樋渡撮影）

133 シレット運河周辺の調査対象地
出典は図63と同じ

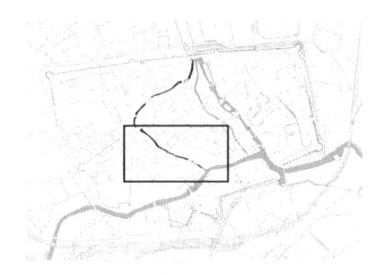

134 シレット運河の位置

カニャン・デル・シレット（Cagnan del Siletto）

デ・ゾッティス家とダ・ファガレ家の邸宅

　ロッジア運河から続くシレット運河（Cagnan del Siletto）は、ロッジア運河と同様に8〜9世紀に建設されたとされるローマ時代の市壁ラインにあたる **>133,134**。この運河沿いには、直接運河から建ち上がり、運河側に開口部を持つ建物が並ぶ **>135**。水辺空間の分類でいうと、直接型の建築が多い。また、ポルティコが施された建物も見られる **>136,137,138,160**。

　1811年の不動産台帳を見ると、8〜9世紀の市壁の内側にあたる左岸には、所有者と居住者とが同一である場合が多い。その居住者は、医者、弁護士、飲食店であるオステリアの経営者などである **>139**。運河側に庭のある住宅もあり、比較的住環境のよい場所であることが窺える。

　左岸の河口付近には、15世紀建設のポルティコを施したデ・ゾッティス家とダ・ファガレ家の邸宅（Casa dei De Zottis e Da Fagarè）が立地する **>140**。この邸宅の正面には、ゴシック時代からルネサンス時代のフレスコ画が描かれて

いる。この邸宅の1階には、特徴的なポルティコが施されており、公共の道路に加え、運河にまで建築が張り出した2段階の形式をとっている。当時、舟が横付けされていたかは定かではないが、舟運がここまであったことを想像させる。また、アーチを支える柱にはイオニア式オーダーを採用しており、立派な表玄関を飾る優美な姿を見せてくれ **>141**。

　一方、8〜9世紀の市壁の外側にあたるシレット運河の右岸は、敷地割が狭く、小さい建物が並ぶ。1811年の不動産台帳から賃貸の住宅であったことがわかる **>139**。さらに河口付近には工房や製造所が並んでいた。染物の工房があり、直接運河の水を利用していたことが想像される。またこの運河沿いで革なめし業も行われていたことから、シレット運河は別名「革なめし運河」とも呼ばれた。革なめし業は水を使うだけでなく、異臭を放つことから、一般的に都市の外れに位置することが多い。つまりこのシレット運河の左岸側は当時、都市の外れと考えられていたことが読みとれる。

　このように、シレット運河の左岸と右岸は、歴史的に異なる性格であった。それが現在の空間構造にも引き継がれ、魅力的な風景を形成しているのである。

135 シレット運河沿いの直接型建築（樋渡撮影）

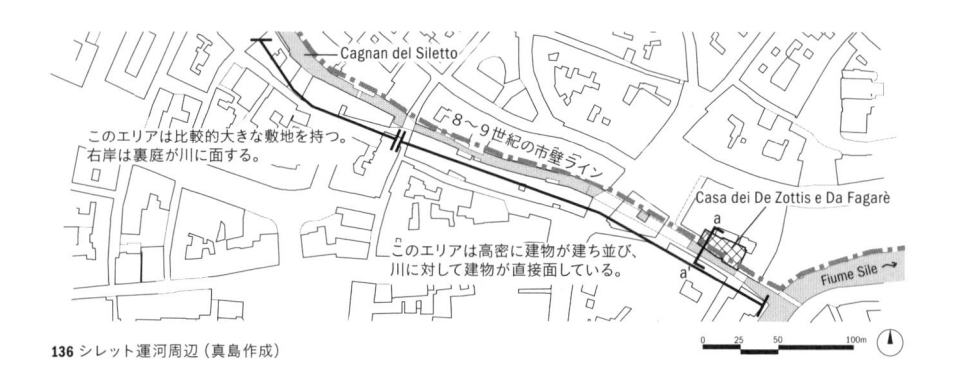

136 シレット運河周辺（真島作成）

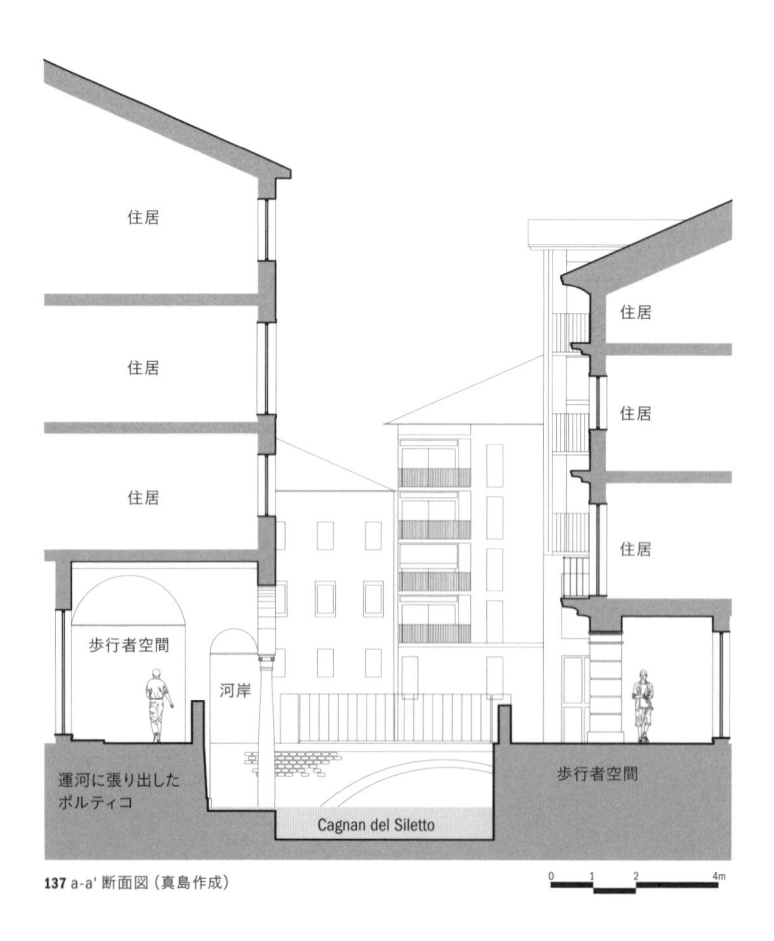

このエリアは比較的大きな敷地を持つ。
右岸は裏庭が川に面する。

Cagnan del Siletto

8〜9世紀の市壁ライン

Casa dei De Zottis e Da Fagarè

このエリアは高密に建物が建ち並び、
川に対して建物が直接面している。

Fiume Sile

住居

住居

住居

住居

住居

住居

歩行者空間

河岸

歩行者空間

運河に張り出した
ポルティコ

Cagnan del Siletto

137 a-a' 断面図（真島作成）

第 2 章　シーレ川流域　　*Fiume Sile*

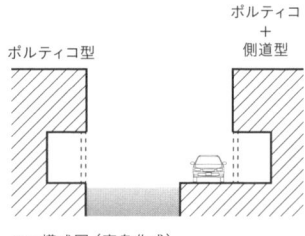

138 模式図（真島作成）

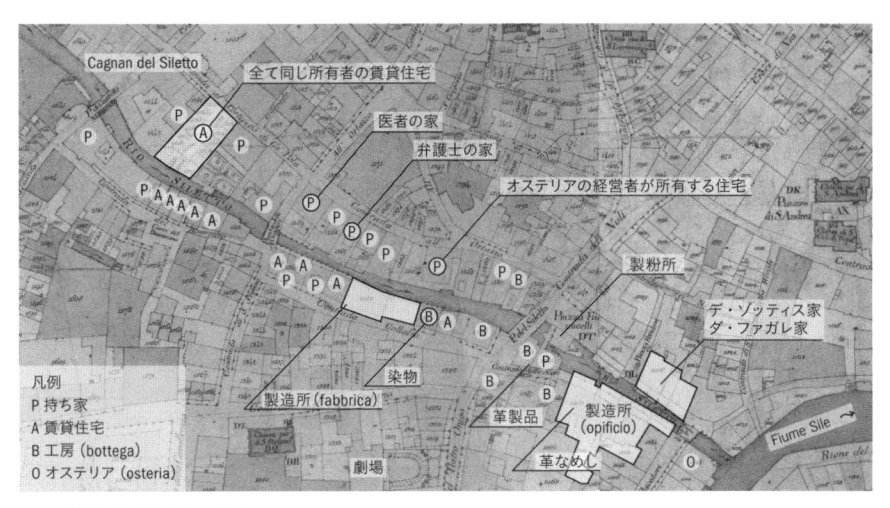

ポルティコ型　ポルティコ＋側道型

139 不動産台帳の地図（1811年）
出典は図51と同じ（真島、樋渡追記）

凡例
P 持ち家
A 賃貸住宅
B 工房（bottega）
O オステリア（osteria）

140 ポルティコを配するデ・ゾッティス家とダ・ファガレ家の邸宅

141 イオニア式の柱が施されたポルティコ

用水路を活用した産業
カナーレ・デッラ・ポルヴェリエラ（Canale della Polveriera）

　市壁の南西部には、シーレ川の上流と下流を結ぶ用水路が流れている。この用水路は、火薬工場を意味するポルヴェリエラ（Polveriera）の名前が採用されており、ポルヴェリエラ用水路と呼ばれる >142,143,160。この用水路では、ヴェネツィア共和国時代に火薬を製造していたのである。

　国立トレヴィーゾ文書館（旧サンタ・マルゲリータ修道院）保管の1681年のサン・パオロ修道院の史料からは、シーレ川沿いにあった火薬製造所の火災の影響を受け、用水路の河口に新たな火薬製造所を計画したことがわかる >144。この史料には、ポルヴェリエラ用水路の整備計画も記されている。火薬という危険物を製造するために、工場はなるべく街から離れた場所に移転させられたと考えられる。火薬を製造する過程で、材料を粉末にする必要があった。ここでも水車を用いて用水路を利用し、図144のIの建物で粉末にしていたようである。また、シーレ川沿いには桟橋があり、河川には舟も描かれている。製造された火薬は、ここからヴェネツィアまで運ばれていたと想像される。

　時代が下って18世紀のA・プラティ作成の絵地図にも、「ラ・モニツィオン（La Monizion）」と記載された火薬製造所が描かれており、トレヴィーゾにとって重要な産業だったことを意味している >145。さらに18世紀末の地図にもこの火薬製造所があるほか、水車やその名称まで記載されている >146。

　1834年に起こった大爆発によって、製造中止を余儀なくされたが、オーストリア支配下で作成された不動産台帳には「火薬製造所」であることが記されており、その面積は10.380㎡に及ぶ。1848年に火薬工場は再開し、1日に600kgも生産した。しかし、オーストリア政府が撤退した後の1854年に競売にかけられ、1856年、火薬工場はサンテ・ジャコメッリによって精米所にリノベーションされる。その後、Rosada & C.社に所有され、1870年にはイタリアで重要な精米所のひとつになる。1日に24,000kgを脱穀し、15,000kgを精米していたが、その大部分はドイツ、ギリシア、アルバニア、イギリスに輸

出された。米は、おもにインドやピエモンテ、ポレジーネ（ヴェネト州のアディジェ川とポー川にはさまれたデルタ地帯）で生産され、運ばれてきた。この精米所は第二次世界大戦の終わりまで機能していたという **>147,148**。

　現在、この用水路では水車を確認できないが、水車を利用していたと思われる水の落差の仕掛けを見ることができる **>149**。また、当時水車があったと思われる建物がオフィスとして現在も利用されているのが興味深い **>150**。

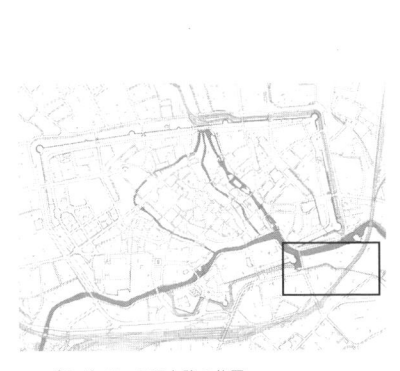

142 ポルヴェリエラ用水路の位置

143 ポルヴェリエラ用水路（樋渡撮影）

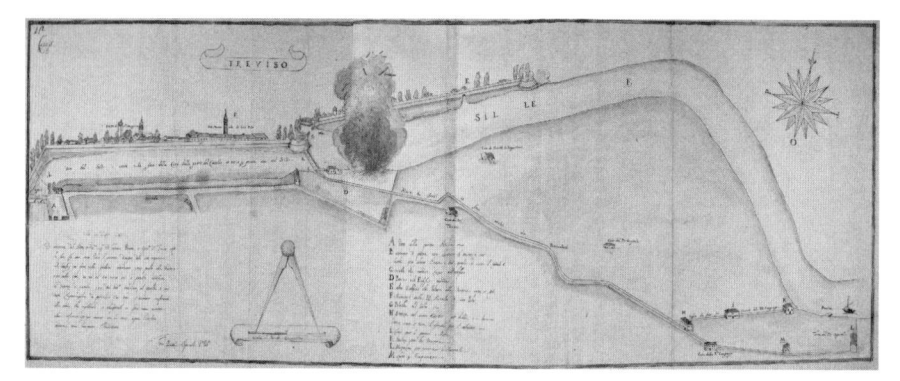

144 火薬製造所移転に関する絵図。火薬製造所の火災と新たな火薬製造所の位置を示している (1681年)
A.S.Tv, C.R.S. S. Paolo, b. 58.
H：硝酸カリ用の炉のある新施設、I：製粉所、K：製粉所（石臼のある施設）、L：材料保管用倉庫、M：歯車を使う場所

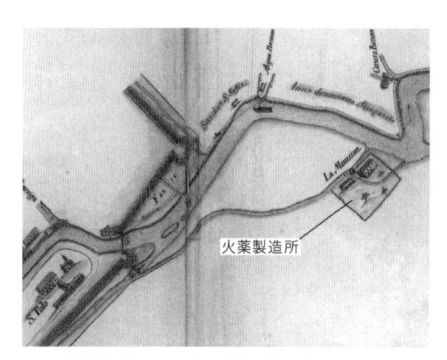

145 火薬製造所 (1764年)。火薬製造所内に水車が描かれている
出典は図7と同じ

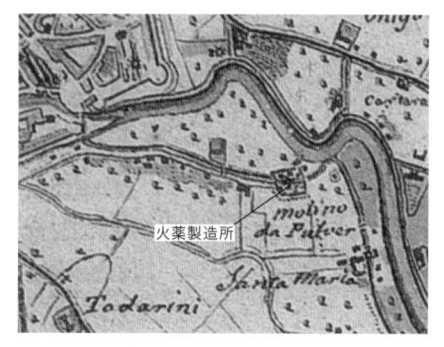

146 火薬製造所 (1798-1805年)
出典は図1と同じ

147 元火薬製造所、精米所 (1887年)
I.G.M.

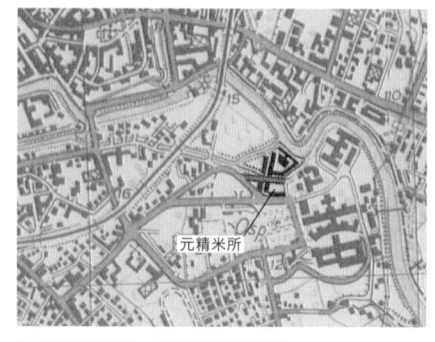

148 元火薬製造所、元精米所 (1984年)
I.G.M.

140　第2章　シーレ川流域　　Fiume Sile

149 ふたつの流路に分けられた用水路。左側には落差がある（真島撮影）

150 元火薬製造所に立地する建物（須長撮影）

テリトーリオ

サン・パオロ修道院のテリトーリオ

　トレヴィーゾの南側のシーレ川に面して立地するサン・パオロ修道院はトレヴィーゾのなかでも広大な敷地を持つ修道院のひとつである **>151**。この修道院はヴェネツィア共和国崩壊以後、国に没収され、1945〜1995年の間、軍事施設である兵舎として利用されてきた。

　サン・パオロ修道院の起源は、ドメニコ会の修道女がいたとされており、1223年ごろ創設される。13世紀後半、トレヴィーゾ内だけでなく、周辺地域を含む有力家出身の若い修練士を多く受け入れたことで、彼らの莫大な遺産・財産の献納により、社会的に地位を高めていった。その結果、住宅など新たな建物を建設していく。1265〜1266年、サン・パオロ修道院の隣には、新たにサンタ・マルゲリータ（S. Margherita）修道院が建設されることになり、争いが巻き起こる。13世紀末〜14世紀前半の経済危機を乗り越え、15〜16世紀に発展する。その後の展開は、国立トレヴィーゾ文書館に保管された17〜18世紀の数多くの絵図面の史料から読みとることができる。

　修道院はトレヴィーゾの市壁外の南側に位置するポルヴェリエラ用水路周辺や、市壁外の南西部でシーレ川に沿った地域に農地を所有した **>152**。また、シーレ川上流のモルガーノや、トレヴィーゾの南に位置するプレガンツィオル（Preganziol）など、トレヴィーゾから離れた場所にも広大な農地を所有したことから、大規模な農業経営を手がけていたことがわかる **>153,154**。さらに、シーレ川の上流に位置するチェルヴァーラ湿原に製粉所を所有していたことでも知られており、湿原は現在、自然公園になり、製粉所が当時のままの姿で保存されている。ここでは周辺の農地で栽培した小麦をこの製粉所で挽いていたと想像される。ちなみに、ヴェネツィア共和国もトレヴィーゾ周辺の製粉所に製粉を依頼していた。このように、修道院は市壁の内外に土地を所有し、広大な領域（テリトリーオ）を広げ、一大産業を築いていたのである。

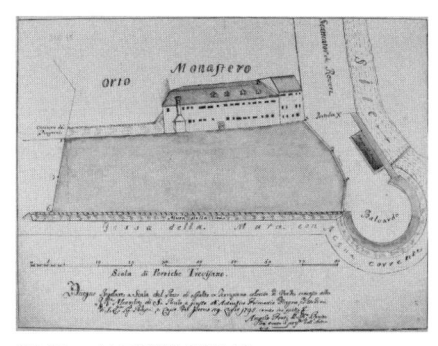

151 サン・パオロ修道院（1795年）
A.S.Tv, *C.R.S. S. Paolo*, b. 58.

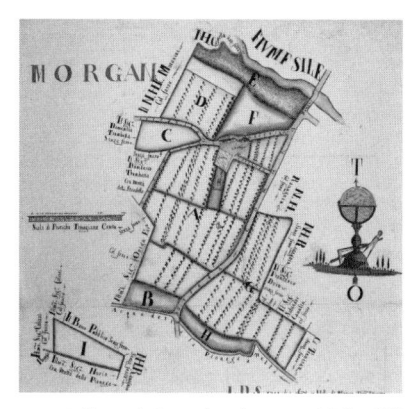

153 モルガーノにあるアンジェロとマッティオ兄弟に賃貸された不動産（1791年）
A.S.Tv, *C.R.S. S. Paolo*, b. 58 の部分

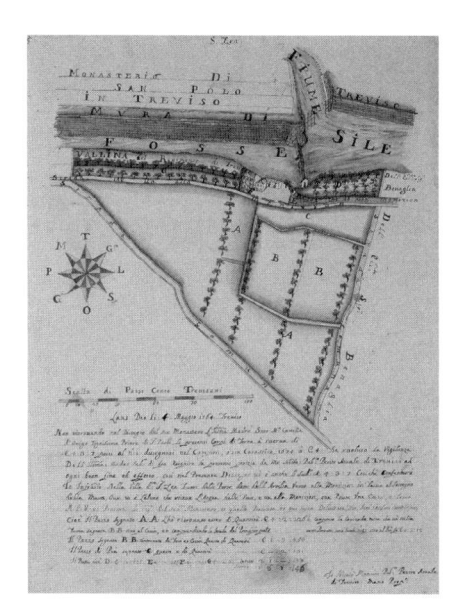

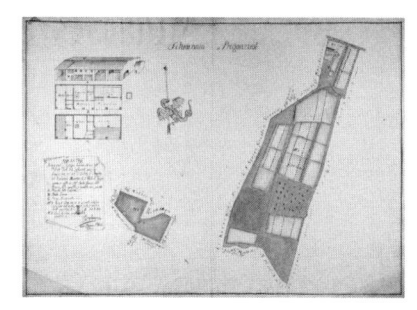

154 サント・カウニオに賃貸された不動産（1791年）
A.S.Tv, *C.R.S. S. Paolo*, b. 58.

152 市壁外の南側、シーレ川沿いに位置するサン・パオロ修道院所有の不動産（1764年）
A.S.Tv, *C.R.S. S. Paolo*, b. 58.

143

カーザ・コロニカの発展段階

　ヴェネト州のこの地域では、カーザ・コロニカ（casa colonica）と呼ばれる農家が広く分布し、独特の田園風景を形成してきた。カーザ・コロニカは、農民の居住空間と農具を保管する倉庫や家畜小屋のような農業用の建物が隣接する構成を示す。

　17〜18世紀のサン・パオロ修道院所有の農場に関する絵図面の史料（国立トレヴィーゾ文書館蔵）から、カーザ・コロニカにいくつかのタイプがあることがわかる。これをもとにカーザ・コロニカの発展段階を考察する。

　まず目を引くのは茅葺屋根の木造建築である >155。これは古い形態で、このなかで人々は家畜とともに生活していたといわれている。日本の農家と似た外観を持つこの建築は、カゾーネ（casone）と呼ばれ、ヴェネト州の典型的な農家である。現在、シーレ川の周辺地域ではほとんど見られないが、チェルヴァーラ湿原の自然公園に再現され、当時の様子を窺い知ることができる。

　次の発展段階のタイプとして、茅葺屋根の木造建築と併存して、ポルティコを配する2階建ての主屋が併設される農家がある >156,157。その場合、茅葺屋根の木造建築を家畜小屋や倉庫など農業用空間として利用する傾向がある。それとは別に居住空間としての主屋はしっかりとしたレンガ造で建てられていることが確認できる。このタイプには、茅葺屋根の木造部分が独立した分棟形式と、主屋と一体化した形式とがある >158。

　そして今日につながるのが、家畜小屋や倉庫と居住空間とが隣接し、同じ屋根がかけられたタイプである >159。これらは室内でつながっておらず、それぞれ独立した入口を持つ。また、18世紀当時は居住空間の2階にはポルティコの半戸外の空間から建ち上がる階段でアクセスしていたことがわかる。

　この史料には、敷地内の建物と庭（コルティーレ）、隣接する菜園（オルト）、さらにその外に広がるブドウ畑などの耕作地も記載されており、周辺の道路とのアプローチの様子も見てとれる。カーザ・コロニカは、どの発展段階においても南に面して建てられ、時代を越えた農家特有の共通性がある。今では、近代的な新しい外観に様相を変えた建物も多いが、先に述べたような農家の空間構造の本質を受け継いでいる。

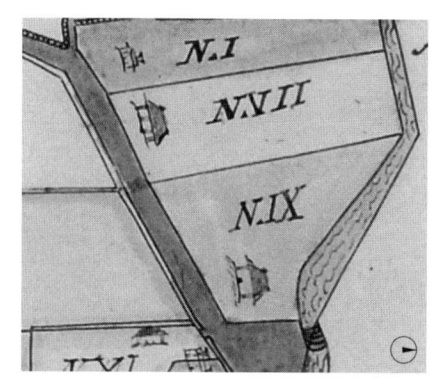

155 茅葺屋根の木造建築の農家（1689年）
A.S.Tv, C.R.S. S. Paolo, b. 58 に樋渡追記

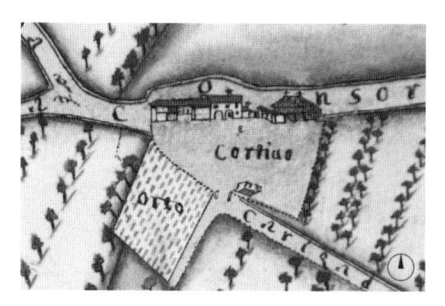

156 茅葺屋根の木造建築を配する農家（1791年）
A.S.Tv, C.R.S. S. Paolo, b. 58 に樋渡追記

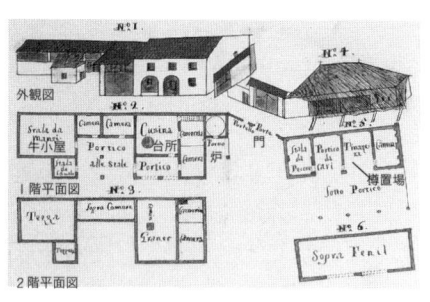

157 図156の農家の外観図と平面図。居住空間と家畜小屋隣接の建築（左）と茅葺の倉庫（右、1791年）
A.S.Tv, C.R.S. S. Paolo, b. 58 に樋渡追記

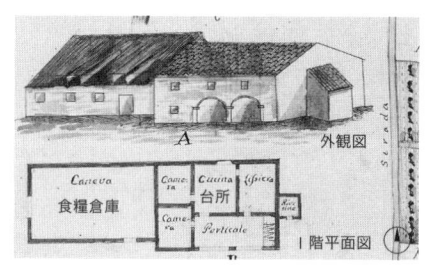

158 居住空間（左）と茅葺屋根の倉庫（右）の農家（1794年）
A.S.Tv, C.R.S. S. Paolo, b. 58 に樋渡追記

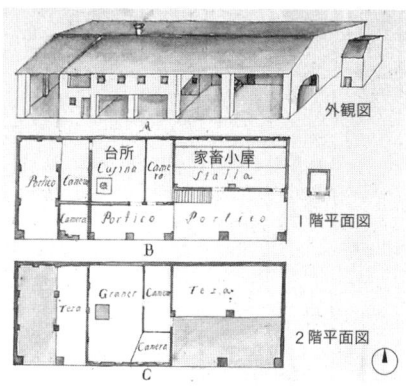

159 居住空間（左）と家畜小屋（右）が隣接する農家（1791年）
A.S.Tv, C.R.S. S. Paolo, b. 58 に樋渡追記

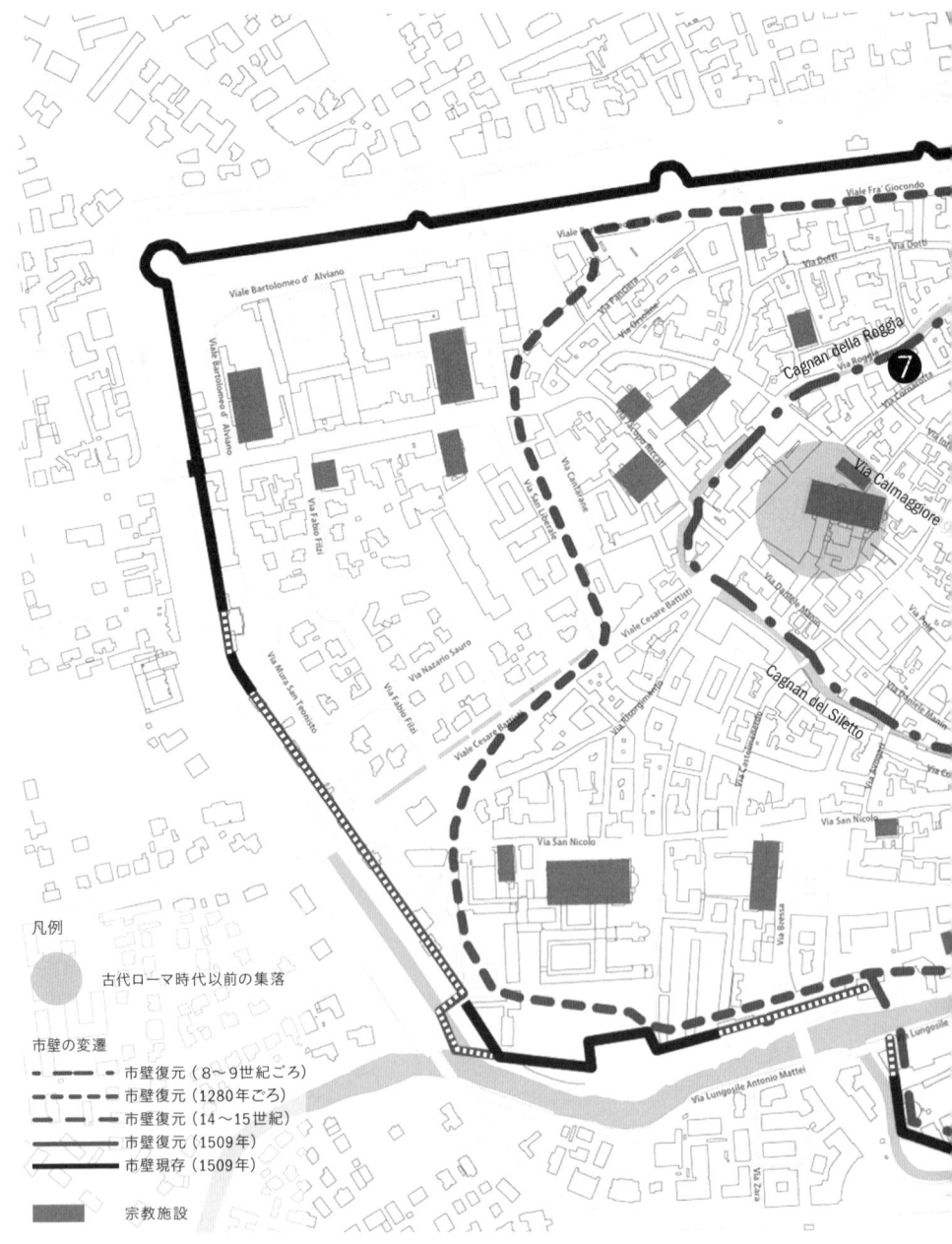

160 調査対象地（須長、樋渡作成）
1. フラ・ジョコンド橋周辺 2. アルティーノ門周辺 3. 大運河（中洲に計画されたガーデンシティ）4. メツォ運河（プラネッリ通り）
5. メツォ運河（運河に沿って直接建築が建つ地域）6. メツォ運河（オスペダーレ）7. ロッジア運河周辺 8. シレット運河周辺

146　第2章　シーレ川流域　　　*Fiume Sile*

魚市場

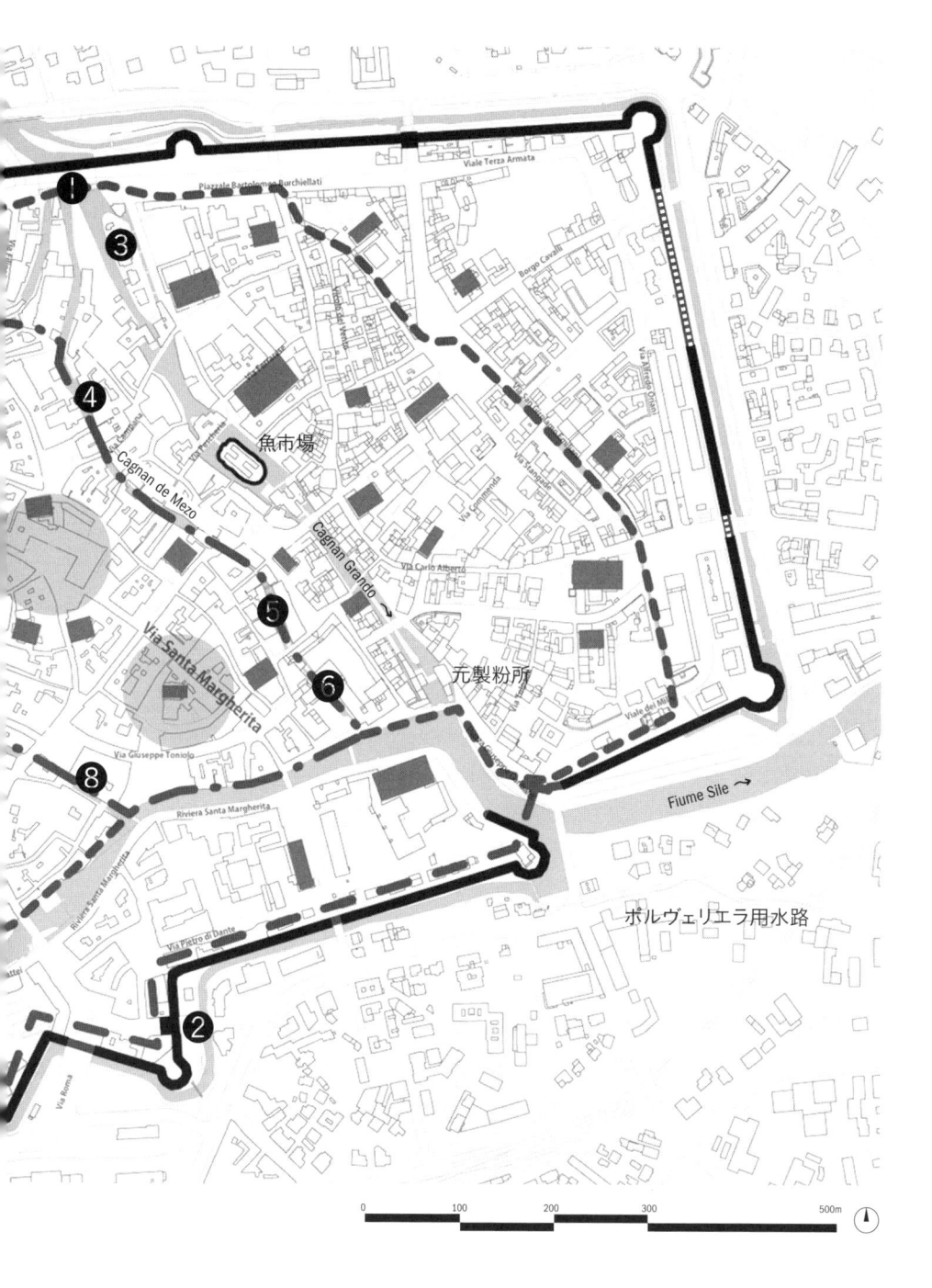

Cagnan de Mezo

Cagnan Grando

元製粉所

Fiume Sile →

ポルヴェリエラ用水路

3 水車を活用する地域

シーレ川の製粉所

　シーレ川の上流域から下流域まで多くの場所に製粉所が立地していた。そのなかでも、トレヴィーゾより上流域には、製粉業の拠点として栄えた場所が多く存在する。1798〜1805年のA・フォン・ザック（Anton von zach）作成の地図を見ると、モルガーノからクイント・ディ・トレヴィーゾの間に水車が集中していることがわかる **>161**。湧き水から流れ出てきた小川がモルガーノの辺りで集まり、水車を回すのに充分な水量を確保できたため、モルガーノは水車を設置するのに適していたと考えられる。また、シーレ川はブレンタ川ほど暴れ川ではなく、1年を通して穏やかで安定した流れでもあったため、製粉業を興すのに好都合であった。

　この地域の製粉所については、M・ピッテーリの研究から知ることができる。参考文献に一連の研究を載せておく。M・ピッテーリの研究は、歴史研究であると同時に、その成果を通じて、地域の再生にも貢献してきた示唆に富むものである。最初にM・ピッテーリ氏の研究から製粉所について概観し、チェルヴァーラ湿原と、クイント・ディ・トレヴィーゾについて掘り下げて考察を進めていこう **>162,163**。

水車の数と所有

　水車の発明は古代ローマの時代にまで遡るが、広がりを見せたのは中世になってからである。シーレ川沿いのカジエールでは、710年に修道院が所有する水車があったとされており、かなり早い段階から使われていたことが窺える。1000年ごろ、人口の増加と同時に、ヨーロッパ全体で水車が活用されるようになったという。トレヴィーゾでは、1207年の市の規約から、多数の

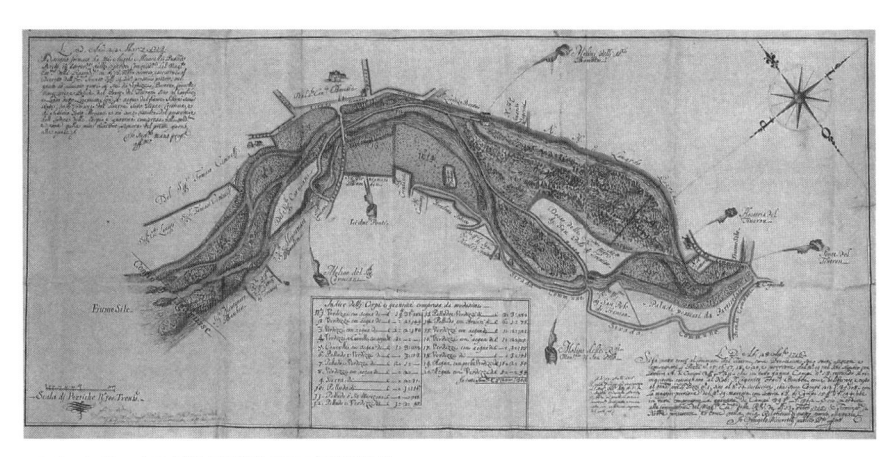

161 水車の分布（1798-1805年）
出典は図1と同じ（樋渡追記）

162 チェルヴァーラの湿原（17世紀［1716年複製版］）
A.S.Ve, *Officiali alle rason vecchie*, b. 376. dis. 1174.

163 クイント・ディ・トレヴィーゾのファーヴァロ製粉所とラケッロ製粉所
Mauro Pitteri, *I mulini del Sile : Quinto, Santa Cristina al Tiveron e altri centri molitori attraverso la storia di un fiume*, Battaglia Terme : La Galiverna, 1988.

水車が建設されたことがわかっている。トレヴィーゾのシーレ川に架かるサン・マルティーノ橋付近では、13世紀末には、水車を利用した産業が興っていた。そして1388年、トレヴィーゾがヴェネツィア共和国の支配下に置かれ、14世紀末にはヴェネツィア共和国用の製粉が行われた。ヴェネツィアからトレヴィーゾまで舟で小麦が運ばれ、サン・マルティーノ橋付近で製粉され、小麦粉をヴェネツィアまで運んでいたという。ラグーナでも潮の干満を利用して製粉が行われていたが、河川による製粉の生産量とは比べ物にならないくらい少なかったであろう。こうして、ヴェネツィア共和国は製粉業をテッラフェルマの業者に委託するようになる。そのなかでもシーレ川流域は、良好な自然条件、ヴェネツィアからの近距離という利点により、製粉業の盛んな地域となった。

ヴェネツィア共和国支配以降に関しては、M・ピッテーリ氏によって、1499～1840年のシーレ川の上流で稼動していた水輪（ruota）の数が明らかにされている >表1。この研究によると、シーレ川の上流15ヵ所で水車を利用した産業が興っていたことがわかる。そのなかでも、クイント（クイント・ディ・トレヴィーゾの地域）とカニッツァーノの地域に水車が多く設置されている。水輪の設置の数に関しては、1545年が最も多く、シーレ川全体で72基にのぼる。このころの人口を見ると、ヴェネツィアは10～15万人、ロンドンは3万人、パリは5万人で、ヴェネツィアがいかに大都市であったかを物語っている。これだけの人口を支える食糧を得るには、大量の穀物を製粉する必要があった。しかし、1681年には水輪の数が激減している。その理由のひとつとして、1551年に共和国直轄の製粉所がブレンタ川のドーロに建設されたことがあげられる。シーレ川上流域の業者に委託するのではなく、政府の直轄で製粉することで全体的なコストを抑えたのであろう。M・ピッテーリ氏によれば、17世紀、クイント・ディ・トレヴィーゾにおける製粉業者は不況に見舞われることになったという。とはいえ、1740年までは水輪の数は安定していることから、この地域は生産拠点として機能し続けたことが想像できる >164。

このように数多くの水車がシーレ川上流に分布していた。ここで、水車の

表1 1499年から1840年までのシーレ川上流沿いの各村で操業されていた水車と水輪の数
Mauro Pitteri, *I mulini del Sile : Quinto, Santa Cristina al Tiveron e altri centri molitori attraverso la storia di un fiume*, Battaglia Terme : La Galiverna, 1988.

		1499	1538	1545	1681	1687	1714	1740	1796	1811	1840
1. カザコルバ	(Casacorba)				2	2	2	3			
2. オスペダレット	(Ospitaletto)				4	4	2	3	2	1	1
3. モルガーノ	(Morgano)	2	3	3	3	3	2	2	2	3	3
4. モルガーノ	(Morgano)	3	3	4	4	4	4	4	4	6	4
5. セッティモ	(Settimo)	2	2	2	2	2	2	2	1		
6. ティヴェロン	(Tiveron)	4	3	4	3	6	6	6	5	5	3
7. チェルヴァーラ	(Cervara)	2	2	2	2	2	2	1	2	2	2
8. チェルヴァーラ	(Cervara)		3	8	5	8	4	6	4		
9. クイント	(Quinto)	12	9	9	8	9	8	9	4	6	6
10. クイント	(Quinto)	3	6	6	2	2	2	2			
11. ノガレ	(Nogaré)	4	4	4	2	2	2	2	2	3	3
12. カニッツァーノ	(Canizzano)	14	8	12	10	10	10	10	10	10	10
13. カニッツァーノ	(Canizzano)	8	8	8							
14. ムーレ	(Mure)		8	8	8	9	8	8	7	7	7
15. サンタンジェロ	(S.Angelo)		2	2							
合計	(Totale)	54	61	72	55	63	54	58	43	43	39

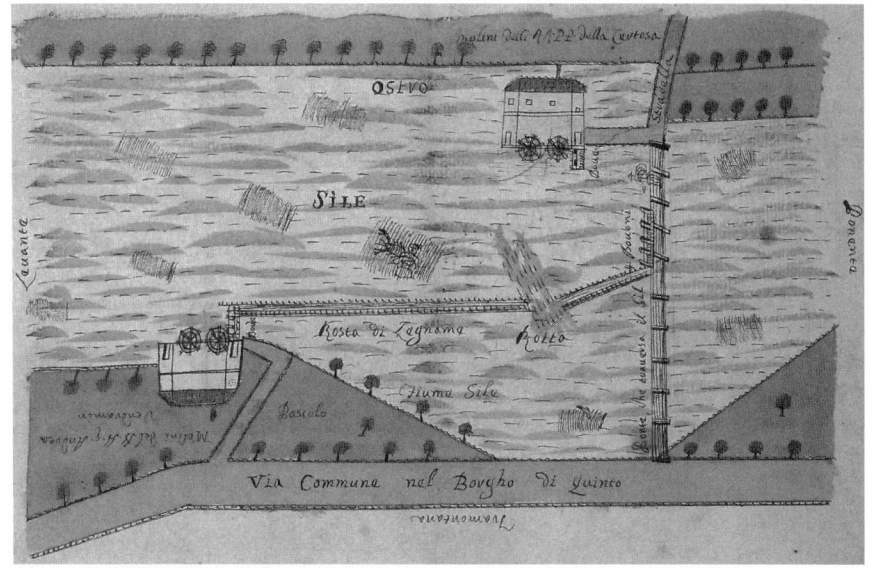

164 1740年ごろ　クイントとノガレの製粉所　上：カルトゥジオ会修道士の製粉所、下：ヴェンドラミン家の製粉所
ヴェネツィア、コッレール博物館（Museo Correr, Venezia）

所有関係についても明らかにしておこう。M・ピッテーリ氏の研究から1499〜1840年のシーレ川上流における社会階層ごとの水車の所有と水輪の数がわかる▶表2。早くから製粉業を営んでいたとされる修道院は、1499年に19基もの水輪を所有しているが、ヴェネツィア共和国崩壊後、ナポレオンの政策により廃止されたため、1811年以降は所有していない。また表2で注目すべきは、ヴェネツィアの貴族がシーレ川沿いの水車を所有していたことである。地元の有力家や業者に作業を委託するだけでなく、ヴェネツィアの貴族自身も事業に投資していたことの現れである。16〜18世紀は、ヴェネツィアの貴族が農業を展開していく時期にあたり、農作物の栽培と水車を活用した産業との総合的な事業があったと考えられる。おそらく自分の農地で穀物を栽培し、その穀物を所有している水車で製粉した例もあるのではないかと推測される。

　ヴェネツィアの貴族であるクエリーニ家を例にあげ、水車の所有関係について見てみる。この一族はすでに1420年代には、モルガーノに製粉所を所有していた。1538年には、クエリーニ家はチェルヴァーラの新たな場所に3基の水輪を設置し、1542〜1545年の間に、モルガーノの製粉所にさらに水輪を1基加えた。これらの水輪のなかにはバルバロ家およびマルチェロ家と共同で使っていたものもあるという。そして1545〜1561年のクエリーニ家の水輪の所有総数は8基であった。1545年、ヴェネツィアの貴族の水輪の所有数が全部で16基であることから、その半分の水輪をクエリーニ家が所有していたことになる。このことから特定の有力家や修道院が複数の水輪を所有していたことがわかる。また、1ヵ所ではなく、シーレ川流域に分散して所有していた構造も読みとれる。

　ここで、少し製粉業者について補足しておく。製粉所は基本的には各集落の出身者によって経営されていた▶表3。サンタ・クリスティーナやクイント・ディ・トレヴィーゾでは古くから製粉業が興っていたことから、職人の伝統的なつながりが強かったという。しかし、モルガーノ、セッティモ、カニッツァーノでは、ほかの集落出身の製粉業者によって営まれていたということもM・ピッテーリ氏によって明らかにされている。

表2 1499年から1840年までのシーレ川上流沿いにおける社会階層ごとの水車の所有分布と水輪の数
Mauro Pitteri, *I mulini del Sile : Quinto, Santa Cristina al Tiveron e altri centri molitori attraverso la storia di un fiume*,
Battaglia Terme : La Galiverna, 1988.

		1499	1538	1545	1681	1687	1714	1740	1796	1811	1840
ヴェネツィア貴族（Patrizi veneziani）	会社 (ditte)	4	5	9	7	9	8	8	6	3	1
	水輪 (ruote)	7.5	13.5	16	20	23	19	21	13	8	1
服属地域貴族（Nobili sudditi）	会社 (ditte)	5	9	8	4	4	4	5	3	2	1
	水輪 (ruote)	7.5	12.5	12	9.5	12.5	13	12	11	7	2
そのほか（Altri）	会社 (ditte)	23	26	24	9	10	10	11	8	10	16
	水輪 (ruote)	19	24	29	21	23	18	22	17	26	34
修道会関連団体 (Enti Ecclesiastici)	会社 (ditte)	4	3	3	3	3	2	2	1		
	水輪 (ruote)	19	10	14	4.5	4.5	4	3	2		
市民団体 (Enti civili)	会社 (ditte)	1	1	1						1	1
	水輪 (ruote)	1	1	1						2	2
合計 (Totale)	会社 (ditte)	37	44	45	23	26	24	26	18	16	19
	水輪 (ruote)	54	61	72	55	63	54	58	43	43	39

表3 1499年におけるシーレ川沿いの村の製粉業者
Mauro Pitteri, *I mulini del Sile : Quinto, Santa Cristina al Tiveron e altri centri molitori attraverso la storia di un fiume*,
Battaglia Terme : La Galiverna, 1988.

Morgano	Ser Bonignon da Villa	モルガーノ	ヴィッラ出身のボルティニョン
	Pietro Doregon da Fossalunga		フォッサルンガ出身のピエトロ・ドレゴン
	Pietro Minello da Silvelle		シルヴェッレ出身のピエトロ・ミネッロ
	Consorti Minello da Silvelle*		シルヴェッレ出身のコンソルティ・ミネッロ*
Settimo	Cristofol Muner da Casacorba	セッティモ	カザコルバ出身のクリストフォル・ムネール
Tiveron	Perin Monaro	ティヴェロン	ペリン・モナーロ
	Biasio Monaro		ビアージョ・モナーロ
	Iacomo Segatto		イアコモ・セガット
Cervara	Consorti Traversin	チェルヴァーラ	コンソルティ・トラヴェルスィン
Quinto	Piero Carraro	クイント	ピエトロ・カッラーロ
	Piero Busato		ピエトロ・ブザート
	Bernardo Grosso*		ベルナルド・グロッソ*
	Salvador Cararro*		サルヴァドール・カッラーロ*
	Zuanne Tachion da Costamala*		コスタマーラ出身のズアンネ・タキオン*
	Augustin Tachion da Costamala		コスタマーラ出身のアウグスティン・タキオン
	Tonio Tachion da Costamala		コスタマーラ出身のトニオ・タキオン
	Baldissin Campanato da Costamala		コスタマーラ出身のバルディッシン・カンパナート
	Bortolomio Barivero sta a Dosson di Quinto		クイントのドッソンにいるボルトロミオ・バリヴェーロ
Nogaré	Gasparin Bisigatto	ノガレ	ガスパリン・ビジガット
Canizzano	Bortolo Dozo da Nogaré*	カニッツァーノ	ノガレ出身のボルトロ・ドーゾ*
	Mattio Cavobianco sta a Canizzano		カニッツァーノ在住のマッティオ・カヴォビアンコ
	Munaro Pavanello sta a Canizzano		カニッツァーノ在住のムナーロ・パヴァネッロ
	Toffolo Gotardo sta a Maerne		マエルネ在住のトッフォロ・ゴタルド
	Zandonà Gumeratto sta a Canizzano*		カニッツァーノ在住のザンドナ・グメラット*
	Agnol Gumeratto sta a Canizzano		カニッツァーノ在住のアニョル・グメラット
	Tonio Musaragno sta a Canizzano		カニッツァーノ在住のトニオ・ムザラーニョ
	Gasparin da Zero sta a Zero		ゼーロ出身でゼーロ在住のガスパリン
	Domenego Zago sta a Dosson di Quinto		クイントのドッソン在住のドメネゴ・ザーゴ
	Menego Bertuolo sta a Scorzé		スコルツェ在住のメネゴ・ベルトゥオーロ
	Baldessera Bertuolo sta a Marignana		マリニャーナ在住のバルデッセラ・ベルトゥオーロ
	Tonio Rolandato		トニオ・ロランダート

* Mugnaio titolare di una ruota.   * 水輪1基を所有する製粉業者

製粉所に関するヴェネツィア共和国の政策

　ヴェネツィアはラグーナという繊細で有機的かつ不安定な地盤の上に形成され、つねに自然環境と向き合ってきた。ラグーナの水環境を維持することがヴェネツィア共和国の生命を維持するうえで最も重要であった。そのため、本土からラグーナへ注ぐ河川の付け替えが早くも14世紀前半には行われていたことはすでに触れた。また本土の河川の流路を本格的にコントロールする以前の1412年には、本土領のすべての河川が国有財産であると宣言されていた。こうした水循環を管理する目的で、製粉所の立地に関しても政府が関与した事例に触れておく。

　ヴェネツィアから近いラグーナに注ぐマルツェネーゴ（Marzenego）川沿いのメストレに製粉所が建設されていた。その製粉所は16世紀の絵地図から位置を確認できる >165。しかし水車は水輪の回転により川底の泥をかきまぜ、その結果、ラグーナの土砂の堆積を促進させるという事実が指摘された。そこで、この問題を解決するため、ラグーナに注ぐ河川に関する管轄権を持つ水利委員（Savi alle Acque）は、1531年、メストレの公共の製粉所を廃止するよう命じた。その数年後、土木技師のC・サッバディーノはマルツェネーゴ川の河口をゼーロ川の河口の方へ移動させる河川改修を行い、ヴェネツィア本島からマルツェネーゴ川の河口を遠ざけた。また、メストレの製粉所に代わり、ブレンタ川のドーロに政府管轄の製粉所を建設した。この製粉所については、ドーロのところでくわしく述べる。このように、ラグーナの水循環の視点から政府による規制が行われ、ラグーナに注ぐ河川の河口付近には製粉所が建設されなかったと考えられる。

　シーレ川の場合、トレヴィーゾよりも上流に多く水車が立地する理由も、シーレ川の豊富な水量や舟運との関係だけでなく、こうした政府の対策にあると推測される。

　ここでラグーナ内の水車についても少し触れておく。ラグーナ内の水車による製粉は982〜1440年の間で確認されている。モレンディーニ、アクイーモリ、セディリア、サンドーニなどの名称で呼ばれる水車が存在したという >166。固定式の水車にはラグーナの水路上や島々の端に水輪が設置され、可動

式では平底の舟の上に水輪が設置された。ラグーナ内に水溜りをつくり、水量を調整するしくみがあった。この水溜りを形成する土手の埋め立てがラグーナの水循環に影響を与えてきたことをP・ベヴィラックア（Piero Bevilacqua）は指摘している。また、P・ベヴィラックアの研究によると、製粉業が広範囲に普及したことで、水車の数が増加し、ラグーナの生態系のバランスを崩すようになったという。ラグーナ内で行われていた水車を利用した産業が姿を消した理由として、ラグーナ内の潮の干満で得られるエネルギーよりも、本土の河川や用水路に水車を配置する方がエネルギーを多く得られることから、次第に水車はラグーナから本土へ移行していったことをすでに指摘したが、それだけではなく、ラグーナの水循環の維持のために、ラグーナ内の水車の利用を規制したということも想像できる。

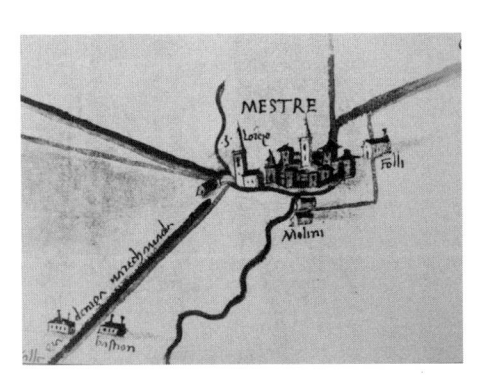

165 メストレの鳥瞰図（16世紀）
Luigi Brunello, *Mestre antiche mappe*, Mestre, 1969.

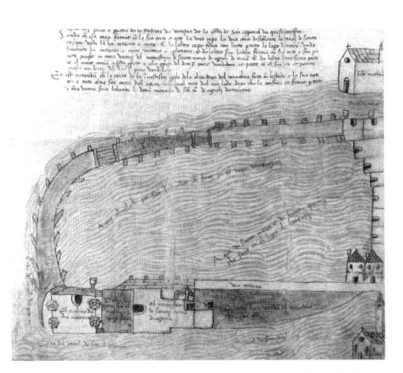

166 アクイーモリ。潮の干満を利用した水車の種類（15世紀）
出典は図163と同じ

Column:01　製粉所のしくみ

　シーレ川流域で見られる水車は、豊富な水量に恵まれた地域に見られる水輪の下に水を通すタイプである。水車のしくみについて簡単に触れておこう >167,168。

　河川や用水路から水車専用の小さな水路に水を引き込み、水車を回転させる。小水路を設けることで、水輪を安定して回転させることができる。小水路には、水量を調整できるよう、ボーヴァ(Bova)という板が設けられる。この板を固定する部分をエルテ(erte)といい、現在でも水車が設置されていた

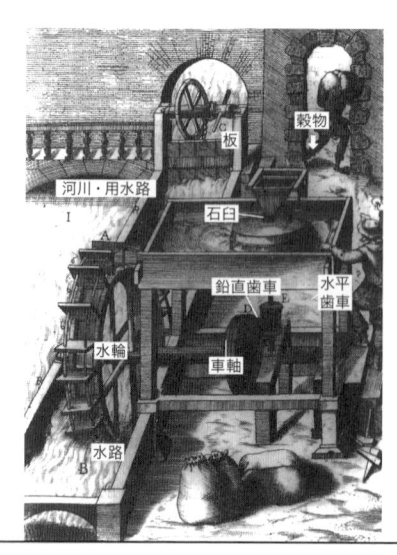

製粉の行程：
①板の開け具合により、水量を調整する、②水輪が回転し、車軸を通して歯車にエネルギーを伝達する、③鉛直歯車から水平歯車へエネルギーを伝達し、石臼を回す、④上から穀物を投入し、石臼により製粉される、⑤粉を袋詰めする

167 製粉施設（1607年）
Mauro Pitteri, *I mulini del Sile : Quinto, Santa Cristina al Tiveron e altri centri molitori attraverso la storia di un fiume*, Battaglia Terme : La Galiverna, 1988.

場所には残っていることがある。板と水輪の間には落差があり、その落水の勢いで水輪を回転させる。この落差をサルトといい、トレヴィーゾの都市内でもその遺構を見ることができる。水輪が回転すると、車軸を通して製粉所内にエネルギーが伝達され、エネルギーは垂直歯車、水平歯車を介して石臼に伝わる。上から穀物を投入し、石臼で製粉された粉を袋詰めする。袋詰めされた粉は、荷馬車や舟に積んで出荷された。製粉所では、24時間水車を回転させていたことから、製粉職人は製粉所に寝泊まりしていたという。また石臼の回転による摩擦熱で、火事が発生しないよう監視していた。こうした当時の施設はほとんど姿を消したが、現在でも、チェルヴァーラ自然公園を訪ねると、水車を用いた製粉所の再現された施設を見ることができる。

168 チェルヴァーラ自然公園内の再現された製粉施設（樋渡撮影）

チェルヴァーラ湿原
(Palude di Cervara)

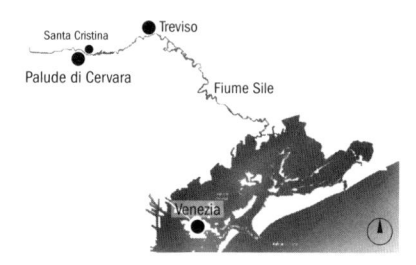

169 チェルヴァーラ湿原の位置（須長、高橋作成）

チェルヴァーラ湿原の概要

　シーレ川の上流に位置するサンタ・クリスティーナには、約25haの広さを持つチェルヴァーラ湿原がある **>169,170**。この湿原はシーレ川とシーレ川に注ぐピオヴェーガ用水路（Scolo la Piovega）の間に位置し、水車を活用した製粉業の活動拠点であったことが知られている **>171,172**。この湿原の所有者であったトレヴィーゾのサン・パオロ修道院の史料（国立トレヴィーゾ文書館蔵）から、1325年にはすでに、この湿原を所有していたことを確認できる。さらに1683年のサン・パオロ修道院の史料には、現在と同じ位置に製粉所が描かれている **>173**。この製粉所はサン・パオロ修道院が廃止された後、19世紀末まで、地元の製粉業者によって使用されていた。

　1984年、クイント・ディ・トレヴィーゾ市がチェルヴァーラ湿原を所有し、チェルヴァーラ自然公園（Oasi Cervara）として再生した。幸いにも、ほとんど開発の手が及んでおらず、製粉所が活動していた当時の記憶を伝える空間としては、きわめて貴重である。また、市は湿原一帯を再評価し、チェルヴァーラ湿原に隣接する元発電所の管理人棟や水車などの施設も所有した。このとき、隣接するモルガーノ市でも湿原への再評価が高まり、約15haのバルバッソ湿原を管理下に置いた。ここには魚の養殖所があり、1930年ごろまで活用されていたという。そして2000年、クイント・ディ・トレヴィーゾ市とモルガーノ市はチェルヴァーラ湿原とバルバッソ湿原の自然環境を再評価するプロジェクトを立ち上げ、カッサマルカ財団に譲渡した。

　チェルヴァーラ自然公園では、50種類もの植物やさまざまな鳥類を見ることができる。また、園内の数ヵ所で水が湧いており、現在もなお豊かな自然

が多く残されている。

修復された製粉所

　年間15,000〜20,000人もの人々が訪れるこの自然公園では、自然環境を維持する以外に、水車を活用した時代の暮らしを伝える施設が復元されている。そのひとつが、公園の入り口のすぐ近くにある水車小屋である。この水車は製粉に活用されていた。19世紀末まで地元の製粉業者によって使用されてい

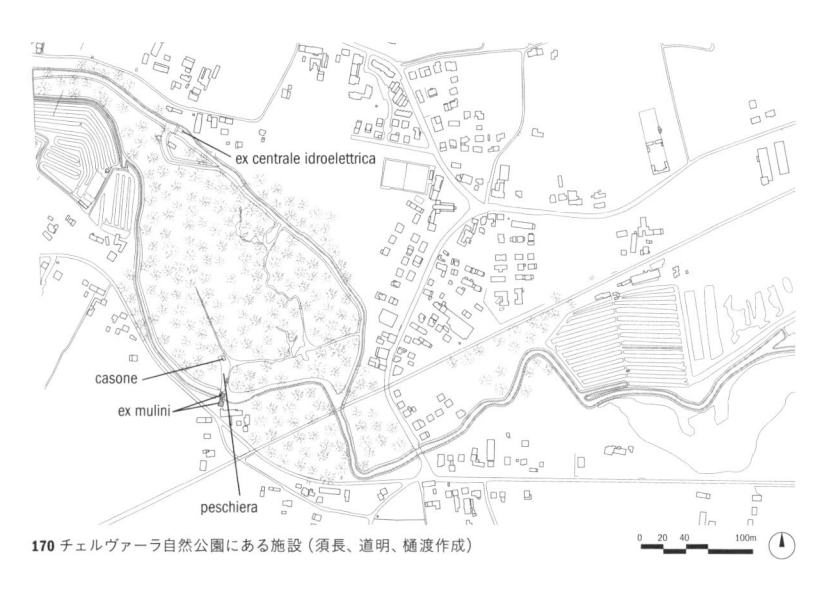

170 チェルヴァーラ自然公園にある施設（須長、道明、樋渡作成）

171 修復された製粉所（須長撮影）

172 修復された製粉所（樋渡撮影）

たが、1965 年には廃屋と化していた **>174,175,176**。産業遺産へ再評価が高まる 1992 年に、クイント・ディ・トレヴィーゾ市によって修復された。

　この製粉所の内壁には、18 世紀に製粉職人によって聖母マリア像が描かれており、当時の記憶をとどめている。また外壁には、ヴェネツィアの守護聖人を示す獅子が描かれており、ヴェネツィア共和国とのつながりを感じさせる **>177**。ここでは、19 世紀の史料にもとづいてふたつの木造の水車と石臼の装置が再現された。また、この水車のしくみを見ることができるように、小屋の内部も展示空間として公開されている **>178**。このほかにも、水車の模型や、1895 年にブダペストで使用されていた蒸気で動く装置が展示されており、周辺環境とともに、ちょっとしたエコミュージアムになっている。

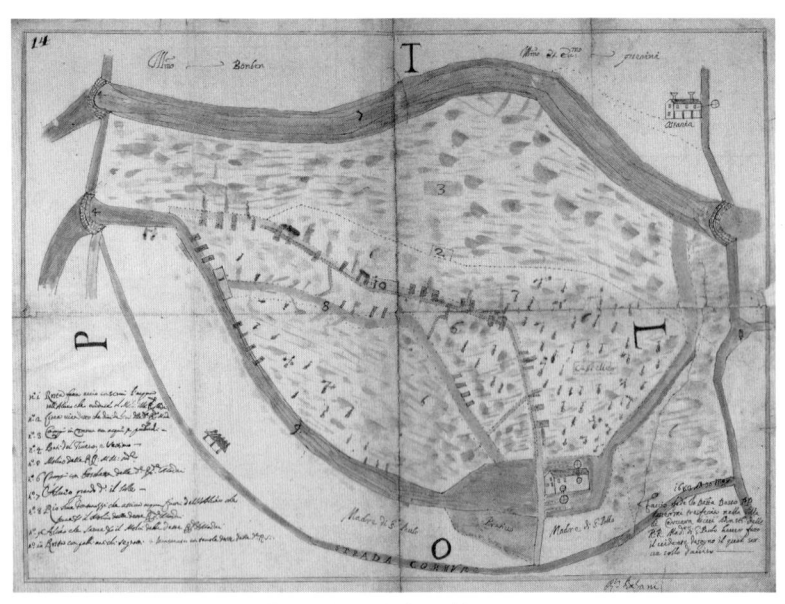

173 チェルヴァーラ湿原　セッティモ橋〜ティヴェロン橋（1683 年）
A.S.Tv, *C.R.S. S. Paolo*, b. 58.

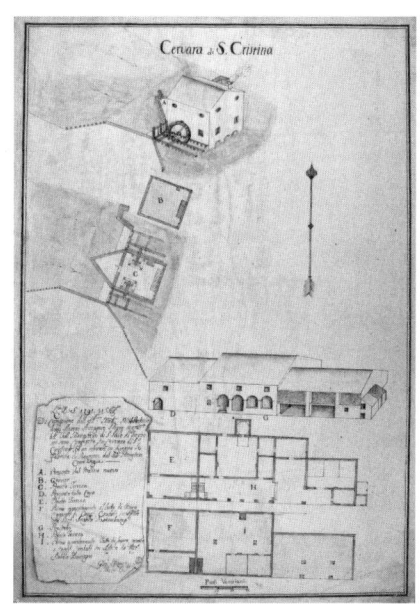

174 チェルヴァーラ湿原にある製粉所の不動産絵図（1791年）
A.S.Tv, *C.R.S. S. Paolo*, b. 58.

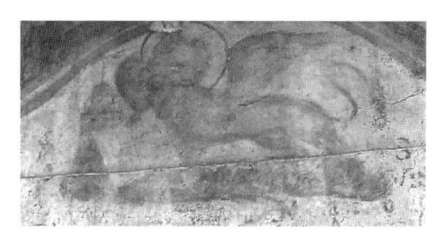

177 製粉所のフレスコ画
出典は図163と同じ

178 再現された製粉所の内観（M・ダリオ・パオルッチ撮影）

175 1966年修復以前の製粉所と倉庫の立面図
チェルヴァーラ自然公園（Oasi Cervara）

176 1966年修復以前の製粉所と倉庫
出典は図175と同じ

伝統的な木造の民家と艇庫の再現

　この自然公園では、製粉所を復元するだけでなく、ヴェネト州の漁村、農村で見られた伝統的な茅葺屋根の民家が再現されている >179。素朴なつくりのこの民家は、カゾーネ（casone）という。現在シーレ川流域では、実物をほとんど見ることはできないが、史料や絵画から当時の様子を窺い知ることができる >180。

　また、舟を係留するための伝統的な木造の艇庫である、カヴァーナ（cavana）も再現されている >181。穀物を搬入し、水車を使って製粉した荷を搬出するためには、舟が重要であったに違いない。

湧水 (fontanassi)

　シーレ川の上流にあたるこの辺りには、水の湧く場所がいくつかある。現在は水量こそ少なくなってはいるが、自然公園内にもシーレ川に注ぐ湧水がある >182。その周辺は舗装されておらず、自然環境に配慮して、板の上を歩くように工夫されている。この板はロスタ（rosta）と呼ばれ、17世紀の史料にも描かれていることから、古くから使われている手法であることがわかる。

元水力発電所 (ex centrale idroelettrica)

　自然公園の奥を流れるシーレ川には、製粉所から水力発電所になった施設の遺構がある。1887年の地図には、のこぎりを意味する「la Sega」という地名が記載されており、かつて木材加工を行っていたことが窺える。ここでは上流に位置するモルガーノの森林から採れる樫（オーク）などを加工していたという。1801年の史料には、ふたつの建物と5基の水輪が描かれたボンベン製粉所を確認できる >183。ボンベン家は15世紀にはすでにこの地域の有力家であった。18世紀末のA・フォン・ザック作成の地図には、ボンベン家の邸宅（Palazzo Bomben）が記載されていることから、長年にわたってこの地域で活動してきたことが窺える。そしてこの製粉所は19世紀に改築され、水力発電所として活用された。現在は建物の壁面と水車を支えていた壁を見ることができる >184。壁面には、水車の軸が設置されていたと思われる穴も残っている。

179 再現されたカゾーネ（道明撮影）

180 カゾーネのある風景（1869年）
Mauro Pitteri, *Segar le Acque : Quinto e Santa Cristina al Tiveron storia e cultura di due vilaggi ai bordi del Sile*, Zappelli : Dosson, 1984.

181 再現されたカヴァーナ（樋渡撮影）

182 自然公園内の湧水（樋渡撮影）

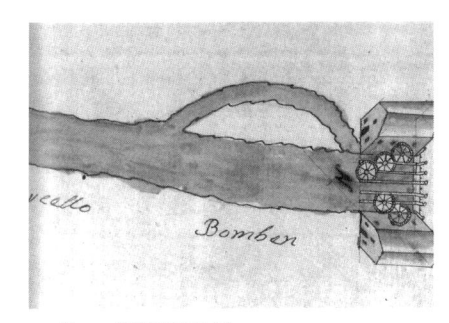

183 ボンベン製粉所（1801年）
A.S.Tv, *Comunale*.

184 ボンベン製粉所から転用された発電所の跡地（道明撮影）

この場所は、園内であるにもかかわらず、上流からの川下りを楽しむコースの一部になっている **>185**。水車に必要な水の落差を利用して、ちょっとしたアトラクション感覚を楽しめるのである。歴史的遺産を単に保存するのではなく、現代ならではのニーズに合わせて、非常にうまく活用している事例のひとつであろう。

魚を獲る仕掛け（ペスキエーラ）の復元

チェルヴァーラの製粉業者は当時、シーレ川の伝統的な漁法のひとつであるペスキエーラという木造の仕掛けで魚も獲っていた **>186**。ここでは、おもにうなぎが獲れていた。園内の案内板には、「クリスマスの日は、製粉所の所有者や農村のお客に、ここで獲れた魚を振る舞っていた」とある。このペスキエーラの復元は、オリジナルの部分が少ししか残っていなかったため、いくつかの痕跡や史料をもとに行われた **>187**。

185 元発電所用の落水の活用（須長撮影）　　**186** 復元されたペスキエーラ（須長撮影）

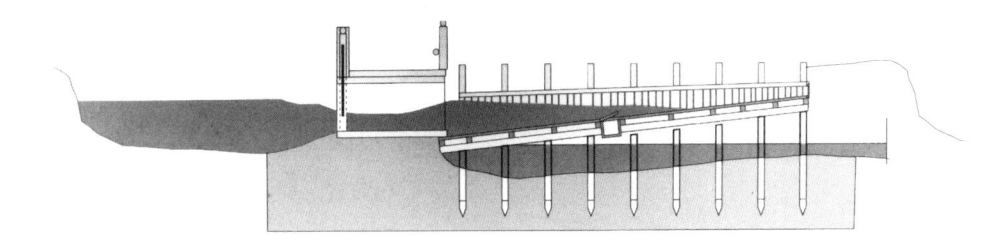

断面図

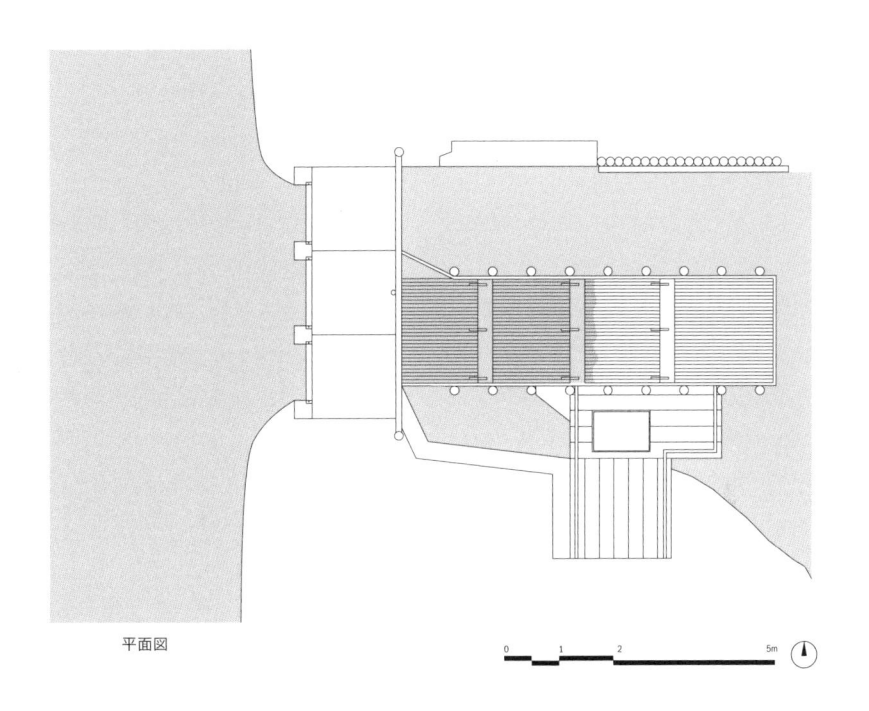

平面図

187 復元されたペスキエーラの断面図・平面図
断面図：自然公園（Oasi Cervara）、平面図：須長作成

クイント・ディ・トレヴィーゾ
(Quinto di Treviso)

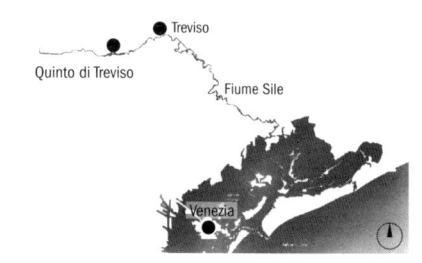

188 クイント・ディ・トレヴィーゾの位置（須長、高橋作成）

　クイント・ディ・トレヴィーゾは、トレヴィーゾから6km離れたシーレ川の上流に位置し、かつて製粉業で栄えた街のひとつである **>188,189**。

　M・ピッテーリ氏の研究によると、サン・ジョルジョ教会が建設される以前の1328年には、この地域出身で製粉所の所有者であったS・クレーリチ（Silvestro Clerici）が製粉業を興していたという。また、1358年には、貴族のM・ベンボ（Marco Bembo）が3人の製粉業者に水車を貸していた。そして15世紀末には製粉業の生産拠点として機能しており、シーレ川で活動する水車の数は、カニッツァーノに続いて多かった。

　1714年の不動産台帳の地図からは、すでにシーレ川の水流を利用して水車を活用していたことが確認できる **>190**。この地図には、3棟の水車小屋が描かれている。ここは16世紀には製粉所として使用されていたという。北側に位置するラケッロ（Rachello）製粉所（1714年の不動産台帳の地図に記載された121番）は近代化の波に乗り、発電所になった。南側のファーヴァロ（Favaro）製粉所は1979年3月末まで機能し、しばらく廃屋状態であった。ところが21世紀初頭、ミネラルウォーターの原産地で健康用の温泉もある、フィウージのオーナーが、レストラン「ラ・ロスタ」に改修し、現在に至る。店内はごうごうと響く落水の音に包まれる。水の効果が存分に発揮され、普段とは違うときの流れを感じながら食事を楽しめる空間が演出されている。

　さて、1714年の不動産台帳の地図には、もうひとつ東側に製粉所が描かれているが、現在ある島状の陸地は描かれていない。18世紀末のA・フォン・ザック作成の地図には陸地があることから、この間に埋め立てられたと考えられ

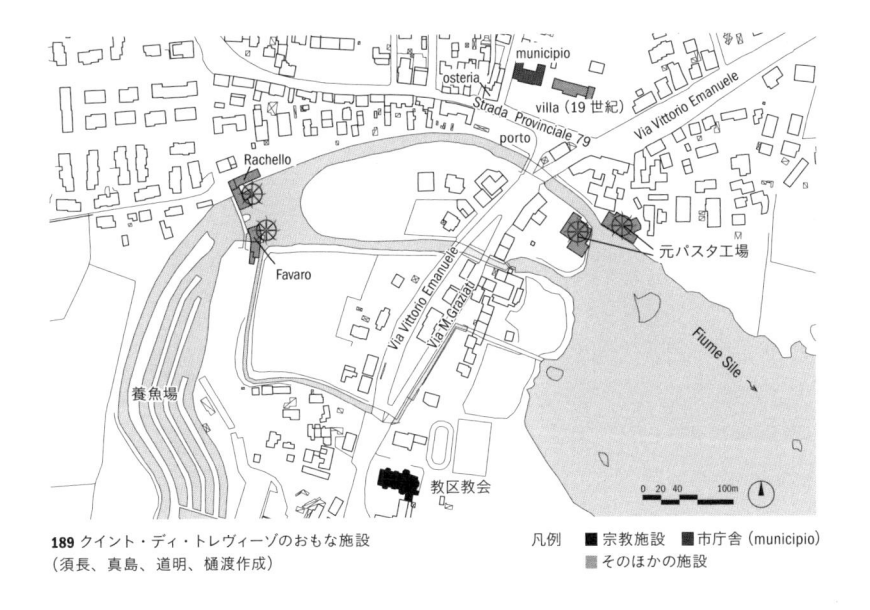

189 クイント・ディ・トレヴィーゾのおもな施設
（須長、真島、道明、樋渡作成）

凡例　■ 宗教施設　■ 市庁舎（municipio）
■ そのほかの施設

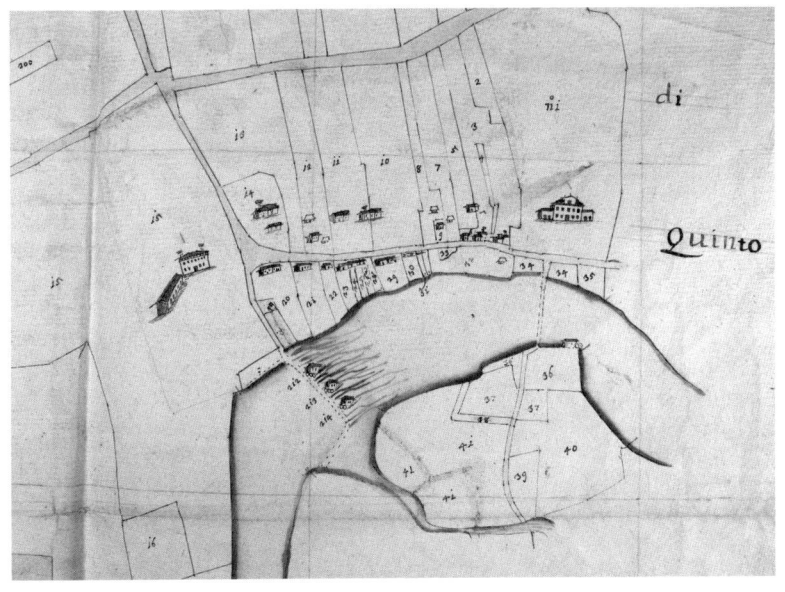

190 1714年の不動産台帳の地図
A.S.Tv, *Mappe antiche*, b.20.

る。この施設は 20 世紀初頭には、パスタ工場として活用されていたことが確認されている >191。また、トレヴィーゾの飛行場建設が進められていた 19 ～ 20 世紀には、この島状の東側の川床から建材用の砂利を採っていた。

　クイント・ディ・トレヴィーゾならではのシーレ川の活用をもうひとつあげておく。製粉所の上流側には、シーレ川に沿って何本もライン状に埋め立てられた特徴的な場所がある。ここは 20 世紀から始まったシーレ川そのものを活用した養魚場である >192。

　次に集落の構造を見てみよう。集落はシーレ川に沿って伸びており、川に対して短冊状の敷地割で河川側に裏庭、街道側に平入住宅が並んでいる >193。この様子は 1714 年の不動産台帳の地図からほとんど変わっていないことが読みとれる >190。同じくこの地図では、集落の西端（1714 年の不動産台帳の地図に記載された 15 番）には、邸宅とバルケッサが描かれている。ここは G・ジュスティニアン（Girolamo Giustinian）が所有し、続いて 1854 年には、レンガ工場を所有した B・ボルゲザン（Battista Borghesan）が住んでいた。一方、集落の東端にも邸宅が描かれており、ここは現在の市庁舎である。現在の市庁舎の正面付近のシーレ川沿いは、港として機能していた時期もあった。当時の荷揚げ場には、うなぎの生けすも残されていた。また、荷揚げ場からすぐの交差点には、1 階に飲食店のオステリア、2 階に宿泊施設であるロカンダがあったという。かつて、この一帯は街の中心的な場所だったことが窺える。

　現在のクイント・ディ・トレヴィーゾ教区教会はシーレ川の右岸に位置する、サン・ジョルジョ教会である。14 世紀末に創建されたが、現在の聖堂は、A・ベーニ（Antonio Beni）の設計によって 1925 年に再建されたものである。シーレ川には接しておらず、河川と教会との関係性が下流のように強くはないことがわかる。当時の安定した地盤の上に教会が築かれたために、現在の護岸から離れていると考えられる。また、この地域では河川とのつながりよりも、街道に依存した立地になったとも推測される。このように河川から離れて教会が立地する傾向はシーレ川の上流で見られる。

191 元パスタ工場の水車（M・ダリオ・パオルッチ撮影）

192 シーレ川の製粉所と養漁場
出典は図180と同じ

193 県道79号線沿いの街並み（樋渡撮影）

4 舟運で栄えた地域

レステーラ

　シーレ川を舟で上るには、当時の技術では人間か動物が舟を引っ張るしかなかった >194。その動物専用の道をレステーラといい、1781年には、ラグーナ〜トレヴィーゾ間で動物を交代させる場所が5ヵ所あった >195。ここでは1781年の史料にもとづき、その区間について見ていく。

　最初の区間は閘門のあるポルテグランディからクアルト・ダルティーノ市に位置するサン・ミケーレ・ヴェッキオ（S. Michele Vecchio）である >196。直線にすると数kmしかなく、車で移動するとすぐ着く距離だが、当時は牛を交代させるほど移動に労力のかかる距離であった。ポルテグランディは、ラグーナの入口にあたり、18世紀には舟運にとって重要な造船所が立地した。また現在もラグーナとシーレ川をつなぐ閘門が稼動しており、プレジャーボートの基地として開発されている >197。かつてはポルテグランディの教会前にレステーラの出発地点があり、オステリアを通過し、シーレ川の右岸を通りながら上っていく >198。オステリアは必ずといっていいほど、閘門の脇に置かれ、閘門の開閉を待つ間、酒を飲みながら疲れを癒す場であり、また交流の生まれる場であると同時に、商談の場としても利用されてきた。オステリアによっては2階に簡易的な休憩場所も備わっており、体力を取り戻す場でもあった。今から15〜20年前までは、閘門の開閉を管理する人が過ごす施設もオステリアだったという。

　さて、レステーラに戻ろう。蛇行する河川と平行して、草の生い茂る護岸を上っていくと、ムゼストレの対岸に着く。ここはかつて渡し舟があったが、橋の建設に伴い姿を消してしまった。A・フォン・ザック作成の地図から渡し舟の存在を確認できる >199,200,201。さらに右岸を上っていくと、クアル

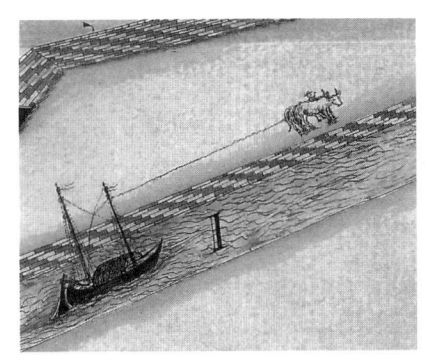

194 レステーラ。牛による舟の牽引（18世紀）
A.S.Tv, *C.R.S., San Paolo di Treviso*, b. 59, reg.I, c.97.

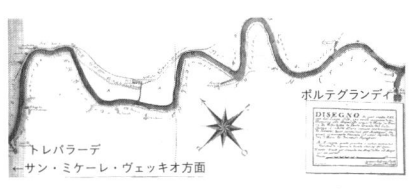

196 ポルテグランディからトレパラーデ（1781年）
出典は図12と同じ（樋渡追記）

197 ポルテグランディからトレパラーデ（1781年、樋渡撮影）

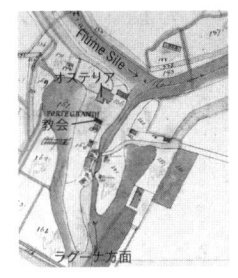

198 ポルテグランディ。1830年の不動産台帳（カタスト・アウストリアコ）の地図に樋渡追記

凡例　● 動物の交代場所　○ 渡し舟

上流
↑ ポルト・ディ・シエラ ⋯→ ポルト・ディ・フィエラ（左岸）
｜ トッレ・ディ・ルギニャーノ ⋯→ カジエール（右岸）
｜ リヴァルタ ⋯→ ルギニャーノ ⋯→ チェンドン（右岸→左岸）
｜ ボー　⋯→　チェレスティア（左岸）
｜ ポルテグランディ ⋯→ サン・ミケーレ・ヴェッキオ（右岸）
下流

195 1781年のレステーラと舟を牽引する動物の交代場所と渡し舟の位置（1798-1805年）
出典は図1と同じ（樋渡追記）

171

ト・ダルティーノ市のサン・ミケーレ・ヴェッキオに着く。ここには、16 世紀に建設されたトルチェッロの司教の夏の家が立地する。トルチェッロはラグーナ内に位置する島で、シーレ川の旧本流沿いにあたる。この家は 1993 〜 1994 年ごろからパジーニ家に所有され、ホテルにリノベーションされた。現在では、ホテルからラグーナにボートで観光するサービスがあり、当時と同様にシーレ川とラグーナとの結びつきを示している。

次の区間はサン・ミケーレ・ヴェッキオの対岸の左岸に位置するボーからチェレスティアである >202。その区間の右岸側にカザーレ・スル・シーレが位置する。また、この区間にはヴェネツィアの修道院や貴族が所有する土地がある。

3 番目の区間はチェレスティアの対岸に位置するリヴァルタからルギニャーノで、再びシーレ川の左岸を進み、チェンドンの教会の前まで行く >203。

そして 4 番目の区間がチェンドンの対岸からカジエールの北までである。チェンドンは、動物の交代場所のほかに渡し舟もあり、シーレ川に注ぐミニャゴラ川の河口には産業施設もあることから、人や物の集まる物流拠点であったと考えられる >195。この区間については、次項のカジエールで取り上げる。

激しく蛇行するシーレ川を随分と上ってきた最後の区間は、カジエールの対岸の左岸に位置するシレア港（Porto di Silea）からフィエラ港（Porto di Fiera）までである。フィエラ港はトレヴィーゾより下流に位置し、19 世紀の工業化にともない重要な川港に発展した。20 世紀初頭、フィエラ港の周辺は、工場や倉庫の建ち並ぶ工業地域になり、石炭、鉄などの金属、レンガなどの資材や、米、製粉された穀物、ビールなどの飲食品、紙類などさまざまな荷が集まった >204。このころになると舟輸送はますます活発になったが、トラック輸送に切り替わり、1970 年代に舟運は激減してしまった >205。同時に橋の建設も進み、渡し舟も姿を消していったのである。しかしながら、シーレ川の川港は鉄道建設から外れたことで開発の手が及ばず、今もなお、かつての空間構造をそのままにとどめている。ヴェネツィアを支えてきたシーレ川流域の文化・経済圏の再構築を試みる本書にとって、こうした川港の存在はきわめて重要なのである。

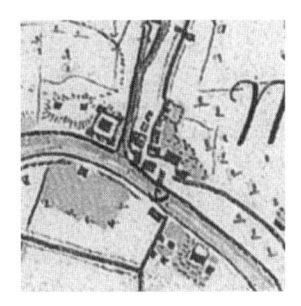

199 ムゼストレの渡し舟
出典は図1と同じ

200 ルギニャーノの渡し舟
出典は図1と同じ

201 チェンドンの渡し舟
出典は図1と同じ

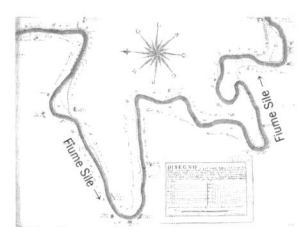

202 ポーからチェレスティア（1781年）
出典は図12と同じ（樋渡追記）

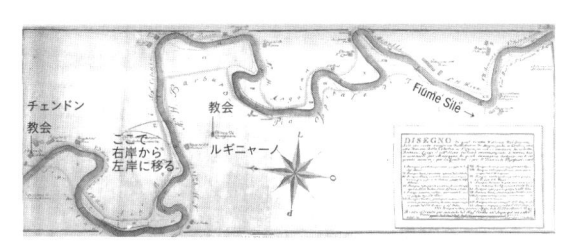

203 リヴァルタからチェンドン（1781年）
出典は図12と同じ（樋渡追記）

204 フィエラ港（1912年）
出典は図6と同じ

205 フィエラ港（2013年、樋渡撮影）

173

カジエール（Casier）

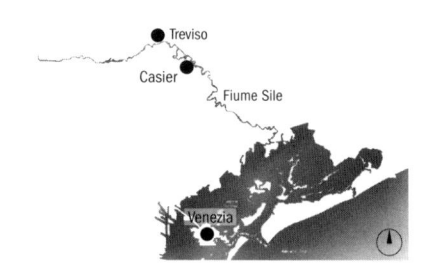

206 カジエールの位置（須長、高橋作成）

歴史

　トレヴィーゾから蛇行するシーレ川に沿って下ると、右岸に小さな港のある町カジエールに到着する >206,207。護岸は緩やかな曲線を描き、かつては各地からの船の往来が激しく、荷揚げも活発に行われていた >208。1960年代、船輸送からトラック輸送に切り替わり、本来の港の機能は低下したが、現在はレクリエーションの舟が行き交う憩いの場として活用されている。

　カジエールの歴史は古く、青銅器時代に遡るとされている。シーレ川は、紀元前1000年からずっと、ヴェネトの地域とラグーナとを結ぶ川の道だった。ここカジエールはその中継地点として、青銅や鉄などを運んでいたという。その出土品はトレヴィーゾ市立博物館に保存されている。

　710年、ヴェローナのサン・ゼーノ修道院（Abbazia di S. Zeno）の属領で、ベネディクト修道会のサンティ・ピエトロ・パオロ・テオニスト修道院（Monastero dei SS. Pietro, Paolo e Teonisto）が創設される。カジエールには、710年に修道院が所有する水車があったとされており、おそらくこの修道院の所有だったと考えられる。水車は、シーレ川の上流と下流を結ぶロジャ運河に位置し、20世紀初頭まで機能していたという。

　1000年ごろ、シーレ川での商船の通航を規制するために、カジエールの領主がシーレ川沿いに城兼住宅を構える。この時代には、頻繁に商船が行き交っていたことを示しており、この城の建設の動きは、川港として発展していく要因のひとつだったと推測される。

　時代は下り、1819年、カジエールとその周辺の集落であるドッソン（Dosson）、グラツィエ（Grazie）、フレスカーダ（Frescada）、テッラーリオ（Terraglio）などを

統合し、面積 13.46km²のカジエール市になり、現在の人口は 1 万人を超える。

　ドッソンで栽培される野菜のラディッキオは有名で、剣（spada）のように細長いことから、「スパドン（spadón）」と呼ばれる **>209**。一般的にはトレヴィーゾ産ラディッキオとして今も重宝されている。

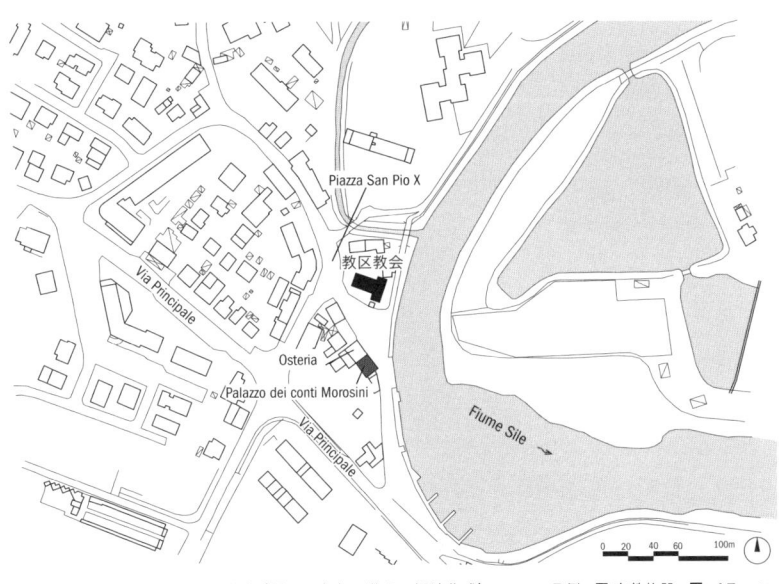

207 カジエールの主要な施設の分布（須長、真島、道明、樋渡作成）　　凡例 ■ 宗教施設 ■ パラッツォ

208 漁船と洗濯風景（1950年）

209 トレヴィーゾ産ラディッキオ（樋渡撮影）

教会、パラッツォ、オステリアの立地する川港

　かつてカジエールでは、湾曲した護岸に沿って荷揚げが活発に行われていた。現在、当時船から荷を持ち上げるために使われていたクレーンが遺構として展示されており、港の記憶をとどめている >210,211。また、教区教会の南側には、広場のような空地があり、その周りにはパラッツォやオステリアが並び、港にとって重要な活動拠点だったことが窺える >212。

　この教会はカジエールで最も象徴的な建物で、シーレ川や街のどこからでも見ることができる >213,214。創設は中世で、現在の建物は、トレヴィーゾのサン・ジョヴァンニ大聖堂の保護下で、18世紀に再建されたものである。教会は街道側に正面を向けているが、18世紀の史料からもシーレ川に背を向け、街道側に正面を向ける様子が読みとれる。教会の周辺は低い塀で囲まれ、聖域が明確に示され、公共性の高い教会前広場というよりは、政治権力の影響が及ばないアジール空間のようである。

　そして川港に立地するパラッツォはパラッツォ・デイ・コンティ・モロジーニ（Palazzo dei conti Morosini）といい、建築様式から18世紀のものと思われる。外壁には、ヴェネツィア共和国の象徴である、獅子の彫刻が飾られていることから、ヴェネツィア共和国の政府関係の施設であったとも推測される。その後1800〜1839年は市庁舎として使われていた。さらにこの並びに建つオステリアも港にとって重要な役目を果たす。単なる荷作業の骨休めに飲食する場所というだけでなく、商談の場としても活用された。トラットリアという飲食店では現在も、店内に20世紀初頭の古写真が飾られ、舟運が活発であった様子を伝える。また、人々の交流の場として変わらず機能し続けている。

　1960年代、舟運は自動車交通に置き換えられる。次第に舟運が激減すると、人々の足も水辺から遠のいてしまった。1970年代の写真を見ると、壊れた舟が放置されることも少なくなかったようである。再度脚光を浴びるのは1990年代になってからである。環境を意識した整備が始まり、近年ではさまざまな動植物に出会える自然豊かなシーレ川としてよみがえっている。現在この川に沿った水辺には、日常的に散歩や釣りを楽しむ人や、レジャー用の貸しボートを利用して、夏の暑い日差しの下で広く穏やかな水面を楽しむ人々の

210 水辺で遊ぶ子どもたち（1970年、G・ステファナート提供）

211 かつての港の姿をとどめるシーレ川沿い（2013年、真島撮影）

212 港に面するパラッツォ（左）、ラットリア（中央）、教区教会（右、須長撮影）

213 教区教会の正面（2013年、陣内秀信撮影）

214 教区教会。街のどこからでも見える象徴的存在（1902年）

姿が数多く見られる。

レステーラ──舟を牽引する牛の道

　カジエールのもうひとつの重要な役割は、下流から荷を運ぶ際に、舟を牽引する牛を交代することであった **>215**。下流のポルテグランディからトレヴィーゾの間に牛や馬の交代場所は 5 ヵ所あり、そのうちのひとつがカジエールだった。シーレ川沿いにはレステーラと呼ばれる舟を引っ張る動物が通るための道があり、1781 年の地図史料からその位置が読みとれる。レステーラは、チェンドンで左岸から右岸に移る。右岸をしばらく上ると、右岸に位置するカジエールの港に着く。そして、メルマ川の対岸で右岸から左岸に再び切り替えられる。その後、トレヴィーゾまでは左岸をそのまま川を上っていく。また、A・プラティによって描かれた 1764 年の絵地図からは、小屋を確認することができる。この小屋は、フランチェスキの所有するボヴァリア（bovaria）であり、舟（burchio）を牽引する動物用の施設であることが記載されている **>216**。同絵地図には、この区間のレステーラの出発点であるカベルロット（Carberlotto）とチェンドンを結ぶ渡し舟の近くにも、フランチェスキ所有のボヴァリアが記載されており、フランチェスキ家はこの地域にとって重要な一族であったことがわかる。現在この区間を車で移動してみると、ほんの数分しかかからないが、その当時、蛇行するシーレ川に沿って川を上るには、動物を交換しなければならないほど、相当な時間とエネルギーが必要だった。20 世紀初頭の写真から、牛で舟を牽引していた当時の様子を窺い知ることができる **>217,218**。

水車の立地

　710 年の史料にあるシーレ川で最も古い水車は、カジエールで見つかったという。1764 年の A・プラティ作成の絵地図には、シーレ川の上流と下流を結ぶロジャ運河上には水車が描かれており、4 基の水輪のある製粉所は公共用で、2 基の水輪のある製粉所はフランチェスキ所有であることが記載されている **>216**。20 世紀初頭まで使われていたこれらの水輪は、現在残っていな

215 レステーラ、渡し舟、水車（A・プラティ作成、1764年）
出典は図7と同じ

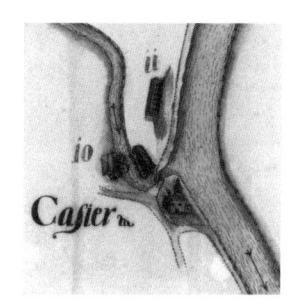

216 カジエール（1764年）
出典は図7と同じ
10. ロジャ運河の製粉所（フランチェスキ所有）　11. ボヴァリア（フランチェスキ所有）

217 20世紀初頭の牛による舟の牽引

218 シーレ川に面するパラッツォ。舟を牽引する牛の群れ

いが、植物で覆われた運河からその痕跡を偲ぶことができる。

　また、1764年の同絵地図には、シーレ川に注ぐ支流の河口にも水車が描かれている。支流とシーレ川との間の水位差を効率的に動力へ変換した例である。現在では、水車こそ利用されていないが、この支流の河口に工場が建っている。シーレ川に向けて堂々と建つ工場の正面は、シーレ川を代表する風景のひとつである >219。

219 シーレ川の支流の河口に立地する工場（樋渡撮影）

地図で見るカジエール周辺の変遷

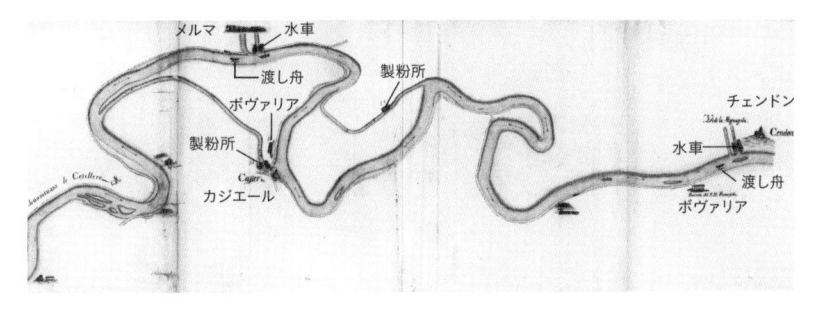

220 A・プラティ作成の絵地図（1746年）。渡し舟（passo）の位置を確認できる。ひとつはカジエールの北側とメルマ（Melma）を結ぶ位置にあり、ここはシーレ川に注ぐメルマ川の河口にあたる。もうひとつはカジエールの下流に位置するカベルロット（Carberlotto）とチェンドン（Cendon）を結ぶ渡し舟である。ここには、ボヴァリア（bovaria）もあり、カジエールのボヴァリアと同じフランチェスキが所有者である。
シーレ川に注ぐメルマ川とミニャゴラ（Mignagola）川の河口には、水位差を活かして水車による産業が18世紀から存在していた。現在でも、同じ位置に工場が存在する
出典は図7と同じ

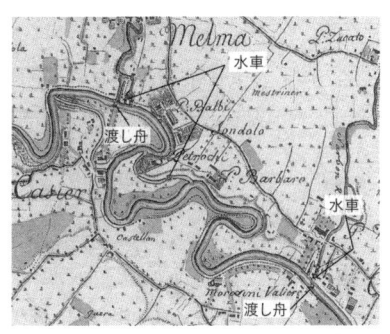

221 渡し舟と水車を利用した工場を読みとれる（1798-1805年）
出典は図1と同じ

222 1887年。渡し舟と水車の位置は18世紀末とほぼ同じであることがわかる
I.G.M.

223 1940年。カジエールの上流部に、蒸気船の記号がある。ラグーナからここまで運航していたようだ
I.G.M.

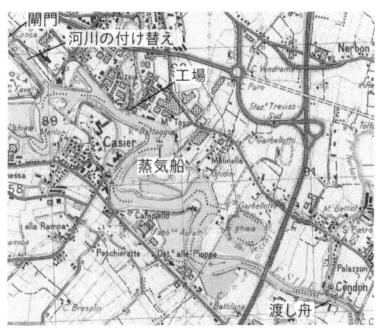

224 1984年。カジエールの上流側で、蛇行するシーレ川は直線的な河川に付け替えられる
I.G.M.

カザーレ・スル・シーレ
(Casale sul Sile)

225 カザーレ・スル・シーレの位置（須長、高橋作成）

歴史

　蛇行するシーレ川をさらに下ると、川沿いに住宅の建ち並ぶ小さな川港カザーレ・スル・シーレにたどり着く **>225,226,227**。かつては、重要な港として発展していた。一般に、河川の湾曲する外側は、川の流れが緩やかになる。そのため、川の流れが遅く、比較的荷揚げしやすい場所にカザーレ・スル・シーレの港も立地したと思われる。

　地名の由来は、ラテン語の「農家（casalis）」から来ており、おそらく、すでに古代ローマ時代には、シーレ川沿い（sul Sile）の小集落（vicus）を形成していたと考えられている。

　町の歴史は史料から1101年まで遡ることができる。トレヴィーゾの領主であるダ・カミーノ家によって、ヴェネツィア方面を監視するために塔が建設された。塔は、シーレ川の右岸に建設され、航行の監視が行われた。集落はその塔の周辺に形成される。また、河川を横断する地下通路が掘られたという。

　14世紀、ダ・カッラーラ家は川の対岸にもうひとつ別の塔を建設し、城を拡張した。その後、城はトレヴィーゾのポデスタ（都市行政長官）、グイド・カナルによって1418年に修復され、農民によって使われていたという。さらに時代は下り、ダ・カッラーラ家の塔は19世紀には破壊されたままだったが、現在は修復され、個人の庭のなかに保存状態よく維持されている。この塔は街の象徴のひとつであり、水辺を彩っている **>228**。

　港のすぐ脇に建つ教区教会は12世紀に創建され、1796年の再建の際に、西側に正面が付け替えられた。1713年の史料から、もともとはシーレ川の下流である南側に正面を向けていたことがわかる。このことからもシーレ川に依

存しながら発展してきたことが窺える。

かつての川港

　シーレ川の右岸に立地するカザーレ・スル・シーレは、川港として非常に重要な地域であった。この地に住む 1566 年から船乗りの家系である G・ステファナート氏によると、ここは、各地からあらゆる資材・商品の届く重要な物流基地だったという。ラグーナに浮かぶブラーノ島からここまで魚が運ばれており、また、キオッジア（Chioggia）やコマッキオ（Comacchio）、比較的近

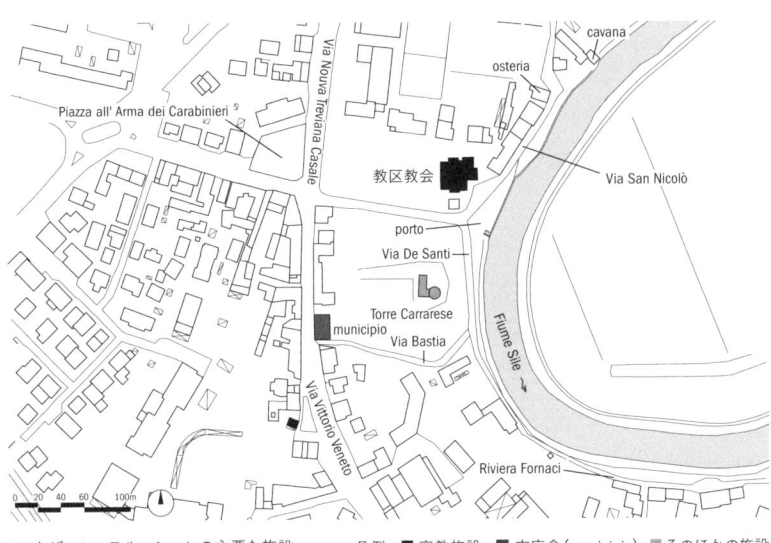

226 カザーレ・スル・シーレの主要な施設　　　凡例　■宗教施設　■市庁舎（municipio）　■そのほかの施設
（須長撮影）

227 現在の水辺。かつて護岸には木を植えることは禁止されていた。1948年からポプラの木を植えたという（須長撮影）

228 カザーレ・スル・シーレ鐘楼のそびえる小さな集落。1952年まで、港（porto）から市場の開かれる広場（Piazza all' Arma dei Carabinieri）まで水路が通っており、舟が航行できたという
（G・ステファナート提供）

郊のポルデノーネ（Pordenone）、そして内陸都市のマントヴァ（Mantova）、フェッラーラ（Ferrara）とも川を通じた交流があった。さらには、ロシアからマルゲーラ港を経てここまで運ばれてくるものもあったという。品物としては、砂糖、ピーナツ、菜種などに加え、ルーマニアからはひまわり、アメリカ合衆国からは大豆などがあり、さまざまな荷を載せた舟が各方面から来ていた。ここでは、2,000kgを積載できるブルキエッロ（burchiello）という舟がしばしば使用された。舟では、とりわけねずみから食料品を守るために、ねずみ退治用の犬が重宝がられていたという。

　蛇行する川に沿って、下流から荷を載せた舟を引っ張る風景は1963年まで見られた。ヴェネツィアから2番目のレステーラの途中にあたるカザーレ・スル・シーレでは、牛、馬、ロバ、人が舟を引っ張っていた。G・ステファナート氏曰く、「川の流れが遅いところは馬でも対応できるが、速いところでは牛を利用した」そうである。

　一方、カザーレ・スル・シーレからは、レンガをヴェネツィアまで運んでいた。周辺にはレンガ工場があり、G・ステファナート氏の祖父は、1902年、ヴェネツィアのサン・マルコ寺院の鐘楼を再建する際のレンガを運んだという。レンガ工場通り（Riviera Fornaci）という通り名からもその名残を窺える。この通りは港から離れており、新しい一角であるように見受けられる。

舟運の衰退と新たな役割

　舟運の発達していた当時には、舟上に暮らすこともあたり前だった。そんな彼らには、舟に長男の名前や聖人の名前を付ける習慣がある。このことからも、舟の重要性が窺える。

　G・ステファナート氏の父親も船乗りで、1960年ごろまで運送業を営んでいた。しかし、トラック輸送に切り替わっていく時代の流れには逆らえなかった。子どものころ家業を手伝っていたG・ステファナート氏は、舟運の価値を伝えたいという強い思いと、舟に対する愛着から、1970年代、物資輸送から、150人の観光客を乗せてシーレ川下りを楽しむ観光という新たな事業に踏み出した。水上パーティをしながらラグーナに向けて繰り出すツアーは、楽し

いに違いない。また、シーレ川沿いのホテルと提携しており、シーレ川とラグーナの周遊をセットにしたコースは大変人気だという。

現在の水辺

かつての川港として機能を失った現在でも、水辺には活気がある >**229**。川沿いを散歩する人たちや、カードゲームを楽しむ地元の住民、さらには、プライベート・ボートを浮かべて水浴を楽しむ人たちに出会うことができる >**230,231**。こうした背景には、G・ステファナート氏のような船乗りを誇りに思っている人々やシーレ川を大切にする人々がこの地に住み続けていることがあるに違いない。

229 かつての港（2013年、陣内撮影）

230 水辺でカードゲームを楽しむ住民（2013年、陣内撮影）

231 レジャーに活用されるレステーラ（2013年、陣内撮影）

サン・ニコロ通り（Via S. Nicolò）の住宅

　シーレ川沿いに面するサン・ニコロ通りには、河川に面して間口を持つ2階建ての住宅が並ぶ **>232**。この街区は教区教会の裏側にあたり、比較的早く形成されたと思われる。古くは教会の修復職人が住んでいたといわれており、教区教会に関係する機能があったという。戦後は、靴屋、鍛冶屋、床屋、倉庫（材木、石炭）、オステリア、木工屋、縄づくりの作業場が並んでいた **>233**。また、船乗りたちの住宅もあった。

　お酒を楽しむオステリアは船乗りたちの集まる場でもあり、契約つまりビジネスの場でもある非常に重要な場所であった。そのため、港のような人の集まる場所には必ずオステリアがあり、オステリアの存在は、交流の場として機能していたかどうかを示すひとつの指標になる。

　サン・ニコロ通り沿いの建物の1階のレベルは、通りより少し高い。これは、河川の増水に備えて少し床面を高くしていると考えられる。部屋は奥に伸びており、裏庭を持つ。現在、裏庭は洗濯を干すスペースとして利用されている。また、通りに面して煙突があることから、通り側に台所が配置されていると推測される。

　現在、この通りにはかつてバスの運転手だったという、80歳代の男性A氏が住んでおり、庶民的な場所である **>234**。A氏の趣味は狩猟で、世界中を周っていたという。住宅にはその様子を伝える写真が飾られていた。

232 サン・ニコロ通り。奥にはダ・カッラーラ家の塔が見える（1950年ごろ、G・ステファナート提供）

233 サン・ニコロ通り（2013年）。右端の元オステリアの壁面には、Osteria con all'oggio al Sile の文字が薄らと残っている（須長撮影）

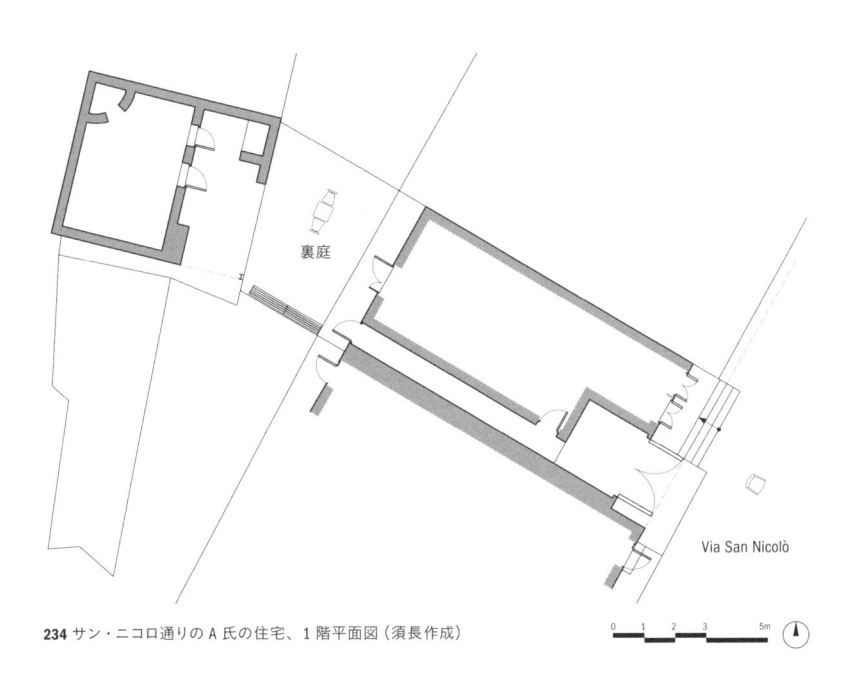

234 サン・ニコロ通りの A 氏の住宅、1 階平面図（須長作成）

カヴァーナ（cavana 艇庫）

　シーレ川沿いに建つステファナート家の敷地には、艇庫がある >235,236,237。ヴェネトの方言でカヴァーナといい、古くから舟を風雨から守るために使われる、ヴェネトで伝統的な屋根付きの係留場所である。その昔は葦を用いた簡易的なカヴァーナがつくられたが、その後しっかりとした木造や、さらには石やレンガで頑丈につくられようになる。ヴェネツィアのように高密な都市に発展すると、カヴァーナは住宅内に取り込まれ、1階に運河を直接引き込んだ空間が設けられるようになる。時代が下ると、ヴェネツィアの多くの建物では、カヴァーナを塞いで倉庫もしくは居住空間として利用するようになる。カヴァーナの入口を塞いだ壁面には、かつての開口部跡がその名残をとどめている。

　一方、シーレ川沿いでは、敷地にゆとりがあることから、住宅とは別に、大規模なカヴァーナが設けられている。

235 カヴァーナ（1950年代、G・ステファナート提供）

236 カヴァーナ（2013年、須長撮影）

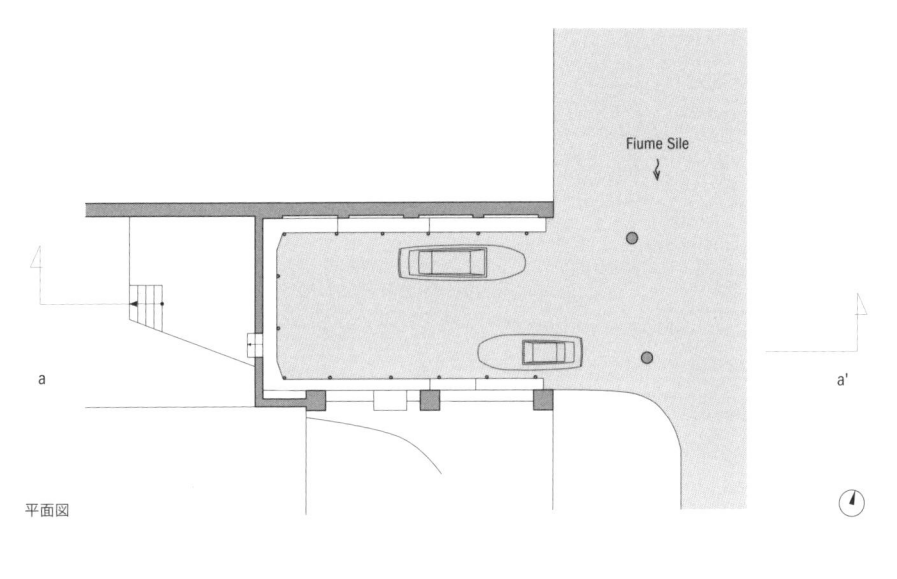

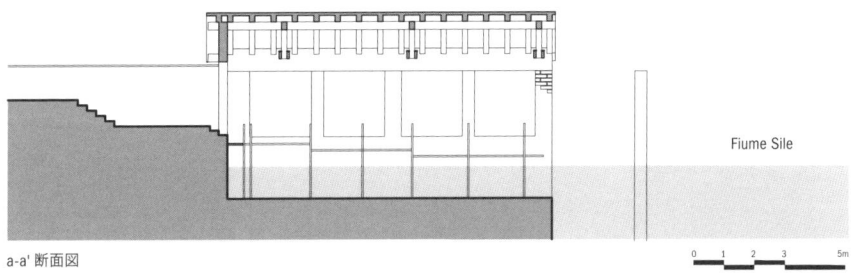

平面図

a-a' 断面図

237 カヴァーナの平面図・断面図（須長作成）

Column:02 / ステファナート氏との再会

　2013年8月のシーレ川流域調査で最も印象的だったのは、カザーレ・スル・シーレでのG・ステファナート氏との再会だった。それはじつに劇的だった。

　2000年の夏、私はミツカン水の文化センターと共同し、陣内研究室でトレヴィーゾを起点としラグーナに至る、シーレ川流域の調査を実施した。その時にお世話になったのが、イタリアらしく家族で経営する船会社の社長、G・ステファナート氏で、奥様と小さな男の子が協力してくれた。マンマの手料理と美味しいワインが食卓を飾り、調査であると同時に、船上パーティの気分も楽しめた >238。

　ステファナート氏は、子どものころ、舟運業を営む最後の世代の父親について、いつも舟に乗っていた。時代が完全に陸上輸送に変わっても、彼は何とか舟運を継続、復活させたいと願い、観光・船上パーティなどを目的とする新しいタイプの船会社を立ち上げ、家族で経営し、成功し始めていたのだ >239。その心意気に心を打たれると同時に、彼自身が若手研究者と組んで自費出版した、シーレ川流域の自然条件、地域全体の歴史、街、建物、施設の建設史を詳細に論じた貴重な書籍（Camillo Pavan, *scoperta del fiume, immagini, storia,*

238

239

240

238 シーレ川での船上パーティ（2000年、陣内撮影） 239 ポルテグランディに係留されたステファナート社の観光船（樋渡撮影） 240 ラグーナ、遠方にヴェネツィアが見える（以下すべてG・ステファナート提供）

190　第2章　シーレ川流域　　　Fiume Sile

itinerari, Treviso, 1989）をプレゼントされ、研究内容の先駆的な面白さに感動したのだ。

　その船ツアーの途中、1ヵ所だけ立ち寄ったのが、カザーレ・スル・シーレで、その魅力が印象に残っていた。そして、2013年の夏、本格的な調査のために再訪したが、そこがG・ステファナート氏の故郷ということに、私はまったく気づいていなかった。この小さな港町を研究室メンバーで調査し、人々にインタビューなどをしている際に、恰幅のよい精力的な男性が現れ、「前に会ったことはないか？」と切り出した。彼があまりにも立派な風貌になり、雄弁に話しかけるので、最初、ピンと来なかったが、「え、あのステファナートさんか」、と記憶が突然よみがえった。お互い再会を喜び、抱き合った。すぐに奥様も呼んでもらい、しばし懐かしい話に花が咲いた。そして、G・ステファナート氏から、シーレ川の舟運の歴史、この港町の変遷などの話を聞くと同時に、史料的価値の高いご自慢の古写真の膨大なコレクションをじっくり見せてもらった >240,241,242,243。

　その後、シーレ下流域でもラグーナでも、G・ステファナート氏の船会社の船に幾度も出会い、13年前に聞いた彼の舟運への熱き思いがこうして大きく実を結んでいることを知って、心より嬉しく思ったのである。

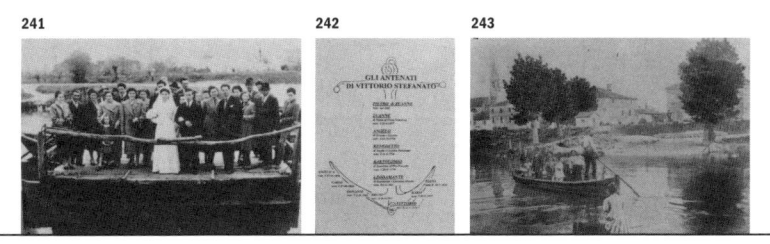

241 カザーレ・スル・シーレの結婚式（1955年）**242** ステファナート家の家系図 **243** ムゼストレ―クアルト・ダルティーノの渡し舟（1854-1870年）

Column:03 / 19世紀末〜1970年代の写真

　図244〜254はカザーレ・スル・シーレに住む1566年から船乗りの家系のG・ステファナート氏提供の写真である。
　ラグーナとヴェネトとを結ぶ重要な川の道だった。大規模な舟などさまざまな舟が写っていることからその様子を見てとれる。1950年代までは手漕ぎ舟や帆船が主流であり、シーレ川を上る際は、動物が舟を引っ張っていた。川の流れが速いところでは牛を、穏やかなところでは馬を使っていたという。1960年ごろ、モーターエンジンが取り付けられるようになり、1970年代には、木造から金属製の船に変わった。次第に船からトラック輸送に切り替えられ、1974年までは閘門が機能していたという。1870年ごろの渡し舟の写真では、馬車が舟に乗っており、渡し舟の重要性が窺える。橋の建設とともに、渡し舟は姿を消していく。これらの写真は、現在では見ることのできない、かつての水と結びついた人々の営みの記憶をとどめる貴重な史料である。

図244〜245は、パニン（Pagnin）家の経営したクアルト・ダルティーノームゼストレートレバラーデを結ぶ「渡し舟」である。最後の経営者で、渡し舟の船頭のアルナルド（Arnaldo）は、日曜日には300人もの人を対岸に渡したと語っていた

244 ムゼストレークアルト・ダルティーノの渡し舟（1854-1870年、以下すべてG・ステファナート提供）
245 ムゼストレークアルト・ダルティーノの渡し舟（1870年ごろ）

246 カザーレ・スル・シーレの渡し舟（1948年）。歩行者と自転車用「台船の渡し舟」。カザーレ・スル・シーレの最後の「船頭（passador）」は R・オリンド（Rossetto Olindo）であった。橋が建設される1960年まで続き、その後少しずつ姿を消していった
247 カザーレ・スル・シーレの最後の船乗りたち（1970年代） **248** シーレ川の最初の観光客船（1974年）。1970年代、トラック輸送により、舟運は衰退する。1974年5月、船乗りのステファナートはブルキオの「ミケーレ、ティニノ、ロベルタ」でシーレ川、ラグーナの最後の旅をする。そして、V・ステファナート（Vittorio Stefanato）の息子は最後の試みで、ヴェネツィアの蒸気船「イル・マルテ（Il Marte）」号を獲得し、シーレ川の最初の観光客船に姿を変えるのである

249 サン・ニコロ通り（カザーレ・スル・シーレ、1930年代） **250** レンガを運ぶ帆船（マッツォルヴォ、1930年） **251** サン・ニコロ通り（1950年代）

252 高速船の進水　**253** ポルテグランディ（1970年代）。バリナと呼ばれるカジエールの砂利の採取場から来た100㎥の砂利を運ぶブルキオの「ウンベルト1世号」。アドリア海に面する島のマラモッコに向かう。船乗りはカザーレ・スル・シーレ出身。ポルテグランディの閘門の内側で係留の操縦をしている　**254** 深い溝のあるイストリア産の石柱。激しい川の流れの区間で、舟を操縦するための「ロープをひっかける」溝のある石柱。係留用ではない

5 シーレ川流域における農業景観の変遷

景観の保存状態に関するケーススタディ

　シーレ川はいささか特殊な川といえる。というのは山のゾーンを水源とするのではなく、平野の湧き水に源を持つからであり、また、その流路はほぼまっすぐ流れ、長さも短く90kmにすぎないからである。とはいえ、その流域に展開する景観には、じつに大きな多様性と特異性が見出されるのであり、この200年間に色々と人間の手が加わったことによって、互いに異なるさまざまな景観の在り方を生み出した。本稿では、土地利用の変化のプロセスを通して、歴史的変遷を究明しながら、これらの景観の特徴を明らかにし、比較考察する。景観形成のダイナミズムと変化の動向を、そしていうまでもなく、これらの地域が持ったシーレ川との関係を理解することを目的としている。

　土地利用の重要性は、歴史的な景観のデザインにおいて、少なくとも人間によって建設された要素が最小限だったころまでは、農業景観の正確な形が特定の土地利用のそれぞれに対応しているという事実によく現れている。特定の土地利用から、歴史的な景観がどのようなものだったかを理解し、それを復元することができる。

　たとえば、「畑の列とブドウの間に樹が等間隔に植わった列が並存」するような作付けのタイプは、歴史的な景観がいかに複合的で変化に富んでいたかを物語るものであり、このような利用法は、実際、内部における土地が少なくとも3つに細分割されていることと結びついている。こうした状態では、視覚的な豊かさのみならず、景観のエコロジカルな面の豊かさも決定的に大きくなる。

方法

　地域(テリトーリオ)における歴史的な変化と、今も読みとれる情報を重視しながら、細かい区画割りの空間構成をベースとして、異なる性格の景観を示す4つのエリアをケーススタディの対象として選んだ >**255**。それに続いて、これらのエリアをより深く研究するために、それぞれ約800haに及ぶ細長い帯状区域に切り取ることで、その特徴を明らかにした。それぞれのケーススタディ対象区域はシーレ川を垂直に切り、川の両側4kmにわたり、地域がどのような発展を見せたかを分析した >**256,257**。それぞれの対象区域について、すぐに探せ、簡単に比較できる歴史的な地図から読みとれる土地利用に関するデータに移された。最古の歴史地図は、軍事的目的でA・フォン・ザックによって作成された地図(1798～1805年)で、詳細とはいえないものの、ほどよいスケールで土地利用の状態を示している >**256-A**。同じような目的で使うには、それに続く時代のデータとして、I.G.M.の地図(初版)が同様の情報を得るための有効な資料となる >**256-B**。3番目の、そして最後の段階の現状の様

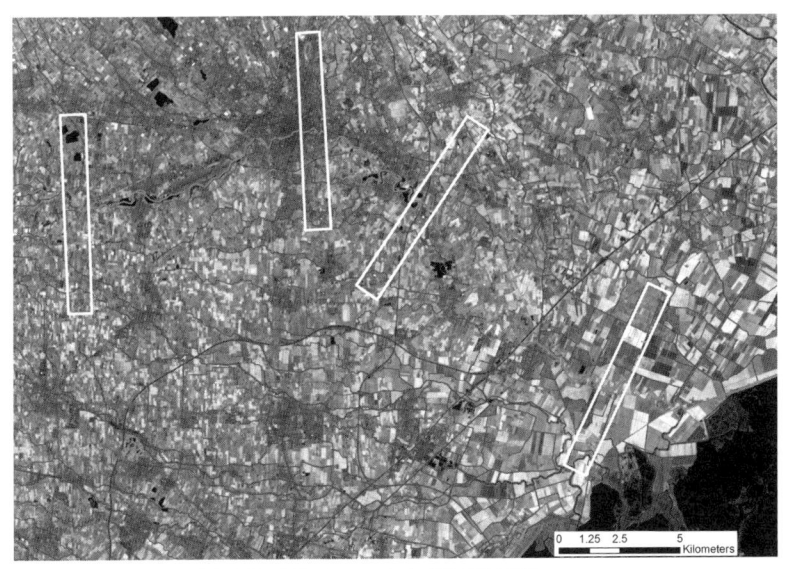

255 シーレ川流域における農業景観の変遷のケーススタディ対象区域の位置
dati landsat 8, open dataset from Libra をもとに M・ダリオ・パオルッチ作成

子を知るには、衛星写真を参照した**>256-C**。それぞれの史料について、2世紀ちょっとの間に起こった変化を理解するために、とくに川と地域の関係についてどのくらい風景が変化したかを明らかにするために、土地利用の地図を作成した**>258,264,267,270**。

最初の区域

　最初の対象区域は、水源にあたる場所で、とくに19、20世紀の状況においては、規則的な区画割を持つ農業景観を見せていた**>258**。トレヴィーゾの西にあたり、そこに湧水地、「フォンタナッツィ」、そしてサンタ・クリスティーナの沼地のエリアがある**>259,260**。19世紀の地図でその構造を観察すると、中・小規模のさまざまな細かい区画割のなかに、一定の規則性が見てとれる。土地利用については、おおむね19世紀を通じて、〈畑の列とブドウの間に樹が等間隔に植わった列が並存〉（以下〈畑とブドウ・樹の並列〉）タイプが全体的

256 3つの資料に基づく土地利用の地図上の比較（M・ダリオ・パオルッチ作成）
（A）A・フォン・ザック　（B）I.G.M.　（C）dati landsat 8, open dataset from Libra

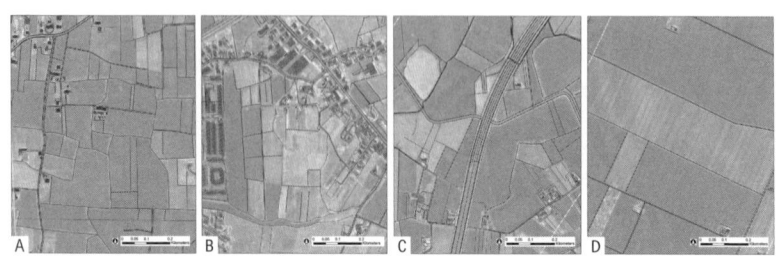

257 取り出された4つの景観区域のディテール（M・ダリオ・パオルッチ作成）
（A）規則的な区画割　（B）建設が進んだ状態　（C）不規則な区画割と中小規模の土地　（D）干拓の景観
dati landsat 8, open dataset from Libra

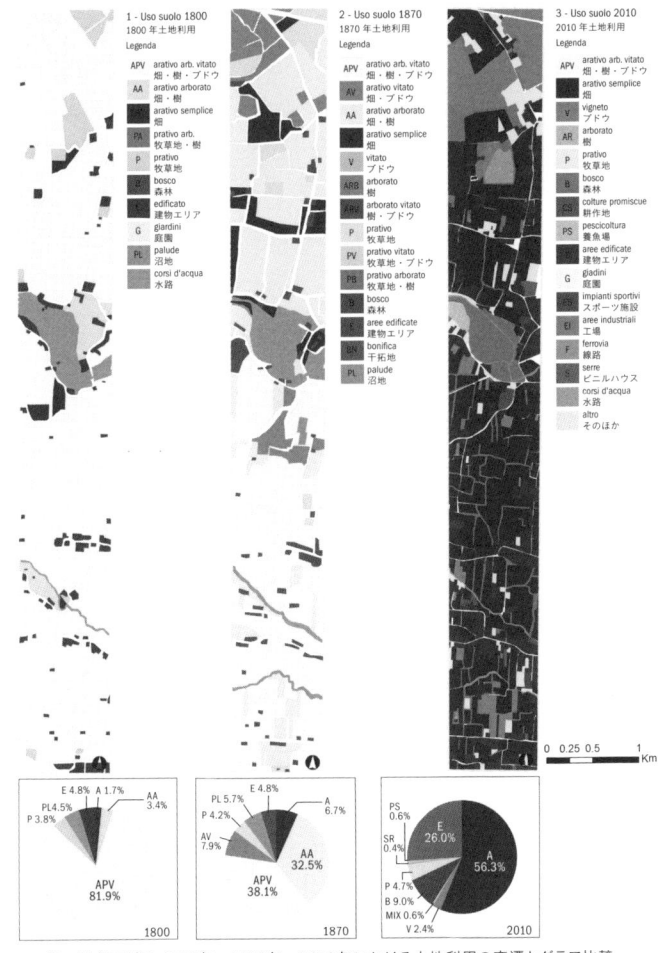

258 第1対象区域の1800年、1870年、2010年における土地利用の変遷とグラフ比較
（M・ダリオ・パオルッチ作成）

259 チェルヴァーラ自然公園内にある元製粉所
（M・ダリオ・パオルッチ撮影）

260 チェルヴァーラ自然公園。この自然公園は、かつての景観をとどめた貴重な場所のひとつである
（M・ダリオ・パオルッチ撮影）

に広がり（1800年には81.9%）、それ以外の部分は、〈牧草地〉か〈湿地〉となっている。家の配置にはふたつのタイプがある。主要な道路に沿って線状に集まるか、やはり主要な道路に沿って孤立して存在するかであり、後者は農業の性格をもつもので重要性が小さい。土地利用の変化の視点から見ると、〈畑とブドウ・樹の並列〉のタイプである複合的な景観の状態から〈単純な畑〉といったより均一な景観まで、いくつかの段階を見ることができる **>261-C**, **269**, **272**。実際、1887年の中間的な段階では〈樹が並ぶ畑〉に徐々に置き換わり、1900年には、〈単純な畑〉になっているのである **>258-2**。なお、もし畑だけを合計するならば、19世紀を通じて、変化はあまりない。次の20世紀には、建物が並ぶエリア、あるいは砂利の採掘場のエリアの侵食が進んだ **>262**。従って、現在の状態は変化の度合いが大きい。農業景観の単純化に加え、住宅地が拡大し、主要な道路沿いには、連続性を示すには至らない状態で建物が拡散し、景観を均一化する一方、周辺の農業景観の存在を感じることを難しくしている。〈畑とブドウ・樹の並列〉については、いくつかのわずかな跡を除けば保存されておらず、ここで活用する歴史地図には表記されていないものの、そうした地図に採用された地域の分割、あるいはほかの境界を受け継ぐと思われる生け垣だけが残っている **>263**。

ふたつめの区域

ふたつめの対象区域は、都市とその郊外のエリアにあたるもので、トレヴィーゾの中心を横切る **>264**。明らかに、19世紀はじめの段階で密度高く建物が並ぶが、そのころはまだ、都市と郊外の間の境界線は明確に読みとれた。市壁の外側には、すでに見たように、田園のなかにあって、主要な道路に沿って線状に建物が集中し、農地のなかには数少ない孤立した建物が分布していた。ほかの3つの調査区域に比べ、市壁の外の建物の集中の度合は明らかに高い（7.7%で、ほかの区域では4.8%あるいはそれ以下）。19世紀末から、トレヴィーゾの街のすぐ北側において、住宅地の拡張が見られ、1世紀前に比べ、すでに倍の大きさにそれが及んでいた **>264-2**。現在の状態としては、都市の外側の田園地域が失われる現象が見られ、調査対象区域のほぼ70%が住宅地となっ

261 複合形態の耕作地の概念図。A：〈牧草・ブドウ〉 B：〈牧草・ブドウ・樹〉 C：〈畑・樹・ブドウ〉
BとCにおいては、ブドウの支えの役割を持つ。この図のように、農地は普通、低木の生け垣で囲われていた（M・ダリオ・バオルッチ作成）

262 元砂利の採掘場。現在は人工的な水辺に整備されている。第1、第2対象区域でよく見られる要素である（M・ダリオ・バオルッチ撮影）

263 囲い込みを持つ農業景観の伝統的な形態。第1対象区域によく繰り返される（M・ダリオ・バオルッチ撮影）

ており、農業の耕作と張りめぐらされた小さな水路の損失につながっている >264-3。農業景観については、19世紀はじめには、小さな規模で不規則な区画割にいまだに特徴づけられていた。細かくめぐらされた小さな水路網によってそれが規定されていたからである。土地利用は、〈畑とブドウの並列〉が半分ほど（46.5%）を占め、〈畑とブドウ・樹の並列〉がそれに続き（28.7%）、視覚的には景観を非常に変化のあるものにしていた。19世紀末には、トレヴィーゾの中心から外へ広がる住宅地によって、侵食のプロセスが始まり、〈畑とブドウ・樹の並列〉タイプの農地への影響があったものの、状態はそれほど変わらなかった >264-2。現在の状態は、〈畑とブドウ・樹の並列〉と〈樹が並ぶ畑〉のエリアが〈単純な畑〉（15.9%）へとシンプルなものに変化し、その結果、景観も単純化の傾向を見せている >264-3。

興味深いのは水路のネットワークであり、トレヴィーゾの街においては、鼓動する心臓を持つかのようである。シーレ川は街のふちを流れるにもかかわらず、ほかの多くの水路が中心部を流れ、非常に豊かな水の環境を生み出している >265,266。

3つめの区域

3つめの対象区域は、中小の規模の区画からなる不規則な構成の農業景観である >257-C,267,268。このスタディ区域は、カジエールの少し南のチェンドン村を横切る。組織立った規則を持たないように見えるさまざまな土地区画の形と方向性は、おそらく長い間の細分化や再構成の結果であろう。このエリアもまた、〈種まきに適した耕作物〉にあてられた土地利用が多いが（75.8%）、ほかの3つの調査区域と比べ異なるのは、畑の内部の分配構成である。今まで見てきたのとは逆に、ブドウ畑の存在がより減少したように見え、〈畑とブドウ・樹の並列〉（20.9%）は〈樹が並ぶ畑〉（35%）より少なく、また19世紀はじめにはまれにしか存在しなかった〈単純な畑〉の価値と並ぶ状態となっている。〈牧草地〉（18.3%）の大きな広がりは、ここで扱う土地の自然条件がブドウ畑にはあまりふさわしくない性格だったことを想像させる。耕作が限られたものへ特化する状態は、19世紀末に顕著になり >267-2、〈畑とブドウ・樹

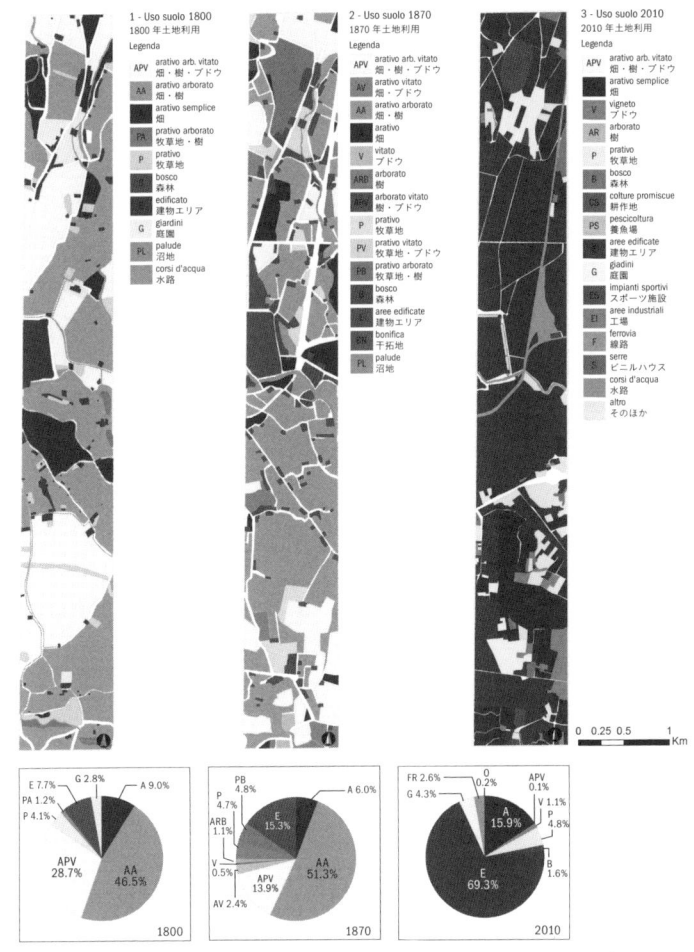

264 第2対象区域における土地利用の変遷とグラフ比較（M・ダリオ・パオルッチ作成）

265 トレヴィーゾの旧市街をめぐる運河沿いの景観(M・ダリオ・パオルッチ撮影)

266 トレヴィーゾの水門。運河網によって特徴づけられるトレヴィーゾの旧市街(M・ダリオ・パオルッチ撮影)

201

の並列〉(14%)、〈牧草地〉(7.2%)の減少と、〈樹が並ぶ畑〉(49.4%)および〈ブドウ畑と組み合わされるいくつかの耕作物〉の増加を生み、3つの耕作物（畑、樹、ブドウ）の混合はもはや持続可能ではなくなった。耕作が限られたものへ特化する傾向は現在さらに強まり、〈単純な畑〉(61%)がほかの複合的に利用される畑にとって代わられており、わずかな〈ブドウ・樹と畑の並列〉の農地（0.5%）が残るのみである。一方、〈ブドウ栽培〉は、この断面区域に含まれるさまざまなゾーンにおいて特化された耕作物として適した場所を見出している(6.4%)。

　〈畑〉、〈樹が並ぶ畑〉そして〈樹の並び〉と組み合わされ、19世紀には大きく広がって(21.8%)、農村景観により複合的な色彩を与えていた全体の面積がどんどん減少したのである >269。ほかの変化は建設された区域と関係するもので、19世紀に2〜3%だったものが、2010年には20%まで増加している。すでに見た主要道路に沿って発達する形式が持続するが、そこに商業や工業の活動にあてられるエリアが数多く登場した。

4つめの区域

　最後の対象区域は、大規模な干拓による長い区画割による景観を持つものである >270。ここで切り取られたスタディ区域は、シーレ運河（Taglio del Sile）の少し北にあるトレパラーデという村でシーレ川を横切り、4つの対象区域のなかでは、干拓事業と結びついた大規模な地域の変化を示したという点で最も特殊なものである >271,272。土地区画の形は前の3事例と根本的に異なり、歴史がずっと短いことを物語る。すべての小区画の土地は、かなりの大きさを持ち、北東―南西の軸に沿った唯一の方向を示す。土地利用については、A・フォン・ザック作成の地図から得られる情報は、大部分のエリア（59.2%）が〈湿地〉であったことを示している >270-1。ほかには、つねに存在してきた〈畑とブドウ・樹の並列〉(17%)と、珍しくも〈森林〉(13.9%)によって占められていた。後者については、深く調べると興味深い内容が得られるであろう。続く19世紀の干拓事業は、ラグーナから農業地域へと変化する景観の転換をもたらした >270-2。1887年には、いまだ干拓が行われている面積は13.7%で、

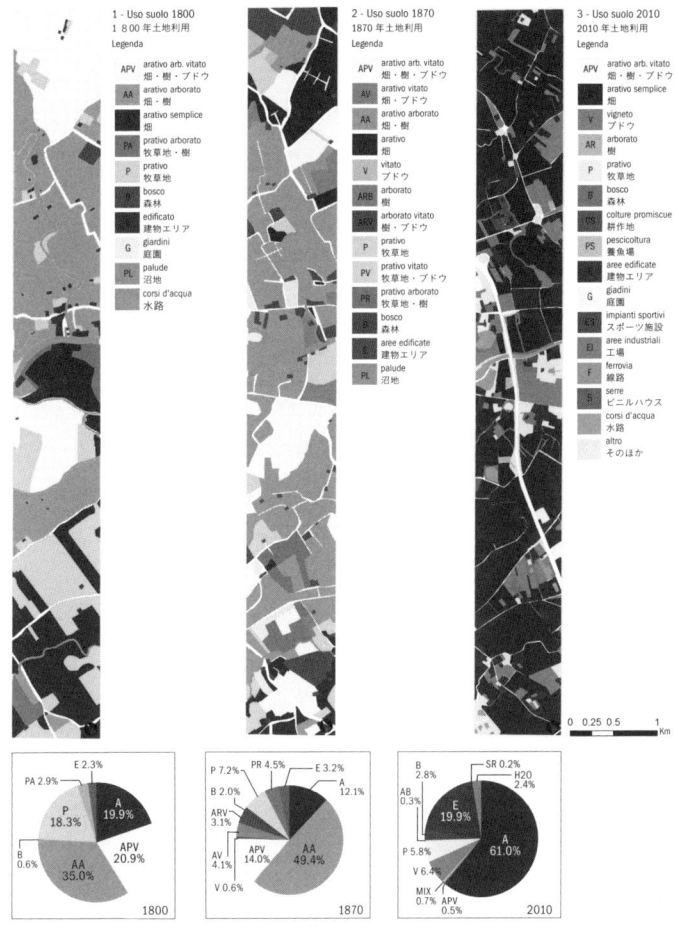

1 - Uso suolo 1800 1800年土地利用	2 - Uso suolo 1870 1870年土地利用	3 - Uso suolo 2010 2010年土地利用

Legenda

APV	arativo arb. vitato 畑・樹・ブドウ
AA	arativo arborato 畑・樹
	arativo semplice 畑
PA	prativo arborato 牧草地・樹
P	prativo 牧草地
B	bosco 森林
	edificato 建物エリア
G	giardini 庭園
PL	palude 沼地
	corsi d'acqua 水路

Legenda

APV	arativo arb. vitato 畑・樹・ブドウ
AV	arativo vitato 畑・ブドウ
AA	arativo arborato 畑・樹
	arativo 畑
V	vitato ブドウ
ARB	arborato 樹
ARV	arborato vitato 樹・ブドウ
P	prativo 牧草地
PV	prativo vitato 牧草地・ブドウ
PR	prativo arborato 牧草地・樹
B	bosco 森林
	aree edificate 建物エリア
E	
PL	palude

Legenda

APV	arativo arb. vitato 畑・樹・ブドウ
	arativo semplice 畑
V	vigneto ブドウ
AR	arborato 樹
P	prativo 牧草地
	bosco 森林
	colture promiscue 耕作地
PS	pescicoltura 養魚場
	aree edificate 建物エリア
G	giardini 庭園
	impianti sportivi スポーツ施設
	aree industriali 工場
F	ferrovia 線路
	serre ビニルハウス
	corsi d'acqua 水路
	altro そのほか

0 0.25 0.5 1 Km

1800: E 2.3%, PA 2.9%, P 18.3%, B 0.6%, AA 35.0%, APV 20.9%, A 19.9%

1870: P 7.2%, PR 4.5%, E 3.2%, B 2.0%, ARV 3.1%, AV 4.1%, V 0.6%, APV 14.0%, AA 49.4%, A 12.1%

2010: B 2.8%, SR 0.2%, H2O 2.4%, AB 0.3%, E 19.9%, A 61.0%, P 5.8%, V 6.4%, MIX 0.7%, APV 0.5%

267 第3対象区域における土地利用の変遷とグラフ比較（M・ダリオ・パオルッチ作成）

268 生け垣で囲われる中規模の小区画の土地。第3対象区域においてより多く見られる（M・ダリオ・パオルッチ撮影）

269 古写真に見るカザーレ・スル・シーレ周辺の農業景観。伝統的な〈畑・樹・ブドウ〉の農業形態がまだ見てとれる（G・ステファナート提供）

ほかの耕作地の構成はきわめて異種混合の状態であり、実際に、〈単純な畑〉がやや多いものの、すべての耕作の種類が存在した。現在の状態 >270-3 を見ると、〈単純な畑〉（90%）の全体的な広がりのなかで、ほかの作物はもはや姿を消した >273,274。実際、ほかの 10% は、そのほとんどが、〈建設された区域〉（6.6%）で占められ、交通上の主要な道路に沿って新たに集中して登場した。〈森林〉は、大きな興味を持たれる 19 世紀のものが存在したが、カ・トロン地区にわずかだけ残るのみである >275。

川とテリトーリオ（地域）との関係

　この研究にとって興味のある最後の観点は、川とテリトーリオ（地域）の間に存在した、あるいは今も存在する関係である。こうした関係は、建物が並ぶエリアという視点からも、耕作地の視点からも考察できる。前者については、シーレ川のみならず、小さな支流も含めた水の流れの近くに、建物が並ぶ傾向が見出せるのである。住民の生活用の水を供給しやすいのに加え、住宅の数と匹敵する位に、相当な数になる産業関係の建物をも重視しなければならない。とはいえ、シーレ川の近くへの集中は、研究対象のエリアの機能によって変化する。より西のエリアは、集中は少なく、それは、トレヴィーゾの西においては、シーレ川は船の通行ができないという事実におそらくよっていた。第 3 の対象区域は、一方、シーレ川に沿って最大の集中を見せており、それはおそらく、舟運とそれに関連したすべての活動が経済・社会的な求心軸の役を果たしていたことによる >267。トレヴィーゾを横切る第 2 の対象区域は、ほかの多くのイタリア都市のように川を街のなかに取り込んではいないものの、明らかにシーレ川に接して都市が発達したのである >264。トレヴィーゾの水の豊かさとその供給は、街の北から入ってくるブレンテッラとピオヴェセッラという運河を通して、ピアーヴェ川の水を引いて非常に簡単に得ることができた。第 4 の対象区域もまた、より東の方において、シーレ川の近くには家が少ないが、そのほとんどが川に沿う現象が見られる >270。このデータもまた、19 世紀には家の建つエリアが少なかったのであるから、予期されたもののように見える。こうした状態は、1800 年と 1887 年の間に本

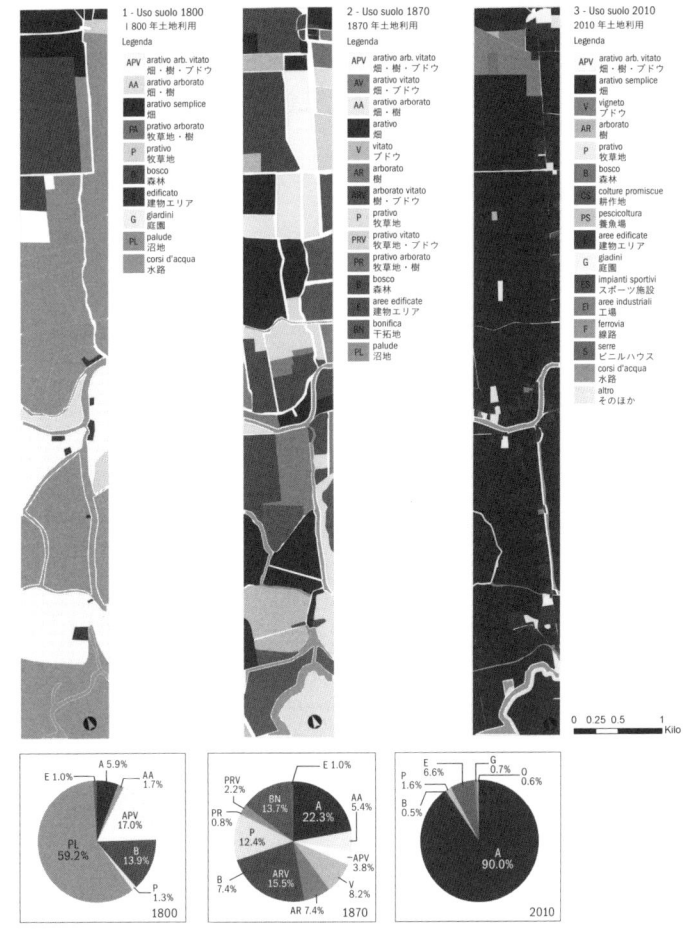

270 第 4 対象区域における土地利用の変遷とグラフ比較（M・ダリオ・パオルッチ作成）

271 干拓で生まれた区域。規則的な区画割をもって均一に広がる特徴がある（M・ダリオ・パオルッチ撮影）

272 20世紀の干拓事業が生んだ農業景観。単一耕作の大規模な広がりを特徴とする（M・ダリオ・パオルッチ撮影）

質的には変化なく留まった。ところが、現在では根本的に変化し、工業と商業の建物も含め、地域全体にほぼ一様に建設されたエリアが広がっているが、主要な道路沿いにやや集中し、ある意味で水路沿いを無視する傾向が見られる。

　農業の耕作タイプと川との関係は、とくにひとつの耕作物に有利に働くようには見えない。河川にも運河にもその近くには、〈牧草地〉にあてられるエリアも、〈畑とブドウ・樹の並列〉、あるいは〈単純な畑〉のエリアも存在する。水の近くであることは、ここで取り上げてきた耕作物のどれにとっても、重要であった。従って、トレヴィーゾの地域では、水が不足することはなく、最も重要なのは土地の性格であった。現在の状態は、建物がつくられていないところには、〈単純な畑〉だけが均一に広がるという状況であり、川と耕作物の関係を知るという目的にとってはあまり意味がない。伝統的な農業景観を持つ対象区域には、違いが今でも読みとれる >258,267。そして、干拓の農業景観を持つ対象区域には、畑を囲って、また小さなものも含め、どの水路に沿っても、緑の帯が存在する >270,276。それは、20世紀の前半まで存在した伝統的な景観の形を表すだけでなく、環境の観点からの最大の豊かさをもまた与える。というのも、視覚的な観点だけでなく、生け垣は、生物多様性の点からも、さまざまな耕作物のためにも、計り知れない積極的な効果を持つからである。

結論

　4つの地域断面は、この2世紀の間に、さまざまな種類の変化を受けてきたのであり、そこには「歴史的」景観のごくわずかな断片が保存されている。変化が少なかったのは、サンタ・クリスティーナの湿地のエリアを持つ第1の対象区域、そして、部分的に景観が単純化したがいまだ単一耕作物にはなっていないいくつかのエリアを持つ第3の対象区域である >258,267,277,278。第4の対象区域では、時代とともに生じた数多くの変化のために、カ・トロンの森だったわずかな範囲と、孤立して存在するいくつかの建物（農家、水車、ロカンダ、閘門）のみが保存されている >275。

273 第4対象区域に残った希少価値のある建築。現在は、種を蒔く畑と牧場に当てられた170haを持つ農場になっている（M・ダリオ・パオルッチ撮影）

274 牧場と牛舎。〈畑・樹・ブドウ〉の利用形態を持つ土地は、20世紀以来、動物の飼育施設に変化した（M・ダリオ・パオルッチ撮影）

275 第4対象区域にまとまって唯一残る森のエリア（M・ダリオ・パオルッチ撮影）

276 曲線を描いて流れる水路。第1対象区域において最も不規則な形を生んでいる（M・ダリオ・パオルッチ撮影）

こうした研究は、歴史的景観の評価と保護への実際の動きにつながるものであり、綿密な計画とも結びつくべきものである。歴史的、伝統的な景観を持つ区域のマッピングによって、どこがよく保全されているのか、また、どこが変化の危険が高いのかを理解することができる。ここで示したような、狭く限られてはいたが意味のあるエリアについてのケーススタディとしての研究の次の段階では、テリトーリオ全体の分析を行うことが必要で、その作業によって、これまで生き残っている農業景観を対象に、できる限りの保護を求める方向を採るか、すでに危険な状態と判断し地域の歴史に忠実な復元の方向を選ぶかを、確信を持って見きわめることが可能になるのである。

277 第4対象区域の農地。〈畑・樹・ブドウ〉の利用に当てられたエリアは、拡大した単一耕作地へと完全に形を変化させられた（M・ダリオ・パオルッチ撮影）

278 第3対象区域に残る〈畑・樹・ブドウ〉の土地利用（M・ダリオ・パオルッチ撮影）

シーレ川流域　Fiume Sile

水源地　　　　　トレヴィーゾ　　　　　閘門のあるポルテグランディ周辺

ピアーヴェ川流域　Fiume Piave

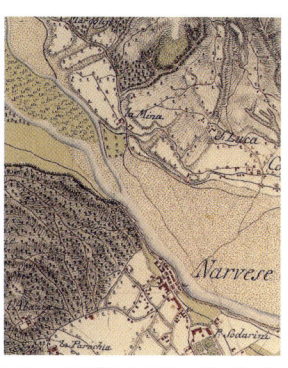

チーマ・サッパーダ　　ベッルーノ　　　　　モンテッロの森とネルヴェーザ・デッラ・バッタリア

ブレンタ川流域　Fiume Brenta

プリモラーノ　　　　バッサーノ・デル・グラッパ　旧ブレンタ川、ドーロ

1 A・フォン・ザック作成の地図（1798〜1805年）
Massimo Rossi (a cura di), Kriegskarte 1798 – 1805 : *Il Ducato di Venezia nella carta di Anton von Zach*, Treviso - Pieve di Soligo : Fondazione Benetton Studi Ricerche, Grafiche V. Bernardi, 2005.

チェルヴァーラ自然公園のペスキエーラ

タリオ・デル・シーレ

ポルテグランディ

トレヴィーゾ

トレヴィーゾ
2 テッラフェルマの風景（このページはすべて樋渡彩撮影）

トレヴィーゾ

カンシーリオ

リーヴァ・グラッサ

チーマ・サッパーダ

モランツァーノ

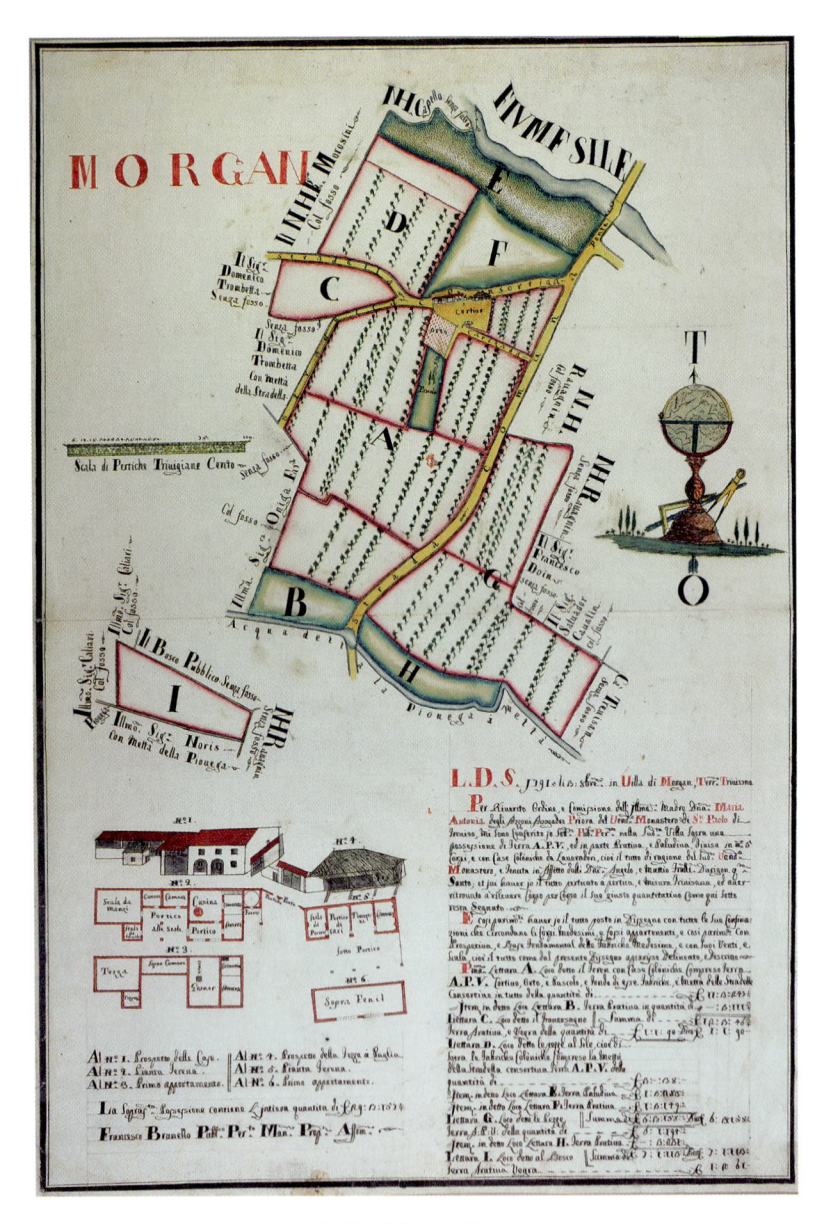

3 モルガーノにあるアンジェロとマッティオ兄弟に賃貸された不動産
A.S.Tv, *C.R.S. S. Paolo*, b. 58.
第1章図32、第2章図153

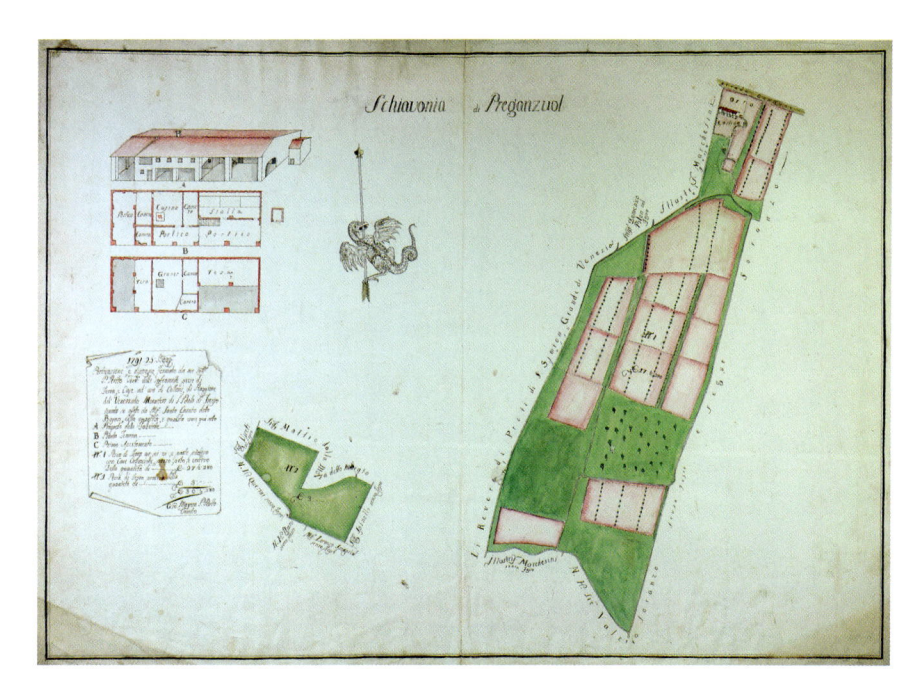

4 サント・カウニオに賃貸された不動産
A.S.Tv, *C.R.S. S. Paolo*, b. 58.
第 1 章図34、第 2 章図154

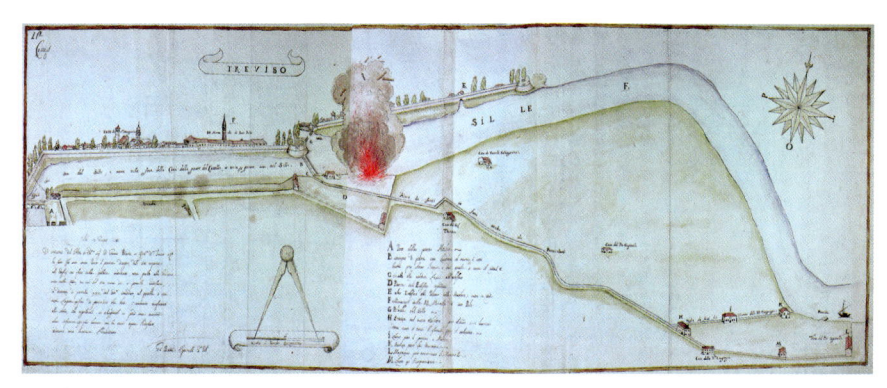

5 ヴェネツィア共和国の火薬製造所。火薬製造所の火災と新たな火薬製造所の位置を示している（1681年）
A.S.Tv, *C.R.S. S. Paolo*, b. 58.
第 2 章図19、144

213

6 パドラのストゥア（樋渡撮影）

7 L・ベルナボ作成の木材輸送に関する絵図（1604年）
Archivio della Magnifica Comunità di Cadore.
第 3 章図 11

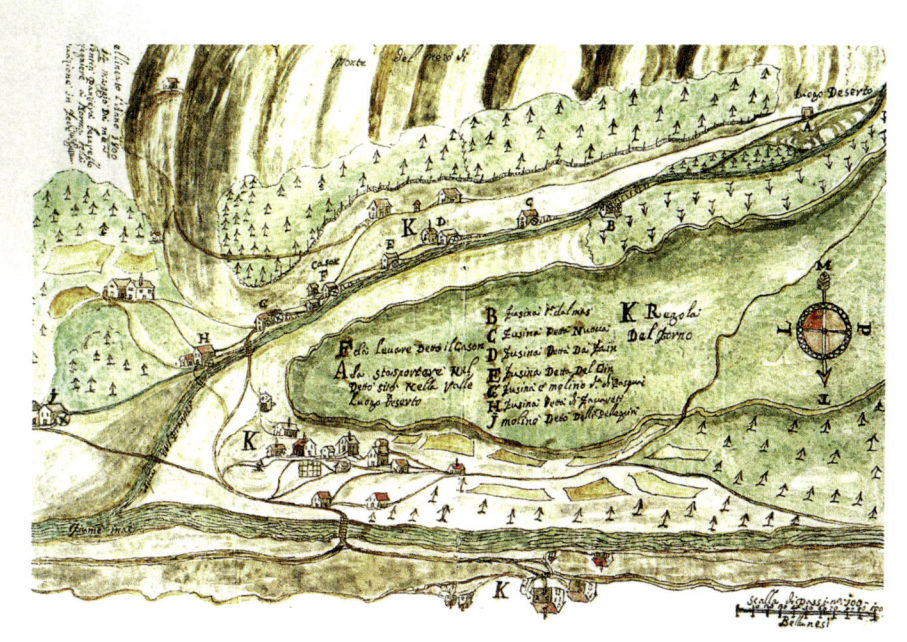

8 フォルノ・ディ・ゾルドにおけるマエ川に注ぐブランベル川沿いの水車群
A.S.Ve, *Bl, Processi*, b. 46, dis. 1, 14 maggio 1800.
第 3 章図 132

9 ヴェネツィア共和国の国境に位置するプリモラーノの集落（中央左）と検疫のために共和国によって設置されたラッザレット（中央、1625年）
A. Bondesan, G. Caniato, D. Gasparini, F. Vallerani, M. Zanetti (a cura di), *Il Brenta*, Sommacampagna : Cierre, 2003.
第4章図14

10 ドーロ　ヴェネツィア共和国管轄の製粉所とその周辺の賑わい（1740年ごろ）
Giuseppe Badin, *Storia di Dolo documenti ed Immagini*, Venezia : la Press, 1997.
第4章 図185

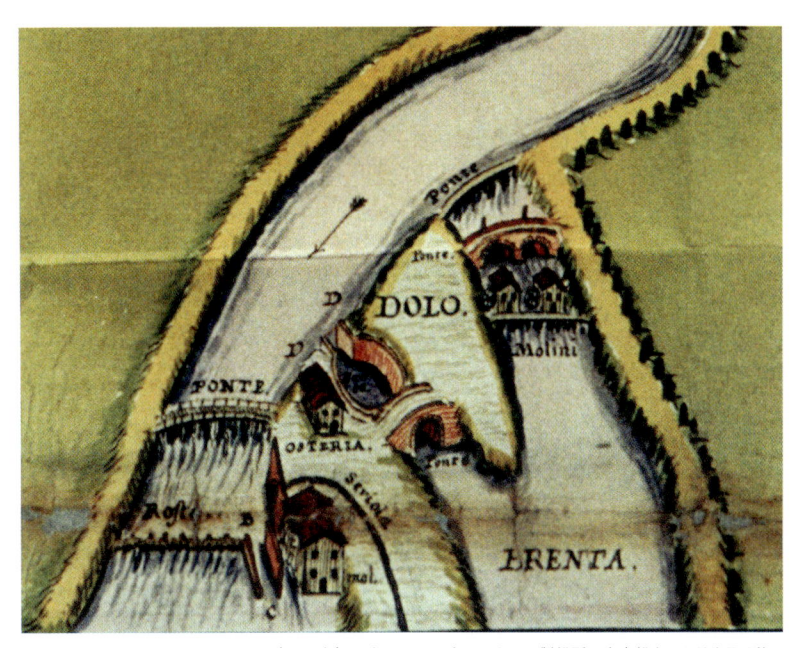

11 ドーロの閘門、製粉所、セリオラ（1683年）。ヴェネツィア市民のために製粉所は小麦粉を、セリオラは飲料水を供給した。
A.S.Ve, *S.E.A.*, Disegni, *Brenta*, b. 71, dis. 6.
第4章図191の部分

217

ベッルーノ

12 リアルト通り。ヴェネツィアの影響下で発展したベッルーノを感じさせる名称である。右側の建物にはヴェネツィア共和国を示す獅子の彫刻が飾られている（樋渡撮影）

14 テッラフェルマの各地にヴェネツィア共和国を示す獅子の彫刻が飾られている

トレヴィーゾ

トレヴィーゾ

ヴァルスターニャ

プリモラーノ

バッサーノ・デル・グラッパ

13 市庁舎。ヴェネツィアでよく見られる三列構成の形式を示す。正面中央部にはゴシック様式の連続アーチ窓がとられている（陣内秀信撮影）

ヌオヴィッシモ運河

モランツァーノ

フェルトレ

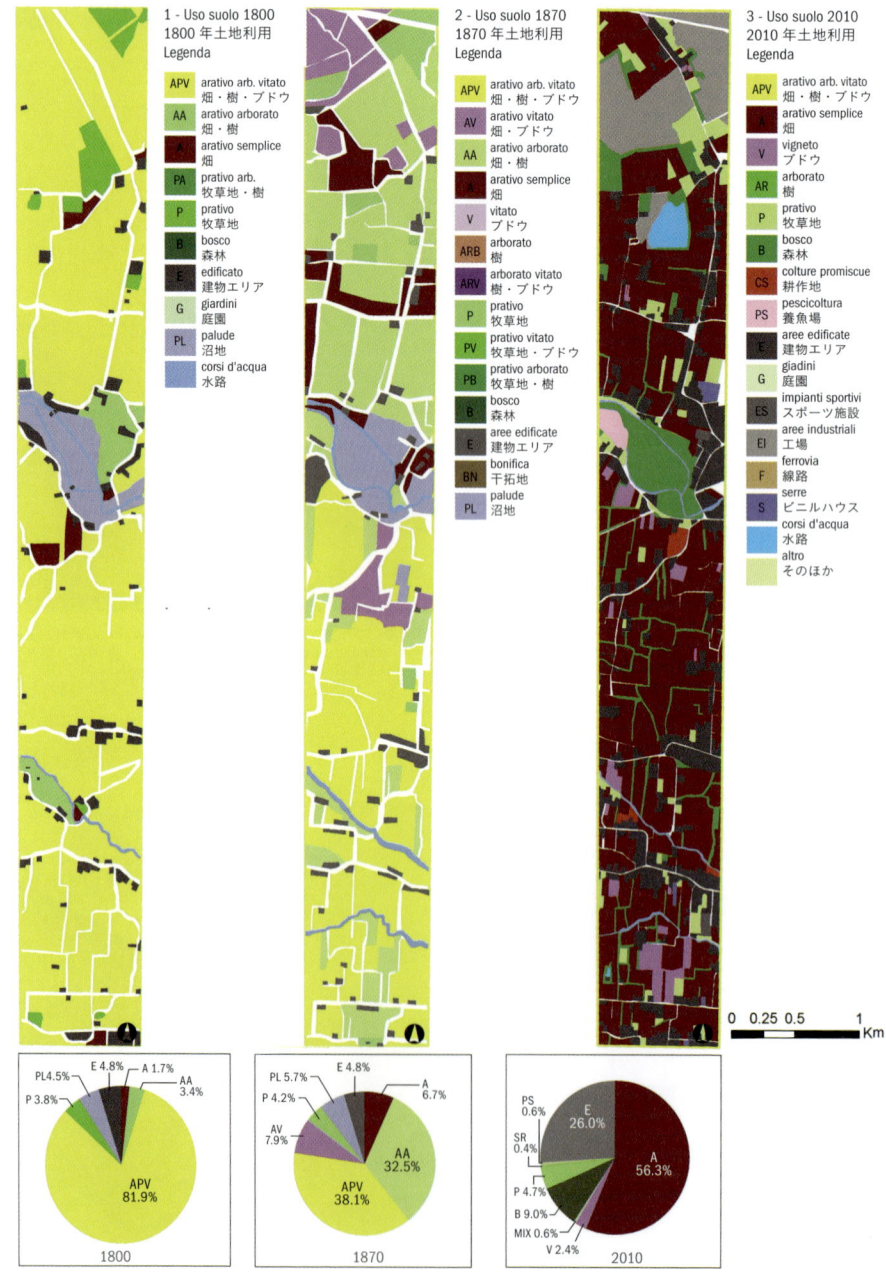

1 - Uso suolo 1800
1800 年土地利用
Legenda

APV	arativo arb. vitato	畑・樹・ブドウ
AA	arativo arborato	畑・樹
A	arativo semplice	畑
PA	prativo arb.	牧草地・樹
P	prativo	牧草地
B	bosco	森林
E	edificato	建物エリア
G	giardini	庭園
PL	palude	沼地
	corsi d'acqua	水路

2 - Uso suolo 1870
1870 年土地利用
Legenda

APV	arativo arb. vitato	畑・樹・ブドウ
AV	arativo vitato	畑・ブドウ
AA	arativo arborato	畑・樹
A	arativo semplice	畑
V	vitato	ブドウ
ARB	arborato	樹
ARV	arborato vitato	樹・ブドウ
P	prativo	牧草地
PV	prativo vitato	牧草地・ブドウ
PB	prativo arborato	牧草地・樹
B	bosco	森林
E	aree edificate	建物エリア
BN	bonifica	干拓地
PL	palude	沼地

3 - Uso suolo 2010
2010 年土地利用
Legenda

APV	arativo arb. vitato	畑・樹・ブドウ
A	arativo semplice	畑
V	vigneto	ブドウ
AR	arborato	樹
P	prativo	牧草地
B	bosco	森林
CS	colture promiscue	耕作地
PS	pescicoltura	養魚場
E	aree edificate	建物エリア
G	giardini	庭園
ES	impianti sportivi	スポーツ施設
EI	aree industriali	工場
F	ferrovia	線路
S	serre	ビニルハウス
	corsi d'acqua	水路
	altro	そのほか

0 0.25 0.5 1 Km

1800
APV 81.9%
AA 3.4%
A 1.7%
E 4.8%
PL 4.5%
P 3.8%

1870
AA 32.5%
APV 38.1%
AV 7.9%
P 4.2%
PL 5.7%
E 4.8%
A 6.7%

2010
A 56.3%
E 26.0%
B 9.0%
P 4.7%
V 2.4%
MIX 0.6%
SR 0.4%
PS 0.6%

15 第 1 対象区域の 1800 年、1870 年、2010 年における土地利用の変遷とグラフ比較
第 2 章図 258（M・ダリオ・パオルッチ作成）

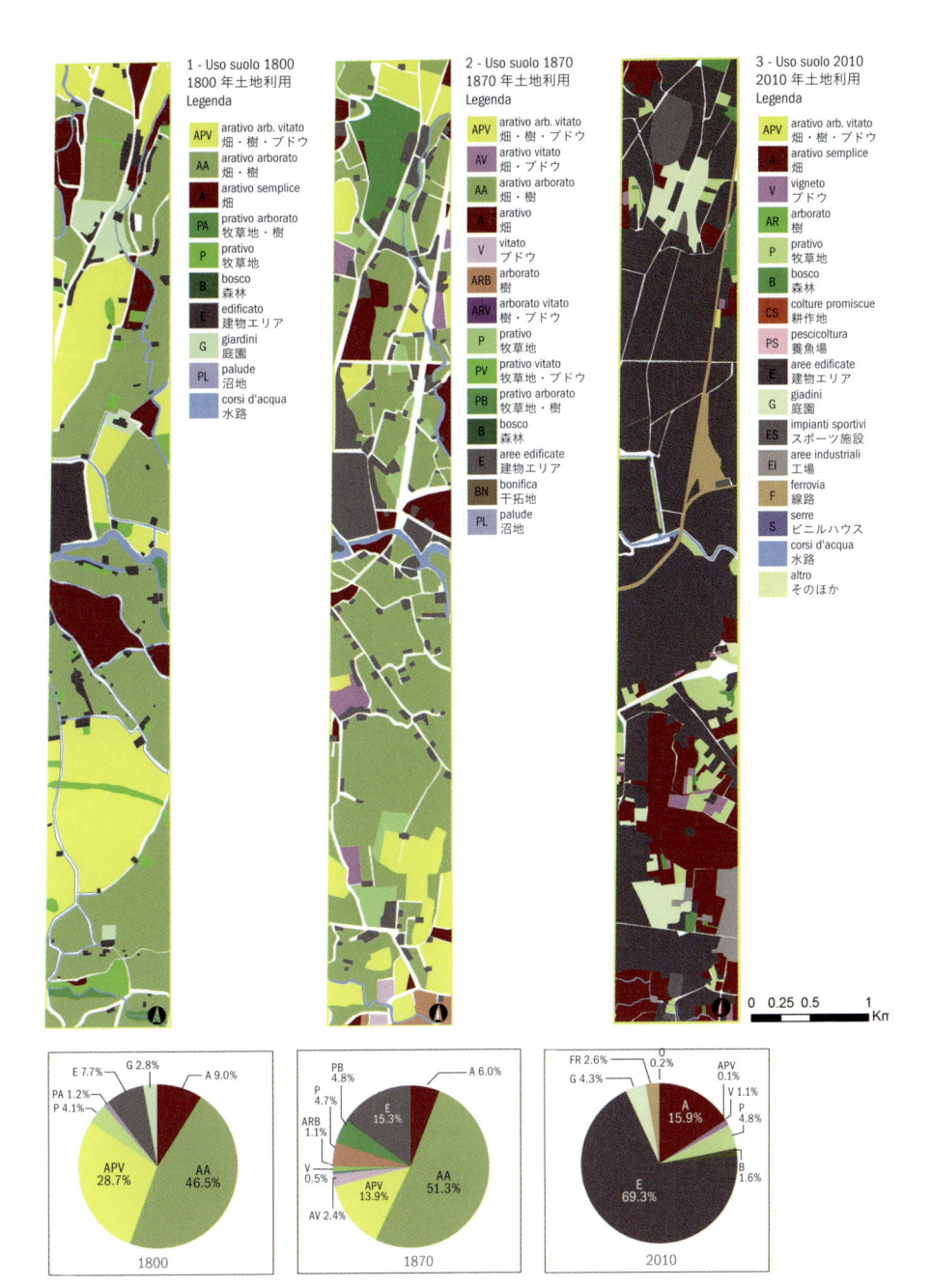

1 - Uso suolo 1800
1800 年土地利用
Legenda

APV	arativo arb. vitato	畑・樹・ブドウ
AA	arativo arborato	畑・樹
A	arativo semplice	畑
PA	prativo arborato	牧草地・樹
P	prativo	牧草地
B	bosco	森林
E	edificato	建物エリア
G	giardini	庭園
PL	palude	沼地
	corsi d'acqua	水路

2 - Uso suolo 1870
1870 年土地利用
Legenda

APV	arativo arb. vitato	畑・樹・ブドウ
AV	arativo vitato	畑・ブドウ
AA	arativo arborato	畑・樹
A	arativo	畑
V	vitato	ブドウ
ARB	arborato	樹
ARV	arborato vitato	樹・ブドウ
P	prativo	牧草地
PV	prativo vitato	牧草地・ブドウ
PB	prativo arborato	牧草地・樹
B	bosco	森林
E	aree edificate	建物エリア
BN	bonifica	干拓地
PL	palude	沼地

3 - Uso suolo 2010
2010 年土地利用
Legenda

APV	arativo arb. vitato	畑・樹・ブドウ
A	arativo semplice	畑
V	vigneto	ブドウ
AR	arborato	樹
P	prativo	牧草地
B	bosco	森林
CS	colture promiscue	耕作地
PS	pescicoltura	養魚場
E	aree edificate	建物エリア
G	giardini	庭園
ES	impianti sportivi	スポーツ施設
EI	aree industriali	工場
F	ferrovia	線路
	serre	ビニルハウス
	corsi d'acqua	水路
	altro	そのほか

0 0.25 0.5 1 Km

1800: E 7.7%, G 2.8%, A 9.0%, PA 1.2%, P 4.1%, APV 28.7%, AA 46.5%

1870: PB 4.8%, P 4.7%, ARB 1.1%, E 15.3%, A 6.0%, V 0.5%, AV 2.4%, APV 13.9%, AA 51.3%

2010: FR 2.6%, O 0.2%, APV 0.1%, V 1.1%, P 4.8%, B 1.6%, G 4.3%, A 15.9%, E 69.3%

16 第2対象区域における土地利用の変遷とグラフ比較
第2章図264（M・ダリオ・パオルッチ作成）

221

1 - Uso suolo 1800
1800年土地利用
Legenda

- APV arativo arb. vitato 畑・樹・ブドウ
- AA arativo arborato 畑・樹
- A arativo semplice 畑
- PA prativo arborato 牧草地・樹
- P prativo 牧草地
- B bosco 森林
- edificato 建物エリア
- giardini 庭園
- PL palude 沼地
- corsi d'acqua 水路

2 - Uso suolo 1870
1870年土地利用
Legenda

- APV arativo arb. vitato 畑・樹・ブドウ
- AV arativo vitato 畑・ブドウ
- AA arativo arborato 畑・樹
- A arativo 畑
- V vitato ブドウ
- ARB arborato 樹
- ARV arborato vitato 樹・ブドウ
- P prativo 牧草地
- PV prativo vitato 牧草地・ブドウ
- PR prativo arborato 牧草地・樹
- B bosco 森林
- E aree edificate 建物エリア
- PL palude 沼地

3 - Uso suolo 2010
2010年土地利用
Legenda

- APV arativo arb. vitato 畑・樹・ブドウ
- A arativo semplice 畑
- V vigneto ブドウ
- AR arborato 樹
- P prativo 牧草地
- B bosco 森林
- CS colture promiscue 耕作地
- PS pescicoltura 養魚場
- E aree edificate 建物エリア
- G giardini 庭園
- ES impianti sportivi スポーツ施設
- EI aree industriali 工場
- F ferrovia 線路
- S serre ビニルハウス
- corsi d'acqua 水路
- altro そのほか

0　0.25　0.5　1　Km

1800
- E 2.3%
- PA 2.9%
- P 18.3%
- B 0.6%
- AA 35.0%
- APV 20.9%
- A 19.9%

1870
- PR 4.5%
- P 7.2%
- B 2.0%
- ARV 3.1%
- AV 4.1%
- V 0.6%
- APV 14.0%
- AA 49.4%
- A 12.1%
- E 3.2%

2010
- B 2.8%
- AB 0.3%
- P 5.8%
- V 6.4%
- MIX 0.7%
- APV 0.5%
- A 61.0%
- E 19.9%
- H2O 2.4%
- SR 0.2%

17 第3対象区域における土地利用の変遷とグラフ比較
第2章 図267（M・ダリオ・パオルッチ作成）

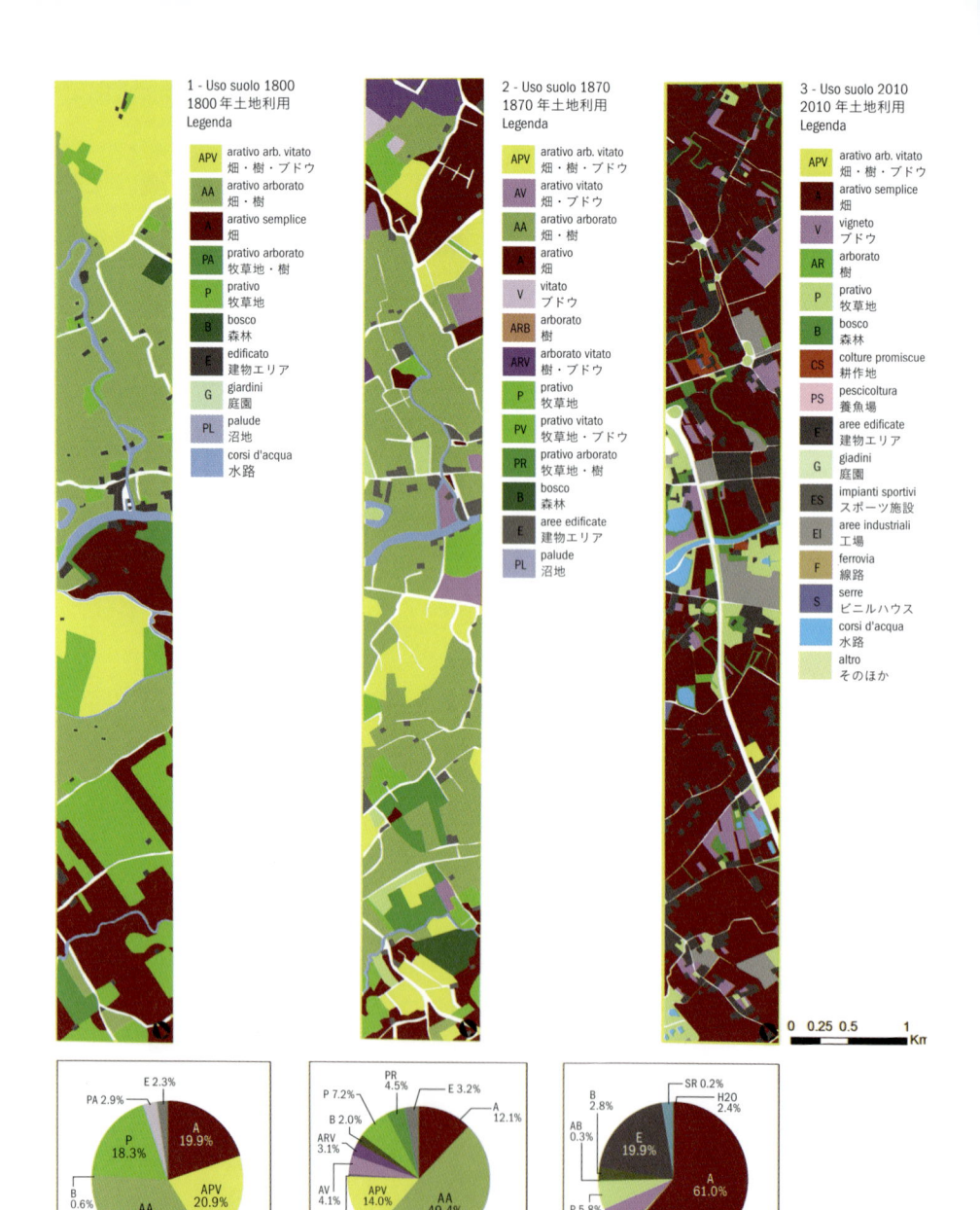

222

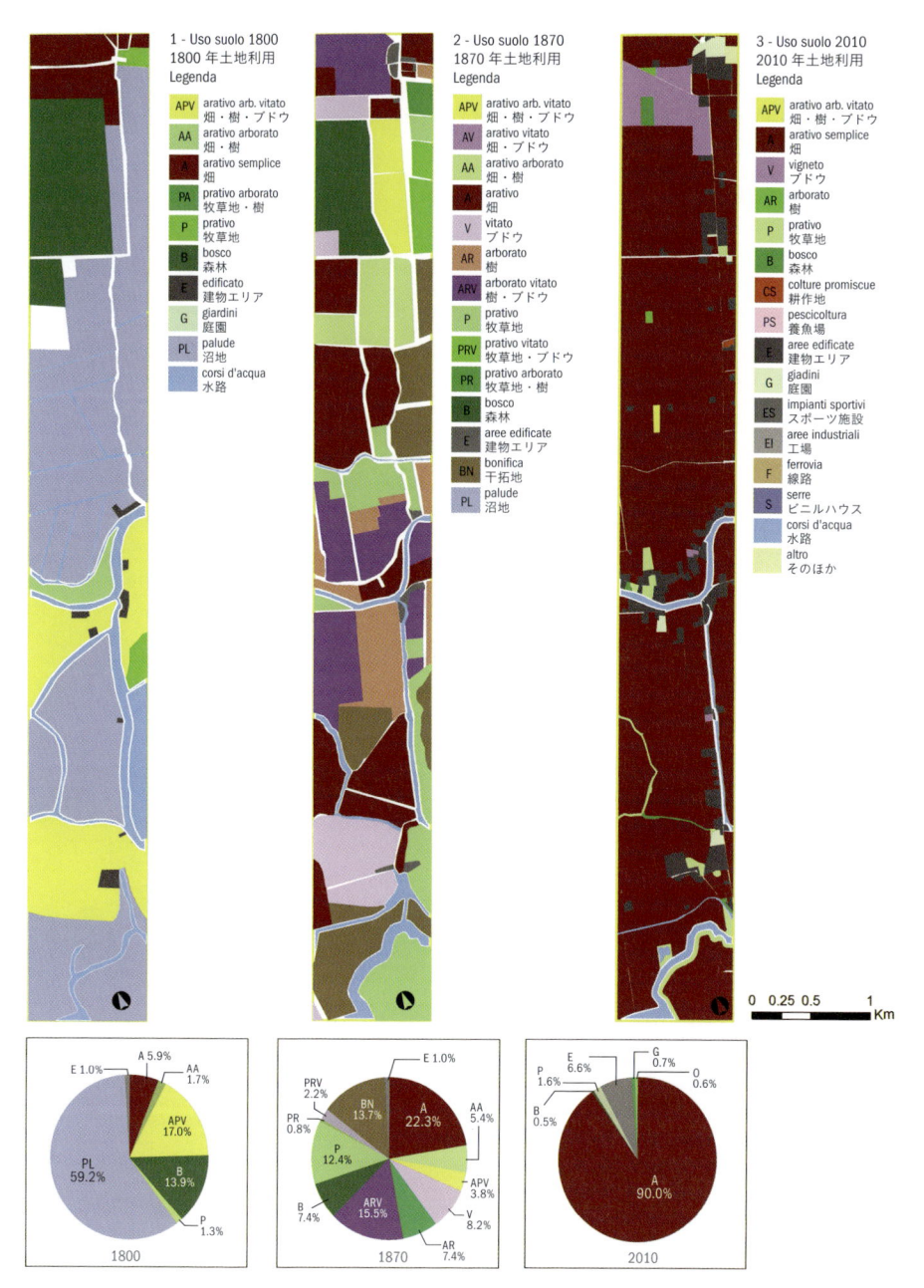

1 - Uso suolo 1800
1800 年土地利用
Legenda

APV	arativo arb. vitato 畑・樹・ブドウ
AA	arativo arborato 畑・樹
	arativo semplice 畑
PA	prativo arborato 牧草地・樹
P	prativo 牧草地
B	bosco 森林
E	edificato 建物エリア
G	giardini 庭園
PL	palude 沼地
	corsi d'acqua 水路

2 - Uso suolo 1870
1870 年土地利用
Legenda

APV	arativo arb. vitato 畑・樹・ブドウ
AV	arativo vitato 畑・ブドウ
AA	arativo arborato 畑・樹
A	arativo 畑
V	vitato ブドウ
AR	arborato 樹
ARV	arborato vitato 樹・ブドウ
P	prativo 牧草地
PRV	prativo vitato 牧草地・ブドウ
PR	prativo arborato 牧草地・樹
B	bosco 森林
E	aree edificate 建物エリア
BN	bonifica 干拓地
PL	palude 沼地

3 - Uso suolo 2010
2010 年土地利用
Legenda

APV	arativo arb. vitato 畑・樹・ブドウ
A	arativo semplice 畑
V	vigneto ブドウ
AR	arborato 樹
P	prativo 牧草地
B	bosco 森林
CS	colture promiscue 耕作地
PS	pescicoltura 養魚地
	aree edificate 建物エリア
E	
G	giardini 庭園
ES	impianti sportivi スポーツ施設
EI	aree industriali 工場
F	ferrovia 線路
S	serre ビニルハウス
	corsi d'acqua 水路
	altro そのほか

0 0.25 0.5   1 Km

1800: E 1.0%, A 5.9%, AA 1.7%, APV 17.0%, B 13.9%, P 1.3%, PL 59.2%

1870: E 1.0%, BN 13.7%, A 22.3%, AA 5.4%, APV 3.8%, V 8.2%, AR 7.4%, ARV 15.5%, B 7.4%, P 12.4%, PR 0.8%, PRV 2.2%

2010: E 6.6%, G 0.7%, O 0.6%, P 1.6%, B 0.5%, A 90.0%

18 第4対象区域における土地利用の変遷とグラフ比較
第2章図270 (M・ダリオ・パオルッチ作成)

19 トレヴィーゾ　メツォ運河の元洗濯場から見るプラネッリ通り（藪野健画）

20 パドヴァ　かつて水車群のあったモリーノ橋周辺（藪野健画）

3

ピアーヴェ川流域

山の文化と筏流し

Fiume Piave

ピアーヴェ川流域のチーマ・サッパーダ（樋渡撮影）

1 ピアーヴェ川流域の地理的、歴史的特徴

　ピアーヴェ川は、ベッルーノ県の北に位置する、オーストリアとの国境に近いペラルバ山の標高約 2,000m に水源をもつ。2,000m 級の山々を縫うようにしてヴェネト平野に流れ、蛇行しながらアドリア海に注ぐ全長 230km を超す河川である >1。上流の標高 1250m を超すチーマ・サッパーダの辺りでは、川幅が狭く、多量の水が勢いよく流れている >2。中流から下流に位置するモンテッロの周辺では、ピアーヴェ川の豊富な水量を利用して、農業用水に活用された >3。そしてモンテッロを過ぎると、河川は激しく蛇行し始める >4。

　近年、ピアーヴェ川沿いで最も注目される地域はモンテッロの北側の丘陵地である。ここでは、ワイン用のブドウ栽培が盛んで、起伏に富んだ土地の至るところにブドウ畑が広がっている >5。今日のイタリアらしい見事な農業景観といえる。とくにこの辺り一帯は「プロセッコ」という発泡性のワインの産地で、冷えたプロセッコは仕事後の一杯に最適である。そのプロセッコの産地として知られるヴァルドッビアーデネには、「プロセッコ街道」と呼ばれる通りも存在する >6。この通りに沿ってワイン製造所のカンティーナが多く立地し、ここから日本にも出荷されている。

　次にピアーヴェ川流域の歴史について触れておく。この河川の上流から下流まではかつてヴェネツィア共和国支配下であったが、それ以前は複数の権力に支配されていた。1635 年の地図から、その複雑さを少し感じとることができる >7。この地図はヴェネツィア共和国支配下で描かれたもので、各管轄権の範囲がわかるように色分けで表現されている。上流からカドーレ、ベッルーノ、フェルトレ、トレヴィーゾの領域になっている。ヴェネツィア共和国はまずトレヴィーゾを支配下に置き、続いてベッルーノとフェルトレ、そして最後にカドーレの地域を統合していった。

　ヴェネツィアには資源がほとんどなく、外から資源を供給する必要があっ

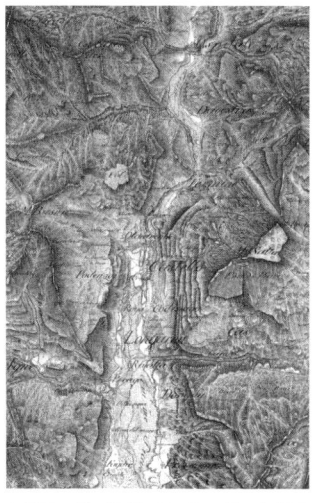

1 ピアーヴェ川（A・フォン・ザック作成、1798-1805年）
Massimo Rossi (a cura di), *Kriegskarte 1798 – 1805 : Il Ducato di Venezia nella carta di Anton von Zach*, Treviso - Pieve di Soligo : Fondazione Benetton Studi Ricerche, Grafiche V. Bernardi, 2005.

2 ピアーヴェ川の上流に位置するチーマ・サッパーダの製材所（樋渡彩撮影）

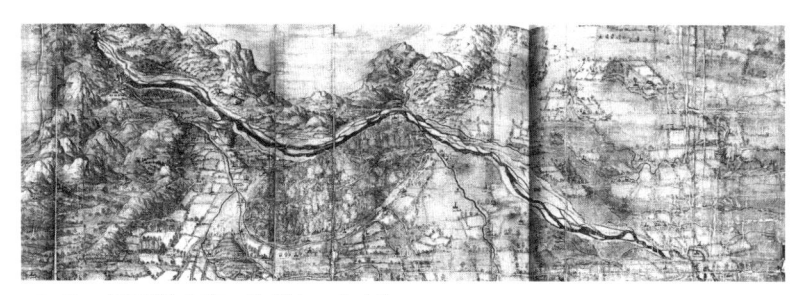

3 モンテッロ周辺を流れるピアーヴェ川（1556年ごろ）
国立ヴェネツィア文書館（以下 A.S.Ve と略す）, *Savi ed esecutori alle acque*（以下 A.S.Ve と略す）, *Diversi*, dis. 5.

4 モンテッロのブドウ畑から見下ろしたピアーヴェ川（樋渡撮影）

5 一面に広がるブドウ栽培（樋渡撮影）

た。なかでも重要だったのが木材である。水辺の不安定な土地での都市建設では、木杭の上に建物や橋がつくられたため、木材が必要不可欠であった >8。そのほか住宅などの建築用、波の力から土地を守るための護岸用、航路の標識用、ガラス製造などの産業用、一般家庭の暖房用などさまざまな用途で木材を必要としてきた。またヴェネツィア政府が最も必要としたのは、国営造船所における造船用の木材であった >9。そのため、トレヴィーゾを支配下に置いた後、モンテッロの森を共和国が管理し、木材を円滑に供給できるようにした >10。しかし、この森だけでは足りず、ベッルーノのカンシーリオ（Cansiglio）の森、そしてカドーレ地域へと木材を求めていったのである。こうしてカドーレ地域の広大な森からピアーヴェ川を利用して、多量の木材がヴェネツィアまで運ばれていた >11。実際には木材輸送の歴史は古く、木材を筏に組んで運ぶ筏師（ザッティエレ zattiere）が、紀元後2世紀にはすでに存在したとされている。ここでは、ヴェネツィア共和国支配下で構築された木材輸送のシステムについて見ていく。それ以前についても、可能なかぎり触れたい。

　また、カドーレの地域は山々に囲まれ資源が豊富だった。とりわけ、鉄や銅などの鉱物が豊富で、紀元前4、5世紀ごろの銅を加工した奉納物も確認さ

6 プロセッコ街道の標識（樋渡撮影）

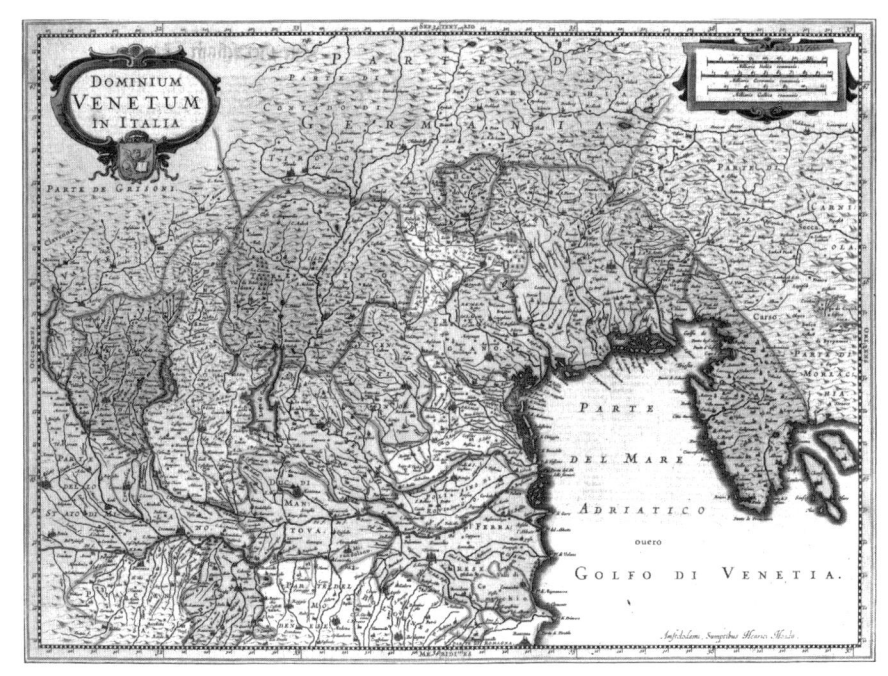

7 ヴェネツィア共和国およびその周辺の支配領域（1635年）
Anna Zanini, Luisa Tiveron, *Marca trevigiana : Vedute e cartografia dal XVI al XIX secolo,* Vicenza : Terra Ferma, 2010.

8 ヴェネツィアの土地を固める木杭（18世紀）
ヴェネツィア、コッレール博物館（Museo Correr, Venezia）

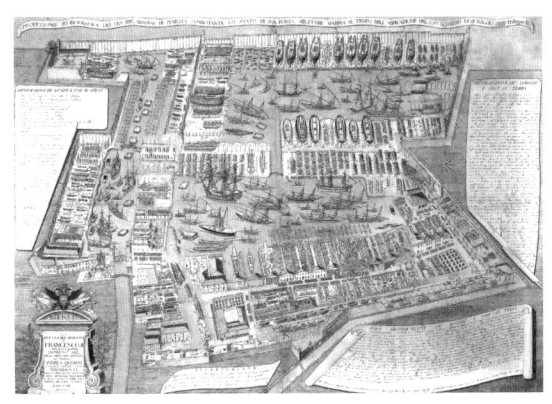

9 ヴェネツィアの国営造船所の見取り図（18世紀）
トリエステ（Biblioteca Civica, Trieste）

れている。この奉納物はピエーヴェ・ディ・カドーレの考古学博物館（Museo archeologico cadorino）に展示されており、後にくわしく触れる。こうした資源の豊富な産地として、ヴェネツィアは早くからピアーヴェ川流域に目を付け、おもに木材を組んだ筏の上に物資や商品を載せてヴェネツィアへ輸送を行っていたのである。

　さて、ピアーヴェ川を利用した産業について、もう少し挙げておく。ピアーヴェ川は、まわりの山から数多くの急流が注ぎ込む水の豊富な河川である。そのため、ピアーヴェ川流域では、上流から下流まで川の水を利用して、水車を用いた産業が活発であった。水車から得られるエネルギーにより製粉、製材、製鉄、羊毛加工などが行われてきた。水量が安定しない上流の方では「上掛水車」という方法で水車を回していた。高いところから水路を引っ張り、上から水車に水を流し、水車を回すという方法である。この事例についてはロッツォ・ディ・カドーレのところで取り上げる。ネルヴェーザ・デッラ・バッタリアでも、ピアーヴェ川から水路を引き、その水路上に製粉所が立地していた>12。

　またピアーヴェ川ならではの興味深い河川の利用方法として、防衛という機能が挙げられる。16世紀、モンテッロの麓に位置するネルヴェーザ・デッラ・バッタリアからピアーヴェ川の水を引き、トレヴィーゾの市壁内を流れるボッテニガ川につなげた。トレヴィーゾの市壁には水門があり、その水門を閉じると、ボッテニガ川が氾濫し、市壁の外側が洪水状態になるというのである。トレヴィーゾの市壁の外側を洪水にすることで、敵から攻撃を防ぐという戦略であった。ピアーヴェ川がいかに豊富な水量であったかがわかる事例である。

　このようにピアーヴェ川は多岐にわたり、活用され続けてきた。ここでは、ピアーヴェ川流域の特徴的な町や聖域を取り上げる。次にピアーヴェ川流域で最も栄えたベッルーノについて掘り下げて見ていく。そして、とりわけ木材やそのほかの資源の産地に注目し、それらの街の歴史を紹介しながらヴェネツィアまでの木材輸送のシステム、そしてそのほかの資源の輸送を概観し、ヴェネツィアがどのように地域と結びつきながら発展を遂げたのかを考察する。

10 現在のモンテッロの樹木（樋渡撮影）

11 L・ベルナボ作成の木材輸送に関する絵図（1604年）
カドーレ大共同体文書館（Archivio della Magnifica Comunità di Cadore）
この絵図にはコメリコの森やヴェネツィア共和国管轄のソマディダの森が描かれ、伐採された丸太が集められる港も記されている。またこの絵図からペラローロ・ディ・カドーレで丸太や正座した木材を筏に組むことも読みとれる

12 ネルヴェーザ・デッラ・バッタリア（1685年）
モンテッロの森の麓に位置するこの町は川港であった。水路沿いには製粉所も立地し、生産性の高い町であったことが窺える
A.S.Ve, *Provveditori sopra beni inculti*, Disegni, *Treviso Friuli*, 425/18.B/3.

231

ピエーヴェ・ディ・カドーレ（Pieve di Cadore）

　この辺りの歴史は古く、ドメッジェ・ディ・カドーレからは紀元前5、4世紀に遡る鉄器時代の兜が出土した。カラルツォ・ディ・カドーレでは、泉がつくり出した湖のなかに紀元前4〜2世紀の供物がいくつも見つかっている >13,14。カドーレのラテン語の名称は「カトゥブリウム」であり、「戦い」と「要塞」という意味を組み合わせたものであった。ローマの植民地以前には、古代ヴェネト人の後にケルト民族の一種であるインスブリ・カトゥブリーニがここに住んでいたという。ちなみに、フリウリの方言では「チアドヴリ」、ドイツ語では「カドベル」と呼ばれていた。1951年、ピエーヴェ・ディ・カドーレの新庁舎を建設する際、地中から古代ローマの床暖が見つかり、ドムス（邸宅）があったことが証明された。

　ローマ帝国崩壊後の支配状況はイタリアで共通して見られるように次のような変遷をたどる。476〜493年にはオドアケルのヘルール族、493〜548年には東ゴート族、548〜553年にはフランク族、553〜568年にはビザンティン、そして568〜774年にはランゴバルド族、その後888年までフランク族に支配される。

　そして11世紀までにはアクイレイア総大司教領として栄えた。1338年にカドーレ大共同体（Magnifica Comunità di Cadore）が設立され、1347年にアクイレイア総大司教によって承認された。カドーレ大共同体では、それぞれの地方の規律が統一された。この共同体は1420年にヴェネツィア共和国に属した後も続き、その中心地となったのがピエーヴェ・ディ・カドーレであった。

　1608年に描かれたピアーヴェ川流域の絵図には、ピエーヴェ・ディ・カドーレに旗の翻る要塞のような庁舎が描かれており、この地域の中心であることが読みとれる >15。この庁舎と塔は1444〜1449年に建設され、カドーレ大共同体に属した27の地域（レーゴラ）が議会に召集されていたという。しかし1511年のカンブレー同盟との戦いで破壊され、1513年から修復が続けられた。塔に施された獅子の彫刻はかつてこの地がヴェネツィア共和国であったことを示している >16。庁舎は1980年に修復され、考古学博物館もそのときに3

14 ピエーヴェ・ディ・カドーレとカラルツォ・ディ・カドーレの位置（1798-1805年）
出典は図1と同じ（樋渡追記）

13 カドーレ地方のおもな都市の位置（樋渡作成）

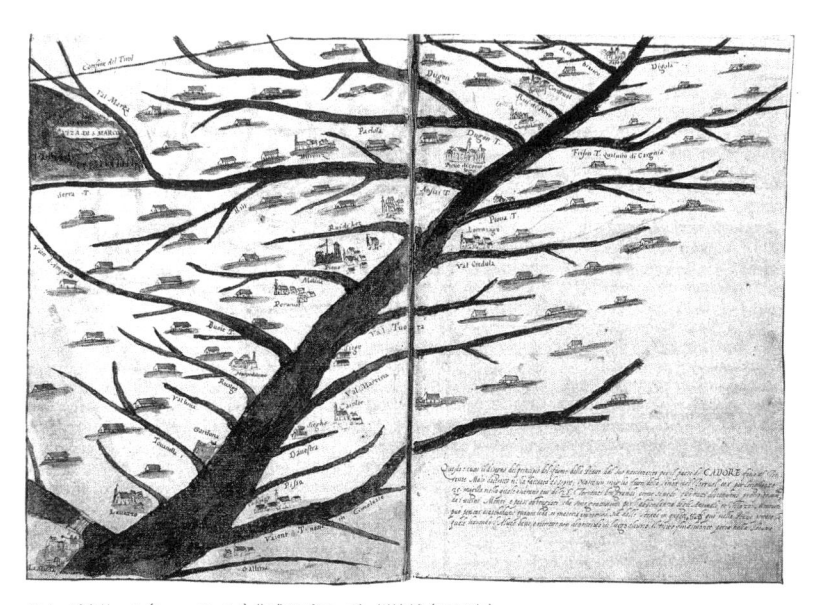

15 I・パウリーニ（Iseppo Paulini）作成のピアーヴェ川流域（1608年）
A.S.Ve, *M.M.N.*, b. 131.

233

階に併設された。この考古学博物館にはカドーレ地方の出土品が展示されており、古いものでは紀元前5世紀ごろまで遡れる。この土地を深く理解できる貴重な施設である。また、この庁舎前の広場は、住民や観光客の集まる町の中心であり続けている >17。

1608年の絵図にはおもな町のほかに、集落と思われる建物も描かれており、当時のこの地域の状況を知ることができる >15。ここでとくに触れておきたいのは、左上に強調して描かれたソマディダ（Somadida）の森である。この森はヴェネツィア共和国に管理されていたことから、別名「サン・マルコの森」と呼ばれた。このソマディダで伐採された丸太は、ばらばらの状態でアンシエリ川に運ばれ、ピアーヴェ川を介してヴェネツィアまで輸送されていた。同絵図には、ピアーヴェ川に注ぐたくさんの河川が描かれていることが読みとれ、これらの河川の背後には豊かな森が広がっていた。広大な森は民間に管理され、ヴェネツィアに木材を供給し続けてきたのである。こうした木材産業で栄えてきた地域が本土にあったからこそ、ヴェネツィアは繁栄できたといえよう。

さて、ピアーヴェ・ディ・カドーレは、ルネサンス時期で最も有名な画家であるティツィアーノ・ヴェチェッリオの出身地としても知られている。ティツィアーノは画家であると同時に、カドーレの木材を国営造船所に出荷する事業に投資した実業家でもあった。祖父は公証人で、父は政府の管理職であったことから、ピエーヴェ・ディ・カドーレの有力家であった。これは、山奥の町が世界的に有名な画家を輩出できるほど、政治力・経済力をもっていた証である。

カドーレ大共同体はヴェネツィア共和国崩壊後の1807年にナポレオンが新たな行政を行うまで続いた。その後カドーレは1815〜1866年までオーストリア支配下に置かれ、イタリア王国統一後は今日見られるようにベッルーノ県の一部となった。

そして1875年、この地域の精神や文化の統一を維持し、促進するために、カドーレ大共同体が再編成されたのである。こうした地域の交流が現在もなお息づいている。

16 カドーレ大共同体の庁舎（陣内秀信撮影）

17 庁舎前の広場（樋渡撮影）

カラルツォ・ディ・カドーレ（Calalzo di Cadore）
―― 古代のヴェネトに存在した「水の聖域」

　2014年の夏、調査で訪ねたヴェネトの内陸の小さな町、ピエーヴェ・ディ・カドーレの考古学博物館の充実した展示を見て驚いた。その展示のメインテーマが、まさに、古代の自然豊かなこの地域を特徴づける、水と結びついた聖地の重要性をアピールするものだったのだ。

　ヴェネツィアのラグーナに向けて流れるピアーヴェ川の流域に、山裾から湧き出す聖なる水の力によって、「ラゴーレ神域」と呼ばれる聖地が存在していたのである >18。古ヴェネト人、ケルト人、そしてローマ人がここを信仰の場とした。「カドーレ」と呼ばれるこの地方の人たちは、水が聖なる力をもち、神秘的な治癒力をもつことをよく知っていて、この水辺を儀礼の場、奉納の場とし、一種の水の神域を形成したのである。治癒力の象徴としてのアポロン、泉や牧人を守るとされるヘラクレスへの信仰と結びついていたという。

　早速カラルツォ・ディ・カドーレにあるラゴーレを訪ね、低地の湖の畔から、鬱蒼とした神聖な雰囲気の漂う森のゆるやかな斜面を上っていくと、水の湧き出る聖域に出る >19。岩盤の上を清らかな水が流れ、いかにもかつての信仰の場にふさわしい。その脇に聖なる池があり、そこが奉納の場となっていた。武器および鉄や青銅でできた人や動物の小さな像が供物として水のなかに投げ込まれていたという >20。それらが、この考古学博物館に数多く収蔵され、展示されていたのである。古代、人びとの信仰の対象として重要な意味をもったこの水の空間も、キリスト教が普及すると、こうしたアニミズム的な考え方は否定され、聖なる場所の意味が弱まり、やがて完全に忘れ去られたのである。そして長い時間が経ち、現代において、人間と自然の共生が見直されるなか、西欧世界でも、古代のこうした経験が評価され、展示に結実しているのである。

18 カラルツォ・ディ・カドーレにあるラゴーレ（樋渡撮影）

19 ラゴーレ神域の湧水（樋渡撮影）

20 ラゴーレに展示された供物（樋渡撮影）

ロッツォ・ディ・カドーレ（Lozzo di Cadore）

　ロッツォ・ディ・カドーレはピアーヴェの上流に位置し、ベッルーノ県に属す、人口約 1,400 人の市である >21。標高 1,000m を越える山々に囲まれ、木の豊富な地域として知られる。かつて森を管理してきた集落のひとつである。また製炭業や、牛・羊の牧畜業も盛んで、この集落の人びとは山の仕事に従事していた。

　集落は標高 730〜800m の間に広がり、斜面地を利用して建物が建てられている。農村集落では 1 階と 2 階のエントランスが異なる形式が多く見られる。1 階を家畜小屋や倉庫として 2 階以上を居住空間としている。しかしカドーレ地域では、主屋と家畜小屋が別棟である。典型的なカドーレ様式の住宅は、1 階に台所を配し、2 階以上は外階段でアクセスするしくみである。外階段では、バッラトイオと呼ばれる木造の張り出し廊下を用いる場合もある。また、住宅の外壁には、カドーレ地域で採れる石が用いられ、石造と木造の組み合わせが特徴的である >22。一方、家畜小屋は主屋の北側に建てられ、木造の薄い壁でつくられる。これは「タビア」と呼ばれ、高地の美しい自然のなかで、独特の景観をつくり出している。コイ村では、緑豊かな広い斜面に分散的に建ち、この軽やかな木造建築の 1 階が家畜小屋となる一方、飼料倉庫の上階へは、斜面の土地の形状を活かし、上から巧みにアプローチする。牧畜が盛んな高原ならではのバナキュラー建築が生み出す独特の景観である。

　さて、ロッツォ・ディ・カドーレで最も注目したいのは、ピアーヴェ川に注ぐリオ・リン沿いである。リオ・リンは自然河川のような水の流れで、ロッツォ・ディ・カドーレの産業を支えてきた重要なエネルギー源として役割を果たしてきた。リオ・リンからさらに引かれた水路は「水車の用水路」とも呼ばれ、1766 年の戸籍簿には 10 基の水輪が記録されている。その用途は穀物の製粉用、製材用、毛織物業で必要な羊の縮絨用であった >23。また、その戸籍簿には 5 つの石臼も記されている。しかし 1882 年と 1966 年の洪水によってリオ・リンは大きな被害がもたらされた。

　製粉所では、おもに小麦、大麦、トウモロコシが製粉されていた。上流側

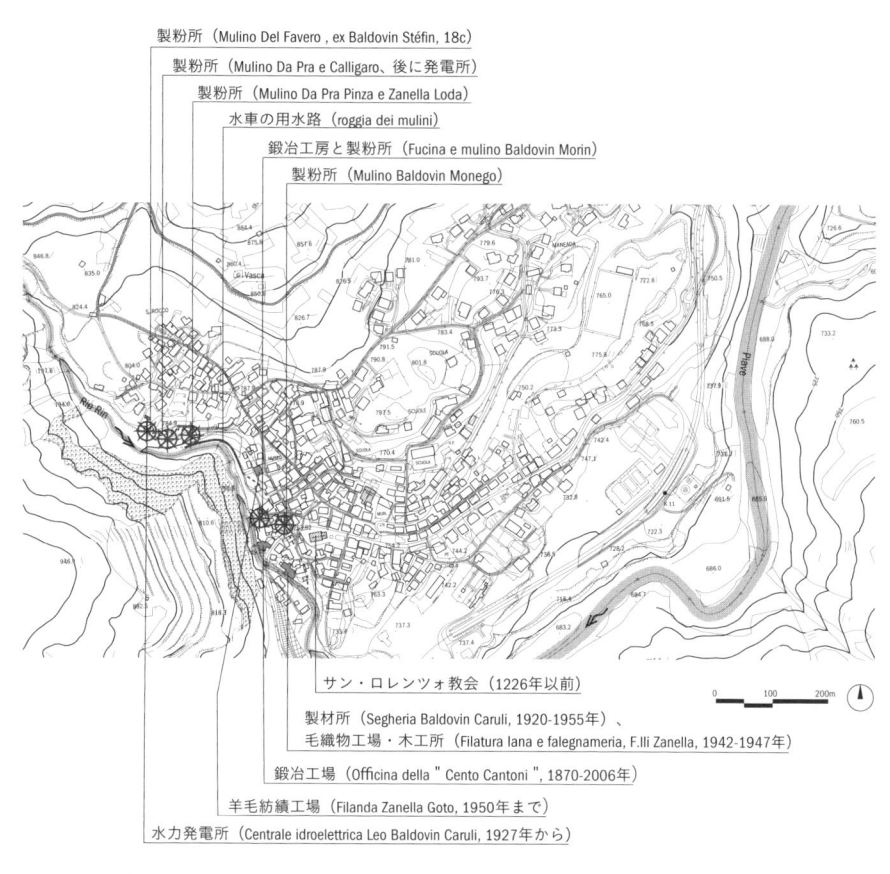

製粉所（Mulino Del Favero, ex Baldovin Stéfin, 18c）
製粉所（Mulino Da Pra e Calligaro、後に発電所）
製粉所（Mulino Da Pra Pinza e Zanella Loda）
水車の用水路（roggia dei mulini）
鍛冶工房と製粉所（Fucina e mulino Baldovin Morin）
製粉所（Mulino Baldovin Monego）

サン・ロレンツォ教会（1226年以前）
製材所（Segheria Baldovin Caruli, 1920-1955年）、
毛織物工場・木工所（Filatura lana e falegnameria, F.lli Zanella, 1942-1947年）
鍛冶工場（Officina della " Cento Cantoni ", 1870-2006年）
羊毛紡績工場（Filanda Zanella Goto, 1950年まで）
水力発電所（Centrale idroelettrica Leo Baldovin Caruli, 1927年から）

21 ロッツォ・ディ・カドーレのおもな施設
Maria Silvia, Antonella Cuzzon, *Lozzo*, Padova : Poligrafica Antenore srl., 2007をもとに樋渡作成

22 典型的なカドーレ様式の住宅（道明由衣撮影）

23 1764年　現在はデル・ファヴェロ製粉所
Aldino Bodesan, Giovanni Caniato, Francesco Vallerani, Michele Zanetti (a cura di), *Il Piave*, Sommacampagna : Cierre, 2004.

239

に位置する製粉所は、住民によると1980年代まで機能していたという。数年前までは展示用として水路に水を流し、水車を定期的に回していたが、現在は市が所有し、修復するために閉鎖されている。この製粉所は上から水を流す「上掛水車」の方法をとっている >24,25。これは高低差のある地形を巧みに利用した方法で、わずかな水でも無駄なくエネルギーに変えることが可能である。さらに水路は下の方に設置された製粉所に水を運び、その製粉所に設置された水車を回す。この水路は、最終的にはまたリオ・リンに注ぎ、下流の方でも製粉の動力として利用された。現在、下流側は暗渠となっている。

　1870年には、リオ・リン沿いで鍛冶業も興った。この建物は複雑な形をしていることから、「建物の角の多い」工場と呼ばれた >26。この建物は住居兼工場で、多いときで20人も住んでいたというが、現在の住人はふたりとなった。入り口には、記憶を呼び覚ますモニュメントとして水輪を設置している。そして、リオ・リン沿いの鍛冶工場より下流には、20世紀になって水力を利用した製材所、毛織物工場が登場している >27。

　ピアーヴェ川流域に数多く流れる急流のひとつであるリオ・リンでも、こうした地形を最大限活かした産業の記憶を見ることができる。それは、すでに機能を失った施設が展示用として甦り、かつての活動を今に伝える役割を果たしているだけでなく、観光拠点としても重要な役割を担っている。ロッツォ・ディ・カドーレには牧畜業の博物館もあり、牧畜業の歴史を知ることができる。こうした施設のおかげで、特別に際立った観光施設がなくても、この小さな集落に国内外から多くの人が訪れるのである。

24 上掛水車を採用した製粉所（Mulino Del Favero、樋渡撮影）

25 ピンツァ（Pinza）の製粉所（1930年代、ロッツォ・ディ・カドーレ市提供）

26 リオ・リン沿いの鍛冶工場（樋渡撮影）

27 リオ・リン沿いの元製材所・毛織物工場（樋渡撮影）

ストラマーレ（Stramare）

　ピアーヴェ川の左岸に位置するセグジーノから北に 1.5km ほど、山あいを奥へ入り込むと、絵に描いたような美しさをもつストラマーレの姿が突然、目の前に現れる >28。標高約 400m の鬱蒼とした森に包まれた小さな集落である >29。

　北から南にかけて下がる斜面に、土地の起伏を読みながらコンパクトに農家が集合し、特徴ある景観をもつ居住地が広がっている。東西にサン・ヴァレンティーノ通り（Via S. Valentino）が通る一方、西側と集落の中央には南北に小川や用水路が流れている >30。ヴァレンティーノ通りから集落のなかへ車で入れる道は南東方向に 1 本のみで、入り口付近の眺めのいい場所に、村人の共同の洗い場がある。中央には泉があり、ベンチや手づくりのオブジェなどが置かれ、教会前の小さな広場となっている。この通りから集落内に入ると、斜面に配列された建物と建物の間を縫うように階段や坂の路地がめぐり、それぞれの住居へとつながっている。この集落では、18 世紀の石造の建物が多く、また農業用と住居が別々に独立して建てられているため、一つひとつが小さい。建物の間を路地が通り抜け、菜園が広がって、緑豊かな空間となっている。また、集落の中心にある 18 世紀につくられた石造の円形プランのドームをもつ教会もごく小さな建築だが、住民によって自費で建設されたものだといい伝えられている >31。内部の音響効果は抜群で、現在、毎週金曜日にコンサートなどのイベントが行われ、住民に愛される存在である。

　この教会の裏手に、小さな 2 階建ての石造の建物がある。この建物の持ち主の D.S 氏はセグジーノに住んでおり、妻の実家で農業用として使われていた建物を改修してセカンドハウスとして利用している。もともと 1 階にはロバや牛、羊などの家畜がおり、2 階には現在のようなガラス窓はなく、干し草を収納していた。図 32 はストラマーレではないが、この地域の一般的な干し草を収納していた建物である。1 階と 2 階の出入り口は、斜面を利用してそれぞれに設けられており、室内に階段はない >33,34,35。現在、2 階は寝室と

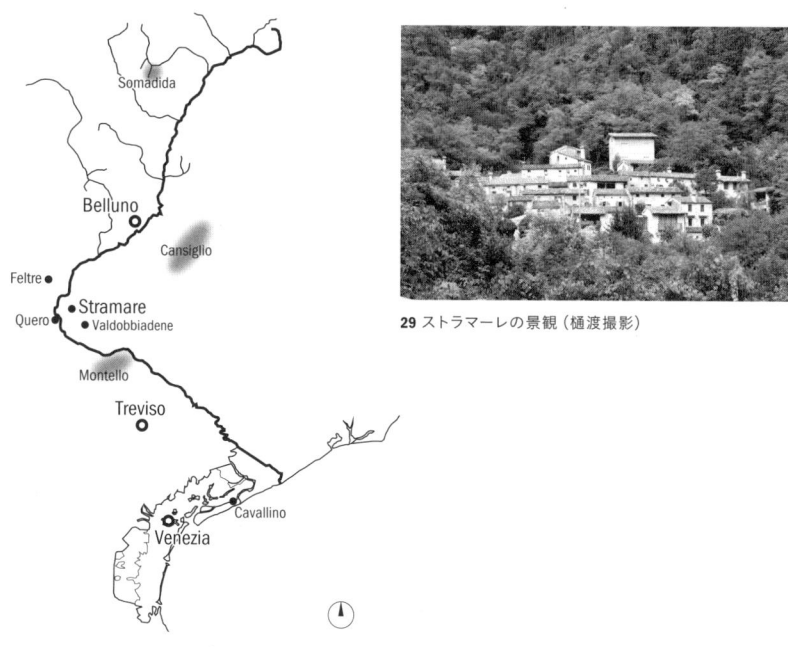

28 ストラマーレの位置図（樋渡作成）

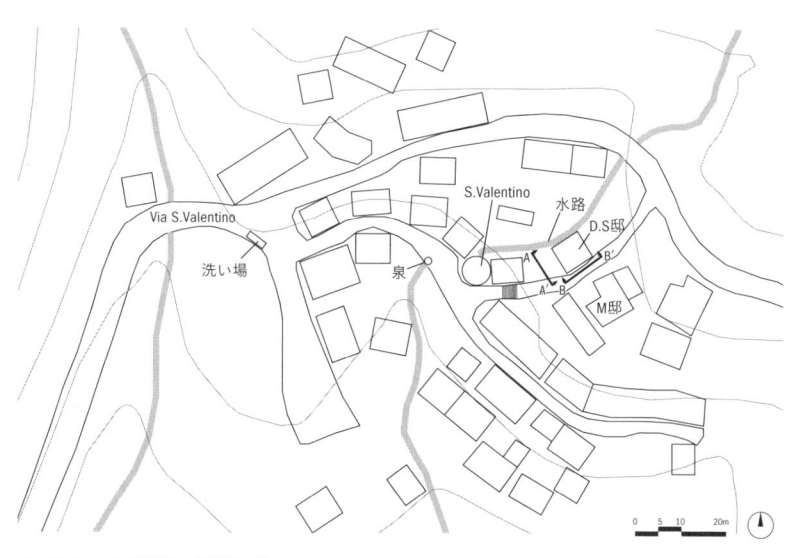

29 ストラマーレの景観（樋渡撮影）

30 ストラマーレの配置図（道明作成）

243

して使われている。この集落内にはほかにもいくつか同じつくりの建物が見られるが、それぞれ改修して倉庫や半屋外のデッキなどとして利用されている。これらの農業用の建物は住居としては小さいが、セカンドハウスとしてはちょうどいいスケールだと思われる。妻の実家の住居は、小さいころからストラマーレを知り、親しみを感じていたカステルフランコ在住の医師が買いとり、現在週末の家として利用している。

その医師によると、若い人たちはこの村から出て行きたいと思う人が多いそうだが、水と緑に囲まれたこの小さな村は建物同士や人との距離が近く、週末を過ごす家やセカンドハウスをもつには格好の場所だという。

31 集落の中心にある円形プランの教会（M・ダリオ・パオルッチ撮影）

32 この地域の干し草を収納していた一般的な建物

1 階   2 階

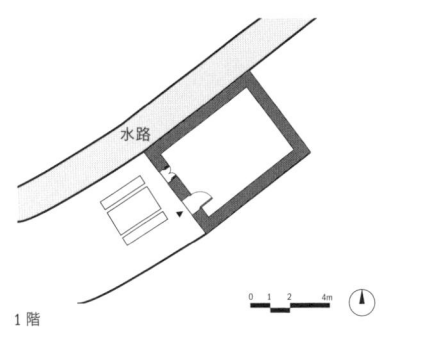

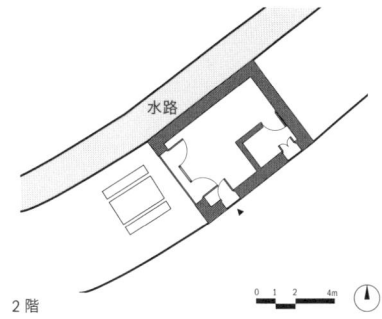

33 教会裏の石造りの建物平面図（道明作成）

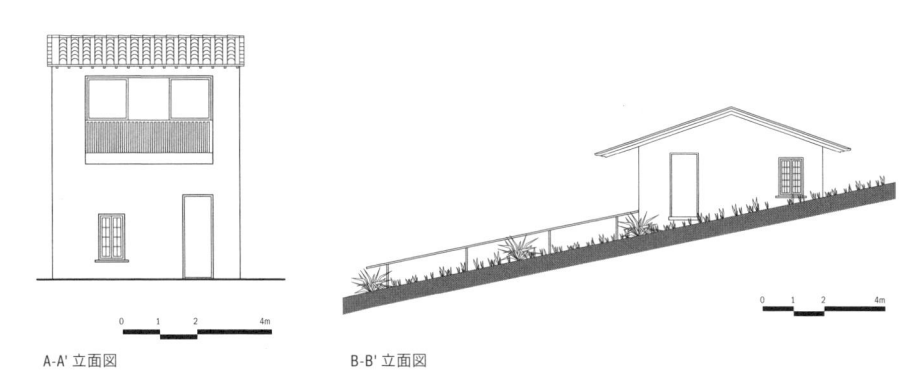

A-A' 立面図   B-B' 立面図

34 教会裏の石造りの建物立面図（道明作成）

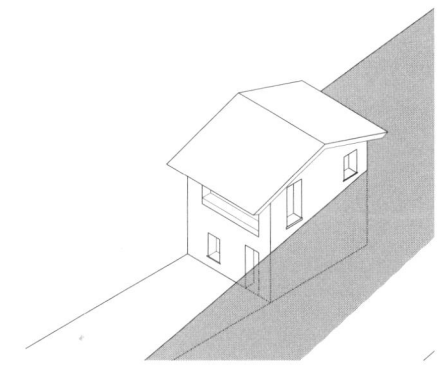

35 教会裏の石造りの建物アクソノメトリック（道明作成）

245

2　ベッルーノ（Belluno）

　ピアーヴェ川流域の最大の都市のベッルーノは人口 35,700 人前後の県庁所在地である >36。中心部はピアーヴェ川とアルド川の合流地点に位置し、標高 370 〜 390m の高台に広がっている >37。

　ベッルーノ県には豊富な森林がある。かつてヴェネツィア共和国が管理していたカンシーリオの森もそのひとつであった >38。こうした森で伐採された木材は筏に組まれ、ピアーヴェ川から輸送され、ベッルーノに立ち寄った後、ヴェネツィアまで運ばれた。ベッルーノの中心部からピアーヴェ川に下ったところに位置するボルゴ・ピアーヴェ（Borgo Piave）が筏の寄港地であった >39。このボルゴ・ピアーヴェでは徴税を行っていたといわれており、ピアーヴェ川における木材輸送の拠点であったことが窺える。筏の上には商品も載せられていたことから、このボルゴ・ピアーヴェにもあらゆる商品が集められていたと想像される。こうしたピアーヴェ川の中心的存在として発展したベッルーノを取り上げる。

　ベッルーノには、ヴェネツィア・ゴシック様式の窓枠や外壁にフレスコ画が施された建物が数多く見られる。また、ヴェネツィアにあやかったリアルト通りという名称があり、市門をくぐって街道がそこに通じている。そうしたヴェネツィア共和国の影響を至る所に残していることから、「山の小ヴェネツィア」とも呼ばれる。ここではヴェネツィア共和国の影響が見られるところを中心に述べていきたい。

ヴェネツィア共和国以前のベッルーノ

　ベッルーノには古代ローマの都市が形成されていたといわれているが、い

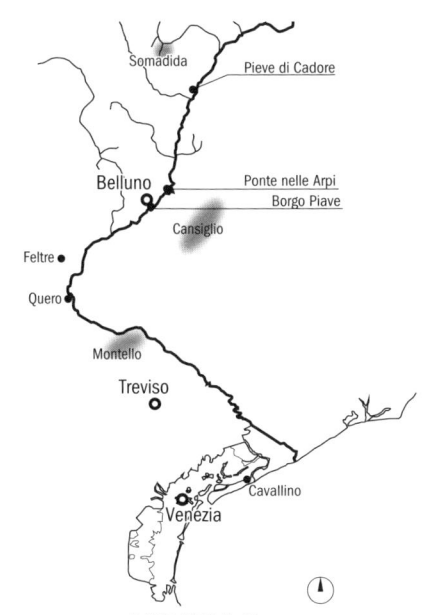

36 ベッルーノの位置図（樋渡作成）

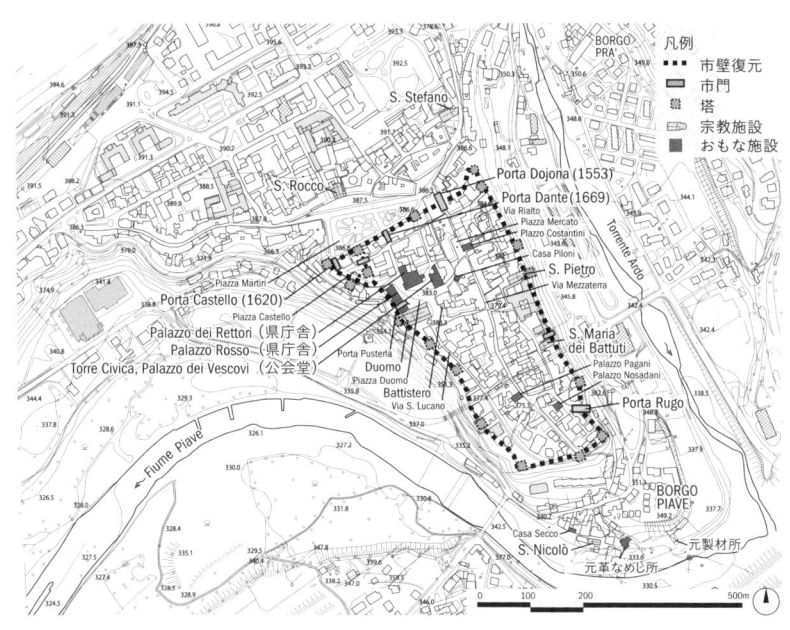

37 ベッルーノのおもな施設（樋渡作成）

まだ位置がはっきりしていない。1970年のドゥオーモの発掘調査の際に、遺跡が出てきたという。そのほかにもサン・ピエトロ教会の付近でも遺跡が見つかっており、近年の発掘成果がピエーヴェ・ディ・カドーレの考古学博物館に展示されている。その古代ローマ都市の痕跡の分布図によると、メッツァテッラ通り、サン・ルカノ通りなどから住居跡が出てきたとされる。この分布図と1510年の市壁の復元ラインを重ねてみると、人びとが住んでいたドムスなどの建物の遺跡が市壁内に分布している一方で、墓地は市壁の外に分布していたことがわかる。これは生者の居住空間である都市と死者を葬る墓地すなわちネクロポリスとを分けていた古代ローマの都市づくりの基本構造といえる。

続いてバルバリ族、ランゴバルド族、その後カール大帝によるフランク王国に支配される。そして皇帝がベッルーノを司教たちに封土として授け、960〜999年には司教ジョヴァンニ2世が領土を獲得し、都市と田園の再編成を行い、田園に対する都市の優位性を確立した。このとき、ベッルーノの中心部はモンテベッルーナ（Montebelluna）と呼ばれるようになった。980年ごろ、最初の城塞が築かれた。ベッルーノの中心部は、麓との高低差が約40mもある断崖絶壁のような地形に立地し、河川に突き出た半島のようになっていることから、防御面に優れており、河川の航行を監視するには最適の場所だったと考えられる。城は現在のカステッロ広場に位置し、高さ2mの市壁が都市を守っていたという。司教ジョヴァンニ2世は、トレヴィーゾ領の近くまで支配を広げ、その領土は、ピアーヴェ川の下流でアドリア海の近くにあるイエーゾロにまで達した。

司教ジョヴァンニ2世の死後、教皇派と皇帝派による争いが激化した。教皇派がトレヴィーゾの支援を得る一方、皇帝派は、より強力なオットーネ1世に助けを求めた。12世紀以降、さまざまな有力家による領土争いが繰り広げられた。トレヴィザーニ家、エッツェリーノ家、ダ・カミーノ家、ダ・カッラーラ家、オーストリアのレオポルドとアルベルトなどである。1388年、ジャンガレアッツォ・ヴィスコンティがようやくベッルーノを独立に導いた。

そして1404年にベッルーノがヴェネツィア共和国に統合される。

38 カンシーリオの森（樋渡撮影）

39 ピアーヴェ川沿いにあるボルゴ・ピアーヴェの筏港（19世紀中ごろ）
出典は図23と同じ

ヴェネツィア共和国の影響を色濃く残すベッルーノ

　10世紀に築かれた市壁は、13世紀半ばにエッツェリーノ・ダ・ロマーノの攻撃により破壊されてしまう。その後1394年、市壁の再建が始まるが、1404年にヴェネツィア共和国の支配下に置かれた後、1511年にカンブレー同盟軍により市壁を崩され、都市は破壊された。大被害を受けたベッルーノを再建するべく、1515年から城塞が再建され、頑丈な市壁が都市の周辺を囲った **>40**。

　1553年にはドイオナ（Dojona）門が再建され、門の上部にはヴェネツィア共和国の象徴である獅子の彫刻が施された **>41**。この門はもともと1289年に建設され、フォロ門またはメルカート門と呼ばれていた。また、ドイオナ門とピアーヴェ川の方に位置するルーゴ（Rugo）門が、都市の玄関口として重要な門であった **>42**。このふたつの門を結ぶ通りがメッツァテッラ通りで、ローマ時代からメイン通りであったとされる。まずこのメイン通りを軸にベッルーノの中心部を見ていこう。

40 ドゥオーモ側をめぐる市壁の遺構（樋渡撮影）

メルカート広場

　陸側の玄関口であるドイオナ門をくぐり、リアルト通りを通ると、市場を意味するメルカート広場に出会う。この「リアルト通り」はヴェネツィア本島の中心に位置する経済の中心、リアルト市場を思い起こさせる名称である。都市に入ってすぐにヴェネツィアの影響下で発展してきたことが感じられる。ドイオナ門のなかにバールがあり、夕方になると若者がアルコール片手に談笑している光景は、近年のヴェネツィアでリアルト市場付近のオステリアに若者が集まる現象と共通する。

　メルカート広場では、新鮮な野菜や果物が綺麗に並べられており、食材の豊富さに目を奪われる **>43**。またメルカート広場はポルティコをもつ建物で囲われており、公共性の高さが窺える **>44**。広場に面してフレスコ画の描かれた建物も建っており、広場をより一層華やかなものへと演出している。

　メルカート広場の西側に立地する 1 階に手すりのようなものが施された建物は、パラッツォ・コスタンティーニ（Costantini）である。この邸宅は、16 世

41 ドイオナ門（M・ダリオ・パオルッチ撮影）

42 ルーゴ門（樋渡撮影）

紀初期、ギベッリーニ（Ghibellini）のロッジアの上に建設された。正面を広場に向け、2階と3階にある3連アーチ窓が特徴的である。外壁にはヴェネツィア共和国を示す獅子の彫刻が飾られ、1518年の文字が刻まれている。

　その向かい側には、モンテ・ディ・ピエタが立地する。モンテ・ディ・ピエタはユダヤ人の高利貸しに対抗するかたちで15世紀半ばに生まれた機関である。銀行のルーツともいわれ、貧しい人びとを助ける目的で始まった。ベッルーノのモンテ・ディ・ピエタは1502年に誕生した。しかし、この建物の正面には三葉飾りの2連アーチ窓が施されており、もともとはヴェネツィア共和国支配下以前の13、14世紀に起源をもつ建物であることが窺える。

　もうひとつの特徴として、広場の噴水が挙げられる。ヴェネツィアではそれぞれの広場に雨水を集める貯水槽が設けられているが、ベッルーノの場合は、あらゆる広場に噴水があり、水資源の豊富な地域であることがわかる。

　現在メルカート広場には、テラス席も設けられ、ゆっくりと過ごすスペースとしても活用されている。新聞を広げる紳士、おしゃべりにふける女性などの姿が見られ、市民に愛された空間であることが感じられる。

ドゥオーモ広場

　ベッルーノの市壁内には、代表的な広場がもうひとつある。それがドゥオーモ広場である。先ほど見たメルカート広場とは違い、ドゥオーモ広場に面してドゥオーモ、県庁舎、市庁舎、公会堂といった公共施設が多く立地する。この広場の空間の使い方もヴェネツィアと共通する点である。ヴェネツィアでは、リアルト市場とサン・マルコ広場のように、市場的性格と、宗教的・政治的性格をもつ広場ははっきりと分かれる。これは中世、ゴシック時代から存在した空間の使い方である。

　ドゥオーモは市壁に沿って建ち、後陣の後ろは断崖絶壁となる。ドゥオーモの下から古代ローマ遺跡が発掘されていることから、起源は古いと想像される。教会の存在については、5世紀末に遡るとされている。正面には、13、14世紀のゴシック窓があることから、そのころには建設されていたと推測される >45。現在の聖堂は16世紀に再建されたものである。その脇に建つバロッ

43 メルカート広場に並ぶ青果物（樋渡撮影）

44 ポルティコのめぐるメルカート広場（陣内撮影）

45 ドゥオーモの正面と鐘楼（陣内撮影）

ク様式の鐘楼は1743年にトリノなどを舞台に活躍した建築家、フィリッポ・ユヴァッラによって設計された。

広場で一際目を引くのが1190年に建設された司教館に隣接する塔である >46。1511年のカンブレー同盟軍の攻撃により、ベッルーノ中心部の建物の多くが壊されたが、そのなかでも塔は中世の構造をかなりよい状態で保存する貴重な建物である。司教館は、1679年に再建され、堂々とした入り口が建物を飾っている。

1階にポルティコが設けられ、広場を開放的に感じさせる現在の県庁舎は、パラッツォ・デイ・レットーリと呼ばれ、連続するアーチ窓が印象的である >47。1409年に建設されたが、1491年にロンバルディア様式のロッジアが増築され、華やかさを増している。また1496年にはヴェネツィア出身のジョヴァンニ・カンディによる拡張計画が持ち上がり、1536年に完成した。そして1547年に時計塔もつくられた。外壁には15〜17世紀のヴェネト行政官の紋章や胸像が飾られ、権力を象徴する建物となっている。

最後にもうひとつ政治的な建物を挙げておく。現在の市庁舎であるパラッツォ・ロッソは元裁判所であった >48。正面中央部にはゴシック様式の連続アーチ窓がとられ、ヴェネツィアでよく見られる3列構成の形式を示す。この場所にはもともと議会堂が建っており、その脇には市壁の外に通じる道もあった。

このように、ドゥオーモ広場は宗教的・政治的性格をもつ建物が立地し、メルカート広場とは違う特徴をもつことがわかる。広場を囲む建物は、ヴェネツィアと共通する様式で再建され、視覚的にもヴェネツィア共和国の影響下で繁栄したことが感じられる空間となっている。

市壁内のメイン通り

中心部の軸線であるメッツァテッラ通りに戻ろう。この通り沿いでヴェネツィアを感じさせる代表的な建物は、パラッツォ・パガーニ(Pagani)である >49。赤色に塗られた外壁はその通りでも一際目を引く。この建物の2階にはヴェネツィア・ゴシックの2連アーチ窓が見られ、窓の縁も繊細な彫刻で飾られている。

46 司教館、現在の公会堂（右）、現在の県庁舎（左、M・ダリオ・パオルッチ撮影）

47 パラッツォ・デイ・レットーリ、現在の県庁舎（左、M・ダリオ・パオルッチ撮影）

48 市庁舎（陣内撮影）

49 パラッツォ・パガーニ（樋渡撮影）

このパガーニ邸のように2階にゴシックの連続アーチ窓が施されている例としては、メルカート広場とドゥオーモ広場を結ぶ街道沿いに立地するカーザ・ピロニ（Piloni）も挙げられる>50。この建物の特徴は、いまだ素朴な段階にある三葉型のゴシック窓である。14世紀に建設され、ユダヤ人が住んでいた時代もあったという。14世紀は共和国の支配以前にあたるが、この様式はヴェネツィア本島内で多く見ることができることから、すでにヴェネツィアとの交流があったことが窺える。

　そのほかにも、このメッツァテッラ通りにはヴェネツィアと共通する点がいくつかある。ポルティコ、16世紀のヴェネツィア風アーチ、フレスコ画などである。2階部分の張り出しは商業地区に多く、ヴェネツィアではバルバカーニと呼ばれる。こうしたヴェネツィアとの建築要素の類似点が多く存在することが、ベッルーノの特徴である。

　さらにメッツァテッラ通りを南に進み、ピアーヴェ川方面に行くと、ルーゴ門の手前に14世紀に建設されたと推測されるパラッツォ・ノザダニ（Nosadani）が立地する>51。この建物はルーゴ門の管理人が住んでいたのではないかといわれている。建物の3階部分には、ゴシック様式の2連アーチ窓があり、ドイオナ門の近くのメルカート広場に立地したモンテ・ディ・ピエタに見られる2連アーチと似ている>52。また、ノザダニ邸にはフレスコ画があることから、同じ時代に建設されたモンテ・ディ・ピエタの外壁にも、おそらくフレスコ画が描かれていたと想像される。このふたつの建物は、ベッルーノの中心部に存在するヴェネツィア共和国統合以前の貴重なものである。

ボルゴ・ピアーヴェ

　メイン通りの突き当りには、ルーゴ門が立地する。ここをくぐると、市壁の外側に出る。標高は約362mになり、ドイオナ門の立地する標高386mから約24mも下がり、ピアーヴェ川に近づいていることがわかる。さらに下ると、ピアーヴェ川沿いの低地に形成された集落のボルゴ・ピアーヴェに出会う>53。この集落こそがベッルーノの繁栄を支えてきた木材輸送の拠点であった。当時の木材輸送は河川を通じて行われていた。木材輸送については後に

50 カーザ・ピロニ（樋渡撮影）

51 パラッツォ・ノザダニ（陣内撮影）

52 モンテ・ディ・ピエタの 2 連アーチ窓（陣内撮影）

53 ボルゴ・ピアーヴェの街並み（陣内撮影）

くわしく説明するが、ここではボルゴ・ピアーヴェの役割について触れておく。

　当時の木材輸送は、木材を筏に組み、その筏の上に製材された木材や鉄、石、木炭、食料などあらゆる商品を積んで運んでいた。このことから、ボルゴ・ピアーヴェは商品の荷揚げ、荷降ろしの場でもあり、商業港の役割を果たした。さらに、すでに14世紀には、ここを通過する人たちに対して徴税を行っていたという。またここは、筏を輸送する際の、筏師の交代場所という河川を利用した木材輸送には欠かせない筏師組合の拠点でもあった。さらに宿泊施設も立地したことから、多くの人が行き交っていたことが想像できる。この宿泊施設は日本の筏宿にあたり、共通点も見られる。

　またボルゴ・ピアーヴェには、14世紀に建設されたサン・ニコロ教会が立地する。聖ニコロは船乗りの守護聖人として知られるが、同時にまた、筏師の守護聖人でもある。筏師とは、木材を輸送する際、筏に組んで木材を運んでいた職人のことである。このサン・ニコロ教会は50年前にドゥオーモから独立して、ボルゴ・ピアーヴェの教区教会になった。現在も住民の暮らしと密接に結びつき、この集落にとって中心的な存在である。

　そのほかにもボルゴ・ピアーヴェには重要な建物がいくつかある。そのひとつがカーザ・セッコ（Secco）と呼ばれる15世紀に建設された邸宅である >54。フレスコ画で飾られ、ボルゴ・ピアーヴェの経済が潤っていた時代を今に伝えている。またこの集落には木材の値段を決める建物も存在した。その建物の柱頭には建材の合わせ目をつなぎとめるために打ち込む大釘の「かすがい」をかたどった彫刻が施されている >55。

　この集落の特徴として、アルド川を利用した産業が発達していたことも挙げられる。アルド川から引き込んだ水路沿いには、水車を活用したコッラリン製材所が立地した。木材加工は大きなエネルギーを必要とするので、水車を活用することが理に適っていたのである。ここで製材した木材がヴェネツィアの国営造船所まで運ばれたといい伝えられている。また同水路沿いには悪臭を放つ革なめし所も立地し、生産活動が活発だった様子が窺える。

　このようにボルゴ・ピアーヴェは、小さい集落ながらも木材輸送の拠点としてだけでなく、製造業としてもベッルーノの経済的繁栄を支えていたので

54 カーザ・セッコ（樋渡撮影）

55 かすがいをかたどった彫刻のある柱頭（樋渡撮影）

ある。現在も残るその遺構が、川と結びついた過去の営みの記憶を受け継いでいる。

市壁の外側に広がる市街地

　1690年に描かれたベッルーノの鳥瞰図を見ると、市壁の外側にも都市がすでに広がっていることがわかる >56。ピアーヴェ川に沿って形成されたボルゴ・ピアーヴェや、ピアーヴェ川に注ぐアルド川沿いに位置するボルゴ・プラも描かれており、市壁の外側も政治的・経済的な重要性をもっていたことが窺える。またピアーヴェ川には川を下る筏も描かれ、筏の上に筏師の寝泊りする小屋がつくられているのも読みとれる。ここでは、市壁の外側に目を向けてみたい。

　市壁の北西側には空地が広がっており、そこには噴水と2台の馬車が描かれている。この場所は現在のマルティリ（Martiri）広場にあたり、植栽を幾何学的に配置した公園になっている。木陰は楽しげな会話の舞台となり、犬の散歩コースとしても利用されるなど市民の憩いの場となっている。

　1690年の鳥瞰図を見ると、この広場に面してポルティコを配した建物が並んでいることがわかる >56。現在もポルティコのアーチが広場にリズムを刻み、カフェ・テラスの登場により、さらに楽しそうな空間をつくり出している。その連続するポルティコのなかに一際大きく描かれている建物がある。これは16世紀に建設されたサン・ロッコ（S. Rocco）教会で、ヴェネツィア本島内にも立地する教会である >57。ここでもヴェネツィアとの密接なつながりが感じられる。

　1690年の鳥瞰図をさらに見ていくと、マルティリ広場の西に向かう街道沿いに建物が連続して並んでいることに気づく >56。この道はフェルトレ方面に向かう街道であることから、早い時期から街道沿いに建物が建っていたのではないかと想像される。一方、ボルゴ・プラ方面にも都市が広がり、アルド川に橋が架けられている。1468年に建立されたゴシック様式のサント・ステファノ教会が一際目を引き、アルド川方面の監視をしているかのような様相である。

56 ベッルーノの鳥瞰図（1690年）
出典は図23と同じ

57 サン・ロッコ教会（M・ダリオ・パオルッチ撮影）

市壁の外側にはこうした宗教建築以外に貴族の邸宅も多く立地する。それら邸宅のなかにはヴェネツィアで見られる半円アーチ窓を採用したものもいくつかある。カッレラ通りの角地に立地する 16 世紀に建設されたパラッツォ・バルチェッロニ（Barcelloni）では、2 階の 3 連アーチ窓が正面を飾っている **>58**。バルチェッロニ家は 16 世紀に刀の製造で富を得て、1642 年に貴族の議会に参入した一族である。また、連続のポルティコでリズムをつくりながらも、角地の円弧を 4 分の 1 にカットする特徴的なパラッツォ・ドリオニも市壁の外に立地している **>59**。装飾されたバルコニーと 4 連窓が、経済力の高さを示している。

　このように市壁の外側にも市街地が早くから広がっていた理由として、ヴェネツィア共和国の安定していた時期に建設活動が大きく展開したことが考えられる。ベッルーノはピアーヴェ川の中央に位置し、上流側はカドーレ大共同体、下流側はトレヴィーゾといずれもヴェネツィア共和国内であったことから、敵に攻め入られる心配が大きくなかったと推測される。また 16、17 世紀はヴェネツィア貴族が田園に別荘を建てていく時期でもあったため、市壁の外側に建物を建設することに対して、抵抗が少なかったと思われる。こうした理由から 16、17 世紀に富を得た貴族たちは市壁の外側にも邸宅を建設し、結果としてヴェネツィアと共通する要素が都市を飾るようになったのである。

　以上見てきたように、ベッルーノは、その市壁の内側にも外側にもヴェネツィアを感じさせる建築要素が多く、両者の結びつきの深さが読みとれる。

58 パラッツォ・バルチェッロニ（M・ダリオ・パオルッチ撮影）

59 パラッツォ・ドリオニ（樋渡撮影）

263

3　筏流しと結びついた地域の役割

カドーレの森からヴェネツィアまでの木材輸送

　ピアーヴェ川の大きな役割である木材の供給について、カドーレの森からヴェネツィアまでの木材輸送のシステムを概観し、ヴェネツィアがどのような地域と結びつきながら発展を遂げたのかを見ていこう **>60**。ここでは、おもに郷土資料館であるチドロ・木材博物館（Museo del cidolo e del legname）とピアーヴェ川筏師民俗博物館（Museo etnografico delgi zattieri del Piave）で得た情報を参考にしながら、ピアーヴェ川の上流からヴェネツィアまでの全体像を描くことを試みる。

　かつてヴェネツィア共和国が管轄していた森は、「サン・マルコの森」と呼ばれ、3ヵ所あった。トレヴィーゾの北にあるモンテッロ、ベッルーノの東に広がるカンシーリオ、ピアーヴェ川の上流に注ぐサン・アンシエリ川沿いに位置するソマディダである。

　ヴェネツィア共和国は 1338 年にトレヴィーゾを支配下に置くと、モンテッロの森を管理し、木材をヴェネツィアに供給した **>61**。1471 年には、モンテッロに 6,230ha のカシの森を植林し、造船専用の木材を調達した。次に 15 世紀のはじめにはカンシーリオの森も 7,500ha が共和国の下に置かれ、ガレー船のオール用にブナが植えられた **>62,63**。そして 1463 年にはソマディダで約 430ha の森が共和国に管理され、マスト用にモミが植林され重宝された。これらの森では、おもに国営造船所の造船やオール用の木が植林された。これら 3 ヵ所の森の特徴はいずれもピアーヴェ川流域に位置していることである。大量の木材をヴェネツィアまで輸送する手段として、当時は川の存在が重要であったことが窺える。そのほか、コメリコ、アンペッツァーノ、アゴルディノといったカドーレの地域の森では、モミやカラマツが植えられ、ヴェネツィ

60 木材輸送に関するおもな地名

木材の種類、用途、長さの例
※ 1piede（複数形 piedi）= 約30cm
○ カシ・ナラ（quercia）、モミ（abete）
・甲板の設備
・オール用の木材は約8m必要だった
○ カシ・ナラ
・側面、舳先、船尾に使われる材
　長さ：8.5〜10piedi　円周：4〜5piedi
・竜骨、船べり、船底の床板、甲板の骨組み
　など　長さ：24〜29piedi
・船の外板
　長さ：24piedi　円周：4〜5piedi
○ カラマツ（larice）
・梁、（船首から船尾への）歩廊（crosia）
　長さ：40piedi　円周：1piede + 1palmo

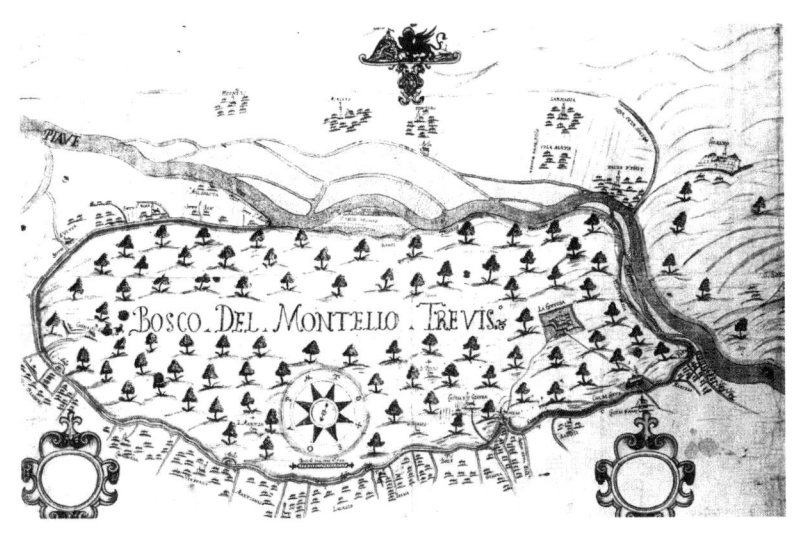

61 モンテッロの森とまわりの集落の鳥瞰図（18世紀）
図の上側には、ヴェネツィア共和国の象徴である獅子が描かれ、共和国の管轄であることがわかる。モンテッロはトレヴィーゾを支配下に置いた、14世紀末から共和国の森として管理され、国営造船所の発展を支えてきた。モンテッロの麓には水路が引かれ、水車の動力を利用して生産拠点としても栄えた
A.S.Ve, *P.S.B.*, reg. 171, dis. n. 2.

アまでやはり川を通じて輸送された **>64**。

　こうした森は、もともとさまざまな樹木が混在して植生していたが、ヴェネツィア共和国への流通が本格化すると、樹類の単一化、伐採する規模の一定化がめざされた。ヴェネツィア共和国支配以前、14世紀には、すでにヴェネツィアの市場に合わせて植林され、伐採が商業的な戦略で行われていたことが指摘されている。さらに、湾曲した材の需要が高まり、樹木の成長過程で曲げる工夫も行われるなど、林業における技術も発展していった。

　16世紀には多量の木材をヴェネツィアに供給し、共和国の繁栄を支え続けてきたが、次第に過度の伐採により、森が荒れてしまう。そこでヴェネツィア政府は、森を監視するふたりの監督官を置き、森の整備にあたった。

　17世紀になると、森の水理学的な役割も指摘されるようになる。森には水を蓄える力があり、森があることで河川の増水を防ぎ、洪水対策にもなると考えられ、伐採方法が検討された **>65**。また16世紀から増え始めた山火事に対しても対策が必要となり、ピアーヴェ川流域の山火事を見張るために、火の見やぐらが提案された **>66,67**。

　こうしたさまざまな取り組みにより、ヴェネツィア政府は森を管轄し、ヴェネツィアに木材を供給し続けた。木材は共和国が存続し続ける生命線そのものである。ではここで、その必要不可欠な木材がどのようにヴェネツィアまでたどり着くのか、伐採後の流れを見ていこう。

　伐採された木は、山から麓の川まで丸太のまま運ばれ、そこからピアーヴェ川まで流される。山から麓の川までは、ソリに載せて運ぶ「ソリ」、地滑りのようにそのまま丸太を滑らせて川まで運ぶ「オトシ」、木材で組んだ専用の道をつくりその上に丸太を通す「修羅」などの方法で川まで運ばれた **>68**。この作業は雪の多い冬場に行われ、季節が巧みに利用されている。そして、川に集められた丸太は「ストゥア（stua）」という堰を活用した装置で一気に下流まで流され、ピアーヴェ川まで運ばれる。ストゥアのしくみについては後にくわしく取り上げる。幸い現在も、カドーレのコメリコ渓谷を流れるパドラ川で見ることができる。

　さて、ピアーヴェ川にたどり着いた丸太は、そのままペラローロ・ディ・

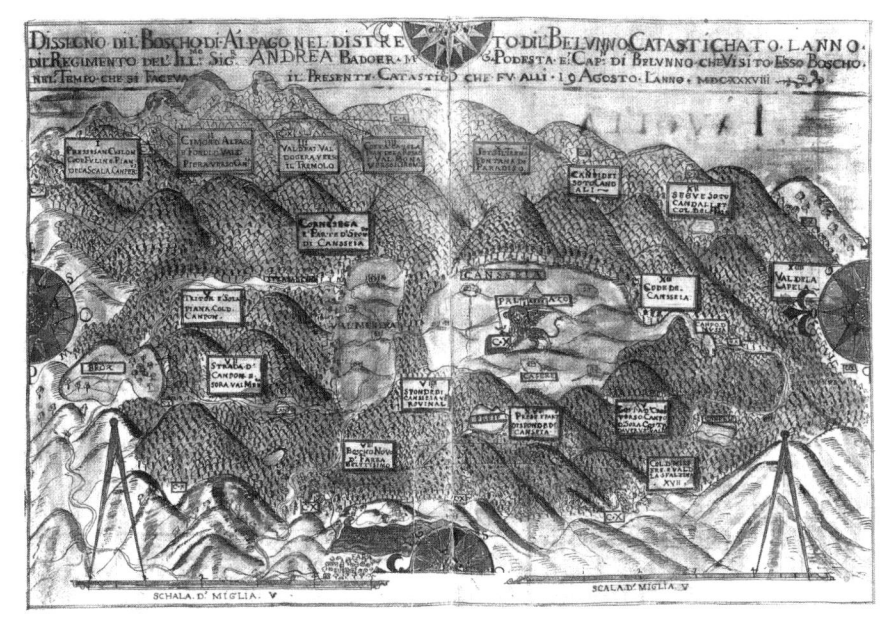

62 カンシーリオの森の鳥瞰図（1638年）

カンシーリオはオーク（カシ、ナラなど）が植えられ、建材や燃料用、そして国営造船所のオール用として利用された。この図はサンタ・クローチェ湖の西側に位置するエリアで、図の左側にあるブロツ（Broz）からピアン・デル・カンシーリオの範囲を示している。ピアン・デル・カンシーリオにはヴェネツィア共和国の管理下を意味する獅子が描かれている。

この図は、オール職長のゾルツィ・デ・クリストフォロ（Zorzi de Christofolo）監督によって調査された台帳の一部である。森の監視や木材の使用計画をつくるために、15世紀からオークの植林に関する台帳を作成しなければならなかった。伐採時期を把握するため、それぞれの区画に境界石が置かれ、その境界は管轄権も示した。図中に記載されたC・Xは、十人委員会（Consiglio dei dieci）を意味する。この図には、伐採された木材を運び出すための道も描かれている。伐採された木材は、ピアーヴェ川沿いのポンテ・ネッレ・アルピの上流に位置するカドラに運ばれ、そこからピアーヴェ川を通じてヴェネツィアまで輸送された。

A.S.Ve, *P.S.B.*, b. 150 bis, dis, n. 21.

63 オール職人（1517年）

Giovanni Caniato (a cura di), *L'arte dei remèri : i 700 anni dello statuto dei costruttori di remi*, Sommacampagna : Cierre, 2007.

64 カドーレ地域の森（ヴィスデンデ渓谷、樋渡撮影）

カドーレ（Perarolo di Cadore）まで運ばれる。ここは 15 世紀初頭には、ピアーヴェ川上流とボイテ川から流れてきたおびただしい数の丸太が集められる場所で、その後、大商業センターに発展し、19 世紀にはその最盛期を迎える。ピアーヴェ川には、「チドロ（cidolo）」と呼ばれる川の水は通すが木材は流さない、木造の格子状に組まれた特徴的な堰が設けられていた。メナダス（menadàs）という職人によって、丸太に刻まれた印によって識別され、契約している製材所（segheria）に運ばれた。チドロとペラローロ・ディ・カドーレについても、後でくわしく取り上げる。

　ペラローロ・ディ・カドーレから下流のロンガローネ（Longarone）との約 20km の間には、水車の動力を利用した製材所が何ヵ所にも建設され、それぞれの製材所で製材される丸太が決まっていた >69。ここでも、メナダスが丸太を移動させながら、製材所まで運んだ。丸太はそこで製材された後、印を付けられ、筏に組まれるか、または筏に積まれ下流まで運ばれた。また、筏には木材のほかに鉄や石、食料など商品も積み込まれ、舟としての役割も担っ

65 パウリーニ作成の伐採方法（17世紀初頭）
左は伐採前、右は伐採後。切り株や、若い木を充分の量残すことを提案した
A.S.Ve, *M.M.N.*, b. 131.

66 パウリーニ作成の山火事と鎮火後（17世紀初頭）
16世紀、火事の件数が増加した。森の監視を強化した時代である
A.S.Ve, *M.M.N.*, b. 131.

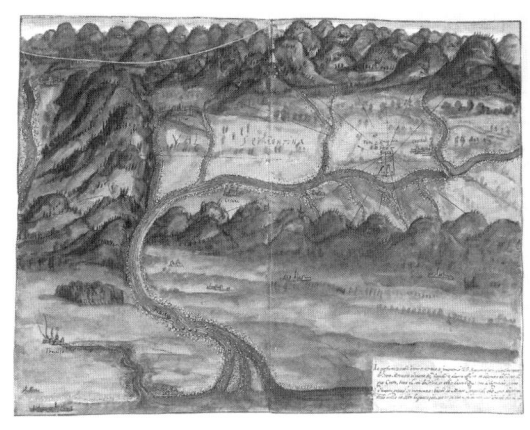

67 パウリーニ作成の火の見やぐらの提案（17世紀初頭）
ベッルーノ、フェルトレ、トレヴィーゾ、ヴェネツィアが示され、その背後に広がる山々が描かれている。コルデヴォレ川とベッルーノの間のピアーヴェ川沿いに火の見やぐらの建設を提案している
A.S.Ve, *M.M.N.*, b. 131.

68「オトシ」による丸太の輸送（19世紀末から20世紀初頭）
Giovanni Caniato (a cura di), *La via del fiume dalle Dolomiti a Venezia*, Sommacampagna : Cierre, 1993.

69 製材所と筏による木材輸送（1608年ごろ）
図の左側には、肥溜めを運ぶ荷車の様子や、羊の群れが描かれており、農業や牧畜を生業としていた地域であることが読みとれる。一方、図の右側には簡略化した製材所が描かれており、その下を筏が川を下っている。この製材所は、ヴェネツィア式製材所の最も古い表現といわれている。これは、パウリーニによって作成されたラグーナの保護のための請願書の中に挿入された図である。パウリーニはピアーヴェ川流域の木を伐採しすぎると、ラグーナの環境に悪影響を及ぼすことを指摘している。この図には次のように製材される丸太の量が記載されている。上流からベッルーノまでのピアーヴェ川流域では3万本、ピアーヴェ川に注ぐコルデヴォレ川流域では25,000本、プリミエーロ渓谷のチズモン川4万本の丸太が製材される。毎年、計95,000本の丸太が製材され、15,000本は川で欠落する
A.S.Ve, *Secreta, Materie miste notabili*, reg. 131, pp.22v-23r.

たのである >70。

　筏による輸送は筏師組合によって行われた。この方法は中世からあったとされている。ピアーヴェ川沿いにあるいくつかの町の筏師組合の相互間で、リレー方式による輸送を担っていたのである。ピアーヴェ川筏師民俗博物館によると、上流から、コディッサーゴ、ポンテ・ネッレ・アルピ、ボルゴ・ピアーヴェ、ネルヴェーザ・デッラ・バッタリア、ポンテ・ディ・ピアーヴェという町である >71。まず、5つの組合のなかで最も上流に位置するコディッサーゴの筏師が朝3時にペラローロ・ディ・カドーレまで行き、筏を組み立て、夕方ごろに、その筏に乗って、コディッサーゴまで下り、その次のポンテ・ネッレ・アルピの組合の筏師にバトンタッチする。ポンテ・ネッレ・アルピの筏師はコディッサーゴまで歩いて行き、コディッサーゴの筏師から引き継いだ筏に乗ってポンテ・ネッレ・アルピまで下り、次のボルゴ・ピアーヴェの筏師にバトンタッチする、という具合に、木材はリレー方式で輸送され、ヴェネツィアまで運ばれた。また、筏が次の町に到着すると、筏に積まれたあらゆる商品の内容や、輸送中の事故などを記載した紙を到着した町のオステリアに提出する必要があった。筏を引き継ぐ際には、この紙をオステリアから回収し、次の町のオステリアに提出した。オステリアは単なる飲食店としてだけではなく、当時は職業の活動を直接支える重要な役割も担っていたことが窺える。このリレー方式で5日間かけながらヴェネツィアまで運ばれ、その間にボルゴ・ピアーヴェ、クエーロ（Quero）、カヴァッリーノ（Cavallino）の3ヵ所で徴税された >72,73。カヴァッリーノ閘門が整備される以前、つまり、ピアーヴェ川の本流を付け替える以前は、旧ピアーヴェ川とラグーナとを結ぶカリゴ（Caligo）運河を利用して、ラグーナに入っていたのだが、その運河に入る前の旧ピアーヴェ川沿いに立地するカリゴ塔で徴税が行われていた >74。

　そして、カヴァッリーノまたはカリゴから水面の穏やかなラグーナを経て、ヴェネツィア本島へ向かう。ここでは自然条件を最大限活かし、潮に合わせて輸送された。

　ピアーヴェ川から輸送される木材は、国営造船所にも直接輸送された。また、商品を積んだ筏は、商品はヴェネツィア本島内の指定された岸に届けられ、

70 ネルヴェーザを通る筏（1825年）。木炭、樽、たきぎ用のしばの束を積んでいる
出典は図68と同じ

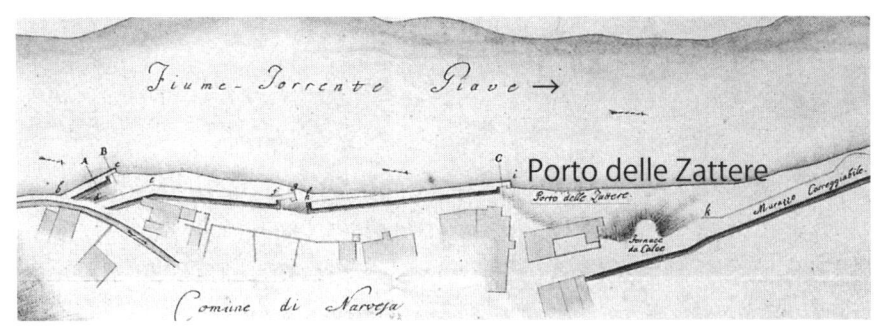

71 筏港のネルヴェーザ・デッラ・バッタリア（1821年）
地図中に筏港（Porto delle Zattere）と記載されており、そのすぐ脇に
石灰を製造するための煙突（Fornace da Calce）が立地している
出典は図23と同じ

72 徴税を行っていたクエーロの施設（樋渡撮影）
もともとは1376年にヤコポ・カヴァッリによって建設された要塞である。川を挟んだ向かい側の塔とこの施設とを鎖でつなぎ、通航を監視していた

73 カヴァッリーノ閘門にある関税に関する石盤
（樋渡撮影）

木材はヴェネツィアの北側のフォンダメンテ・ノーヴェで解体された >75。こうして筏による木材輸送は、運ばれたすべての物をヴェネツィアで売りさばき、身軽で帰路につけるという理にかなったシステムであった。

このフォンダメンテ・ノーヴェ辺りには木材倉庫が多く存在したことが知られている。19世紀、ペラローロ・ディ・カドーレに邸宅を構え、ピアーヴェ川沿いにいくつもの製材所を所有していたラッツァリス家の木材倉庫もサン・ジュスティニアン運河に立地していた。またヴェネツィアに筏が輸送されていたころの20世紀初頭、ここでは子どもたちが母親の心配する声を無視して、集積された木材の上で鬼ごっこをして遊んでいたという。1911年の航空写真から、現在船溜まりであるミゼリコルディア入り江（Sacca della Misericordia）を木場にしていた時代があったことがわかる >76。

こうしてピアーヴェ川上流からヴェネツィアに輸送された木材はありとあらゆる場面で必要とされてきた。不安定な土地での建設に必要な硬い地盤まで打ち込まれる木杭、住宅などの建材、ガラス工場などの燃料用の木材、そして経済の繁栄に必要不可欠な船舶用の木材などである。木材供給なしには、ヴェネツィアの発展は難しかっただろう。共和国崩壊後、19世紀にラグーナ内の埋め立てを積極的に行うため、多量の木材がピアーヴェ川を通じて輸送されていた。1930年代まで河川による木材輸送は続いたが、次第に鉄道や自動車の輸送に切り替わり、河川による輸送は行われなくなった。

しかし、現在のヴェネツィアにとっても木材は必要不可欠である。かつて地中に埋められた木杭が今もなお、建物や橋の荷重を支えている >77。ブリッコラと呼ばれる航路標識や、船を係留する木杭は舟運都市ヴェネツィアを支え続けている >78。こうした木材輸送の経路をたどることで、連続的な地域間の構造を描くことができ、同時にこの類まれなる水都を支えてきた背景を深く読み解くことが可能となる。また、木材産業は、樹木別の森林によってその地域固有の風景をつくり出しただけでなく、その産業に特有の施設を建設し、さらには、季節に合わせて労働をする習慣をつくり、専門の職人を生み出したのである。では、次に木材輸送に特徴的な施設を取り上げ、それぞれの地域の役割や流域のつながりを捉えてみたい。

74 かつて徴税を行っていたカリゴの塔（樋渡撮影）

75 フォンダメンテ・ノーヴェに着く筏（18世紀後半）
出典は図23と同じ

76 ミゼリコルディアの木場（1911年）

78 ブリッコラ。木杭による航路標識（樋渡撮影）

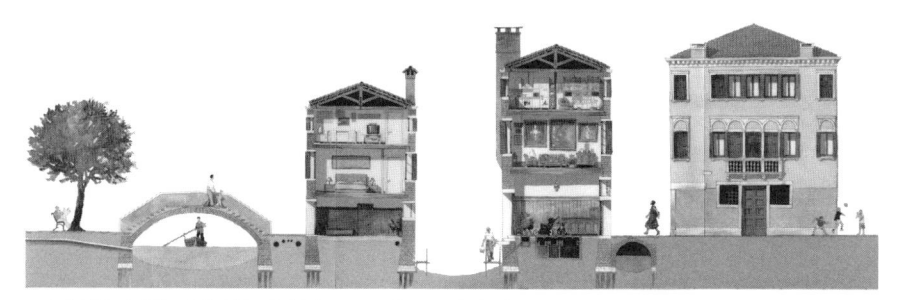

77 木杭を用いた基礎。建物や橋の荷重を支えている（インスラ社作成）

ストゥア —— 急流に設置される木材輸送の施設

　1本ずつ木材が流せる水量がない渓流では「ストゥア」と呼ばれる堰が利用された。この堰は水をせき止め、十分な水量になったところで放水をし、流れる水の勢いによって木材を水量のある場所まで運ぶ装置である。丸太は堰の上に水とともに貯められる場合と、堰の下に貯められる場合のふたつの種類がある >79。本流まで距離がある場所では、途中の岩場などに丸太が引っかかってしまい流れなくなる場合があり、メナダスと呼ばれる職人が鳶を使ってすべての丸太が流れるように管理していた >80。水量の少ない渓流から本流へ木材を流すことを目的としているため、ストゥアは必ず本流に注ぐ支流に立地する。たとえば、ピアーヴェ川に注ぐ支流の位置するコメリコ渓谷やトヴァネッラ渓谷、モンティナ渓谷に存在していた >81。

　このうち、カドーレ地域のコメリコ渓谷を流れるパドラ川では現存するストゥアを見ることができる。また1420年、カドーレ大共同体がヴェネツィア共和国の支配下に置かれ、その15世紀には、パドラ川にストゥアが存在したことが知られる。所有関係では1521年、パドラ出身のリボリ家に所有された後、ペラローロ・ディ・カドーレ出身のザンコ家、ヴォド出身のザングランド家などの手に渡り、1537年にはヴェネツィア出身の木材商人の所有となった。1635年からはコメリコ出身のジャコモ・ジェラが所有し、長い間ジェラ家に管理された。このように、ストゥアは民間によって管理されていたのである。1797年、ヴェネツィア共和国崩壊とともにカドーレ地域はフランスの支配下に、その後1813年にはオーストリアの支配下に置かれたが、ストゥアは引き続きジェラ家に管理された。

　1798〜1805年のA・フォン・ザック作成の地図には「ラ・ストゥア（La stua）」の文字が確認される >82。

　ストゥアの構造は、元は木造で、洪水が起こるとたびたび崩壊していたが、1818年に木造から石造へつくり替えられた。鉄道や道路の発展により陸路での木材輸送が徐々に増え、1882年に起きた大洪水をきっかけにストゥアは機能を終えた。しかし2000年に修復事業が行われ、現在に至る。町中では、ス

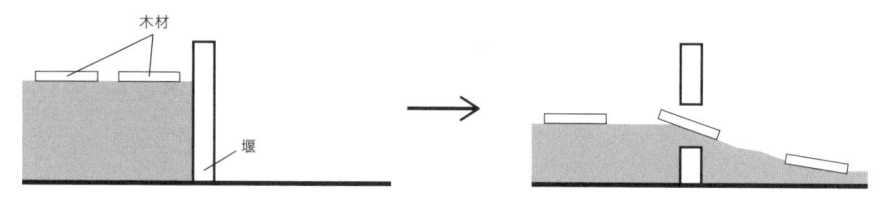

木材を堰の上で水に浮かせて貯めておき、堰が開くと水とともに下流に運ばれる。

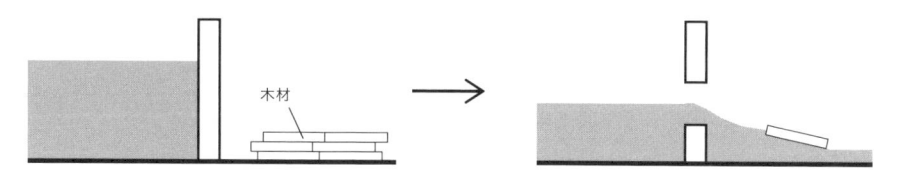

木材を堰の下に貯めておき、堰が開くと水の勢いに乗って下流に運ばれる。

79 ストゥアの種類（道明作成）

80 鳶を使って丸太を流すメナダス
出典は図23と同じ

81 ストゥアの分布図
Museo del Cidolo e del Legname の資料をもとに道明作成

トゥアの木彫りの看板や、木材を運ぶソリがモニュメントとして飾られており、ストゥアはパドラのシンボルとなっている >83,84。

　このストゥアの規模は、高さ16m、長さ30m、幅6mである。図85で具体的にしくみを見ていくと、木材を流さないときは小さい窓（a）が開いており、つねに水が流れている。山から切り出された木材をストゥアの下に貯める場合は、（a）を閉め、（b）から水とともに木材を1本ずつ通す。木材が貯まったところで、（a）も（b）も閉め、（c）まで水を貯めたところで（b）を開け、水流とともに多くの木材を本流まで一気に押し流す。（b）の下の穴はストゥアの機能が失われた後に水をつねに流すために開けられたものである。このしくみにより、ストゥアは多くの木材を流すのに十分な水量を貯めることが重要であり、自然的な要素としては谷幅が狭く両岸が堅固な岩場で、水を貯める懐の広い場所でなければならないと考えられる。

　このように水量の少ない上流、とくに支流では、ストゥアがつくられ、人工的な洪水を起こして丸太が流された。まさに季節による変化を巧みに利用し、地域の自然条件を活かした施設なのである。

82 地図に記載された「ラ・ストゥア（La stua）」の文字（1798-1805年）
出典は図1と同じ

83 ストゥアの木彫りの看板（道明撮影）

84 丸太とソリのモニュメント（道明撮影）

85 ストゥアのしくみ（道明撮影・作成）

277

チドロ
——木材の集まる川港、ペラローロ・ディ・カドーレ（Perarolo di Cadore）

　ピアーヴェ川の上流から流れてきた丸太は、一度、ペラローロ・ディ・カドーレで集められる **>86,87**。この場所はピアーヴェ川とボイテ川から運ばれてくる木材の集積地として最適な立地であった。収集された木材を筏に組み立てたり、製材したりする場所として理に適っていたのである。その土地に目をつけたカドーレ大共同体によって、14世紀末から15世紀初頭の間に商業港として整備された。1385〜1395年ごろ、木材監視員を配置し、商人から港の使用税を徴収するために、建物を建設したといわれている。1420年、ヴェネツィア共和国の支配下に置かれる以前から、木材輸送の拠点として機能していたことがわかる。最初、ペラローロ・ディ・カドーレは「ポンテポルト」と呼ばれ、ポンテは橋を意味し、ポルトは港を意味することから、橋のある川港であったことが窺える。

　1604年にドメッジェ・ディ・カドーレ出身の公証人であるL・ベルナボ（Leonardo Bernabò）によって作成された木材輸送の絵図には、ペラローロ・ディ・カドーレが強調して描かれている **>88**。この絵から、ボイテ川からもおびただしい量の木材が届けられていたことがわかる。また、筏で川を下る出発点であったことも読みとれる。そして、一際目を引くのがチドロである。この施設は木材輸送に重要な施設のひとつである。チドロはザルのようなしくみで、川の水は流すが、木材は堰き止められるようになっている。このしくみは中世にはあったとされている。

　史料で裏づけできるのは1668年、オスヴァルド（Osvaldo、1630〜1687年）がカラルテ方面にチドロの建設を申請した際の文書である。同年、カドーレ大共同体の委員会はヴェネツィアやテッラフェルマの商人の賛同を得ながら、チドロの建設を許可し、その地域で営業している最も重要な木材商人によって管理されていた。こうして木造の水門は修理を繰り返しながら、川を利用した木材輸送が行われる1930年代まで機能し、その後、1947年に壊されてしまう **>89**。現在この地を訪れると、チドロを設置していた両側の石柱が残っ

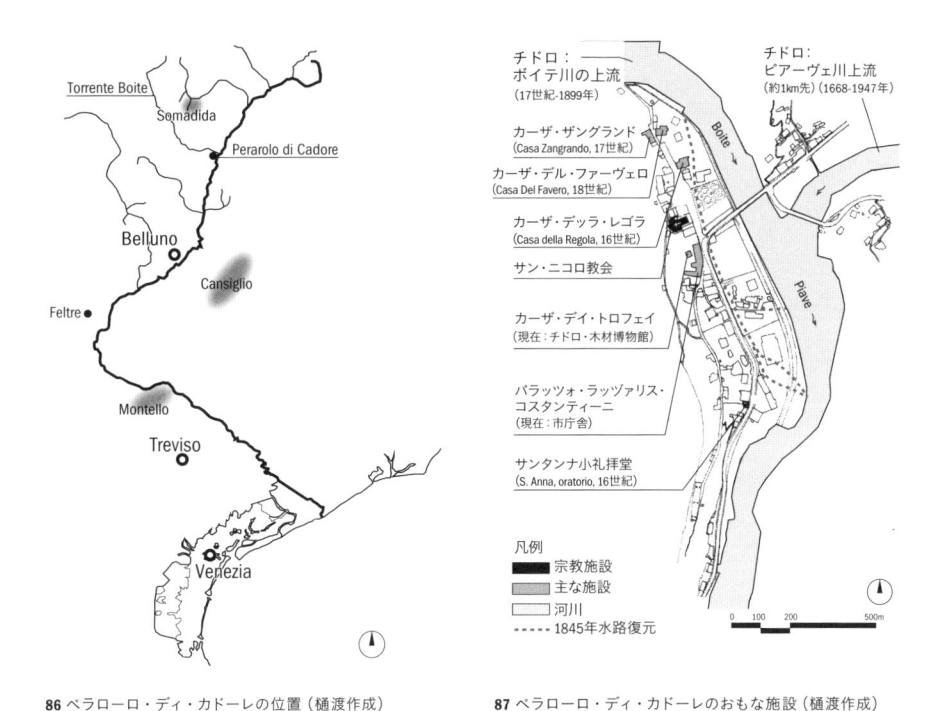

86 ペラローロ・ディ・カドーレの位置（樋渡作成）

87 ペラローロ・ディ・カドーレのおもな施設（樋渡作成）

88 L・ベルナボ作成の木材輸送に関する絵図（1604年）。ペラローロ・ディ・カドーレの部分
Archivio della Magnifica Comunità di Cadore.

ていることを確認できる。遺構はわずかだが、ここから見る渓谷の荒々しい自然環境が当時の作業の過酷さを物語っている >90。また、ボイテ川にも、チドロがカドーレ大共同体の所有で 17 世紀には建設され、洪水の影響も受けながら 1899 年まで機能するが、1914 年に鉄道が開通すると、次第に河川輸送から鉄道輸送に切り替えられていった >91。

　このペラローロ・ディ・カドーレのモニュメントともいえるピアーヴェ川に設置されていたチドロについて、もう少し掘り下げよう。チドロの名前は、フリウリの方言の巻き上げ装置や滑車を意味するチドゥル、チドゥレ、ジレラなどに由来するといわれている。チドロには、スライド式の水門があり、その水門を手動で持ち上げるため、巻き上げ機を用いた。その巻き上げ機から名前が来ているという。カラマツ材で組まれ、水は流すが、同時に流れてきた木材をブロックした。1 年に 2 回、7 月と 12 月に丸太を通すように扉が開かれた。

　このチドロの手前には、刻印された丸太が上流から集まる。刻印は業者の印であり、その刻印ごとに扱われる製材所が決まっている。そのため、メナダスという職人が丸太に刻まれた刻印を 1 本ずつ見ながら選別し、チドロを通して製材所に送っていたのである >92,93。しかし、丸太のなかには、流れてくる間に岩のような障害物や丸太同士のぶつかり合いにより、刻印の判別がもはやつかないものもあった。そうした丸太はこの村の教区教会であるサン・ニコロ教会のものになったという。そのため、ここは当時、裕福な港町だったのである。ヴェネツィア共和国崩壊以後もなお、川港として続いており、

89 ピアーヴェ川に建設されていたチドロ（1946 年）使用されていないが、壊される直前
Fiorello Zangrando, *Perarolo di Cadore dal Cidolo al duemila*, Treviso : Grafiche Crivellari s.r.l, 1990.

90 かつてピアーヴェ川に建設されていたチドロから見た渓谷（2014 年、M・ダリオ・パオルッチ撮影）

280　第 3 章　ピアーヴェ川流域　　　Fiume Piave

91 ボイテ川に設置されていたチドロ（1882年）
出典は図89と同じ

92 チドロの手前。メナダスによる膨大な数の丸太の仕分け作業（1883年）
出典は図89と同じ

丸太に刻まれたブッレイ・アンドレアの印

チドロ

ブッレイ・アンドレアの刻印された丸太の流れる水路

ブッレイ製材所

ブッレイ・アンドレアの刻印以外の丸太が流れる

ブッレイ製材所（segheria Burrei、19世紀末）

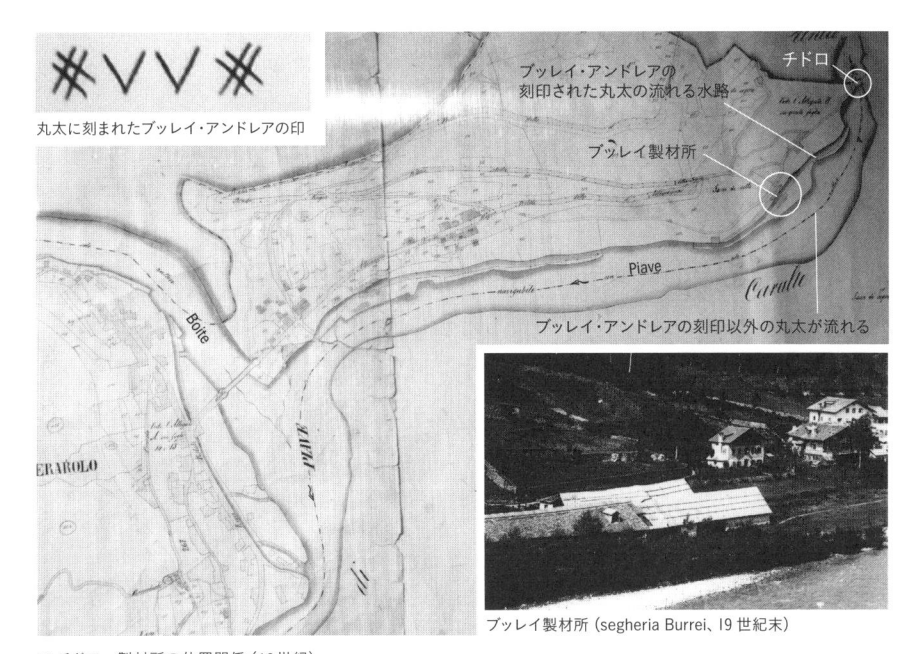

93 チドロ、製材所の位置関係（19世紀）
1845年財産調査の地図（Mappa del Comune Censuario di Perarolo に樋渡追記）と、1920年の製材所の写真（出典は図89と同じ）、1890年ごろの刻印

281

活発に木材を供給していた **>94**。具体的な数としては、17世紀のパウリーニ（Paulini）の手稿のなかの挿絵に、ピアーヴェ川で年間3万本の丸太が製材されることが記載されている。F・ザングランド（Fiorello Zangrando）の研究によると、1890年代には、ピアーヴェ川のチドロを約21万本の丸太と1万本の梁材が通り、ボイテ川のチドロを6万本の丸太が通ったという記録がある。木材輸送にとって、ペラローロ・ディ・カドーレがいかに重要な役割を担っていたかが、この数字からも窺える。ペラローロ・ディ・カドーレは19世紀に最盛期を迎えたといわれており、1874年のペラローロ・ディ・カドーレの人口は1,700人（男性820人、女性880人）にのぼる。また、木材関連の職業では、製材所では100人が働き、メナダスの仕事には150人が従事していた。そのほかの職業も触れておくと、鍛冶職人16人、家具職人と左官の合計40人、靴職人と馬具職人の合計15人、そのほかオステリアと商店主で14人とある。ちなみに、馬40頭、牛150頭、羊120頭、山羊150頭、豚10頭と記録されており、当時の村の活気は今とは比べものにならないものだったに違いない。

　さて、木材輸送の拠点であったペラローロ・ディ・カドーレは、大量の丸太の一部はここで筏に組まれることから、同時に、筏の上に載せる商品もこの地に集まった。そのため、木材に加え、多くの商品の集まる商業センターとして発展したのである。筏の積み荷として、石、釘、鉄製品、またパン、

94 ペラローロ・ディ・カドーレの風景（1890年）
広大な木材置き場とたくさんの製材所が集中している。河川に正面を向けたサン・ニコロ教会も描かれている
出典は図23と同じ

ワイン、チーズ、サラミなどの食料、そして人も載せてヴェネツィアを目指した。年間 6,000 もの筏が流れていたといわれている。

　木材産業で経済的な成功を収めた代表的な人物として、製材所をいくつも所有する B・ラッツァリス（Bortolo Lazzaris, 1780〜1857年）が挙げられる。B・ラッツァリスの邸宅はピアーヴェ川とボイテ川が合流する村の中心ともいうべき場所にある。19 世紀、ヴィチェンツァ出身の建築家であるアントニオ・カレガロ・ネグリン（Antonio Caregaro Negrin、1821-1898年）によって設計され、18 世紀にイギリスで流行したロマンティシズムを取り入れ、イタリア式庭園と八角形の展望台もつくられた。婿としてきた G・コスタンティーニ（Girolamo Costantini、1815〜1880年）が継ぎ、その後、サヴォイアに嫁いだ L・L・コスタンティーニ（Luigi Lazzaris Costantini）が、1881年から 1882年の夏にマルゲリータ女王をこの邸宅でもてなした。これらのことから、今では小さな村ではあるが、当時の経済力・政治力の高さが窺える。この建物は現在、ペラローロ・ディ・カドーレ市庁舎となっているが、じつはヴェネツィア市の所有で、60 年間ペラローロ・ディ・カドーレ市に貸され、1996〜2000 年に EU の公共建築のための融資により修復された。庭園は市民に開かれ、屋外コンサートも開催される。また、400 種類の植物を栽培し、ハーブ園にする動きもある。

　市庁舎の敷地内には、もともと 19 世紀に戦利品を納める場所としてつくら

95 チドロ木材博物館（Museo del Cidolo e del Legname、樋渡撮影）

れた建物（Casa dei trofei）もあり、1996〜2000年に改修され、博物館に転用された。それが今日見ることのできない、河川による木材輸送の貴重な記憶をとどめているチドロ木材博物館である >95。ここには、19世紀の地図史料や文書、写真、当時使われていた道具が展示されている。河川による木材輸送の最後の活動記録である1930年代の映像も放映され、小さな村が活気に満ち溢れていたことを伝えている。展示品は、形として残りにくい当時の作業風景や技術に関する貴重な情報を発信している。このような地域固有の歴史を展示する博物館の存在は、その村本来のアイデンティティを持続するうえで重要な意味をもつといえるだろう。

セゲリア——製材所の立地としくみ

　木材の加工は古くから水車による動力を使って行われており、製材所は13〜14世紀にヨーロッパ全体へ広まったといわれている。それを裏づける史料としては、水車を用いて製材するしくみを描いた1245年の絵が残っている。ピアーヴェ川流域では、中流域に位置するヴァスを流れるピアーヴェの支流に、製材所が13世紀には存在していたという。その次に確認されているのはペラローロ・ディ・カドーレのビアンキーノに位置する1422年の記録が残る製材所である。それ以降では1548〜1647年にゾルド渓谷の製材所に関する記録が確認されている。そのほかの製材所は、おもに19世紀の史料から確認できるが、今では製材所そのものはほとんど存在していない。
　ここでは、チドロより下流のペラローロ・ディ・カドーレからロンガローネの地域に立地する製材所について見ていきたい。

製材所の立地

　製材所は、ピアーヴェ川流域に豊かな森とともに、数多く立地した。そのなかでも、標高約520mのペラローロ・ディ・カドーレから標高約430mのロンガローネまでの約20kmの間に集中していた。とくに木材の一大集積地

であったペラローロ・ディ・カドーレには14世紀から製材所が存在していたことが知られ、最盛期の19世紀には数多くの製材所があった。

　1798〜1805年作成のA・フォン・ザック作成の地図には、のこぎりの複数形を意味する「セーゲ（seghe）」という文字と水車の記号が書かれており、製材所の位置がわかる>96,97。この地域の製材所は、ピアーヴェ川本流から水を引き、用水路をつくることによって製材のための動力を確保するため、本流沿いに立地していることが特徴である。一般的に製材には製粉や精米などに比べ、大きな動力が必要となる。川の本流沿いでこういった水力による製材ができるのは、水量が豊富な地域ならではといえるだろう。1807年の不動産台帳（カタスト・ナポレオニコ）によれば、ペラローロ・ディ・カドーレから

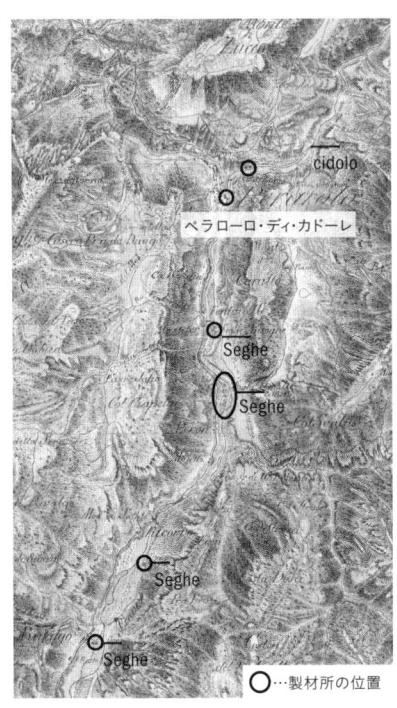

96 ペラローロ・ディ・カドーレ付近の製材所の位置（1798-1805年）
出典は図1と同じ（道明、樋渡追記）

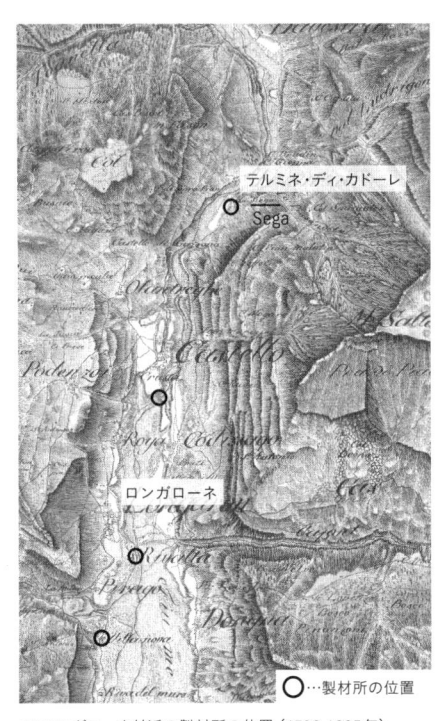

97 ロンガローネ付近の製材所の位置（1798-1805年）
出典は図1と同じ（道明、樋渡追記）

ロンガローネまで27の製材所があり、地図上ののこぎりの数は54にのぼった。

　1858年の記録からは、ペラローロ・ディ・カドーレからロンガローネまでの間に製材場所が109、のこぎりが122あったことが知られる。オーストリア政権下の時代にさらなる発展があったことがこれらの数字からも窺える **>表1**。1858年の製材所は、いくつかの製材所がひとつの屋根を共有する場合もあり、その場合、建物としてはひとつである。そのしくみについては、後にくわしく見ていく。所有については、ラッヅァリス家やジェラ家といった、民間の所有であることがわかる。このころ、ラッヅァリス社はピアーヴェ川で最も重要な会社だったという。オスピターレ・ディ・カドーレに立地する製材所は合計20で、3つの建物からなるこの地域最大の製材拠点であった。この製材所はもともと木材商人のC・サルトリ（Candido Sartori）によって建設されたが、後にカドーレの共同体に遺贈された。

　製材所そのものの立地については、集落の中心部から離れた場所、あるいは集落の端にあることが多い。それは、製材前の丸太や製材された木材を保管する場所を備えるため、広い敷地が必要だったからだと考えられる。また、専用の水路が集落に水害をもたらさないよう、集落の中心部を避けるように水路が引かれたとも想像できる。1755年の絵図はその様子をよく示している **>98**。この図には、ペラローロ・ディ・カドーレの下流に位置するテルミネ・ディ・カドーレの集落とその近くにある製材所が描かれている。1858年にも製材所が存在し、そのときの所有者はコスタンティーニである。この一族はラッヅァリス家の親戚にあたることから、ラッヅァリス家がいかに19世紀の木材産業を支えてきた重要な一族であったかが窺える。

表1 ピアーヴェ川沿いに立地する製材所の数と所有者（1858年）
ペラローロ・ディ・カドーレからロンガローネの間
Giovanni Caniato (a cura di), *La via del fiume dalle Dolomiti a Venezia*, Sommacampagna : Cierre, 1993をもとに樋渡作成

場所	所有者	製材所	のこぎりの数	備考
Sacco	Viel Gioachino	4	6	製材所4つにひとつの屋根で覆われている
Perarolo	Lazzaris	6	9	製材所6つにひとつの屋根で覆われている 3つの製材所にはのこぎりがふたつずつある
Ansogne	Coletti Massimo	9	9	製材所6、3のユニットでふたつの建物
Carolto	Giuliani Osvaldo	17	17	製材所6、4、3、3、1で分かれる
Rucorvo	Lazzaris	12	18	製材所4、8のユニットでふたつの建物 6つの製材所にはのこぎりがふたつずつある
Rivalgo	Gera	6	6	製材所6つにひとつの屋根で覆われている
Ospitale	Comunià Cadorina	20	20	製材所6、6、8のユニットで3つの建物
Termine	Costantini	8	8	製材所6つが1グループ
Roggia	Viel Gioachino	12	12	製材所6つで2グループ
Rovaòta	Viel Gioachino	2	2	
Vajont	Lazzaris	5	5	製材所2、2、1で分かれる
Villanova	Talchini Antonio	8	8	
		109	120	本文にはのこぎりの合計が122と記載されている

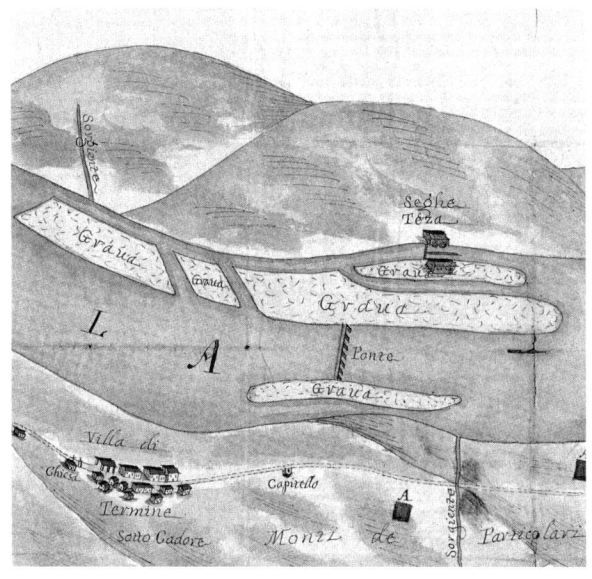

98 集落と製材所の位置関係（1755年）
テルミネ・ディ・カドーレの集落とその近くにある製材所
出典は図68と同じ

製材所のしくみ

　1485年、レオナルド・ダ・ヴィンチが製材システムを考案したと伝えられる >99。これは、川の流れを利用し、水車によってのこぎりを上下に動かすシステムである。フランスやドイツの製材システムに比べ、歯車がないことや水輪の向きが異なることが特徴といえる >100,101。また、水輪が小さいため豊富な水量が必要となる。これはヴェネツィア式製材（sega alla veneziana）と呼ばれており、ピアーヴェ川流域の製材システムは、これをもとに発展していったと推測される。

　史料が限られていることから、ここでは19世紀の製材所の例を具体的に見ていく。

　図102はペラローロ・ディ・カドーレから下流に多く存在していた製材所のなかでもロンガローネの製材所を描いた図である。この辺りのピアーヴェ川本流では、すでに製材され、筏に組まれた木材と丸太を並行して流していたと考えられる。図103で製材の流れを見ると、メナダスは丸太として流れてきたもののなかから印を見て、自分たちの扱う木材だけを本流から引いた水路へと導き、一度陸の保管場所へと引き揚げる >103-1。引き揚げられた木材は製材所で角材や板材に製材され、所有者の印が再び刻まれる >103-2,104。その後、1枚の筏に組まれ、筏用の水路へと流され本流に戻る >103-3。1枚以上

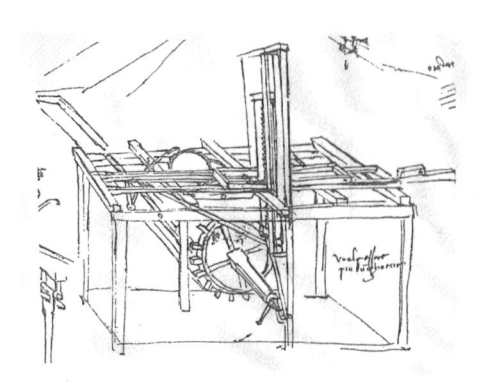

99 レオナルド・ダ・ヴィンチの考案した製材システム
出典は図68と同じ

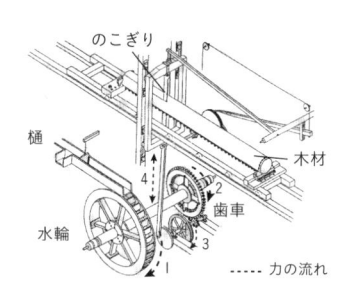

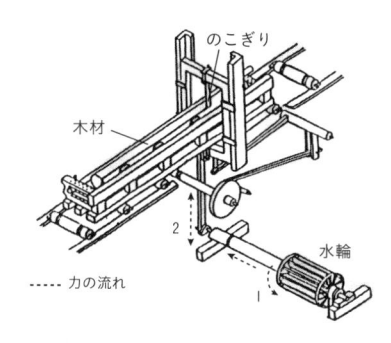

100 ドイツの製材システム。水輪が回転する（1）とその力がいくつかの歯車に伝わり（2〜3）、のこぎりを上下させる力（4）に変わる
出典は図68と同じ（道明追記）

101 ヴェネツィアの製材システム。水輪が回転する力（1）がそのままのこぎりを上下させる力（2）に変わる
出典は図68と同じ（道明追記）

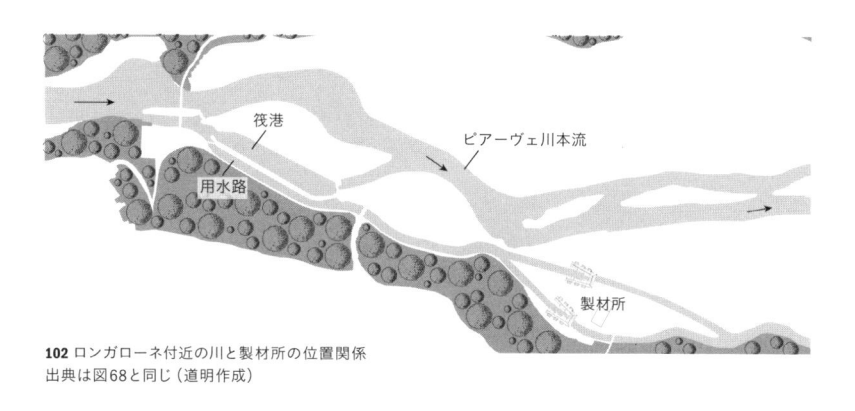

102 ロンガローネ付近の川と製材所の位置関係
出典は図68と同じ（道明作成）

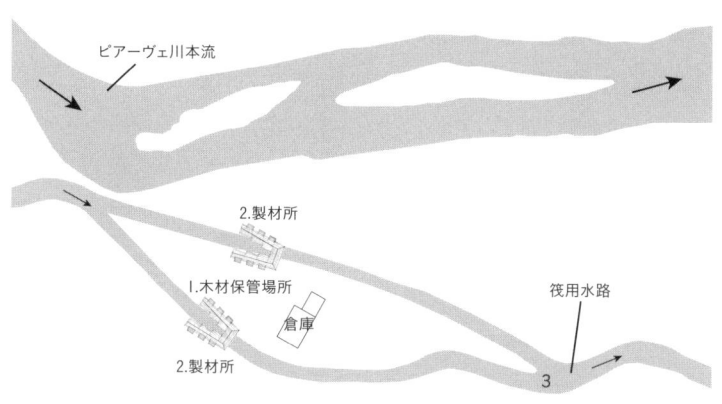

103 製材所の配置図
出典は図68と同じ（道明作成）

289

筏を連結させる場合は、(3)の水路で水に浮かせた状態で連結を行う。筏の種類は丸太のまま組む場合と、製材された角材を組む場合のふたつの種類があった >105,106。

　ここで注目したいのは、製材する建物がどちらも水路をまたぐように建てられており、コの字形に配されることである。くわしく平面図を見てみる >107。外に置かれた丸太を(a)から入れ、(b)にあるのこぎりで加工をする。ひとつの建物のなかに6つの生産ラインがあり、ひとつのラインごとに、何人かでひとつのグループをつくり、作業をしていたとされる。1858年の記録では、この生産ラインをひとつの製材所として数えている。小さな6つの部屋つまり製材所には炉のある台所(c)が備わっており、料理をつくりながらの作業であったと考えられる。水路は建物のところで7つに区切られている >108。このうち、真ん中は製材しない丸太をそのまま流すもので、残りの6つの水路は動力となる水車を動かすためのものである >107 (①〜⑥)。水路は水車を動かすために、水車のある場所で落差が生じている >109。ひとつの建物で6ヵ所同時に製材加工を行うこの形式は、最盛期であった19世紀の大量生産を目的とした特徴的な形であるといえる。

　最後に、製材所はピアーヴェ川における木材輸送のなかでも最も重要な施設であるのは間違いない。中流域に立地することで、水量の安定した水路により一定量の生産を可能とした。自然条件を巧みに利用してきたのである。そして、製材が終わった後の下流域では、水の流れにのって筏が流れていた。筏が舟の代わりにさまざまな地域から物資を載せ、ヴェネツィアへと運び、流域の町を結びつける重要な役割を果たしていた。木材輸送の流れやこれらの施設から、木材の輸送には上流から下流まで一貫して川の流れが利用され、その利用方法は地域によって異なっていたことがわかる。こうした地域の役割や流域のつながりを捉えるうえで、川と深く結びつき、筏流しという大きな産業、経済活動を支え続けたストゥァ、チドロ、セゲリアのような地域特有の施設に注目することも重要なのである。

104 丸太の刻印
Museo etnografico delgi zattieri del Piave

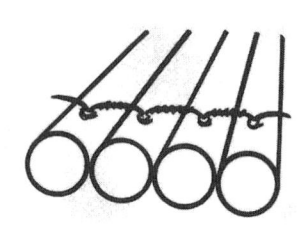

107 製材所の平面図
出典は図68と同じ（道明作成）

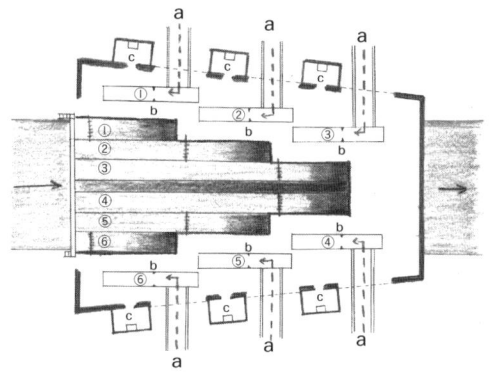

a. 木材取り入れ口　b. のこぎり　c. 台所
①〜⑥…水路とそれに対応するのこぎり

105 丸太を組んだ筏
出典は図68と同じ

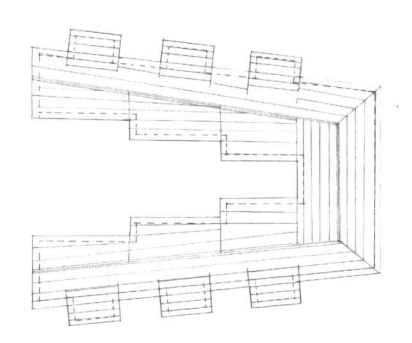

108 製材所の屋根伏図
出典は図68と同じ（道明作成）

106 角材を組んだ筏
出典は図68と同じ

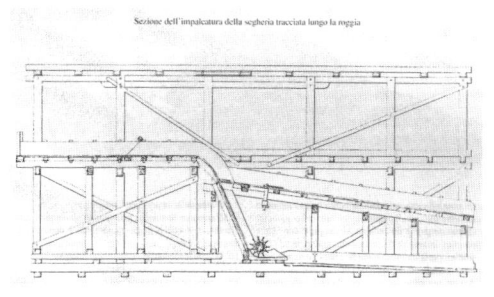

109 製材所の断面図
出典は図68と同じ

守護聖人サン・ニコロ

　ヴェネト州には船乗りの守護聖人として知られるサン・ニコロ（S. Nicolò）の名をもつ教会が多く見られる >110。地名や道路名などにサン・ニコロを採用しているところもあり、舟を操ってきた人びとの信仰の深さを感じとることができる。このサン・ニコロの名はピアーヴェ川流域にも多く見られ、上流に注ぐパドラ川沿いには、サン・ニコロ・ディ・カドーレという地名もある。また、ペラローロ・ディ・カドーレやベッルーノの南東に位置するボルゴ・ピアーヴェにはサン・ニコロ教会が立地している >111,112。なぜこのように船乗りと関係の薄そうな地域にもサン・ニコロの名が行きわたっているのだろうか？

　その答えは、ヴェネツィアのリド島に立地するサン・ニコロ教会に見出せる >113。この教会はラグーナからアドリア海への出入り口に位置し、多くの船が往来するヴェネツィアの玄関口にあたる。この場所に、当時の総督であるD・コンタリーニ（Domenico Contarini）の命により、1044年ごろ、教会が建設され、1053年にベネディクト修道会による修道院を増築した。聖遺物が献納されたのは建設後の1096年、パレスチナに行く第1回十字軍遠征のときである。ヴェネツィア人は船乗りの最も偉大な守護聖人であるサン・ニコラ（S. Nicola）の聖遺体をこの教会に献納しようと考え、現在のトルコの南海岸のリチアにあるミーラ（Myra）に赴いた。サン・ニコラについて補足しておくと、この聖人は、4世紀にまだ生きており、海で従事する職業（marinai）、船乗り（naviganti）、旅人（viaggiatori）に関する保護をしていた。いくつかの不思議なエピソードにより、また交通の要所でもあり、6～9世紀には、この聖人の墓に巡礼することが目的になっていたという >114。しかし、イスラーム教徒の軍隊の前進により、リチア海岸は人口が減少し、ミーラ（Myra）の聖地は放置される。その後、1087年、プーリアの商人や海兵の団体によって、聖人の遺体は略奪され、バーリに移された >115。その9年後、ヴェネツィア人がミーラ（Myra）にたどり着くことになるが、ときすでに遅く、頭と体の遺骨はなく、残されていたのは液体につけられた遺骨であった。こうして船乗りの守護聖人が現在のサン・ニコロ教会に献納され、サン・ニコロと呼ばれるようになっ

110 サン・ニコロ像（M・ダリオ・パオルッチ撮影）

111 ペラローロ・ディ・カドーレのサン・ニコロ教会

112 ボルゴ・ピアーヴェのサン・ニコロ教会（樋渡撮影）

113 リド島のサン・ニコロ教会（樋渡撮影）
「海との結婚」の祝祭では、サン・マルコ広場の前辺りからサン・ニコロ教会に向けて船のパレードが盛大に行われる。サン・ニコロ教会の正面で金の指輪を海に投じる儀式である。写真は指輪を海に投じた直後、オールを上げて祝福している瞬間である。このような儀式は、1177年に遡る。この年、ヴェネツィアで教皇アレッサンドロ三世と神聖ローマ皇帝フリードリヒ一世の和平会談が行われ、停戦条約を締結した。アドリア海での覇権を正当化する政治的な目的で、キリスト昇天の日に法王の習慣であった結婚の決意を示す金の指輪を海に投じるようになったという。このときからキリスト昇天祭は「海との結婚」の祝祭にもなった。

た。その後、サン・ニコロの信仰は河川を通じてテッラフェルマにも広がり、河川沿いには船乗りの守護聖人を祀った教会がいくつも存在する。また、かつて本流だったブレンタ川沿いにはミーラ（Mira）という町があるが、ミーラ（Myra）に由来しているといわれている。

そしてさらには、木材を輸送する筏師の守護聖人にもなり、サン・ニコロの名がピアーヴェ川の上流の奥地やブレンタ川流域にも見られるようになるのである。また、サン・ニコロとサン・ニコラの語尾の変化はこの地域の方言とされている。

筏師の活動

メナダスや筏師の活動は紀元後2世紀から確認されているが、確実な史料的裏づけは13世紀まで遡ることができる。1276年には、ポンテ・ディ・ピアーヴェで輸送する木材の種類、規模に応じて徴税していたことが知られる。1293年、現在のポンテ・ネッレ・アルピで行われる徴税の問題に関して、ヴェネツィア政府とベッルーノの司教が和解した記録も残されており、ヴェネツィア共和国の支配下に置かれる以前の状況を想像することができる。

また、1462年、ベッルーノの筏師の信徒会に所属する数名の筏師が、独占的に従事できる規定をつくれるようベッルーノ政府に申請し、許可を得たという史料がある。別の史料には、ボルゴ・ピアーヴェ、ラヴァッツォの教区、フルッセダの教区の筏師の間で、権利争いがあったことが記録されている。これらのことからベッルーノの周辺では、筏師による権利争いがあったことが窺える。

1473年には、ピアーヴェ川の航行に関する規定がベッルーノによって作成された。興味深い内容なので、その規定の一部を挙げておく。

信徒会に入会する場合には、入会金が必要であった。入会できるのはベッルーノや周辺の集落、もしくは2マイル以内の距離に住んでいることが条件であった。入会後は、毎日曜日に教会でミサをすることが義務づけられ、献

114 サン・ニコラの聖人伝に関する図像
Roswitha Asche, Gianfranco Bettega, Ugo Pistoia, *Un fiume di legno: fluitazione del legname dal Trentino a Venezia*, Scarmagno : Priuli & Verlucca, 2010.

115 プーリア州バーリのサン・ニコラ教会（樋渡撮影）

金も必要であった。寄付をしない場合は罰金の金額も決められていた。また、毎年 12 月のサン・ニコロ祭では、教会で式典を執り行い、ミサに参加しなければならなかった。会員が死亡した場合、葬儀に参加することが義務づけられていた。

　信徒会に入会することで、筏に関する仕事に就けた。この信徒会では、毎年ふたりの議員を選出し、その任期は 1 年で、議員は信徒会の財産、運営に関する管理を任された。

　この規定では、ベッルーノの港内で筏師の仕事を妨害しないよう守られており、違反した場合は罰金が科せられていた。また、筏には、少なくともふたり乗り、3 本のオールの装備のない筏はピアーヴェ川を航行することができないことも規定されており、安全面も意識していることがわかる。合意なしにほかの筏で、丸太などの木材やオールを持ち去ってはならないことも決められていた。

　また、トレヴィーゾ管轄区のポンテ・ディ・ピアーヴェに向かう筏などの木材輸送の漕ぎ手は、ベッルーノに戻る前に、刻印のない木材をポンテ・ディ・ピアーヴェに運ぶよう義務づけられた。

　これらの規定に違反した場合は、罰金が科せられたのである。

　上記の規定内容から、当時の筏師の活動を少し垣間見ることができる。宗教と職業が一体となり、生活のなかに宗教が自然と入り込んでいることがわかる。

　そして 1492 年、筏師はサン・ニコロ教会において、ピアーヴェ川の航行に関する憲章が公認され、ヴェネツィア共和国がその憲章を承認した。これがピアーヴェ川筏師憲章といわれるものである **>116**。このときからサン・ニコロ信徒会（Scuola di S. Nicolò）は本格的に活動を始動した。ヴェネツィア共和国がピアーヴェ川流域全体の統治を強化した時代であることを意味する。筏師の輸送に関する最も古い史料としては、1512 年、ヴェネツィア共和国が銅の輸送を依頼したものがあり、筏に銅を載せて輸送していた事実を確認することができる。

　筏師の仕事は筏を組み、その筏の上に商品を載せて目的地まで運ぶことで

ある。筏を操る洗練された技術が求められた。天候の悪い日も航行せざるを得ないときもあり、厳しい職業だったと想像される **>117,118**。

　この1492年の憲章は、ヴェネツィア共和国崩壊以後も実質的に続いていた。イタリア統一後の1879年、ペラローロからヴェネツィアまでの木材輸送に関する規定（Regolamento per la fluitazione dei legnami da Perarolo a Venezia）では、1492年の憲章にある規定やすでに存在していた独自のシステムを多く受け入れたという。こうして、15世紀から4世紀にもわたって、偉大なる木材輸送システムが構築されていった。

116 筏師憲章の表紙に描かれたサン・ニコロ（1492年）
出典は図68と同じ

しかし20世紀になり、河川を利用した木材輸送は鉄道や自動車に切り替わっていった。ピアーヴェ川流域で木材輸送が姿を消したのにともない、地域間の交流も希薄になっていった。一方、職を失った筏師は、20世紀初頭、まだ河川による木材輸送を行っていたドナウ川流域で経験と技術をいかんなく発揮したという。

　河川による木材輸送が忘れられた状態はしばらく続いたが、1980年代中ごろ、かつて筏師組合のあったコディッサーゴにピアーヴェ川筏師民俗博物館が設立された >119,120。この博物館では、おもに筏による輸送に関する史料や、当時実際に使っていた道具などを展示している。河川による木材輸送を知る重要な博物館である。また、博物館には筏国際研究センター（Centro Internazionale Studi sulle Zattere）もあり、国内外に情報を発信している。ここでは、祖父が30年間実際に筏師として働いていたというO氏から臨場感ある話を伺うことができた。失われた職業を具体的に想像するには、彼のような語り継ぐ人物の存在が必要だろう。

117 コディッサーゴの筏師よって奉納されたエックス・ヴォート（1834年）
筏が沈み、輸送物が濡れている。また上部にはサン・ニコロとサンタントニオの聖人が描かれている。事故の後、聖人のおかげで救われたと信じ、絵図にして奉納する習慣が生まれた。エックス・ヴォートという奉納物にこうした事故の絵がしばしば描かれる
出典は図68と同じ

118 ポンテ・ネッレ・アルピとベッルーノの間で起きた事故を表したエックス・ヴォート（1883年）
河川の左側に沿って突き出た岩にぶつかり、木炭を積んだ筏が解体した
出典は図68と同じ

119 ピアーヴェ川筏師民俗博物館（樋渡撮影）

120 筏による木材輸送の再現
1992年9月5日には、ピアーヴェ川筏師憲章の500周年記念として、筏でヴェネツィアまで行くイベントを開催した。当時行われていたように、コディッサーゴの筏師の組合がペラローロ・ディ・カドーレで筏を組み、ピアーヴェ川を下って、ヴェネツィアのサン・マルコ水域に筏を運んだ
出典は図68と同じ

Column:04 / オステリアの役割

　オステリア（osteria）と聞くと、楽しげな居酒屋を想像する人も多いだろう。居酒屋といっても、日本と違うのは基本的には長居をせず、サクッと飲むのが定番である。ヴェネツィアでは、早朝からアルコールをく〜っと飲む人たちの姿を見かける。最初は、なんと飲んだくれの町かと思ったが、実際には夜明け前から卸売市場で働き、朝にはすでに仕事をやり終えた仕事熱心な経営者であることを付け加えておく。夕方にもなると、お店の得意料理をつまみながら談笑にふける光景があちこちのオステリアで見られる >121。夕飯前の小腹に利用するにはぴったりの場所である。現在はこうした楽しい雰囲気のオステリアだが、歴史的には単なる居酒屋としての機能だけではなかった。ここではどんな役割があったのか、断片的ではあるがいくつか挙げてみたい。

　オステリアはヴェネツィアの本島内だけでなく、ヴェネト州の町や村でも見られる。たとえば、カジエールやカザーレ・スル・シーレのようなシーレ川沿いの川港に必ず存在する。荷役で疲れた体を休める場として利用されて

121

オステリアの外でアルコールを片手に談笑する人びと（樋渡撮影）

300　第 3 章　ピアーヴェ川流域　　*Fiume Piave*

いたことが想像される。また、オステリアは商談の場でもあったという。これらの町は、シーレ川を上る際に、舟を引いていた動物の歩く道である「レステーラ」沿いに位置する。レステーラの区間を示す1781年の史料から、そのほかの町でもレステーラ沿いにオステリアが立地していることが確認できる。シーレ川の左岸に位置するチェンドンのように、オステリアの立地はとりわけ動物の交代場所と結びついている >122。動物を交代する際に、次の業者に引き継ぐための機能もオステリアにともなっていたのかもしれない。

　ピアーヴェ川では、木材輸送にとってオステリアは必要不可欠な場所であった。それは、筏をリレー方式で輸送する際に、筏に積まれた商品内容などを記載した紙を受け渡す場所として、オステリアがその役割を担っていたからである。筏師が目的地まで筏を輸送し、その到着した町のオステリアにこの紙を渡し、次の目的地に輸送する筏師がオステリアでその紙を受け取り、次の目的地まで輸送するというシステムであった。オステリアは、こうした機能を兼ね備え、筏師の拠点として重要な任務を果たしていたのである。

　どうやら輸送の要所にオステリアが立地する傾向がある。その典型的な立地場所は、閘門の脇である。高低差のある河川の航行を助ける閘門の脇には、

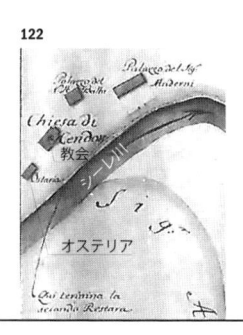

122

レステーラ上に立地するチェンドンのオステリア（1781年）
Camillo Pavan, *Sile : alla scoperta del fiume, imagini, storia, itinerari*, Treviso, 1989 の図に樋渡追記

必ずといってよいほどオステリアが立地している。ラグーナからシーレ川に上る際のポルテグランディ、ブレンタ川のドーロなどの史料にもはっきりと記載されている **>123,124**。閘門内の水位を調整する間、オステリアでくつろぎ、談笑していたであろう。そこは社交の場であり、文化の交流する場でもあったといえよう。

　ピアーヴェ川では、アドリア海に注ぐよう流路を付け替えた後、ピアーヴェ川がシーレ川の本流の川床となった。そして、旧ピアーヴェ川からラグーナに入るための運河が掘削され、同時にカヴァッリーノ閘門が建設された。この閘門の脇にはオステリアが建設され、それはロカンダという宿泊施設を備えたものであった **>125**。このオステリアの外壁には、関税に関する石盤がはめ込まれており、ここで徴税していた当時の様子を窺い知ることができる。ラグーナの出入り口であることから、潮の干満を待つ無数の船や筏が待機していたであろう。このオステリアは、20年前から宿泊施設として活用されており、当時のロカンダを思わせる貴重な存在である。

　このように、ヴェネツィア共和国時代のオステリアは史料にはっきりと描かれるように、重要な役割を担ってきた。次の時代、ナポレオン支配下で作

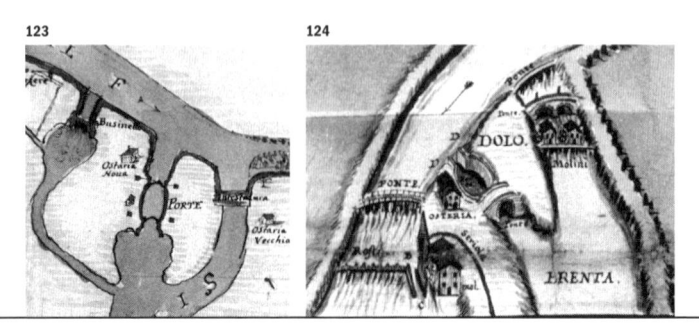

123 ポルテグランディの閘門脇に立地するオステリア（1734年）A.S.Ve, *S.E.A., Relazioni*, b. 36, dis. 25.
124 ドーロの閘門脇に立地するオステリア（1683年）A.S.Ve, *S.E.A., Disegni. Brenta*, b. 71, dis. 6.

第3章　ピアーヴェ川流域　　Fiume Piave

成された不動産台帳でもオステリアが記載された。1811年に作成されたトレヴィーゾの不動産台帳には、オステリアだけでなく、オステリアの経営者の家も特記された。住宅には持ち家か賃貸かが記載されており、持ち家の場合、医者、弁護士などの職業が特記されている住宅がある。オステリア経営がこうした職業に匹敵するものだったと想像される。

　最後に20世紀前半のオステリアの機能を見ておきたい。ヴェネツィアのカステッロ地区のオステリアに飾ってあった1927年の料金表がある >126。そこには、カーザ・ディ・トッレランツァ（Casa di Tolleranza）と記載され、時間とタオルや石鹸の料金が示してある。これはいわゆる売春宿で、「当時オステリアの2階で営業していたのではないか」、と店員はいう。共和国時代にリアルト市場近くのオステリアの上階が売春宿を営業していたことは知られているが、そういう場所が20世紀に入っても、実際に存在していたのであれば、興味深い事実である。

　かつて川と関係するさまざまな職業と結びつき、男たちの欲望をも満たしていたオステリアは、こうした記憶を現在もなお引き継ぎ、地元の人びとの集まるヴェネトの文化を色濃く特徴づける大切な要素となっているのである。

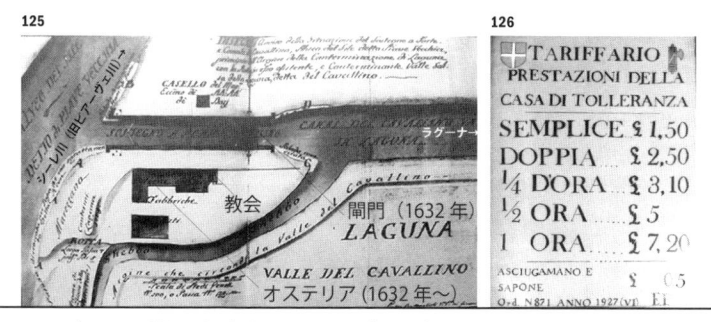

125 カヴァッリーノ閘門の脇に立地するオステリア（1790年）A.S.Ve, *S.E.A., Relazioni*, b. 48, dis. 5 に樋渡追記
126 オステリアの2階にある売春宿の料金表（1927年）

4　ピアーヴェ川流域の産業とヴェネツィア

　ここでは、ピアーヴェ川流域の木材産業以外の産業にも目を向け、どのようなものがヴェネツィアまで輸送されていたのかを挙げ、ヴェネツィアを支えてきた地域を概観する。

　木材以外にも、あらゆる商品が筏に載せられヴェネツィアまで運ばれてきたが、そのなかでもピアーヴェ川筏師民俗博物館の情報をもとに代表的なものをピアーヴェ川の上流から順に挙げる >127。

　筏を組み立てるペラローロ・ディ・カドーレの下流に位置するマッキエット（Macchietto）は、木炭の生産地である。袋詰めした木炭をラバでピアーヴェ川に運び、ヴェネツィアまで輸送した。また、エルト（Erto）とカッソ（Casso）も同様に木炭の生産地で、ピアーヴェ川を通じて輸送された >128。この辺りは森が広がっており、伐採後、建材などとしての使用が難しい木材が木炭に生成されていたという >129。ヴェネツィア本島のリアルト橋の南東には、炭を意味するカルボンという名称の岸辺（Riva del Carbon）が今もあり、ここで荷揚げされていたことがわかる。

　そしてコディッサーゴとカステッラヴァッツォの石切り場からは、石が筏に積まれて運ばれた。カステッラヴァッツォの住宅は、すべて石造で建設され、ピアーヴェ川の上流域で見られる木造住宅とはまったく違うつくりで、地域の産業がつくり出す特徴ある風景が広がる >130。

　カステッラヴァッツォからピアーヴェ川を少し下ると、マエ川がピアーヴェ川に注ぐ。1608年の地図には、カステッラヴァッツォ、ポンテ・ネッレ・アルピ、ベッルーノが描かれており、ピアーヴェ川には、その間に2本の橋が架かっている >131。マエ川の河口に位置する「ラ・ムーダ（La Muda）」は、この名前が「徴税」を意味することから、その任務を負っていたことが推測され、ゾルド渓谷から来る木材やほかの商品の税を徴収していたと思われる。この

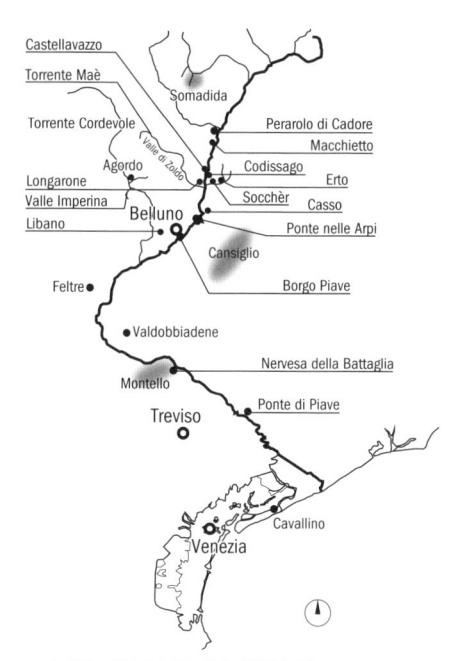

128 木炭を積んで川を下る筏と、ボルゴ・ピアーヴェの筏港に係留する筏
出典は図23と同じ

127 生産地に関するおもな地名（樋渡作成）

129 カンシーリオの森のある区画の鳥瞰図（1643年）
オール職長のゾルツィ・デ・クリストフォロ作成
切り株や小枝が荷車に積まれて輸送され、森の端に集められ、そこには木炭小屋が設立された。炭焼き場とその管理者のための新しい建物が描かれている
A.S.Ve, *A.F.V.*, b.85, dis. n. 1.

地図の作者であるパウリーニによると、ベッルーノの脇を流れるアルド川にもたくさんの鍛冶工房やそのほかの製造所があったという。この図を作成する60年前まで、アルド川は小さな小川だったが、森の破壊により水量が増量し、集落の土地と多くの家が破壊された。

マエ川沿いのゾルド渓谷は、鉄の産地として知られ、鉄を加工する技術も発達した。18世紀の絵地図から、水車を活用した産業地域であったことがわかる。その多くは鍛冶工房であった **>132**。また、住宅と思われる家は河川よりも高い所に位置していることが読みとれ、当時の集落形成を考察できる貴重な史料である。この地域には現在も、鍛冶工房を保存しており、金属加工産業で栄えていた当時の姿を思い起こさせる **>133**。このゾルド渓谷で採掘された鉄や村で生産された釘が、マエ川の河口に位置するロンガローネに運ばれ、そこから筏に積まれた。ヴェネツィア本島内のリアルト橋の南東には、「鉄の岸辺（Riva del Ferro）」もあり、かつてここで荷揚げされていたことが想像できる。このゾルド渓谷を流れるマエ川流域の産業については、鉄と釘の博物館（Museo del ferro e del chiodo）の展示内容をもとに、後にくわしく取り上げる **>134**。

そして5つの筏師組合の拠点のひとつであるポンテ・ネッレ・アルピの北東に位置するソッケル（Socchèr）では、水車で使われる挽臼（mole）が生産さ

130 カステッラヴァッツォの住宅（M・ダリオ・パオルッチ撮影）

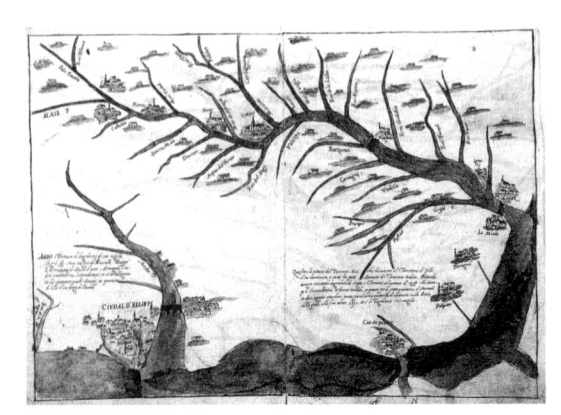

131 ピアーヴェ川に注ぐゾルド渓谷を流れるマエ川流域（1608年）ベッルーノ出身のI・パウリーニ作成
A.S.Ve, *M.M.N.*, b. 131.

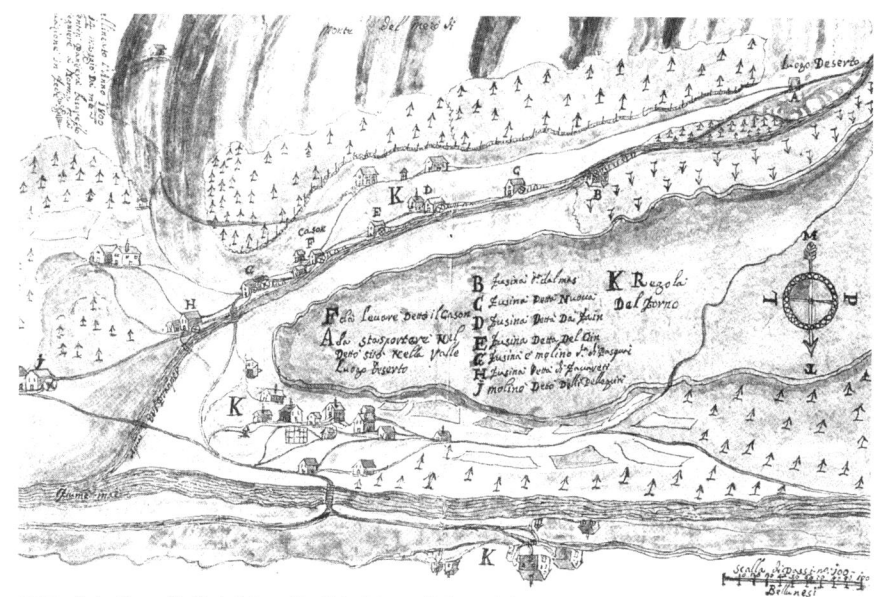

132 フォルノ・ディ・ゾルドにおけるマエ川に注ぐプランベル川沿いの水車群
鉱物の採掘と金属加工の代表的な地域であるゾルド渓谷。図中のB、C、D、E、Hは鍛冶工房、Gは鍛冶工房と製粉所、Jは製粉所である。牧畜のために割り当てられた土地であるレーゴラ（Regola）も記載されている
A.S.Ve, *BI, Processi*, b. 46, dis. 1, 14 maggio 1800.

133 マエ川流域のブラロンゴに立地する鍛冶工房跡（樋渡撮影）

れた。また、ベッルーノの西に位置する内陸のリバノ（Libano）には、ローマ時代から続く砂岩の石切り場があり、切り出された石はボルゴ・ピアーヴェまで馬車で運ばれ、そこから筏に積まれた。これらは、筏師組合のある町と生産地とが近い事例である。ヴェネツィアまで輸送しやすかったことがこの地域の発展にもつながったと考えられる。

　ベッルーノを通過し、さらにピアーヴェ川を下ると、支流のひとつであるコルデヴォレ川に出会う。コルデヴォレ川流域にも鉱山があり、インペリナ渓谷からは鉛、鉄、銅が採掘された。また、染料用などに使われたさまざまな種類の硫酸塩の産地でもあった。たとえば、銅や硫酸塩は次のようなルートでも運ばれた。まず、銅や硫酸塩は樽に詰められ、ピアーヴェ川に運ばれ、筏に積まれた後、ネルヴェーザ・デッラ・バッタリアまでピアーヴェ川を下る。その後、筏から荷馬車に積み替えられ、トレヴィーゾへ運ばれ、トレヴィーゾで舟に積み替えられる。そしてシーレ川を下り、ラグーナまで運ばれ、ヴェネツィアへ届けられたという。そのほか、動物、食料品、ワインの樽などあらゆる商品が筏に積まれ、また、ベッルーノより下流に行く客も乗り、ヴェネツィアまで輸送された。このように、ピアーヴェ川を主軸とした、経済活動を束ね文化の交流を生む地域のネットワークが形成されていたのである。

134 鉄と釘の博物館（Museo del ferro e del chiodo、板倉満代撮影）

ゾルド渓谷の製鉄・釘製造産業

　上流にゾルド渓谷をひかえるマエ川は、ピアーヴェ川に流れ込む支流で、ロンガローネに至る。ピアーヴェ川との合流手前、つまり渓谷への入り口部分は険しく、それゆえこの奥一帯は先史時代だけではなく紀元前後でさえも人びとが定住した跡が見られない。定住のままならなかった渓谷に、居を構え始めたのはドイツからの移民だといわれ、彼らは地域一帯に「レーゴラ (Regola)」という牧畜のための土地共有制度を持ち込んだとされる。日々の生活の糧のみを考える牧畜と森林の民であったゾルドの人びとは、マエ川の流れを利用してヴェネツィアへの木材運搬に携わり、やがてゾルドの自然資源（鉄・水・木）をふんだんに利用した製鉄・金属加工産業に邁進することになるのだった。ゾルド渓谷の中心地フォルノ・ディ・ゾルド市は、イタリア語で炉を示す「フォルノ」を市名にもつ。紋章にある金床と金槌が、それを象徴している >135。

135 フォルノ・ディ・ゾルド市の紋章

309

鉱山

　古い採掘跡だけではなく、その由来を連想させる地名や記憶・伝承など、ゾルド渓谷には鉄鉱石はじめ多様な鉱石が眠り、採掘された場所が数多く存在したことがわかる >136。しかし、ゾルド地方の鉱床は、埋蔵量は少なく小規模で、かつ枯渇するまで集中して採掘された。16世紀になると、ドント村のボエ・デイ・メドイ鉱山、コイ村のダレドフ鉱山のみとなる。ついには1735年、ボエ・デイ・メドイ1ヵ所となり、その鉱山が閉じるのも時間の問題であった。いずれにせよゾルドの製鉄産業にとって同渓谷の鉱山だけでは元来供給量は足りておらず、すでに1561年には隣のフィオレンティーナ渓谷コッレ・サンタ・ルチア鉱山の鉄鉱石に頼っていた >137。

　鉄以外には、鉛や銀等も採掘され、隣のカドーレ地方インフェルナ渓谷がその中心地であった。地形的にも経済的にもゾルド地方に入手できる、ぎりぎりの距離であった。再び活気付く20世紀になると、ほかに鉱床がないかゾルド渓谷にて調査が始まった。しかしブルサダツ村のダ・ドフ鉱山で鉛や亜鉛が発見されただけにとどまり、量も少なく、採掘できたのは1940〜1945年の間だけであった。

製鉄産業

　ベッルーノ司教区古文書館に保存されている司教管区帳簿に、1365年、管区内の6つの炉を代表する者からの地代の支払いが記録されている。ゾルド地方の炉の存在を証明する一番古い史料である。この地代支払い記録やそのほかの史料より1281〜1395年に、7、8ヵ所の製鉄炉がゾルド地方に存在していたことが明らかになった >138。

　炉の構造については、ほとんど知られていない。おそらく低温溶鉱炉にて直接製鉄法が用いられていたと考えられる >139。鉄鉱石を木炭で低温還元させ粗鋼をつくり、それを鍛えて鉄製品をつくるしくみである。その後16世紀中ごろには、炉の数も減り、フォルノ、ドント、フジーネの3ヵ所のみとなるのだが、そのころには、14世紀に北部ヨーロッパで発明されたといわれる新しいタイプの炉、つまり初期の高炉で、このあたりではブレーシャ式と呼

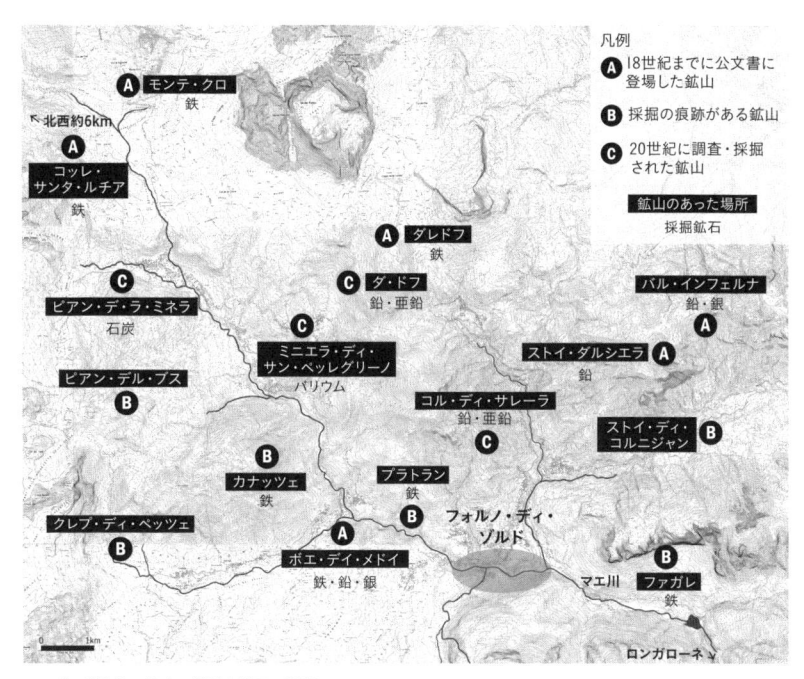

136 ゾルド渓谷の鉱山の場所と鉱石の種類
Museo del ferro e del chiodo の資料をもとに板倉作成

137 鉱物の採掘（1556年）
出典は図23と同じ

ばれていた炉を使っていたようである >140。間接製鉄法の手順を適用し、高炉にて鉄鋼石から銑鉄へ、溶解炉にて銑鉄から錬鉄へ2度の溶融を経て製鉄され、錬鉄は二次製品にするために平野部へと運ばれた。ヴェネツィア共和国のアルセナーレ（造船所）へは、船舶用工具や大砲の弾などを供給し、それらはゾルド地方の生産の1割を占めた。

　最盛期の1550年前後には、年間400t以上の鋳鉄や銑鉄を生産していたという。人口1,700人に対し、鍛冶屋の数は非常に多くすでに「産業」として成り立っていた。しかし1575～1580年の間にフジーネの溶鉱炉が、1670年ごろにはフォルノの溶鉱炉、最後のドントの溶鉱炉も18世紀中ごろには閉鎖された。コッレ・サンタ・ルチア鉱山の閉鎖とときを同じくする。そのころから、原料には平野部から運ばれた廃鉄が使われるようになる。また、競合都市の台頭そして不況、それにともなう人口流出など、小規模の鍛冶屋で成り立っていたゾルド渓谷の製鉄・金属加工産業の生産力は著しく低下した。

　19世紀後半、イタリア王国の統一に地元産業復活の機運が高まったことも重なり、1873年地元の釘職人たちが協同組合を設立した。目的は、すでにあ

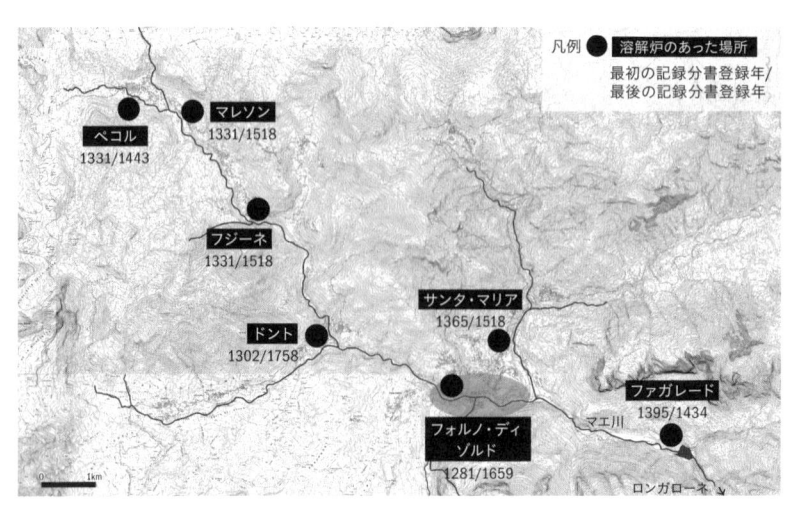

138 ゾルド渓谷の溶鉱炉の場所
Museo del ferro e del chiodo の資料をもとに板倉作成

る設備などの再編成とゾルド地方で生産される鉄製品の取引・産業のプロモーションであった。600人余りの会員が集まり、ハンマー付き鍛冶屋を5ヵ所、108の作業台、12の木炭貯蔵所を買いとるなど順調に進み、再びゾルド地方に活気が戻る。フォルノとドントの間のマエ川沿いには溶解炉をもつ鍛冶屋が5、6ヵ所、釘と靴の鋲を生産する小さな鍛冶屋が30数ヵ所あったといわれる。1885年には最新の設備を備えた工場を、1886年には市民の協同組合銀行を設立した。この期間は人口流出も歯止めが掛かったという。一方、組合に対する村内部の反対派、たとえば非組合員などからの軋轢や、予測不能の市場の動きなど、つねに多くの困難に立ち向かってきたが、すでに手工業での生産は限界の時期であった。そのうえ不運にも1882、1890、1901年と立て続けに川の氾濫が村を襲い、川沿いの鍛冶屋は多くの被害を受け続けた。

　そしてゾルドの釘産業は急速に衰退し、1952年最後の鍛冶屋が閉鎖する。その4年後、再び起こったマエ川の大洪水は、完全な形で残っていた複数の鍛冶屋をひとつ残らず飲みこみ、ゾルド渓谷製鉄産業の歴史に完全に終止符を打つこととなった **>141**。

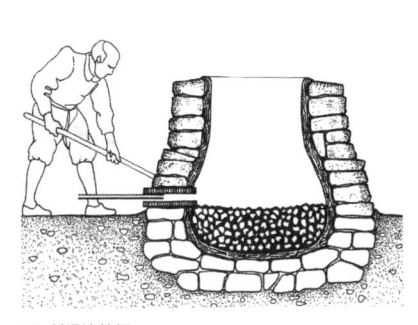

139 低温溶鉱炉
15世紀末までゾルド渓谷で使用された溶鉱炉
Museo del ferro e del chiodo

140 ブレーシャ式高炉
15世紀から18世紀に使用された溶鉱炉
Museo del ferro e del chiodo

鍛冶屋

　鍛冶屋は、周囲と隔絶した控えめな小屋で、壁は石積み、屋根はこの地方特有の木瓦（スカンドレ）葺き、タタキの床は煤こけ黒い。つねに水力の恩恵を授かるべく、川の近くに建てられた。川から水を引き、その流れはやがて木組みの樋を走り、最高落差の地点にて太い縦管内を自由落下する。連続する水の塊が空気を巻き込みながら下方の樽のなかに勢いよく進入し、固定された石に衝突すると、内部の行き場のない空気が追い出される。圧力で押し出された空気は管を通って鞴として各炉に送られた。また別の流れは、落差を利用した水力で水車を回し、その回転動力で鍛造ハンマーを稼動させるのである >142,143。

　小屋の内部は、中央に通路が取られその両脇の壁沿いに炉が並ぶ。各炉の周囲には、金床が設置された丸太の作業台が2台または4台置かれた >144。このように炉を複数の職人と共同で使うことによって木炭の節約を図るのである。作業ゾーンは通路レベルからわずかに高く、1日中立ち仕事をする職人を湿気から守っていた。煙が充満する閉鎖空間であるが、近くの水の流れが清涼さを内部に届けた。炉の所有権は世襲制で、時代を経るごとに分割されていった。つまり、丸太の作業台の所有権が1/2であったり1/4であったりするのだ。このような所有権の細分化は、収入の減少、生活の不安定を引き起こした。一方、職人は各自の道具で釘を製造し、個人が管理を行っていた。同じ炉を使うとはいえ協働者ではなかったのである。鍛造ハンマーの設置された鍛冶屋では、ハンマーおよびハンマー脇の炉は共同で使われ、小屋や水路、水車の保守管理も平等であった。

鍛造ハンマーと釘製造

　鍛造用ハンマーが、必ず鍛冶屋に備わっていたとはかぎらない。鍛冶用ハンマーの使用は何を製造するかにもより、またどんな原料が手に入るかにもよる。ハンマーでまず、鉄の塊を叩き鍛えながら薄く延ばし、それらを鉄筋に加工し、そして金槌でより薄く叩き出されさまざまな釘の厚みに調整された。釘とはいえ建物の小屋組みに使用される20cm以上の大きな釘の製作に

141 1966年の大洪水

142 鍛冶屋の外構
Museo del ferro e del chiodo の資料に板倉追記

送風ポンプ機

ハンマー動力用水車

は当然ハンマーが必要とされた **>145**。この作業は経験と技術を要す。ハンマーの前で大きな焼床はさみを操りながら鉄を鍛えるのは、一番の年長者であり一番の技術者であった。

　釘頭専用の金床は、独特で工夫が凝らされている。穴に鉄棒を入れ釘の胴とし、その頂部に熱した鉄で釘頭をつくり、形を整える。でき上がれば胴下部を叩き跳ね上げ、トースターのように穴から釘が出てくるしくみである。穴は、釘のサイズによって換えることができ、また柱頭のフォルムに変化をつけ、靴の鋲とすることもできた。**>146,147**。

　1885年鉄棒の生産性をあげるため、協同組合は「シリンダー（Cilindro）」と呼ばれる圧延機を導入する。あらゆる作業時間が短縮され、7年もの間、釘職人に大中小、多様な寸法の鉄棒ヴェルゲ（Verghe）が供給された。やがて、有刺鉄線などの廃鉄の再利用が始まり、小型の釘や鋲へと生産規模が縮小されていくと、この機械の必要性もなくなっていった。続いて鍛造ハンマーも使用されなくなり、操業する鍛冶屋の数も減少した。

釘職人の仕事

　釘製造の職業は、代々父から子へと受け継がれる。子どもたちは小さいころから鍛冶屋に通い「仕事は見て盗め」といわれながら仕事を覚えるのである。親方と若く経験の浅い徒弟はともに炉に向かう。大きな釘を製作する親方の指導の下、徒弟が金槌で叩き続ける。リズムよく、オートマチックに作業する腕のいい職人であれば、1日に靴の鋲を500個つくれたという **>148**。釘以外には、大工道具類や台所用品、農作業具など。暖炉で使う五徳は、とくに高値で取引きされた。

　作業は夜明けとともに始まり、日暮れとともに終わる。昼には、家族がポレンタやチーズなどをもってきたり、炉に鍋をかけて調理をしたりすることもあった。夏には鍛冶作業は中断する。次シーズンの木炭を準備するためである。通常、夏の終わりに森へ行き木材を炭にするのだが、釘職人ひとりあたりの木炭の1年の消費量は、300〜400kgにのぼった。木炭の節約にカラマツの樹皮も使用されたが、燃焼効率はやはり木炭には適わない。

空気が引き込まれる

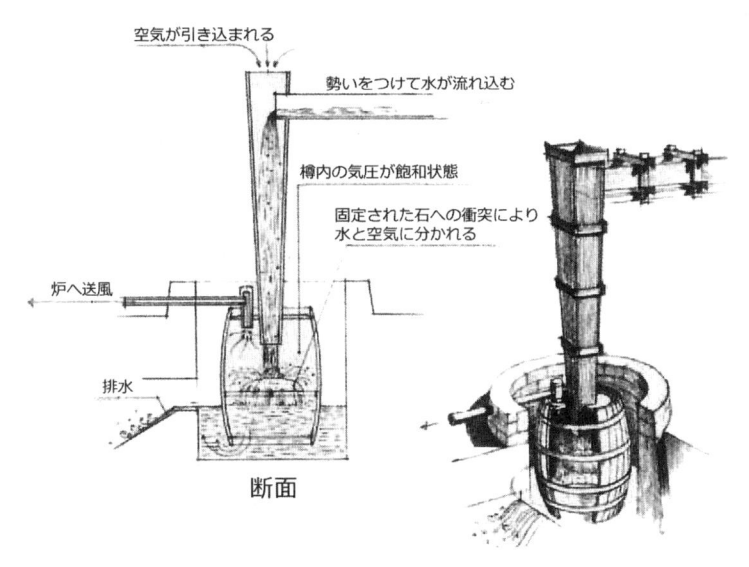

勢いをつけて水が流れ込む

樽内の気圧が飽和状態

固定された石への衝突により
水と空気に分かれる

炉へ送風

排水

断面

143 水力送風ポンプ機
Museo del ferro e del chiodo の資料に板倉追記

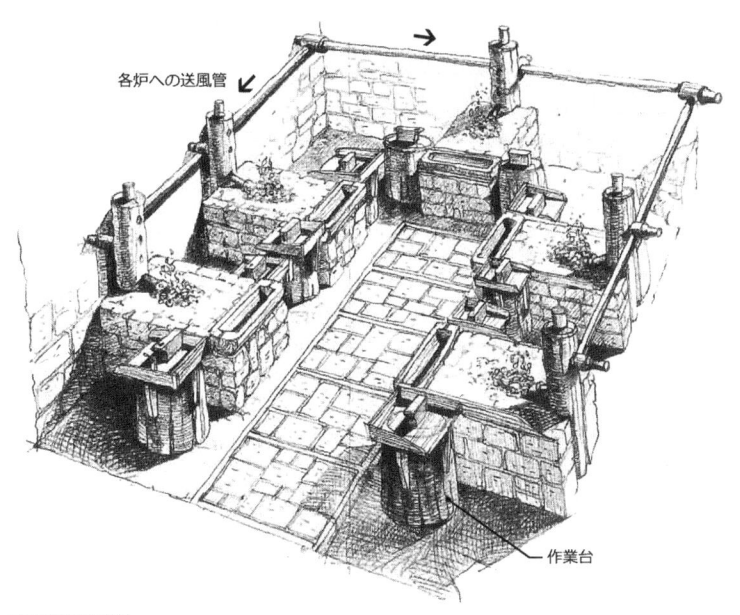

各炉への送風管

作業台

144 鍛冶屋の内部
Museo del ferro e del chiodo の資料に板倉追記

釘の取引

　職人は、自分が製造した釘の取引も各々が段取りをしなければならなかった。釘取引が共同で行われたのは、組合が機能していた 19 年の間だけだった。それまでは、販売を地元の商人に託す者もいれば、ベッルーノの山麓地方やアルパゴ、トレヴィーゾやヴェネツィアの辺りまで下りて直接行商をしに行く者もいた。そこにいる旧知の客（金物屋、靴屋、地方の市場など）や個々の家に出向くのである。行商の旅は通常秋で、数週間に及ぶこともあったが、寝泊りは知り合いの家畜小屋や干し草小屋だった。妻や子どもたち、孫などが付き添うこともあった。

　釘は重量で売買されたが、ときに数量のときもあった。持ち運びには、ジュートの小袋や紙袋に、タイプ別に仕分けされた。儲けは、村の食品店でのツケの支払いにまわされたが、食料、再利用の鉄を持ち帰ってくることもあった。第 2 次世界大戦中は、釘 1kg あたり 4～5 リラで取引され、ポレンタ用とうもろこしの粉やチーズ、干し鱈（バカラ）に交換された。

　行商の道がロンガローネとつながったのは 1878～1880 年ごろである。それ以前は狭く危険な獣道で、水量の多いマエ川に掛かる多くの橋を渡らなければならなかった。移動にはロバやラバの背に荷物を積むか、手荷車で引くか、または籠を背負って荷物を運搬していた。自転車が行商に使われるようになったのは 20 世紀になってからだった。

支流の再評価

　ベッルーノを過ぎ比較的ゆったりと流れていくピアーヴェだが、プレ・アルピを横切るとき、川幅が急に狭くなる場所がある。クエーローヴァス（Quero-Vas）という街の辺りである。とくに水量の多い日には、積載物のみならず筏乗りの命さえも失う可能性が高い難所であった。2000 年、この付近の川底から鉄棒（ヴェルゲ）が 2 束発見された。約 3×5cm の長方形の断面をもち長さは平均 156cm、18 本ずつが束となった計 320kg の第二次加工用鉄棒であった。筏（ザッテレ）に載ってまさに平野部へと運ばれようとしていたのであろう。これがゾルドのものであるか、別の製鉄産業の街アゴールドのもので

145 大工が使った小屋組み用の釘
19〜20世紀のゾルドの産業を支えたさまざまな長さの釘
Museo del ferro e del chiodo

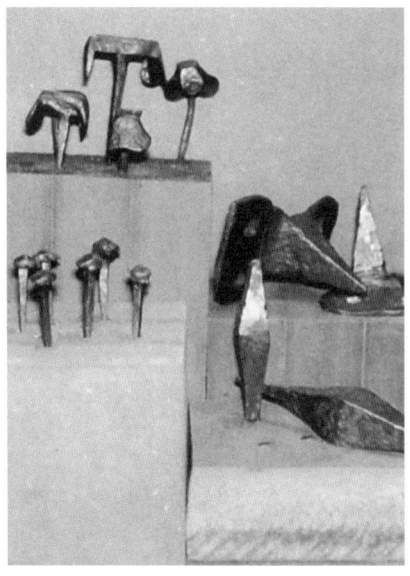

148 滑り止めの鋲
雪道、氷上歩行用の木製靴底に使用。靴底・かかとの減り・磨耗防止の目的もある。
Museo del ferro e del chiodo

146 作業台
釘頭製作用金床と作業に必要な工具類

147 釘胴部型
サイズに応じて釘頭製作用金床に挿入（板倉撮影）

319

あるかは不明である。いずれにしても、ピアーヴェ川の支流から運ばれたものであることに違いはない。旅半ばでの不運に無念を禁じ得ないが、現代において日の目を見たこの錆ついた鉄の塊に、職人たちの思いと、その当時の苦労への畏敬の念を覚える。大河川を遡ったその先の、幾本にも分かれる支流にて、製鉄という「重」産業が行われていたという事実に思いを馳せるのだった。

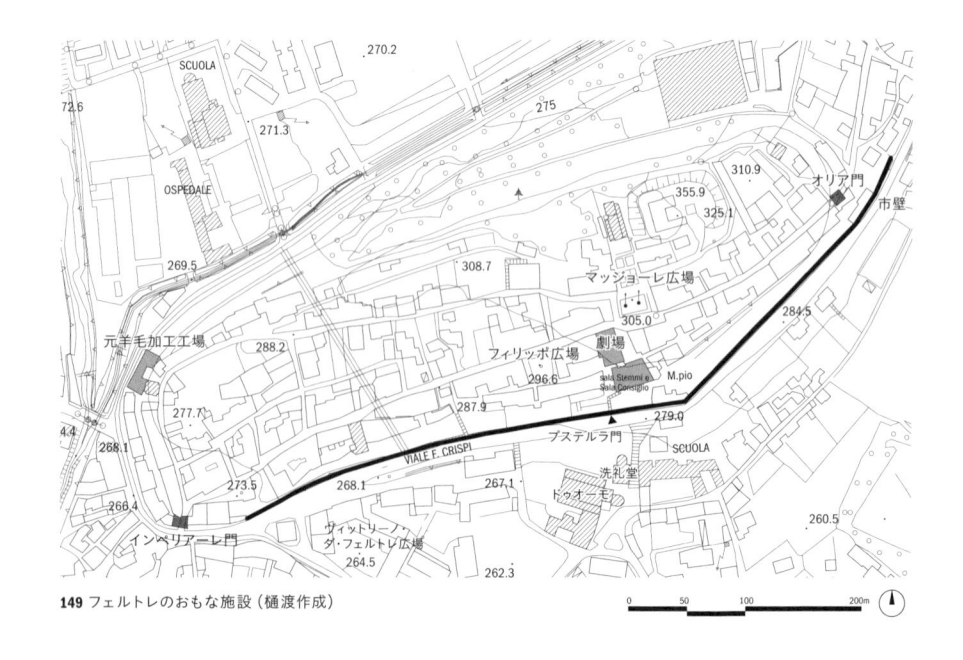

149 フェルトレのおもな施設（樋渡作成）

フェルトレ（Feltre）

　フェルトレは、1404 年からベッルーノとともにヴェネツィア共和国の支配下に置かれ、その影響のもとに経済と文化の発展を見た。現在はヴェネト州ベッルーノ県に属す、美しい都市のひとつである **>149**。市壁に囲まれた城塞都市としてよく知られ、国内外からの観光客も多い **>150**。市街地は標高 277 〜 356m の高台と標高 267m 前後の麓に広がっており、高台の方を「チッタ・アルタ」、麓の方を「チッタ・バッサ」と呼ぶ。チッタ・アルタの周囲には市壁が建設され、バッサと完全に隔てられている。

　先にチッタ・アルタについて簡単に触れる。チッタ・アルタは、中世的な要素であるポルティコを施した建築や、14 世紀前後に流行したゴシック様式の建築が少ない。これは 16 世紀初めのカンブレー同盟軍の攻撃によりほとんどの建築が破壊されたことによると考えられる。現在見られる街並みはその後に再建されたもののようで、16 世紀以降の様式のものが目立つ **>151**。16 世紀のヴェネツィアでよく見られる形式の半円アーチ窓や平面の 3 列構成を

150 ルネサンス時代につくられた市壁（陣内撮影）

採用している。また共和国の象徴である獅子の彫刻も数ヵ所に飾られており、ヴェネツィアの影響の強さが感じられる **>152**。

そのほか、ヴェネツィア共和国の影響を感じさせるものとして、劇場も挙げられる **>153**。この劇場はもともと大評議会の議会室だった。同盟軍による敗北後すぐに再建され、その後、カーニバル時期に喜劇を上演するような娯楽空間としても利用されるようになった。そしてヴェネツィアの宗教建築や別荘の建築家として有名なパラーディオによって劇場に生まれ変わった。この劇場は、1729年にC・ゴルドーニ（Carlo Osvaldo Goldoni）が招かれていることからも、人気ある劇場のひとつだったことが想像される。これらは、ヴェネツィア共和国支配下でフェルトレがヴェネツィアと密に交流していたことを物語る例である。

さて、フェルトレで注目したいのは、チッタ・アルタとチッタ・バッサの両方から古代ローマの痕跡が確認され、建物の壁や床の遺跡が見つかっていることである。チッタ・アルタの遺跡はマッジョーレ広場からフィリッポ広場に集中して分布している。一方チッタ・バッサの遺跡はドゥオーモ広場から現在駐車場になっているヴィットリーノ・ダ・フェルトレ広場に集中して分布している。しかしながら、古代ローマ時代の都市の姿を復元するまでには至っておらず、今後の発掘調査に期待がかかる。

チッタ・バッサに位置するドゥオーモは、ゴシック様式の後陣をもち、明るく照らされた聖堂の奥へ自然と導かれる **>154**。この聖堂は15世紀に再建されたものであるが、左側廊奥には13世紀の司教座があり、起源はそれ以前に遡る。また聖堂の裏側には15世紀後半に建設されたサン・ロレンツォ教会があり、現在は洗礼堂となっている。11世紀の洗礼堂は聖堂の前方に位置していたという。

このドゥオーモの敷地内には地下から興味深い古代ローマの大きな遺跡が出土しており、1989年から現在もなお発掘調査が進められている **>155**。この辺りはもともと碁盤目状に道路が通っていたことがわかっており、通りに沿ってドムス（個人の邸宅）や商業兼住宅も立地していたという。また公衆浴場ではなく、一般的な部屋で使用していた床暖房の設備も発掘されている。床の

151 通りを飾る半円アーチ窓とフレスコ画（樋渡撮影）

152 広場の中央と劇場の外壁に施された獅子の彫刻（樋渡撮影）

モザイクの使用も見つかっており、白色の石材はイタリア産、黒色の石材はギリシア産という。さらに離れた場所に円形劇場も見つかっており、ある程度の重要性をもつ都市であったことが想像される。

さらにこの地下の発掘で、木材、羊毛、製鉄関係の同信組合の存在が確認された。そしてフェルトレで加工した羊毛がパドヴァやヴェネツィアまで届けられていたという。早い時期からフェルトレとヴェネツィアの交流が育くまれていたことを感じさせる。

M・ピッテーリの研究によると、フェルトレでは羊毛、木材、鉄、絹、革を原料とした製造業が盛んだったという。とりわけ 14 〜 16 世紀は毛織物の生産活動が活発であった。17 世紀の絵画には、市壁の外側で水車を用いた工房が 5 棟並んでおり、チッタ・バッサが産業地域であったことを示している **>156**。

またフェルトレは、ピアーヴェ川とブレンタ川の間に位置することから、両方から商品の行き交う商業の中継地点として栄えたと想像できる。チズモン川の流れるプリミエーロ渓谷は、12 世紀にはフェルトレの教区に属しており、1786 年まで宗教的支配が続いた。1635 年の地図からもフェルトレの領土がピアーヴェ川とチズモン川を含んでいることがわかる。ピアーヴェ川とブレンタ川の筏師組合の拠点があったといわれている。このように、ヴェネツィア共和国にとって、フェルトレは両河川をつなぐ重要な都市であったことが確認できるのである。

153 劇場（M・ダリオ・パオルッチ撮影）

154 ドゥオーモの正面（樋渡撮影）

155 地下に眠っていた古代ローマの遺跡（現地の案内ポスター）

156 17世紀　フェルトレの市壁の外に立地する水車を配した製造所群
出典は図23と同じ

4

ブレンタ川流域
筏流し・産業・舟運

Fiume Brenta

ブレンタ川流域のバッサーノ・デル・グラッパ（樋渡撮影）

1 ブレンタ川流域の地理的、歴史的特徴

　ブレンタ川は、トレント自治県の標高450mに位置するカルドナッツォ湖（Lago di Caldnazzo）からヴェネト州のアドリア海に注ぐ全長174kmの河川である。2000mを超える山々の間を縫い、グラッパ山を過ぎると、ヴェネト州の広大な平野に出る >1。田園の広がる平野部では、蛇行し、たびたび氾濫していた暴れ川の面影を残す。そして、キオッジア方面に流れ、アドリア海に注ぐ >2。

　ブレンタ川の上流にはヴェネト州の州境があり、それはヴェネツィア共和国の国境にあたる。この州境には、ヴィチェンツァ県チズモン・デル・グラッパ（Cismon del Grappa）市に属す、プリモラーノ（Primolano）が位置する。この集落は、ブレンタ川の谷間で、フェルトレとトレントを結ぶ街道沿いに位置し、古くから重要な場所であった。ヴェネツィア共和国の国境であったことから、検疫施設、税関、無数の宿泊施設なども置かれ、当時、共和国の重要な役割を担っていたことが窺える。この集落には、獅子の彫刻が施された噴水もあり、ヴェネツィア共和国に属していたことがわかる。こうした獅子の彫刻はプリモラーノよりも下流域の都市や集落でも見ることができ、当時ヴェネツィア共和国の支配下にあったことを今に伝えている。プリモラーノについては、後にくわしく見ていく。

　ブレンタ川の役割としては、シーレ川やピアーヴェ川同様に、河川を通じた物や人の輸送や川の水そのものを利用した産業が挙げられる。物資輸送については、島で形成され、資源が乏しく周辺地域に頼らざるをえないヴェネツィアにとって、シーレ川やピアーヴェ川だけでは足りず、ブレンタ川流域にも頼る必要性があった。ブレンタ川を通じて、木材をはじめとし、石材、鉄・銅・亜鉛などの金属類、石炭、木炭、レンガ、川から採れる砂利などの資材が運ばれた。また、小麦、チーズなどの食料品やタバコのような嗜好品も届けられた。さらには、水で囲まれているヴェネツィアであったが、飲料水に

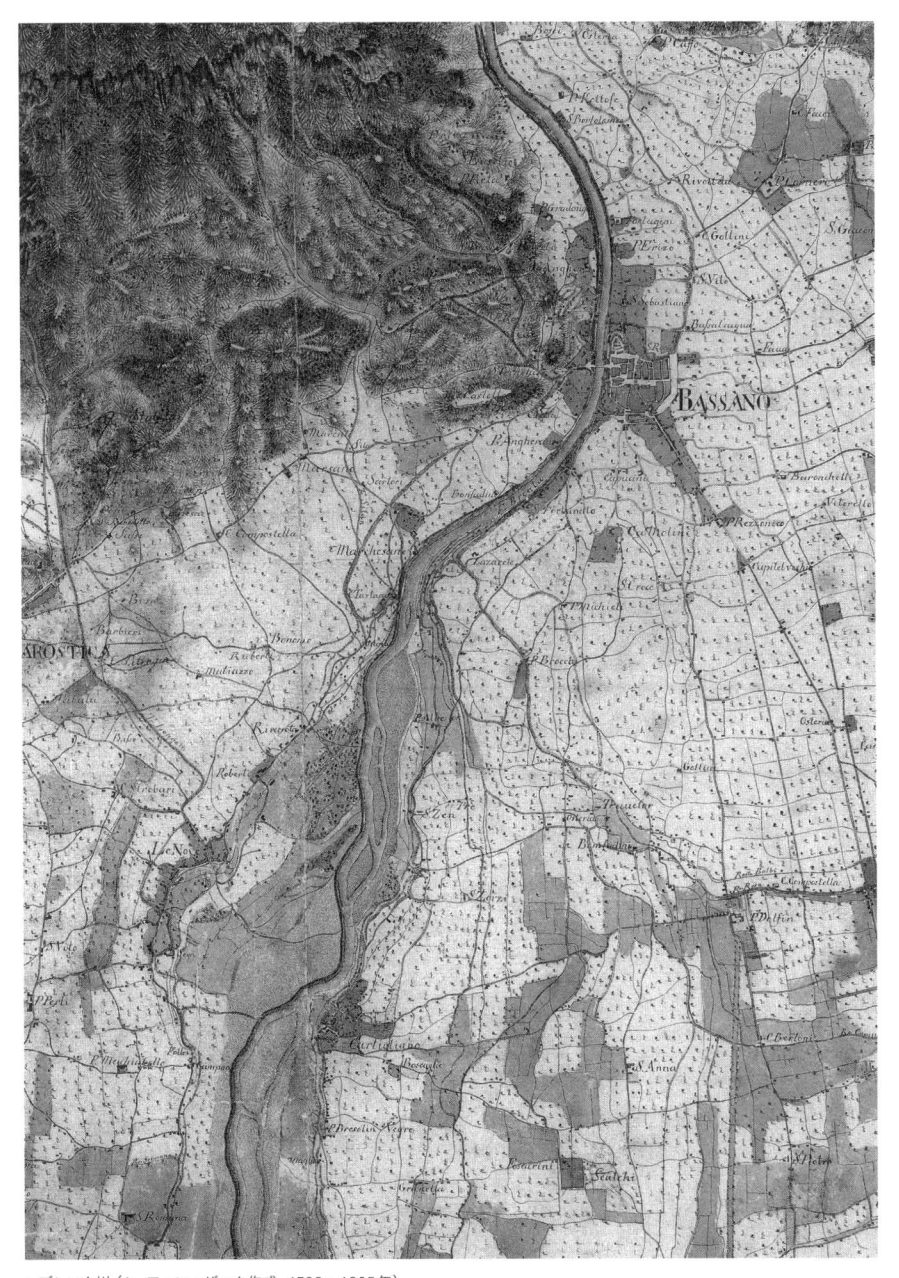

1 ブレンタ川（A・フォン・ザック作成、1798〜1805年）
Massimo Rossi (a cura di), *Kriegskarte 1798 – 1805 : Il Ducato di Venezia nella carta di Anton von Zach*, Treviso - Pieve di Soligo : Fondazione Benetton Studi Ricerche, Grafiche V. Bernardi, 2005.

はつねに不自由していたことから、水も輸送された。このように、ありとあらゆる物資が本土から届き、ヴェネツィアは本土の豊富な資源に支えられ、発展をしてきたのである。

　そこで本章では、ヴェネツィアにとって最も重要な木材産業にまず注目し、筏流しについて述べる。ヴェネツィア共和国にとって最重要施設である国営造船所（アルセナーレ）の繁栄も、本土からの木材輸送なしには語れない。

　続いて、ブレンタ川流域で興された産業について取り上げる。ヴェネツィア共和国や貴族によって、ブレンタ川の豊富な水流を利用して、製粉業、製紙業、製陶業などの産業も興された。それらの産業施設では、水車により動力を得ていた。古くは、ヴェネツィア・ラグーナ内でも、潮の干満差を利用して水車を回していたことが知られるが、河川から得られる動力とは比べものにならなかった。シーレ川流域については、とりわけ製粉業に注目したが、ブレンタ川流域では、製陶業に着目し、ノーヴェ（Nove）の街を取り上げる。さらに、ここではブレンタ川の玉石を利用した石灰工場も特徴的な事例として見ていきたい。

　そして、ブレンタ川を論ずる上で外せないのが舟運の役割である >3。かつてのブレンタ川は、本土とラグーナの境に位置するフジーナ（Fusina）に河口があり、ラグーナに注いでいたが、土砂の堆積によりラグーナ内の水循環に悪影響を及ぼすとして、本流を付け替えてきた。しかし、その一方で、パドヴァやブレンタ川沿いの都市を結ぶ重要な航路であったため、フジーナを拠点とするかつての航路は維持されてきた。その維持された航路であるフジーナからストラの区間は、16世紀から18世紀にかけて、貴族のヴィッラが建てられるようになった。どの別荘も立派な正面をブレンタ川に向けており、川沿いには華やかな光景が広がっている >4。現在でもその様子を見ることができ、いくつかの別荘は一般に公開されている。その別荘をめぐるツアーも人気が高い。ここでは、そうした誰もが知っているような貴族の別荘についてではなく、河川を付け替える要となった都市のドーロ（Dolo）を掘り下げて考察する。河川の付け替えによって、小さな集落がヴェネツィアにとって重要な都市になっていく変化を描く。こうした河川の付け替えにもかかわらず、古くから

の航路の維持にこだわり続けた、ヴェネツィアにとっての重要な都市、パドヴァそのものについても概観する。

　以上のように、ブレンタ川はじつに多様な役割を担ってきた。ブレンタ川流域は、ヴェネツィアと密に結びつきながらともに発展し、歩んできたのである。こうした水の側からテリトーリオを捉え直すことで、かつての政治的領域の視点とは違う、新たな側面が見えてくるだろう。

2 ブレンタ川の水源から河口（1589年）
Anna Zanini, Luisa Tiveron, *Marca trevigiana : Vedute e cartografia dal XVI al XIX secolo*, Vicenza : Terra Ferma, 2010.

3 馬で舟を牽引するブレンタ川上り
河川航行博物館（Museo della Navigazione fluviale）

4 ブレンタ川沿いのヴィッラ（樋渡彩撮影）

都市・集落の空間構造

　ブレンタ川は、カルドナッツォ湖からプレアルピ（Prealpi）を南下し、ヴェネト州の広大な平野を緩やかに流れた後、ヴェネツィアに到達する。また、ブレンタ川上流のチズモン・デル・グラッパにサン・マルティーノ・ディ・カストロッツァから注ぐチズモン川（Torrente Cismon）も重要な河川である。これらふたつの川はシーレ川と同じように、ヴェネツィア共和国を支えるために、さまざまな役割を担っていた川であり、その役割はシーレ川やピアーヴェ川以上に多様である。

　ここでは、ブレンタ川流域の都市がいかなる都市空間を育んできたのかを明らかにすべく、まずは地形と河川や道路といったインフラの関係からそれぞれの都市および集落の構造の分類を行い、分析を試みる。都市および集落の対象は図5で、それらの構造を模式図で示すと図6のように分類される。

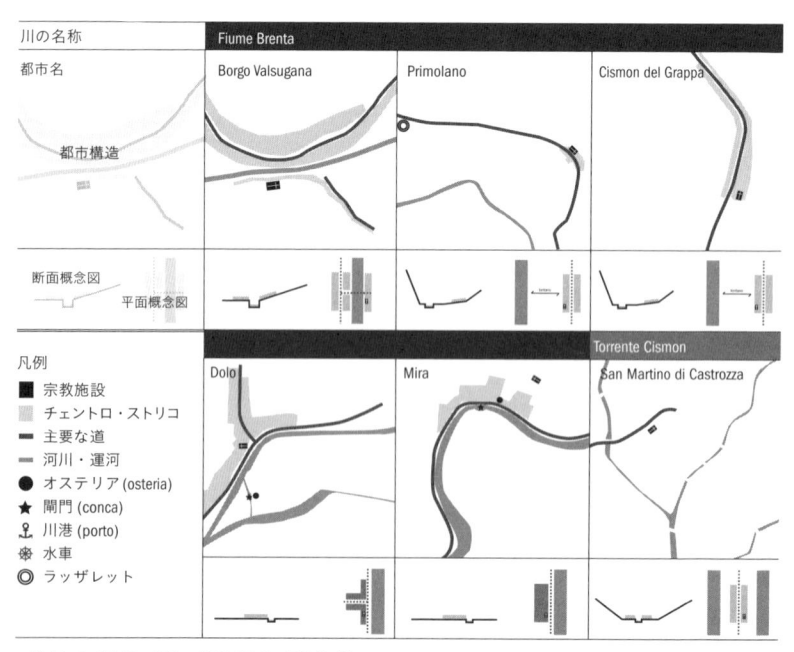

6 都市および集落の構造の類型（真島、樋渡作成）

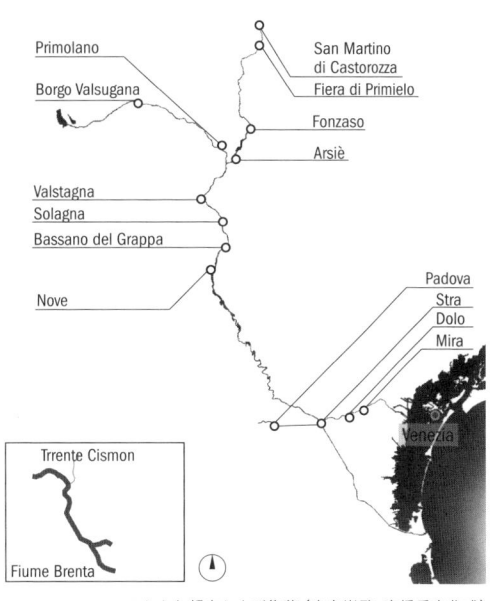

5 おもな都市および集落（真島嵩啓、高橋香奈作成）

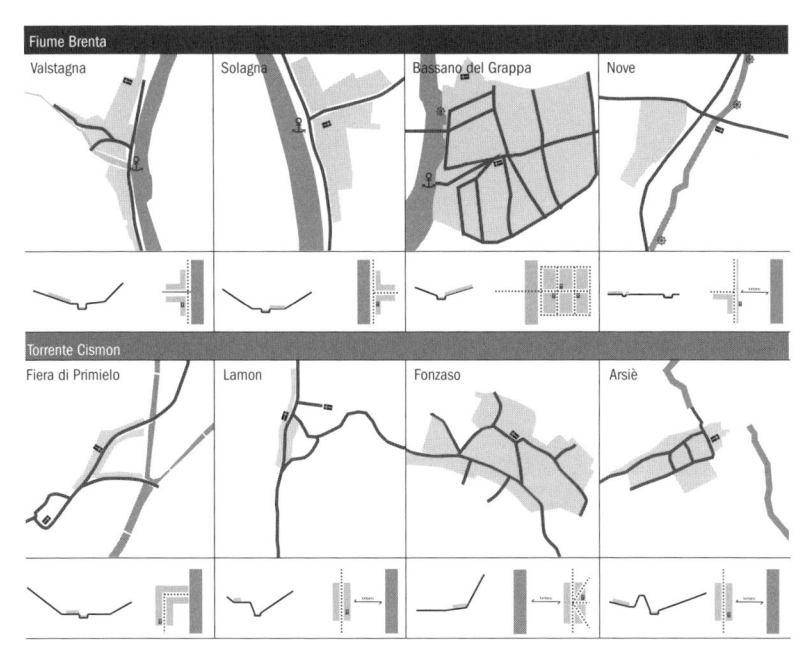

これらの特徴について、上流から見てみると、プレアルピ（アルプスの手前）と呼ばれるチズモン・デル・グラッパ以北（上流域）では、なんといっても急峻な崖地が多い。川によって崖がV字状に削られ、川のそばにはわずかながら平坦な場所があり、このわずかな場所に都市は形成されている。そのため、都市形態は川や等高線に沿った、細い線状となる。また、ボルゴ・ヴァルスガーナのような最上流は、川と都市が近いが **>7**、プリモラーノでは、比較的川から離れた場所に集落が形成されている。

　続いて、中流域にあたるチズモン・デル・グラッパからバッサーノ・デル・グラッパに注目する **>8**。この中流域の地形は上流域とさほど変わらないため、ここでも線的な都市が形成されている。しかし、上流域よりも川と街の距離は徐々に近づいてきている。また、特筆すべき特徴は、「川港」を持つことである。ヴァルスターニャ、ソラーニャ、バッサーノ・デル・グラッパには川港がある。ヴァルスターニャは、上流域で製材された木材が到着し、筏に組む川港であった。もうひとつの特徴は、川を正面にして立地する教会である。川に沿った街道から階段を上るアプローチの形式が見受けられる。

　そして、バッサーノ・デル・グラッパを過ぎると、一面耕作地の広がる平野をゆっくりと蛇行するように川が流れる。ここではブレンタ川から取水し、用水路を引くことで、あらゆる産業を興していた。現在はその跡地に工場が立地し、一大産業拠点となっている。

　さらに下ると川沿いに別荘が立地するストラ、ドーロ、ミーラがある。この区間はヴェネツィア～パドヴァ間の重要な舟運ルートであった。そのため閘門があり、通航までの待ち時間に交渉や飲食のできるオステリアが確認で

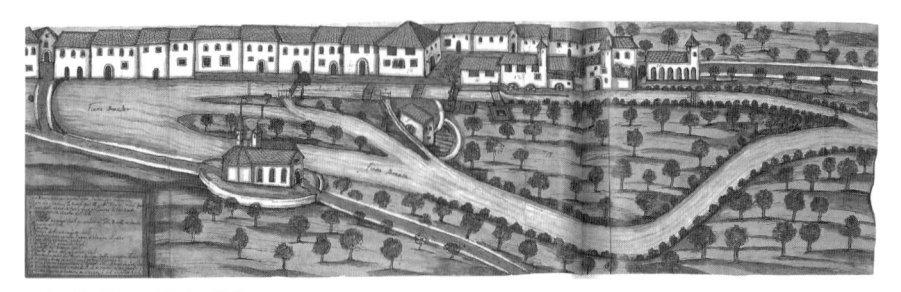

7 ボルゴ・ヴァルスガーナの街並み
A. Bondesan, G. Caniato, D. Gasparini, F. Vallerani, M. Zanetti (a cura di), *Il Brenta*, Sommacampagna : Cierre, 2003.

きる。当然、川との関係も近く、住民も水辺空間に親しみをもっているようである。

最後にブレンタ川の上流に注ぐチズモン川についても触れると、チズモン川の上流域では都市と川が近く、ブレンタ川に注ぐ下流域では、川から離れて都市が立地するように、都市空間は等高線に沿って形成されていることがわかる >**9**。

以上のように、ブレンタ川流域は似たような構造を持つ都市は地形の影響を受けていることが読みとれる。そうしたその地の利を生かした産業が興り、ヴェネツィア共和国の影響とともに都市および集落も発展していったと考えられる。

8 バッサーノ・デル・グラッパから北側の風景
出典は図7と同じ

9 フィエラ・ディ・プリミエーロを流れるチズモン川（須長拓也撮影）

ヴェネツィア共和国の国境に位置する集落
── プリモラーノ（Primolano）

　プリモラーノは、現在ヴェネト州の州境に位置し、ヴィチェンツァ県チズモン・デル・グラッパ市に属す、人口約250人の小集落である **>10,11,12**。集落の名前の語源は、製粉所の牧草地を意味する「プラトゥム・モラヌム（Pratum molanum、prato del molino）」から来ているとされている。ブレンタ川の谷合で、フェルトレとトレントを結ぶ街道沿いに位置することから、古くから重要な場所であった。すでに1260年には城塞（Castello della Scala）が築かれ、軍事的な役割を担ってきた。この城塞は、19世紀から20世紀にかけて、フェルトレ方面とブレンタ川の上流に位置するヴァルスガーナ方面を制御するため、頑丈な要塞（Tagliata della Scala）として再建されたが、第一次世界大戦の1917年、オーストリア軍によって爆破された。

　今日のプリモラーノには、アジアーゴ高原（Altipiano di Asiago）とグラッパ山（Monte Grappa）のハイキングや、ブレンタ川沿いを、アルシエ湖（Lago di Arsiè）やペルジネ（Pergine）に向かうサイクリングを楽しむ観光客が訪れる。また、背後に迫り立つ絶壁の岩場を利用したロック・クライミングの場所としても知られている。

　ここでは、プリモラーノのヴェネツィア共和国下での集落の役割について見ていこう。

　1404年、ヴェネツィア共和国の支配下に入る。中心のレオーネ広場には、ヴェネツィア共和国を象徴する獅子を施した噴水を確認することができる **>13**。これは1534年に設置されたものである。ヴェネツィア共和国の国境に位置するプリモラーノには、共和国にとって重要な機能が置かれる。そのひとつが伝染病を国内に持ち込まないようにするための検疫施設「ラッザレット（Lazzaretto）」である。ラッザレットは、集落の中心部から離れ、ブレンタ川の上流側に立地する。1625年の鳥瞰図から、街道に門が設けられ、施設は実際よりも大きく強調して描かれていることから、ラッザレットの重要性が窺える **>14**。第二次世界大戦時には、ドイツ軍に占領された。また、共和国にとっ

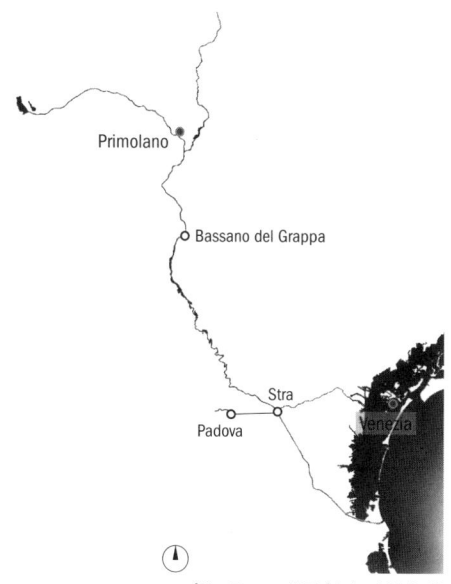

10 プリモラーノの位置（真島、高橋作成）

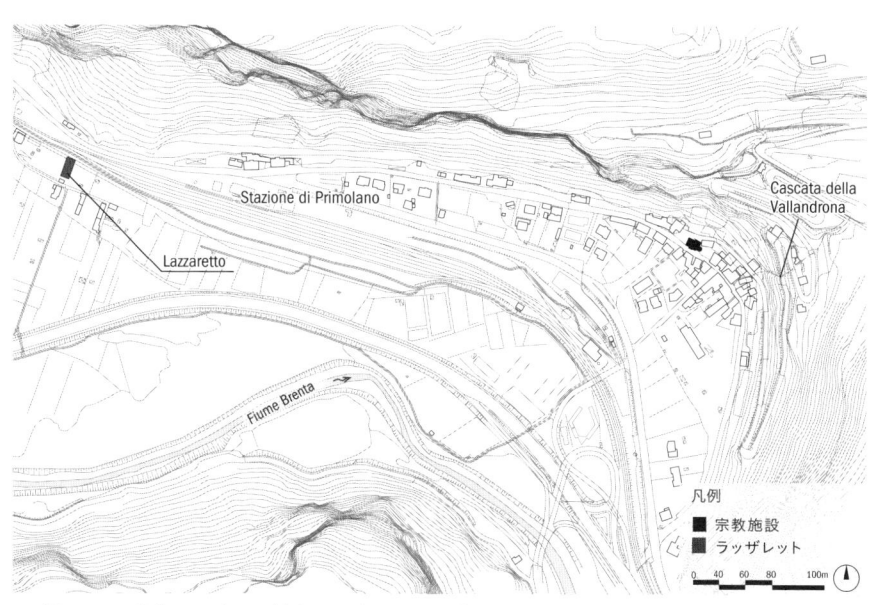

11 プリモラーノの集落とラッザレット（真島、道明由衣、樋渡作成）

337

もうひとつ重要な機能である税関（dogana）は、集落の中心部に配置された。現在も税関のあった建物には、特徴的な顔の彫刻が施されており、位置を確認することができる >15。

　ほかにも、重要な施設として宿泊施設がある。この小さな集落に 80 施設もあったと伝えられている。これほどたくさんの宿泊施設の存在は、巡礼者など多くの人びとがこの地を往来していたことを物語る。宿泊施設のひとつは教会に隣接していた。この教会の起源は、1000 年ごろと古く、そのころにはすでに隣接する宿泊施設もあったという。鐘楼は 1442 年に建設された、ロマネスク後期の様式である。守護聖人はサン・バルトロメオ（S. Bartolomeo）で、教会の管轄区は 1818 年、フェルトレからパドヴァに移る。

　集落の南端には、修道院があったといわれており、おそらく宿泊施設としても機能していたと考えられる。そして、現在、噴水のある広場に面してオステリアがある。オステリアは 1 階を飲み屋、2 階を宿屋としていた時代があることから、かつてはここも宿泊施設として機能していたのではないかと推察される。

　さらに郵便の中継地（stazione di posta）もあり、さまざまな人が往来する交通の中心であった。

　このように、ヴェネツィア共和国の国境に位置するプリモラーノは、外国からの玄関口として重要な役割を担う小集落というよりも、むしろ「都市」であった。ヴェネツィア共和国崩壊から 200 年以上経った現在もなお、"異文化の出会いの場"というかつての機能を色濃く残す情緒ある集落である。

12 プリモラーノの中心部
1812〜1833年の不動産台帳の地図に樋渡追記

凡例
1 教会　2 元修道院
3 元税関（ex dogana）
4 飲食店（osteria）
5 元宿泊施設
6 噴水
7 ヴァッランドロナ滝

13 1534年の獅子の彫刻が施された噴水（樋渡撮影）

14 1625年の鳥瞰図
プリモラーノの集落（中央左）とラッザレット（中央）
出典は図7と同じ

15 元税関。顔の彫刻が施された開口部跡（道明撮影）

339

2　筏流しを支えた村と町

プリミエーロ渓谷からヴェネツィアまでの木材輸送

　ブレンタ川はヴェネツィアを支える重要な役目を果たしてきた。そのひとつが物資輸送である。資源の乏しいヴェネツィアにさまざまな物を運んできた。そのなかでも木材は、ヴェネツィア共和国の繁栄になくてはならないものであった。まず、ヴェネツィアの地中には不安定な土地に都市を築くための基礎用の資材として無数の木杭が打ちつけられており、まさに森と呼ばれるほどである。同時に、住宅や施設を建設する建材としても木材は欠かせない。さらに、ヴェネツィア共和国にとって最も重要なアルセナーレでの造船に、木材はなくてはならなかったのである。このように、ヴェネツィア共和国に木材をつねに供給する必要があった。ピアーヴェ川の上流では、ヴェネツィア共和国により森が管理された。しかし、ヴェネツィア共和国内での消費に加え、国外に輸出していたことから、国内生産の木材だけでは足りず、輸入する必要があった。その輸入先のひとつがブレンタ川に注ぐチズモン川沿いの地域である >16。

　チズモン川は現在のトレンティーノ＝アルト・アディジェ自治州にあたり、ヴェネト州に隣接する。かつてこの辺りでは、ヴェネツィア共和国との激しい領土争いが続いた。このチズモン川はドロミテ山脈の西側を流れ、プリミエーロ渓谷（Valle di Primiero）を形成する。プリミエーロ渓谷には 2,000m を超える山々が両側にそそり立ち、迫力ある風景が広がる。現在は夏の避暑地、冬のスキー場として人気の高い場所である。

　プリミエーロ渓谷は、すでに 12 世紀にはフェルトレの教区に属しており、宗教的支配は 1786 年まで続いた。一方、政治的にはチロルの領土の後、1401 年、ハプスブルクのレオポルド 3 世（Leopoldo III）によりウェルスペルグ家（Giorgio

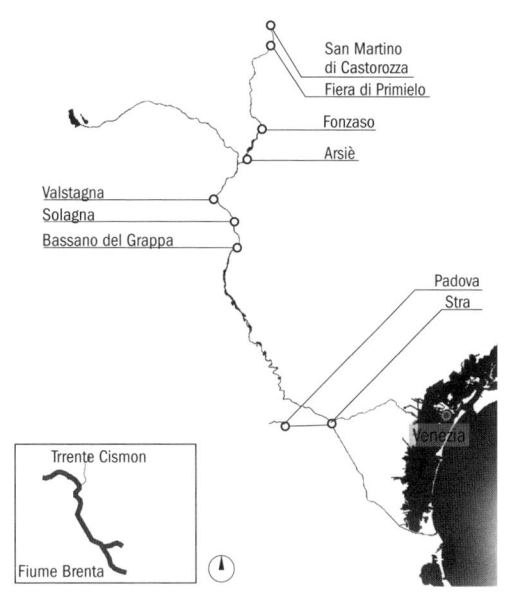

16 ブレンタ川とチズモン川（真島、高橋作成）

di Welsperg）の支配下に置かれた。15世紀、この有力家により、木材商業がプリミエーロ渓谷の経済基盤となる。

　ここでは、チズモン川からブレンタ川を通ってヴェネツィアまで輸送するルートに注目する。この木材の輸送ルートは、1994年に開催された「木材の河川（un fiume di legno）」という展覧会をもとにしてまとめられたカタログや、その後再編集を行った、2010年出版の『木材の河川——トレント地方からヴェネツィアまでの筏流し』（Asche R., Bettega G., Pistoia U., *Un fiume di legno: fluitazione del legname dal Trentino a Venezia,* Scarmagno: Priuli & Verlucca, 2010）にまとめられている。木材輸送ルートとして、ブレンタ川に注目した比較的新しい歴史的分野である。また、図17、18はその展覧会で展示された絵画である。文書館の史料や現地調査をもとに制作された。ここでは、これらの研究とわれわれの現地調査を見ていく。

　まず木の伐採から木材の輸送ルートを概観する。森にはふたつのタイプが

あり、ひとつは「白い森」と呼ばれる広葉樹の森で、もうひとつは「黒い森」と呼ばれる針葉樹の森である。ここでは、きこりが活躍し、森で木を伐採し、山の麓まで木を運ぶといった工程は、夏場に行われる。そして秋から冬にかけて、伐採された木材を、山の麓まで馬でソリを引っ張って運んだ。チズモン川沿いのプリミエーロ渓谷やチズモン川に注ぐヴァノイ川の流れるヴァノイ渓谷では、急斜面を利用して伐採した木材をそのまま転がす方法もとられ

17 木材輸送。木材の伐採〜筏に組む地域
R. Asche, G. Bettega, U. Pistoia, *Un fiume di legno : fluitazione del legname dal Trentino a Venezia*, Scarmagno : Priuli & Verlucca editori , 2010.

18 木材輸送。筏に組む地域〜ヴェネツィア
出典は図17と同じ

た >19。なかには、木を痛めないように運ぶ木材専用の道がつくられた >20。たとえば、木造の橋や石畳の道である >21。石畳の道はブレンタ川沿いのヴァルスターニャで見ることができ、現在は散策コースにもなっている。

　このチズモン川やヴァノイ川沿いの地域では、急流の利点を活かして、水車を動力とした産業が盛んであった。たとえば、製粉所、鋳造所（fucine）、レンガ工場などが挙げられる。また、木材輸送と並行して、製材所もあり、こ

の部分に関しては後にくわしく触れる。

　伐採した木材は、麓まで運んだ後、丸太のまま川に流した。水が豊富でない川では、川に木造のストゥアをつくり、そのストゥアの手前に丸太を溜めておいて、ある程度水が溜まったら、ストゥアの板を外して、一気に放出される水の勢いで丸太を流す、という方法がとられた。このストゥアは、ピアーヴェ川流域のパドラにあるストゥアとは違う、もうひとつのタイプである。またここではメナダス（menadàs）と呼ばれる職人たちがその役割を担った >22。ストゥアを何ヵ所も設置して、1回のストゥアで、1〜2kmも移動させて下流まで丸太を流した。このことから、パドラにあるストゥアほど大規模なものではなかったと想像する。チズモン川では、ストゥアを利用して木材を輸送する作業は水の多い5〜6月が選ばれた。丸太を流す際、勢いあまって川から飛び出した丸太が、耕作地に被害を与える問題も生じていたという。

　ヴァノイ川をはじめとして、支流の集まるチズモン川には、多くの丸太が流れ込んだ。そのため、丸太の所有者かわかるように、丸太を流す日を個別に割り当てるなどの工夫がなされた。しかしながら、丸太の70%は目的地へ行くが、30%は失われていたといわれている。

　プリミエーロ渓谷を流れるチズモン川の急流を利用して、丸太をブレンタ川まで運ぶ。その際、途中の集落では、丸太加工が行われる >23。セゲリア（segheria）と呼ばれる製材所が多く立地するフォンツァーゾは、フェルトレと街道で結ばれている、木材輸送の拠点であった。製材所で加工した木材はフェルトレやヴェネツィアに輸送された。また、フォンツァーゾには、ヴェネツィア出身の商人で、17世紀後半、木材の流通産業に貢献した最も重要な人物であるジャコモ・コッロ（Giacomo Collo）がいた。

　そして、チズモン川は、税関のあったチズモン・デル・グラッパでブレンタ川へと注ぐ。丸太の集積地となり筏に組む港があり、とくにチズモン・デル・グラッパ、マリノン（Marinon）、ヴァルスターニャには、材木保管用の広場や筏を組むための作業場があった >24。

　ブレンタ川に沿ったヴァルスターニャでは、森林というよりも、段々畑の風景が広がる。この急斜面を利用した段々畑ではタバコの栽培が行われた。

また、隣接するアジアーゴ（Asiago）からの木材が、ヴァルスターニャの石畳の道を通って運ばれて来た。ここで筏に組まれた後、ブレンタ川を下る。ヴァルスターニャの辺りのブレンタ川は、川幅が広くゆったりした流れであるため、筏を組むにはちょうどいい地の利をもった。筏を組む作業はサン・ニコラ信心会（confraternita）に属した筏師によって行われた。ヴァルスターニャに

19 地すべりによる木材の輸送（オトシ）
Bianca Simonato Zasio, *Taglie Bore Doppie Trequarti : Il commercio del legname dalla valle di Primiero a Fonzaso tra Seicento e Settecento*, Rasai di Seren del Grappa : Tipolitografia Editoria DBS, 2000.

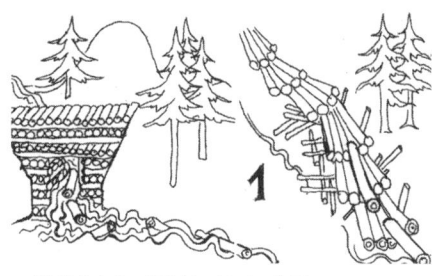

20 伐採した木材の輸送（左：堰、右：修羅）
出典は図17と同じ

21 木材を傷まないように運ぶためのしくみ
出典は図19と同じ

22 メナダスによる丸太運び
出典は図17と同じ

23 丸太の一部を加工する製材所
出典は図17と同じ

345

は、カナーレ・ディ・ブレンタ（Canale di Brenta）という組合があり、1566年の会員は21人だったという。ここからヴェネツィアまで同じ筏師が輸送する方法と、ピアーヴェ川の木材輸送のようなリレー方式があった。同じ筏師が輸送する場合は、筏の上で寝食をともにしたという。そのため、筏の上に木造の小屋もつくられたが、ヴェネツィアに着いたときにはすべて解体できるしくみになっていた。その筏の上には、加工した木材のほか、チーズなどの食料品やタバコなどの貴重な品物を積んで一緒に運んだ。ピアーヴェ川同様に丸太材を供給するだけでなく、商品輸送も行っていたのである。

　さてヴァルスターニャでは、木材輸送の拠点以外にもブレンタ川の水を引いて、水力発電を行っている場所もある。ブレンタ川沿いの地域では、こうした用水路を活用した産業が興っている。たとえば、製粉業、鋳造業、陶器製造業、製紙業、製革業、絹織業などが挙げられる。また、レンガ工場やテラコッタの工場も立地する。バッサーノ・デル・グラッパの南では、ブレンタ川から採れる玉石を利用して石灰をつくる工場が立地した。工場の煙突は特徴のある形をしており、一際目を引いていた。筏師たちはこのような地域の風景を楽しみながら川を下っていったであろう。

　そして、バッサーノ・デル・グラッパより20kmくらい南側からブレンタ川の蛇行が激しくなる。そのため、舟よりも安定感のない筏をコントロールするには熟練した技が必要であった。ここで活躍するのも筏師である。彼らは筏の上で丸太を引っかける長い棒のような道具を操り、筏を目的地まで運んだ。この道具は、筏を届けた後、護身用の武器に変わる。筏師の帰路は危険を伴う陸路であったため、盗賊から身を守る必要性があったのである。

　筏はパドヴァやキオッジア、そしてヴェネツィアに運ばれた >25,26。ブレンタ川の下流に位置するこの地域では、水の流れが不十分な場合、馬が引っ張ることもあった。大部分はストラからブレンタ川を下り、ブレンタ川の重要な商港であるキオッジアへと運ばれる。そして、筏はキオッジアからヴェネツィアに運ばれ、建材や造船用としてヴェネツィアで消費された。

　以上見てきたように、筏流しはヴェネツィア共和国の繁栄を支え、チズモン川、ブレンタ川の文化的・経済的ネットワークを形成してきた。このネッ

トワークは、20世紀に入り薄れ始め、第二次世界大戦後にはトラック輸送に切り替わり姿を消してしまった。しかし、ヴェネツィアのテリトーリオを考えるうえで、筏流しの視点はきわめて重要である。

24 丸太を筏に組み、川を下る
筏に組むのは、舟運や水車に影響を及ぼさないための工夫である。また、筏に組むことで、その上に加工した木材のほか、チーズやタバコなどさまざまな商品を筏に載せて輸送した
出典は図17と同じ

25 筏や加工した木材を輸送する
出典は図17と同じ

26 筏や加工した材がヴェネツィアに届く
出典は図17と同じ

347

サン・マルティーノ・ディ・カストロッツァ（San Martino di Castrozza）

　チズモン川の上流のプリミエーロ渓谷の北部に位置するサン・マルティーノ・ディ・カストロッツァは、現在トレンティーノ＝アルト・アディジェ自治州、トレント自治県シロール市（Comune di Siror）に属す、人口600人にも満たない小さな集落である >27,28。

　かつては、この地域で伐採された木材がヴェネツィアまで運ばれていた >29。1915年の製材所の写真から、木材産業が活発であった時代を窺い知ることができ、木材の豊富な地域であることがわかる >30。

　最初に集落の構造について見ていこう。5つの急流が集まる場所に集落が形成された。その急流のひとつであるチズモン川を軸として集落が広がる >31。チズモン川とペツ・ガイアルド川（Torrente Pez Gaiard）の間には、旧街道が通っており、プリオレ通り（Via del Priore）とロダ渓谷通り（Via val di Roda）がそれにあたると考えられる。街道沿いには、12世紀のロマネスク様式の鐘楼を持つ教会や、オスピツィオ（ospizio）という古い宿泊施設が立地する >32,33。19世紀後半に敷設された国道50号線沿いには、道路監視員の家（Casa cantoniera）や郵便局のような重要な施設が立地していた。現在、この道路は散歩を楽しむ観光客がつねに往来している。

　集落の中心から離れたチズモン川の上流には、石灰工場（Fornace per la calce）が立地する。施設は道路面より1階分低く、河川により近い位置に立地していることから、かつては河川とつながっていたと思われる。現在は1911年に建設された石積みの煙突が保存されており、一際目を引くシンボル的な存在となっている >34。機能を失った後も、こうして街の記憶を大切にする姿勢は大いに学びたい。

　ところで、1960年代以降の農村は、一般的にどこも過疎化が進み、寂しい集落になるのだが、こんな山奥の小さな集落が、なぜこんなにも賑わっているのだろうか。それは、標高1,487mと高いことから、夏は避暑地として、冬はスキー場の宿泊地として機能しているためである。1年中観光客で溢れかえり、集落の収益のほとんどが観光産業という。レストランやホテル業のほ

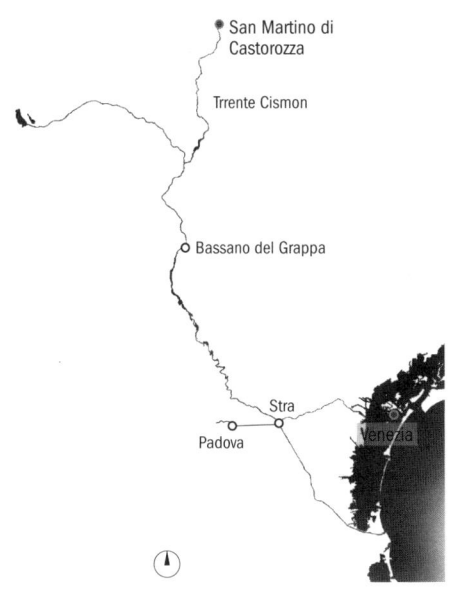

A　教会
B　宿泊施設（ospizio）
C　道路監視員の家（Casa cantoniera、1873年）
D　郵便局（1890年ごろ）
E　石灰工場（1911年）

ホテル（建設年代）
1……Albergo Alpino（1874年）
2……Albergo Rosetta（1888年）
3……Panzer Hotel Dolomiti（1893年）
4……Grand Hotel des Alpes（1895年）
5……Hotel Cimone（1896年）
6……Waldhaus（1903年）
7……Hotel Alpenrose（1904年）
8……Villa Langes（1907年）
9……Hotel San Martino（1908年）
10……Villa Vittoria（1910年）
11……Bar Caffe Centrale（1912年）
12……Garage Toffol（1914年以前）

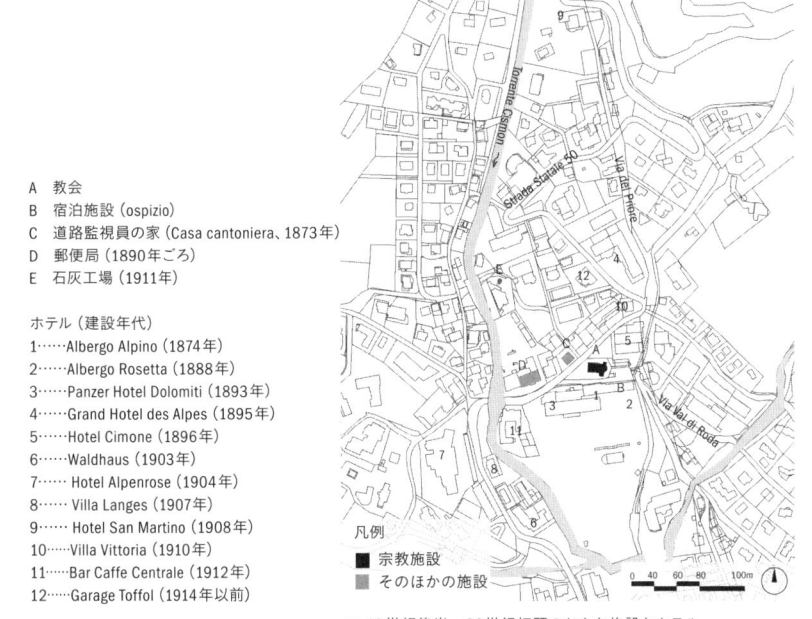

27 サン・マルティーノ・ディ・カストロッツァの位置（真島、高橋作成）

28 19世紀後半〜20世紀初頭のおもな施設とホテル
Piero Agostini, *Cordiali saluti da Primiero*, Belluno : Nuovi Sentieri editore, 1990 をもとに道明、樋渡作成

かに、アルプス登山のガイドといったこの地ならではの観光業もある。

　この集落の観光産業の始まりは比較的早く、1918年まで続いたオーストリア支配下で進められた。1871年、フィエラ・ディ・プリミエーロ（Fiera di Primiero）とプレダッツォ（Predazzo）を結ぶ道路が敷設されると、サン・マルティーノ・ディ・カストロッツァまで観光客が流れてくるようになった。この道路は教会をかすめるように、集落の中心に通された。これをきっかけに、次々とホテルが建設された。まず、1873年、フィエラ・ディ・プリミエーロ出身のレオポルド・ベン（Leopoldo Ben）によって、オスピツィオの薪小屋のあった場所にホテル・アルピーノ（Albergo Alpino）が開業される。このホテルは20の客室を備えた。続いて、オスピツィオで新たな動きが起こる。フィエラ・ディ・プリミエーロで歴史的に宿泊施設を経営するボネッティ家によって新たなホテル経営が始められる。ここは現在のホテル・マジェスティック（Hotel Majestic）である。

　1914年までに建設されたホテルの分布を見ると、19世紀末から20世紀初頭にかけて、新設された道路に沿ってホテルが次々と建設されたことがわかる >30。地元の人の話では、第一次世界大戦後の1927〜1928年ごろ、さらに観光化が本格的に展開したという。このように、経済の流れをうまく読み、人口の減少傾向にある山間部を見事に活性化させている、イタリアを代表する小さな集落の例である。

29 サン・マルティーノ・ディ・カストロッツァの背後に広がる山（M・ダリオ・パオルッチ撮影）

30 製材所（1915年、Segeria G. Secco）
出典は図28と同じ

31 急流のチズモン川（須長撮影）

32 教会とロマネスク様式の鐘楼（須長撮影）

33 元オスピツィオ（樋渡撮影）

34 チズモン川沿いに立地した石灰工場（1911年建設、M・ダリオ・パオルッチ撮影）

フィエラ・ディ・プリミエーロ（Fiera di Primielo）

　トレンティーノ＝アルト・アディジェ自治州トレント自治県にあるフィエラ・ディ・プリミエーロは、チズモン川上流のプリミエーロ渓谷の中央に位置する >35。この渓谷には、プリミエーロ連合（Comunità di Primiero）と呼ばれる8つの自治体（comune）、カナル・サン・ボーヴォ、Canal San Bovo）、フィエラ・ディ・プリミエーロ、イメール（Imèr）、メッツァーノ（Mezzano）、サグロン・ミス（Sagron Mis）、シロール（Siror）、トナディコ（Tonadico）、トランザクア（Transacqua）がある。フィエラ・ディ・プリミエーロは、イタリアの自治体のなかで最も面積が小さく、次いで南イタリアのアマルフィに隣接するアトラーニが小さい。フィエラ・ディ・プリミエーロでは、ほかの自治体との合併を推進する意見もあるが、投票の結果、今でも独立をつらぬく人口約500人の極小都市である >36。

　この極小都市は、歴史的に重要な都市であった。フェルトレの教会に関する史料から、1142年に遡ることができ、12世紀はじめにはフェルトレの教区に属していたとされ、14世紀のなかごろまで続いた。

　その後1373年、プリミエーロ渓谷はチロルの政治的支配下に置かれる一方で、宗教的な管轄は1786年までフェルトレで、その後トレントに移された。

　1401年、オーストリアのウェルスペルグ家がこの地を治め、森を所有した。そして、第一次世界大戦後の1918年まで、オーストリアの支配が続く。この谷は、銅、銀、鉄といった鉱山資源に恵まれていたため、15世紀はじめから16世紀にかけて、経済的に著しい発展を遂げる。1650年の地図には、チズモン川に沿ってプリミエーロが記載されており、プリミエーロ渓谷のなかで最も重要な場所であったことが窺える >37。

　この地域のそのほかの経済基盤は、木材生産、伐採、製材加工であった。伐採された木材は、丸太のまま小道（sentiero）を滑らせて移動させていた。木材を滑らす代わりに馬が運ぶ場合もあったという。その場合、運べたのは2～3本程度であった。またヴェネツィア共和国の要望は長さ8mの木材であったのに対して、ここでは4mの木材しかとれなかったことから、木材の評価が高くなかったという話も伝えられている。

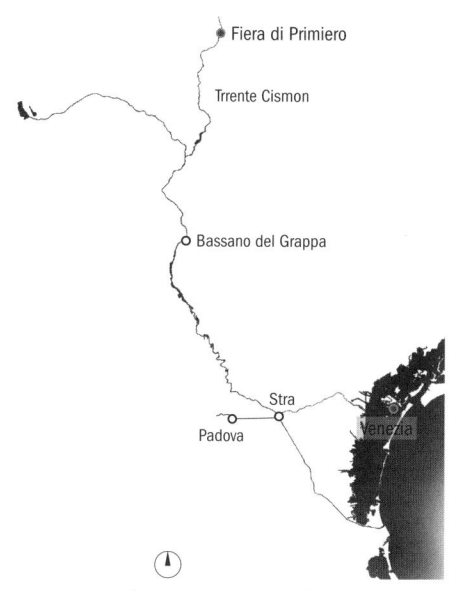

35 フィエラ・ディ・プリミエーロの位置（真島、高橋作成）

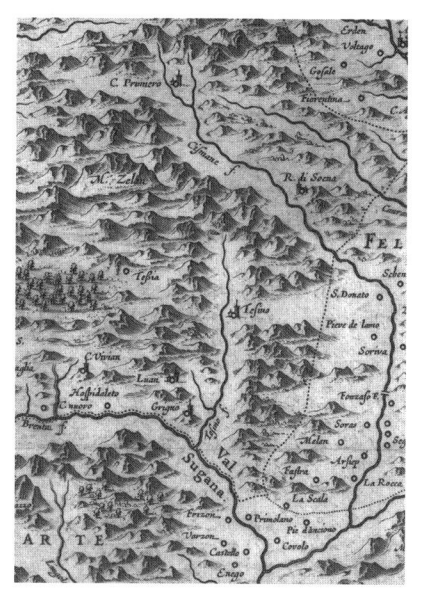

37 1650年の地図に記載されたプリミエーロ

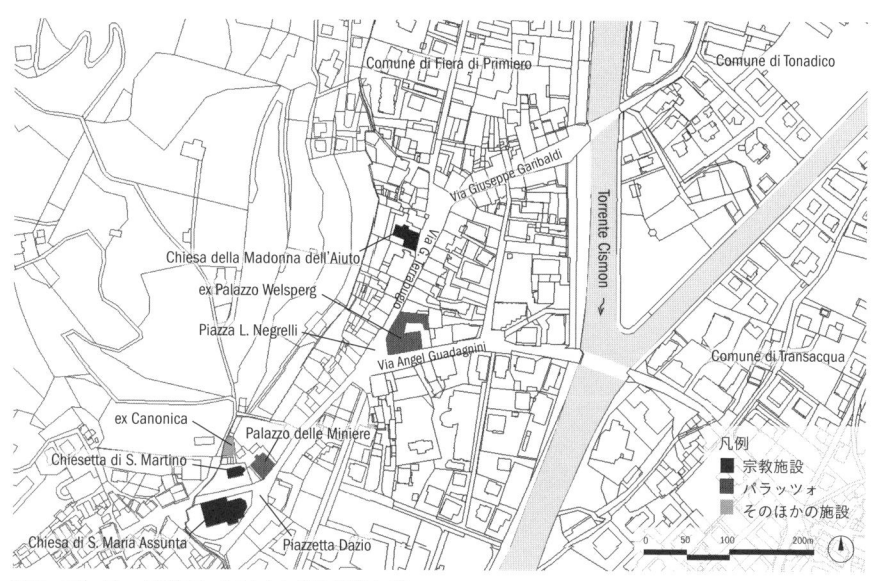

36 フィエラ・ディ・プリミエーロのおもな施設（樋渡作成）

ここに、急流を利用して、水車を動力とする木材加工が行われた製材所（segheria）が多く存在した。

　そして1860年ごろから、アルゼンチンなどの南アメリカへ、その後はフランスやスイスなどの北ヨーロッパ方面へ出稼ぎに行った。その結果、19世紀終わりから、次第に人口が減り、隣の渓谷に位置するカナル・サン・ボーヴォ（Canal S. Bovo）では、4,000人が1,600人にまで減少したという。

　この時期、木材輸出が減り、おもな産業は牧畜や農業であった。農業では、使える土地はすべて農地に変え、牧畜では、バターやチーズ、牛乳といった乳製品の加工も行われた。かつては各業者で牛乳やチーズの味に特色があったそうだが、近代化の過程で作業工程が単純化され、どの業者の製品も同じ風味になってしまったという。そして、この地で栽培された麻や、加工されたバターなどをヴェネツィアまで売りに行っていた。

　時代が下り、材木を海外から安く輸入するようになると、林業はついに廃れてしまう。今では、屋根をつくる2〜3の企業が存在する程度である。現在は、観光業に力を入れて、チロルに似せた街を気軽に体験できるとして、近くのヴェネト州や国内から多くの人が訪れる。近年では、農家の一部を宿泊施設にリノベーションしたアグリトゥーリズモも増えている。また、この地域では、水車を利用した、大麦やトウモロコシを粉末にする製粉所の跡地がリノベーションされ、コンサート会場のようなイベント空間によみがえっている。

　最後に、この極小都市の空間構造を簡単に触れておく。フィエラ・ディ・プリミエーロはチズモン川の右岸に位置し、南端のダツィオ小広場（Piazzetta Dazio）にサンタ・マリア・アッスンタ（S. Maria Assunta）教会が立地する **>38**。1493年から1495年にかけて建設されたゴシック様式の聖堂で、勾配の急な特徴のある屋根と鐘楼はどこからでも見え、この小さな都市の象徴である。この教会の近くには、サン・マルティーノ教会（Chiesetta di S. Martino）が立地し、古くは教区教会であった **>39**。ロマネスク様式で、すでに1206年には存在していたことが知られる。聖堂は16世紀に再建され、聖堂内には、古い装飾や洗礼盤（fonte battesimale）も残っている。

　ダツィオ小広場に面して、パラッツォ・デッレ・ミニエレ（Palazzo delle

Miniere）が立地する。このパラッツォは 15 世紀に建設された後期ゴシック様式である。ダツィオ小広場からチズモン川に平行する G・テッラブジョ通り（Via G. Terrabugio）に沿って建物が密集しており、旧街道であったと考えられる **>40**。この街道沿いには、1663 年から 1667 年にかけて建設されたマドンナ・デッライウト教会（Chiesa della Madonna dell'Aiuto）が立地している。

38 フィエラ・ディ・プリミエーロのパノラマ
象徴的な鐘楼のあるサンタ・マリア・アッスンタ教会（須長撮影）

39 左：元司教館、右：サン・マルティーノ教会（真島撮影）

40 G・テッラブジョ通り
右端から 1910 年建設の塔（Torre Civica）、マドンナ・デッライウト教会が並ぶ（須長撮影）

フォンツァーゾ（Fonzaso）

　ブレンタ川に注ぐチズモン川の左岸、標高329mに位置するフォンツァーゾ市は、ヴェネト州、ベッルーノ県に属する人口約3,400人の都市である>41,42。フェルトレとトレントを結ぶ街道沿いの都市として栄えた。

　チズモン川流域のフォンツァーゾの北に位置するソヴラモンテ市で、先史時代の住居跡が発見されたように、この地域の起源は古い。

　フォンツァーゾの集落は、古代ローマ時代、フェルトリア（Feltria）が都市（municipium）を建設したころに遡るとされており、フォンツァーゾの地域には、ローマ街道のひとつであるパオリナ通り（Via Paolina）が通る。ただし、墓、貨幣、信仰の場所の跡などは見つかっていない。このパオリナ通りは、シーレ川の河口近くに位置するアルティーノ（Altino、ラテン語ではアルティウム Altinum）とトレントを結ぶクラウディア・アウグスタ・アルティナテ通り（Via Claudia Augusta Altinate）へと続く。

　また、蛮族（barbaro）の侵入時には、フォンツァーゾの領域にふたつの要塞があり、ひとつは隣町のアルテン（Arten）で、もうひとつは、サン・ミケーレ（S. Michele）管轄のアヴェナ山（rocce di Avena）の麓にあった。後者はフォンツァーゾの皇帝派（ghibellino）の有力家の居城であった。

　11〜13世紀、フォンツァーゾでは、皇帝やヴェネツィア共和国、さらにはドイツから南下してきた有力な貴族エッツェリーニ（Ezzelini）家に代表されるさまざまな有力家による支配権をめぐる闘争が繰り広げられていた。そして1404年、フォンツァーゾは、フェルトレと同様にヴェネツィア共和国の支配下に置かれた。

　16世紀はじめ、ヴェネツィア共和国と神聖ローマ帝国皇帝であるハプスブルクのマッシミリアーノ（Massimiliano）との戦いで街が壊滅的な状況になった。その後時代が下り、フォンツァーゾは、田園と山の斜面を利用してブドウ畑を耕作し、また、チズモン川を利用した木材輸送によって復興を遂げる。木材産業では、木材の流通・加工の拠点として発展したのである。この影響から商業都市に発展したフォンツァーゾでは中心部に、17〜18世紀の立派な貴

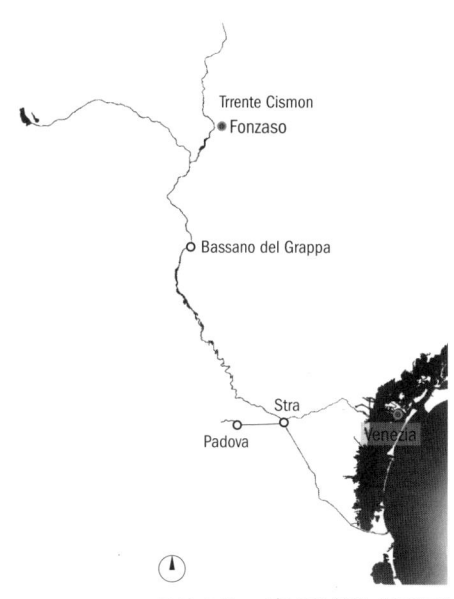

41 フォンツァーゾの位置（真島、高橋作成）

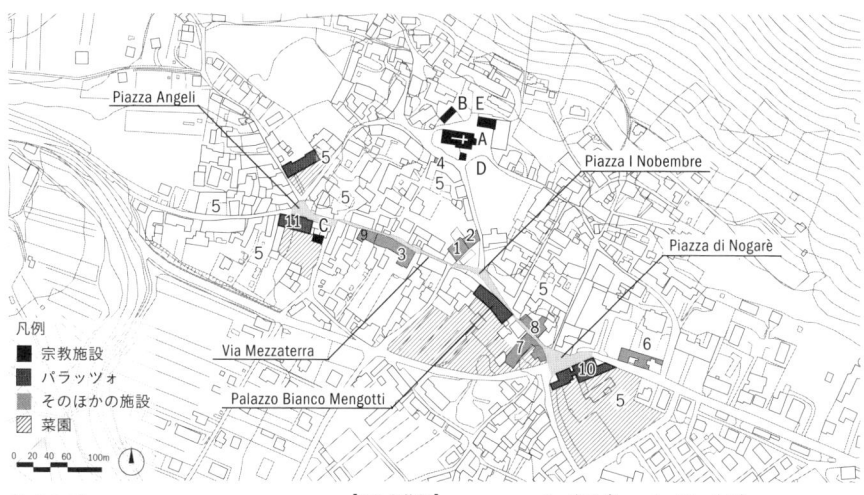

凡例
- ■ 宗教施設
- ■ パラッツォ
- ■ そのほかの施設
- ▨ 菜園

【宗教施設】
- A サンタ・マリア教区教会
- B 小礼拝堂 (Oratorio di S. Filippo Neri)
- C 小礼拝堂 (Oratorio privato Conte Sarenthein)
- D 鐘楼 (Campanile)
- E 司教館 (Casa Canonica)

【おもな施設】
1. 役所・収税事務所
2. 警察の兵舎・刑務所
3. 男子学校
4. 郵便局
5. 絹の紡績工場
6. 宿屋 (Locanda al San Anlo)
7. アンジェロ家の家 (dimora all'Angelo)
8. トッレ家の家 (dimora alla Torre)
9. フランチェスコ・メンゴッティの生家
10. ビレジモ (Bilesimo) の生家
11. アンジェリ家の別荘 (Villa Angeli-Sarenthein)

42 フォンツァーゾの1866年のおもな施設（真島、樋渡作成）

族の別荘（ヴィッラ）や邸宅（パラッツォ）を見ることができる。その代表として、アンジェリ家が挙げられる。中心部の西側に位置するアンジェリ広場には、アンジェリ家の別荘（Villa Angeli-Sarenthein）が立地する。アンジェリ家は木材の輸送業と加工業の両方を営んでいた有力家である。フォンツァーゾのほかに、アルシエ、フェルトレにも土地を所有しており、17世紀末には木材をフェルトレに輸送していた。また、木材の卸値を決めるために、チズモン川の上流であるハプスブルクの領土まで行っていたという。1866年の地図から、小礼拝堂（Oratorio）や絹の紡績工場（Filande da Seta）を所有していたことも読みとれ、この街にとって重要な一族であったと考えられる >42。

　そしてフォンツァーゾの重要な役割である木材加工の拠点として、製材所が都市の周辺部に立地した >43。ここで、フォンツァーゾにとって重要な経済基盤であった、木材産業について少し触れておく。フォンツァーゾはチズモン川と商業都市のフェルトレとの間に位置することから、木材の流通に重要な役割を担った。チズモン流域川は、ハプスブルクの領地であった現在のトレンティーノ＝アルト・アディジェに位置するフィエラ・ディ・プリミエーロに代表されるプリミーロ渓谷や、チズモン川に合流するヴァノイ川の流れるヴァノイ渓谷で伐採される木材の流通を担う重要な河川で、元フォンツァーゾ市長 B・スジン（Bartolo Susin）氏の話によると、かつて年間40万本もの丸太を流していたという >44。20世紀初頭は、年間1,300tもの木材がチズモン川を通じて輸送されたという記録もある。また上流でダムをつくった際に、木材を流す水路を整備したことからも、その重要度がわかる。少し付け加えておくと、チズモン川は急流のため、木材を筏には組まず丸太のまま流しており、丸太を流すメナダスという職人が活躍した。古くは、このメナダスを束ねる組織（Associazione dei Dendròfori）が存在し、ピアーヴェ川に注ぐコルデヴォレ川（Torrente Cordevole）からブレンタ川の職人を束ねていた。その後、メナダス組合（Associazione dei Menadàs）に引き継がれたという。

　さて話を戻そう。フォンツァーゾは、チズモン川から流れてくる木材以外にも、ブレンタ川に注ぐグリニョ川（Torrente Grigno）沿いに位置するカステッロ・テジーノ（Castello Tesino）や、チンテ・テジーノ（Cinte Tesino）などからも木

材が集まるほど木材の流通拠点として栄えていたのである。

　こうして運ばれてきた丸太は、フォンツァーゾで製材された。木材を加工する製材所をセゲリアといい、そのエネルギーもまたチズモン川の恩恵を受けていた。チズモン川から水を引き、人工的に水量をコントロールしながら、安定したエネルギーを確保していたのである。しかしながら、大雨のときは、洪水で流されてしまう危険性もあったという。かつては、この地域に11ものセゲリアがあり、全体で約100〜150人もの人びとが働いていたことから、この地域の経済基盤であったことがわかる。

　現在確認できる歴史的な製材所のひとつは、フォンツァーゾの中心部から約300m西側に位置するアンドレッタ（Andreatta）製材所である >43。1917年の写真には、木材加工の拠点として生産活動が活発であった様子が映し出されている >45。また1944年の写真は、製材所が機能していたころの様子を伝えている。今では水路から水車が取り除かれてはいるが、現在もなお豊富な水流が、当時の姿を彷彿させる >46。もうひとつの製材所は、中心部から約700m南側に位置するコラオ（Colao）製材所である >43。水路沿いに立地するこの製材所は、当時のように水車を活用していないものの、現在も木材の流通センターとして機能している。

43 有力家の敷地と製材所の位置（真島作成）

そのような木材産業の重要な拠点であった様子は、森から製材所で加工する工程までを記録した 1950 年代の映像から窺い知ることができる。

そして、1963 年の航空写真からは、周辺部の急斜面を利用して農地が広がっていることもわかる **>47**。このあたりには 1950 〜 1960 年代まではブドウ畑があった。また、街道に沿って建てられた有力家の邸宅の背後には、ブローロ（brolo）と呼ばれる菜園があり、そこでは農作物が育てられていた。

このように、フォンツァーゾは木材の加工業や木材の流通を中心とした商業、そして農業の性格を持つ都市として変貌を遂げていくのである。

フォンツァーゾの都市構造と建築の特徴

都市の中心はチズモン川から離れた高台にあり、背後に 1,400m もの山が聳え、周辺部には農地が広がる。さらに中心部北部の最も高い場所に教区教会が立地し、その周辺には、宗教施設が多く立地している **>42**。

また、1866 年の地図から、等高線に沿ったノガレ広場（Piazza di Nogarè）からメッツァテッラ通り（Via Mezzaterra）を通って、アンジェリ広場（Piazza Angeli）にかけて、建物が高密に立地していることがわかり、通り沿いにはパラッツォが並び、かつて重要な街道であったことが窺える。

中心部の東側に位置するノガレ広場には、かつて噴水があり、市民にとっても重要な場所であった **>48**。また、現在のプリモ・ノヴェンブレ広場（Piazza I Novembre）はメルカート広場（Piazza del Mercato）と呼ばれており、市場を意味する「メルカート」という名前から、商業の中心地であったと考えられる。さらに、この広場に立地した政治的な機関は、現在市庁舎として引き継がれており、公的な空間が持続している。

そして、この通り沿いに立地するパラッツォは、街道側にファサードを向け、裏には広大な菜園をもち、農家的な特徴を示す。さらに 19 世紀には絹の紡績工場を備えるパラッツォも存在し、生産活動の拠点としての役割を担っていた。また、この通りには 1 階に商店の並ぶ都市型住宅も立地している。

一方、等高線を垂直に通すような坂道を中心にバッラトイオと呼ばれる木造のベランダが施された庶民住宅が分布する **>49,50**。街路に門を設け、中庭

44 チズモン川。伐採した木材（1908年）
Angelo Vigna, *Fonzaso...ieri : Il territorio, la comunità, la storia*, Belluno : Tipografia Piave, 2004.

45 アンドレアッタ製材所（1917年、元フォンツァーゾ市長 B・スジン氏提供）

46 アンドレアッタ製材所の水路（2013年、陣内秀信撮影）

47 都市の周辺に広がるブドウ畑（1963年、B・スジン氏提供）

を介して住宅にアクセスする特徴がある。さらに、南側にバッラトイオのある住宅が多いことから、方角を重要視していることが読みとれるが、これはおもに農業を生業としていたためと考えられる。おそらく、中心部に住みながら、昼間は周辺の農地へ出かけ、農作業をしていたのであろう。この建築は典型的な農家型住宅といえる。

　このような特徴を持つ都市構造を、さらに住宅に接する道路の方角に着目して、建築形態を分類し、考察する。

パラッツォの立地と特徴

　パラッツォはノガレ広場からメッツァテッラ通りを通って、アンジェリ広場の間に集中して立地する >51。そのパラッツォには3つの特徴が挙げられる。

　まず、建築が方角に左右されずに配置されているという特徴である。道路と建築の関係を見ると、建築の正面は主要街道に向けており、方角よりも主要街道に対して強い意識が現れていることがわかる。正面玄関の装飾は、通りの雰囲気をより一層華やかな空間へと演出する役割を果たす >52。プリモ・ノヴェンブレ広場からメッツァテッラ通り沿いにかけて立地するパラッツォ・ビアンコ・メンゴッティ（Palazzo Bianco Mengotti）には、フレスコ画が描かれており、まさに主要街道を意識した現れである >53。こういった形式になったのは、おそらくパラッツォを所有していた有力家が街に対して権力を誇示したいという意識があったからではないだろうか。このメンゴッティ家はフォンツァーゾにとって重要な有力家であることは、17世紀末、家に直接水を供給するために水道管を建設した記録から窺える。1866年の地図には、メンゴッティ家のF・メンゴッティ（Francesco Mengotti、1749～1830年）の生家が記載されており、メッツァテッラ通りに立地している。フランチェスコは母親の出身地であるフェルトレで勉強した後、パドヴァ大学で法律を学び、その後ヴェネツィアで弁護士として働いた。また、中心部の南側にはメンゴッティ伯爵通り（Via Conte Mengotti）という名前の通りもあるように、重要な一族であったことがわかる。このように正面性の強いパラッツォは、後述の農家型住宅とは異なり、門を介すことなく、建築の正面からそのまま内部にアプローチで

48 ノガレ広場（1910年）
出典は図44と同じ

49 バッラトイオのある庶民住宅
出典は図44と同じ

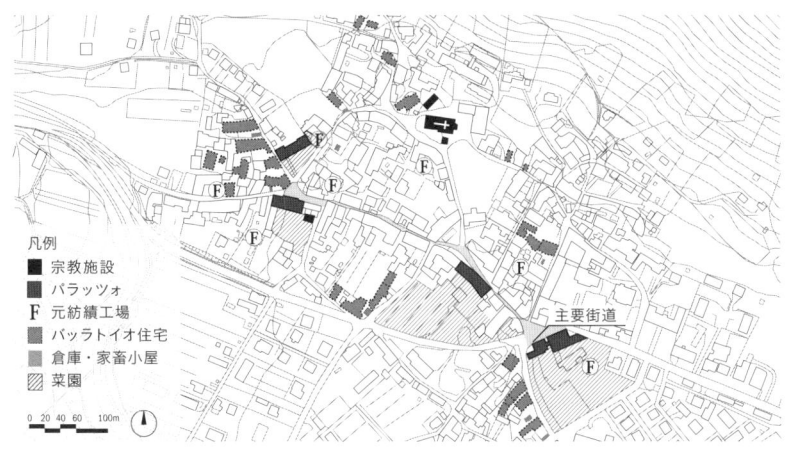

50 フォンツァーゾのパラッツォ
バッラトイオのある住宅の分布（真島、樋渡作成）

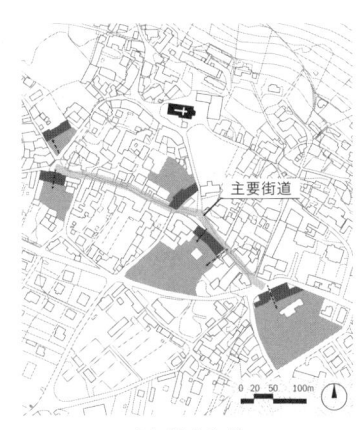

凡例
- 宗教施設
- パラッツォ
- F 元紡績工場
- バッラトイオ住宅
- 倉庫・家畜小屋
- 菜園

51 パラッツォの分布（真島作成）

きるように構成されている。

　そしてふたつめの特徴は、私生活の場を都市に見せない工夫である。フォンツァーゾのパラッツォには、母屋に付属するようにアーチ状の門が施されている >53。この門は建物正面にある入り口よりも大きい。それは、家畜専用の入り口であるためである。この大きなアーチをくぐった先には裏庭があり、農地や菜園となっているが、通りからはそれらの空間が広がっていることは確認できない。つまり、生活の気配を感じさせるような裏庭や農地、菜園は徹底的に隠される特徴がある。

　最後の特徴は、建物の裏にある広大な菜園に絹の紡績工場を備えていたことである。パラッツォの背後には広大な農園があるのだが、そのなかに小さな紡績工場があることが1866年の地図から確認できる >42。たとえば、同地図から中心部の東側に位置するノガレ広場に面して立地するビレジモ・デ・パントツの別荘（Villa Bilesimo-de Pantz）に、絹の紡績工場が配置されていたことが読みとれる。おそらく、有力家は農園の経営のみならず、紡績業も営むことで収益をあげていたと考えられる。また、同地図には、中心部にいくつもの絹の紡績工場が記載されており、フォンツァーゾの経済を支える産業であったことが窺える。現在、これらの紡績工場は機能していないが、建物の位置を確認することができる。工場は広い菜園のなかに建てられており、建築自体は母屋に比べると小ぶりで、1階建てである。豊富な土地と資産をもっていた有力家ならではの活動であるといえる。

　このようにフォンツァーゾのパラッツォの特徴は、街に対して私生活をあまり見せず、華やかな部分のみを見せているのに対し、裏では広大な庭を利用し、菜園に加え紡績も営んでいることである。つまり、表と裏の表情があったといえる。基本的には後述の庶民住宅と同じように農業を主体とするものの、権力の誇示という意識が、このような形式を生んだのだろう。こうしたパラッツォが主要通りに存在していたからこそ、フォンツァーゾは田舎の小さな街でありながらも、どこか裕福な印象を受けるのではないだろうか。

52 パラッツォ・ビアンコ・メンゴッティの正面（須長撮影）

53 パラッツォ・ビアンコ・メンゴッティ
メッツァテッラ通り沿いの外壁にフレスコ画が描かれている。また、家畜用の入り口が設けられている（樋渡撮影）

都市型住宅の立地と特徴

　次に一般的な住宅を取り上げる。ここでは、特定の貴族の邸宅とは違った住宅で、そのなかでもメッツァテッラ通りと教会広場（Piazza della Chiesa）といった、人通りの多い場所に立地する住宅を「都市型住宅」とする **>54**。都市型住宅は、立地や裏庭を構えている点ではパラッツォと共通した特徴を持つが、相違点もある。

　まず、敷地内の特徴を見ると、パラッツォに比べて裏庭の規模は小さく、紡績工場も配していない。また、家畜を用いるような農業は行われていなかったと推察できる。

次に、建築的な特徴としては、住宅としての利用だけでなく、1階に店舗を併設している点が挙げられる **>55**。また、建築内部へのアプローチも店舗と同じ側の道に面しており、通りに対して明確な正面性をもっている。このように、人びとのアクティビティを誘発するような商店や、通りに対する正面性といった建築的な特徴を持つ住居が連なることで、通りに賑わいが生まれているのではないだろうか。

　一方、パラッツォと異なる点として、当然ながら建築規模の違いが挙げられる。有力家ほど財力のない一般庶民の建築は大きさもパラッツォに比べると小さい。また、それに準じて裏にある庭もそれほど大きくなく、紡績工場

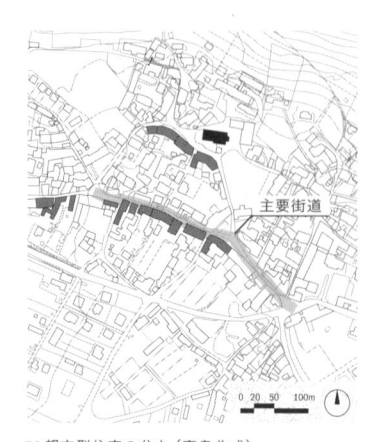

54 都市型住宅の分布（真島作成）

55 1階に店舗を併設する都市型住宅（道明撮影）

も配していない場合が多い。そして都市型住宅には、パラッツォに見られた家畜用の門がない点も異なる。

南北道路に立地する農家型住宅の特徴

フォンツァーゾには、パラッツォや都市型住宅とは明らかに異なる庶民住宅が立地する。それは、先述した木造のベランダ（バッラトイオ）が施された住宅である。また、街路に門を設け、中庭を介して住宅にアクセスする特徴がある。この住宅をここでは、「農家型住宅」と呼ぶ。その農家型住宅をさらに細かく見てみると、南北に通る道路（南北道路）沿いに立地する場合と、東西に通る道路（東西道路）に立地する場合とでは、建築形態に差異が出ることが見受けられる。

まず、南北道路に立地する農家型住宅の特徴を見てみよう。図56からわかるように農家型住宅の戸数が多く、フォンツァーゾの風景をつくり出している建築のひとつであるといえる。この住宅の大きな特徴はふたつある。

ひとつめの特徴は住宅の配置である。敷地の南側に中庭、北側に住宅を配置する傾向が見られる。また、中庭には門があり、ここから敷地内へアプローチする構成になっているため、道路に面して玄関を持つ都市型住宅とは決定的に異なる >57。中庭は、収穫した作物を加工するなど、農作業の場としても

56 南北道路に立地する農家型住宅の分布（真島作成）

57 南北道路に立地する農家型住宅（樋渡撮影）

使われていたと推測される。

　そして、もうひとつの大きな特徴は、バッラトイオと呼ばれる木造のベランダを配していることである **>58**。簡単に触れておくと、バッラトイオはイタリア各地で見られるが、地域によって素材や形式が異なる。たとえば、ミラノにおいてはカーゼ・ディ・リンギエーラ（Case di Ringhiera）のように鉄の手すりを持つバッラトイオが中庭を囲うように配されている。また、南イタリアのプーリア州では地元で採れる石材を用いたバッラトイオが見られる。そして、フォンツァーゾは木造のバッラトイオで、木材流通ルートの中継地であることと関係していると考えられる。このようにバッラトイオには地域の特徴が反映されている。

　フォンツァーゾのバッラトイオは、集合住宅の場合は各住戸へのアプローチとなることもある。いずれにしても南側に設置されている。しかし、南側に大きなスペースを取れないときは、外階段ではなく建築内部に垂直動線を確保することが多い。このように、農家型住宅は農業を主としているために、方角への意識が高いことがわかる。

東西道路に立地する農家型住宅の特徴

　農家型住宅にはもうひとつのタイプがある。それは東に面してバッラトイオを配する住宅である。東西道路に立地する住宅の場合、南側に門を配し、中庭を東に、住宅を西に配する傾向が見られる。この形式の住宅はフォンツァーゾにも数えるほどしか存在しなかったものの、農家型住宅のもうひとつの類型として、分析を試みる。

　まず、立地は、中心から離れた東西道路沿いに点在している **>59**。現在、門の名残が確認できることから、復元的に考察した概略図の作成を試みる（図中右端）**>60**。建築にはバッラトイオが東側に設置され、南側に階段室のような壁付きの階段がついている。そのため、南側からは外階段が施されていないように見える。バッラトイオを道路側から直接見えないよう、意識的に隠していると推測される。おそらく、バッラトイオはプライベート性の高い空間であり、人目にさらされない工夫が成されているのではないだろうか。この

型は、南北道路沿いに立地する住宅では見受けられず、東西道路沿いに立地する住宅のみに見られる。

このようにフォンツァーゾの典型的な住宅である農家型住宅の場合、接道の向く方角の違いから、アプローチ、中庭、バッラトイオのある方角に差異が出てくることがわかる。

フォンツァーゾは、こうした、方角を意識せず、道路からの見え方に重きを置いた都市型住宅と、道路や広場に属さず、道路からの見え方は気にせず、方角に重きを置き、プライベート性を保つように建てられた農家型住宅の立地する、都市的要素と農村的要素の両方をあわせ持つ都市なのである **>60**。

58 バッラトイオのある住宅（M・ダリオ・パオルッチ撮影）

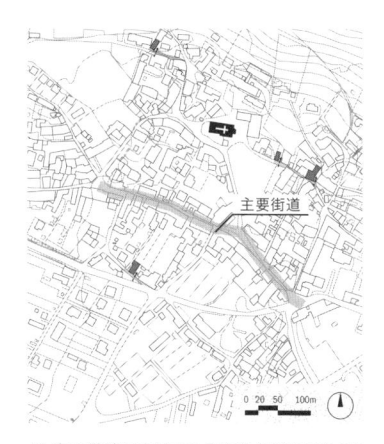

59 東西道路に立地する農家型住宅の分布（真島作成）

60 フォンツァーゾにおける住宅タイプの概略図（真島作成）

アルシエ（Arsiè）

アルシエの都市構造と建築の特徴

　チズモン川沿い、フォンツァーゾの南に位置するアルシエは、人口約2,500人の小都市である[61,62]。この小都市アルシエには目を引く構造物がある。中心部の北側の崖に沿って、幅2.5m、長さ224mも続く水路のある壁で、一部滝になっており、幅1.8mで2mもの落差は街の象徴的存在である[63]。この壁の建設は1545年に遡る。急流と豊富な水量によってたび重なる洪水から、アルシエの中心部を守り続けてきたのである。その街中の建物の外壁には、獅子のレリーフが飾られており、ヴェネツィア共和国の支配下にあったことを示す[64]。ここもかつては、木材輸送ルート上にあり、木材加工が行われていた。急斜面の迫る中心部の北側には、水車を用いた木材加工場があった。一方、中心部の南側は広大な農地である。中心部の東端には教会が立地し、菜園を備えた大きな街区を形成している。ここは都市内でも標高の高い場所に当たる。

　また、都市の中心を東西に通るローマ通りにはパラッツォが立地する。パラッツォの裏には大きな菜園が広がり、その南側には、バッラトイオのある庶民住宅が見受けられる。さらに同じ街区の南端には、G・フジナート通り（Via G. Fusinato）に沿って倉庫や干し草置き場のような小建築が建ち並ぶ。このように、同じ街区内に建物用途のヒエラルキーが見られる。G・フジナート通りには、牛の飲料水用だった噴水が配置されていることからも、農民の往来する通りだったと想像され、ローマ通りとは違う性格であることが明らかである。

　このG・フジナート通りの南側には、袋小路がいくつも伸び、バッラトイオのある住宅が多く分布する。この袋小路には、木造の外階段のある住宅が多い。次にこうした特徴を持つ都市構造に立地した建築の特徴を丁寧に考察していく。

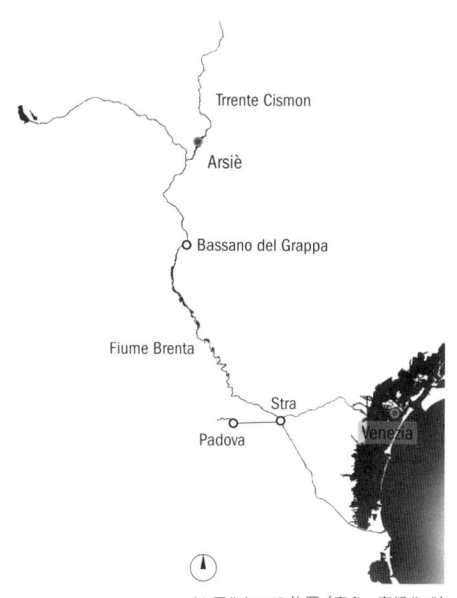

61 アルシエの位置（真島、高橋作成）

62 アルシエの中心部（真島、樋渡作成）

パラッツォの立地と特徴

　パラッツォは、ローマ通りとG・フジナート通りに立地し、フォンツァーゾと類似の特徴がある **>65**。ローマ通りに立地するパラッツォは、広い間口をもった建築で、フォンツァーゾと同様に母屋の片隅には家畜用の入り口が設けられており、裏には広大な菜園がある **>62,66**。これは、チズモン川流域の都市に見られるひとつの特徴といえる。

　また、G・フジナート通りに立地するパラッツォにも、牛の飲料用噴水の目の前に大きなアーチのある門があり、ここから家畜は内側の菜園にアプローチしていたと推測される。このパラッツォは、薬局が併設されており、古くからこの街の有力家であったと考えられる。

中庭式の集合住宅と袋小路の住宅

　庶民住宅は、典型的なふたつの住宅タイプがある。

　まずひとつのタイプは、中庭式集合住宅である。この建築は農民の集合住宅となっている。G・フジナート通りに面する集合住宅は、道路に面する部分に家畜小屋や干し草置き場など、農業に欠かせない道具や家畜を置く倉庫が配置されている **>67,68**。そこから中庭を介し、住宅部分にたどり着く。道路側が南のため、住宅側から見ると庭は南に位置し、住宅部分にはフォンツァーゾと同じように庭を向いた、つまり南面にバッラトイオが設置されている。集合住宅のため、このバッラトイオは各住戸へのアプローチとなっている。

　道路側から小屋・中庭・集合住宅といった配置計画になっているため、集合住宅は道路からはっきりと見えない。当然、バッラトイオも小屋によって遮られ見えづらくなっている。使いやすさの観点から、農業用道路であるG・フジナート通りに面する部分に小屋が配置されているのだろうが、ここでもバッラトイオは隠される存在として扱われていると推測される。バッラトイオという空間はプライベート性の高い空間であり、都市に対しては極力露出を避ける傾向にある。このように、フォンツァーゾの南北道路沿いに立地する農家型住宅の特徴と同じであることから、チズモン川流域の住宅の特徴といえる。

63 アルシエの街を守る治水システム（須長撮影）

64 ヴェネツィア共和国の象徴。獅子の彫刻（樋渡撮影）

65 パラッツォの概略図（真島作成）

373

庶民住宅のもうひとつのタイプは袋小路に立地する住宅である。G・フジナート通りから南側に伸びる道は多くが袋小路となり、そこに立地する住宅は外階段を施した住宅が多い >69,70。

これらの住宅の 1 階部分は一般的な住宅の開口部に比べ、扉が大きいことに気づく。これは、1 階部分がかつて家畜小屋として利用されていたためである。そして、2 階より上階は住宅となっているが、この構成には家畜の熱を活かして上階の居住空間を暖めるというこの地域ならではの背景がある。このように、1 階と 2 階以上で用途が分かれていたために、内階段ではなく、外階段を施していると推察される >71。南イタリアのプーリア州の田舎町で多く見られる石の外階段とも形式としてはよく似ているが、アルシエでは外階段はすべて木製のものである。

そして、外階段と一体になったバッラトイオに着目すると、中庭式集合住宅では、中庭というプライベートな空間に面してバッラトイオを設置していたのに対し、ここでは袋小路に面して、バッラトイオが設置されている。こ

66 ローマ通りのパラッツォ。右端に家畜用の門がある（樋渡撮影）

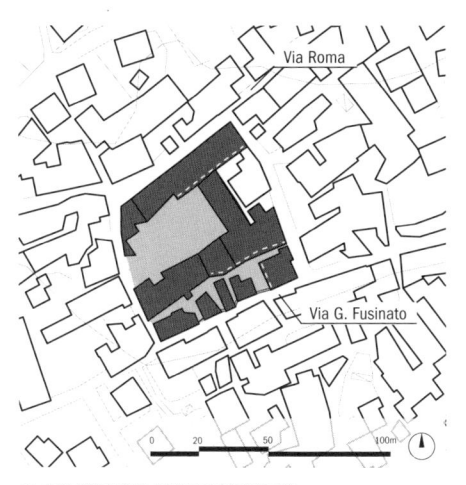

67 中庭式集合住宅の配置図（真島作成）

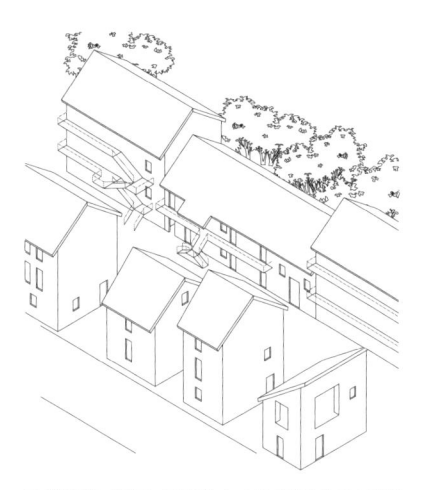

68 道路側に家畜小屋を配した中庭式集合住宅の概略図（真島作成）

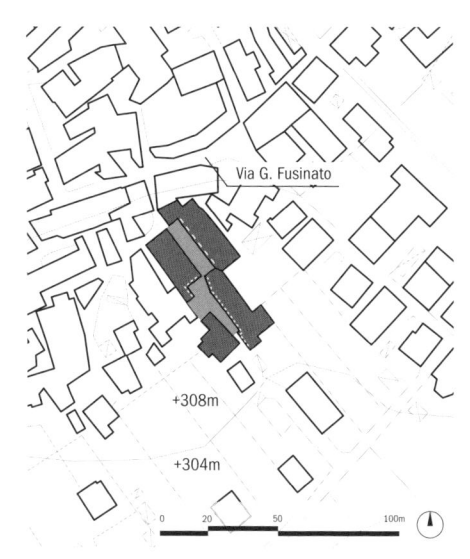

69 袋小路の住宅の配置図（真島作成）

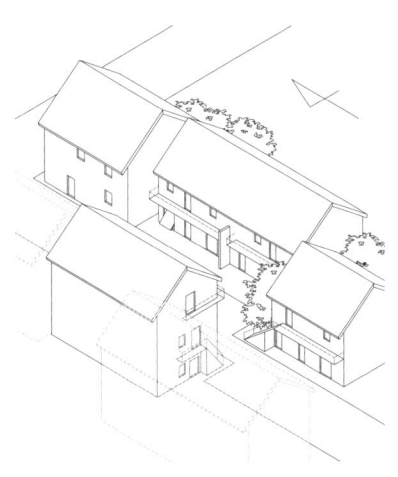

70 袋小路の住宅の概略図（真島作成）

375

の理由のひとつとしては、袋小路から外階段を利用したアプローチが起因していると思われる。そして、もうひとつの理由としては、袋小路が通りから隔たりを持つ奥まった場所なので、プライベート性の高い空間として認識され、本来都市に露出されることのないバッラトイオが例外的に露出されていると考えられる。また、方角への意識は薄れ、南面ではなく袋小路に面するという法則がある。

　このように、チズモン川流域都市における農家型住宅には、バッラトイオという共通する形式をもち、プライベート性の強弱によって、都市に対して露出されるか否かが決定されるというひとつの仮説が成り立つ。フォンツァーゾの道路やアルシエのG・フジナート通りという公共性の高い道路に面する住宅ではバッラトイオは隠される。その一方で、袋小路といった公共空間でありながらもプライベート性の高い空間には、都市にバッラトイオが露出されるのである。

　最後に似ているふたつの街のフォンツァーゾとアルシエを比較すると、どちらも一般的なイタリア北部の小都市ではあるが、教会、パラッツォ、庶民住宅の立地がそれぞれの街を特徴づけている。また、重要な街道沿いに立地するパラッツォのような富裕層の住宅は、敷地内に広大な菜園を持つ農家的特徴を示すことも、この地域ならではの形態である。そして、重要な街道沿いに立地する庶民住宅には、ほかの都市にも見られる都市型の住宅もある。一方、主要街道から外れた場所には庶民住宅が分布し、中庭や袋小路などの空地にバッラトイオを向ける農家型住宅が立地する。昼間は都市から外へ出て農作業を行い、夜間は中心部で生活するスタイルが建築に反映されていると考えられる。このように、都市型と農家型の2種類の住宅タイプのあることが、チズモン川沿いにある小都市ならではの特徴である。

71 袋小路の住宅（須長撮影）

ヴァルスターニャ（Valstagna）

　木材輸送もようやく筏に組まれる位置まで下ってきた。チズモン川から下ってきた木材はチズモン川の河口にある、チズモン・デル・グラッパの税関を通り、ブレンタ川へと運ばれる。そのチズモン川の河口付近は、丸太の集積地となり筏に組む港があった。とくにチズモン・デル・グラッパ、マリノン、ヴァルスターニャには、材木保管用の広場や筏を組むための作業場があったという。ここではヴァルスターニャを掘り下げてみたい >72。

　ブレンタ川の右岸に位置するヴァルスターニャ市は、ヴェネト州ヴィチェンツァ県に位置し、人口約1,850人の都市である >73。

　宗教的には1124年から1796年まで、カンペーゼ修道院（Monastero di Campese）の管轄下であった。ブレンタ川の水を利用した水車を配した製材所や製粉所がカンペーゼ修道士によって設置され、この地域の経済の成長につながった。そして、1405年からヴェネツィア共和国の政治的支配下に入り、木材を中心とした経済基盤を築いた。ブレンタ川の上流やその支流から流れてきた木材を筏にする川港として発展したのである。それと同時に、筏の上に商品を載せて輸送するため、国内外から多くの商品が集まる商業の中心地でもあった。たとえば、ヴァルスターニャの西側に位置する、アジアーゴ（Asiago）からは食料品が運ばれてきた。アジアーゴは現在、チーズの産地としてたいへん有名である。商品は筏に載せられ、ヴェネツィアなど下流の都市まで運ばれた。また、17世紀前半には、タバコ産業が始まり、ヴァルスターニャの経済の柱となった。そして、17世紀後半には、季節ごとに移動しながら木炭の製造業が開始され、19世紀までこの地域の経済を支える産業のひとつであった。

　まずはヴァルスターニャの街中にある、ヴェネツィア共和国支配下だったことを思わせる痕跡をいくつか見ていきたい。まず、都市の中央には、ヴァルスターニャを象徴する時計塔を配した、その名もサン・マルコ広場（Piazza S. Marco）がある >74。1707年に建設されたこの建物には、ヴェネツィア共和国を象徴する黄金色に輝く獅子のレリーフが施されている。ほかの都市では、落ち着いた姿の獅子が表現され、ヴェネツィア共和国の平穏な情勢を示してい

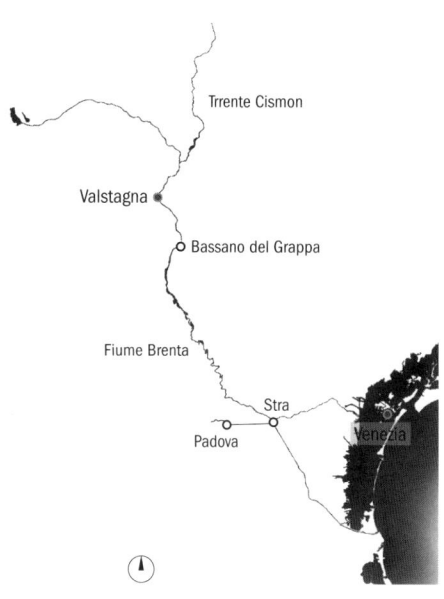

72 ヴァルスターニャの位置（真島、高橋作成）

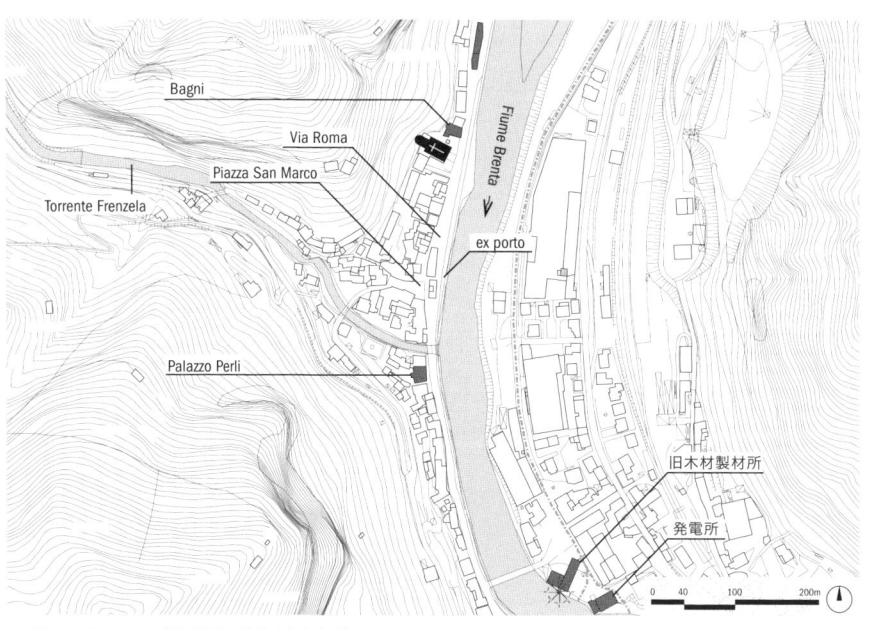

73 ヴァルスターニャの都市機能の分布（真島作成）

るが、ここでは獅子が閉じた本と剣をもっており、戦闘態勢なのである。これはヴァルスターニャが国境に近いことから、こうしたデザインが選ばれているのである。ヴェネツィア共和国崩壊後、獅子の彫刻やレリーフは破壊されてしまうが、この町では隠したことで、どの町よりも保存状態がよい。

　また、ヴァルスターニャに監獄や法務官（pretore）の姿があったころ、広場は裁判を行う重要な場所でもあった。広場に建っている時計塔の脇には、「公告の柱（La Pria del Bando）」と呼ばれる石柱が立てられている >75。この石柱は、公的な通達をするため、布告役人（banditore）がこの石柱の上に立ってトランペットを吹き、人びとの注目を集めて布告を発表する場としても使われていた。この石柱には、石柱を触ると罪が許されるという面白い言い伝えがある。ヴェネツィア共和国は、ヴァルスターニャの住民が罪を犯しても、この石を触れば免罪されるとし、監獄に入らないよう優遇した。

　さらに、税金も優遇されており、ほかの都市よりも低く設定されていた。国境近くに位置するヴァルスターニャは、ヴェネツィア共和国にとって最も重要な都市のひとつであったことから、さまざまな優遇措置がとられていたのである。

　さて、次にヴァルスターニャの都市構造を見ていきたい。17世紀の史料から、ブレンタ川に沿った街道と、ブレンタ川に注ぐフレンツェラ川（Torrente Frenzela）に平行する道が重要であることが読みとれる >76。そのふたつの道の合流地点には街の中心地であるサン・マルコ広場がある。また、ふたつの道に沿って住宅が並び、T字型に発展した街であることがわかる。

　まず、川沿いの街並みを見てみよう。街の中心地であるサン・マルコ広場の東側には、木材が集まる港があり、ここ一帯は筏を組む重要な場所であった。広場の南側には、ポルティコを配する建物があり、中世に発達した港町のような雰囲気もある >77。1851年の洪水を描いた絵からは、ポルティコを配した建物が現在よりも多く並んでいた様子がわかる >78,79。この辺りはトンネル状の道や、袋小路も多いことから、中世を起源とした都市構造に似ている >80。

　街の北側には大階段を配するサンタントニオ・アバーテ（S. Antonio Abate）教会

74 サン・マルコ広場に立地する時計塔（須長撮影）

75 公告の柱（樋渡撮影）

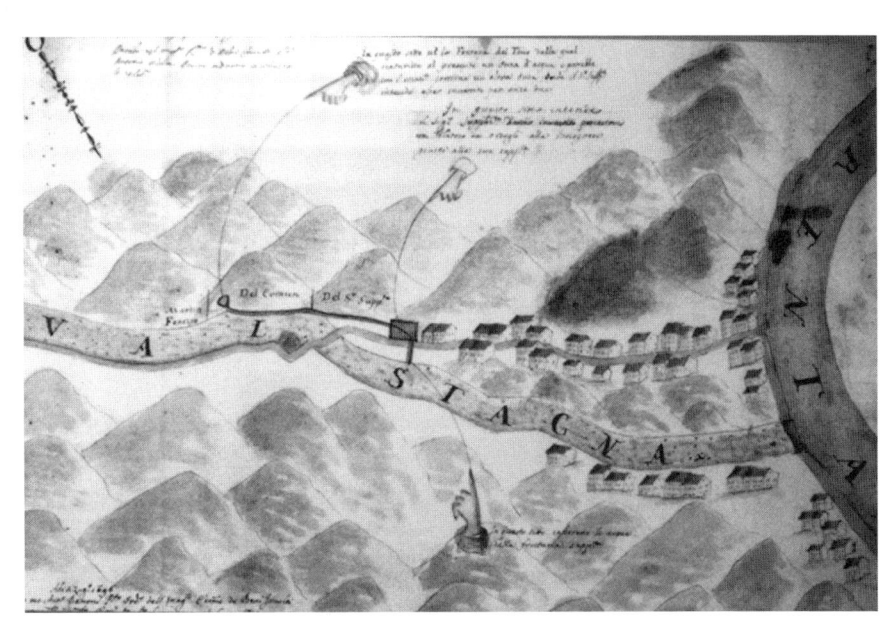

76 絹の紡績所の建設のため、水源（フォンターナ・デル・トヴォ fontana del Tovo）の水の権利に関する申請（1696年）国立ヴェネツィア文書館（以下 A.S.Ve と略す）, *Provveditori sopra beni inculti*, Disegni, Vicenza, 281/84/7.

が立地する >81。正面をブレンタ川の下流側に向け、堂々とした威厳を誇っている。現在の本堂は 18 世紀に建設されたものである。その教会の北側には、外壁に「水浴（bagni）」と記された建物が立地し、水浴関係の施設がここにあったことがわかる。それは公衆浴場にあたるものであったか、ブレンタ川で泳ぐために必要な施設であったかは不明だが、この建物周辺は人の集まる重要な場所であったことが窺える。

さらにその北側には、道路から約 1 階分低くなった建物が並んでいる。1812 年の不動産台帳の地図を見ると、カポ・アッラ・ヴィッラ（Capo alla Villa）と記されており、ブレンタ川に沿って建物が建っていたことが読みとれる >82。現在は川沿いに道路が通っているのみだが、かつては川と直接つながる建物であったと考えられる。

また、フレンツェラ川を超えた南側には、ブレンタ川に面して 16 世紀に建設されたパラッツォが立地する。3 列構成のヴェネツィアの邸宅とよく似た構造を持つこのパラッツォについては、後でくわしく触れる。このようにブレンタ川に沿って重要な施設が並び、川に沿って発展した街であることがよくわかる。

77 ブレンタ川沿いのポルティコ（陣内撮影）

78 1851年の洪水。ポルティコのある建物が並ぶ
出典は図7と同じ

79 16世紀のパラッツォが立地するブレンタ川沿い（2013年、樋渡撮影）

80 中世の都市構造に似たトンネル状の道（陣内撮影）

81 サンタントニオ・アバーテ教会（樋渡撮影）

次に、もうひとつ重要な道である、ブレンタ川に対して垂直に伸びる街道沿いを見ていこう。フレンツェラ川に平行するこの道は、西に向かって上っており、階段状の道が続く。この一帯を「トッレ（Torre）地区」といい、地区の高台に 1000 年ごろ建設された塔（torre）があることから、この名がつけられた。建物の配置は 17 世紀とほぼ同じで、都市構造は変わっていない。斜面地に立地することから、外階段を配する住宅が多く、ブレンタ川沿いとは明らかに違う雰囲気である >83。この道のトンネル状になっている梁には、筏師のシンボルがあり、当時の記憶が今もなお、刻まれている >84。

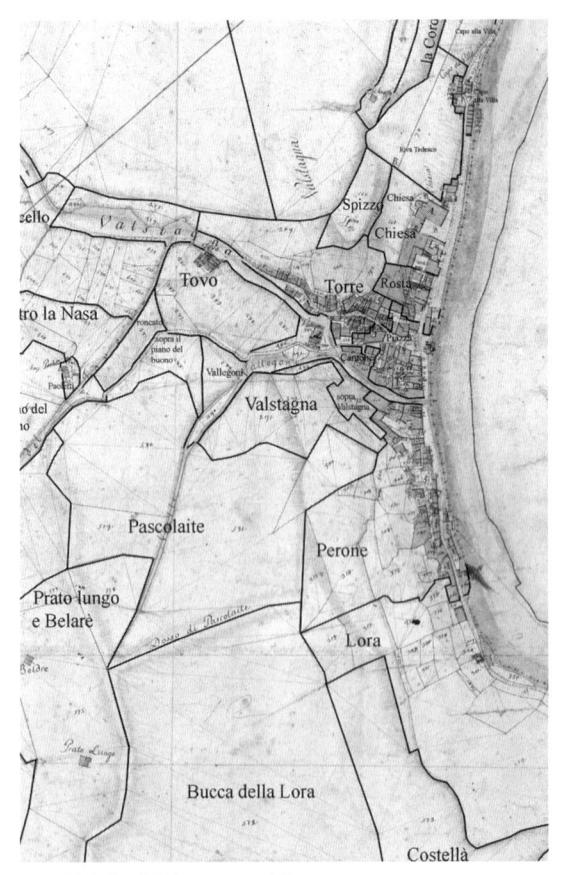

82 不動産台帳の地図（1812〜1833年）

83 トッレ地区（道明撮影）

84 筏師のシンボルのある梁（道明撮影）

筏を組む川港

　ヴァルスターニャは、木材産業にとって重要な川港であった。ブレンタ川博物館（Museo Canal di Brenta）には、ブレンタ川で筏流しを実際に行っていた様子がわかる貴重な資料が展示されている。それらは、『ブレンタ川の人と風景（Uomini e paesaggi del Canale di Brenta）』（2004年）をまとめた人類学専門のD・ペルコ（Daniela Perco）の研究を参考にしている。また、当時の様子を伝える20世紀前半の写真も展示されている。ここでは、この博物館の展示を中心に見ていく。

　まず、この博物館名に特徴がある。ブレンタ川が、ヴェネツィア共和国の国境だったプリモラーノからバッサーノまでの区間を歴史的にカナル・デル・ブレンタと呼ばれていたことから名づけられた。ブレンタ川を意味する「カナル・デル・ブレンタ」の「カナル（Canal）」は、ヴェネツィア本島内を流れる大運河（カナル・グランデ）を思い起こさせるように、ヴェネツィア共和国の影響があったことを伝えている。

　この博物館は、16世紀に建設された材木商人のペルリ家の邸宅（Palazzo Perli）をリノベーションしたものである >85。邸宅は、展示空間によみがえり、図書館も併設された。ペルリ家の邸宅は正面からもわかるように、ヴェネツィアのパラッツォと同様の3列構成が取られている。また、ブレンタ川を向いたファサード中央のアーチを施した開口部とバルコニーが印象的である。この邸宅の外壁には、2階の下まで及んだ1703年の大洪水と、ヴェネツィアやフィレンツェで大被害をもたらした1966年の大洪水の水位が刻まれている。1966年の大洪水の軌跡は、街の至る所に刻まれており、当時ブレンタ川が氾濫し、驚異的な水位を記録したことがわかる。

　さて、筏の話に戻そう。チズモン川がブレンタ川に合流する位置にチズモン・デル・グラッパがある。この街には、関税（dazio）をとる施設があったという。チズモン川から流れてきた木材はここで関税を払い、ヴァルスターニャの港までたどり着く。ところで、バッサーノ・デル・グラッパは有名だが、チズモン・デル・グラッパにも16世紀にパラーディオが設計した橋がある。たび重なる洪水に対して、橋を強化する必要があった。この地域では、洪水の影

85 ブレンタ川博物館 (Museo Canal di Brenta)、元ベルリ家の邸宅の正面（道明撮影）

86 人が通る階段（左）、木材を通す道（右、M・ダリオ・パオルッチ撮影）

87 急流のフレンツェラ川（樋渡撮影）

響で、橋は100年も続かない。そこで、支柱のない橋を考えたのである。

　ヴァルスターニャにたどり着いた木材は、サン・マルコ広場周辺で筏に組まれた。広場とブレンタ川との間は資材置き場で、広場には木材の倉庫もあったという。

　ところで、ヴァルスターニャには、チズモン川を通じた輸送以外にも、ヴァルスターニャの背後に広がる森林から伐採された木材が、直接この川港に届けられた。ヴァルスターニャでは、ガレー船のオール用に必要な長さ8mの木材が採れていたという。その伐採された木材を山から川まで運ぶ方法として、木材専用の道が建設された。800m下まで2kmの距離を運ぶのは、たいへんな重労働であったが、動物を利用するほど財もなく、人力でやるしかなかった。そこで山の斜面に、スロープ状の石畳が敷かれた。それはまた木材を傷めないように麓まで運ぶための工夫でもあった。その木材専用の道の脇には、人が通れるように階段が設けられ、この階段が4,444段あることから、地元では、「世界で一番長い階段」といわれている >86。木材専用の道を通った木材は、丸太のままフレンツェラ川に流し、ブレンタ川まで運んだ >87。調査時の8月は水が少なく、フレンツェラ川は干上がっていた。この川を利用して木材を流すには、水量の多い季節が選ばれたという。川底には、川の落水により自然にできた大きな穴が開いていることから、季節になれば、木材を運べるほどの水量が流れることが想像できる。また、木材を流すと護岸に相当な損害を与えることから、十分なメンテナンスも必要だったと考えられる。

　こうして、各地から届いた木材をパドヴァやヴェネツィアに売っていた。とりわけヴェネツィアには共和国の繁栄を支える国営の造船所があり、木材を高値で購入していたため、16世紀から17世紀にかけてはとくにヴァルスターニャの経済は潤っていたという。またヴァルスターニャには、木を伐採する「きこり（boscaioli）」、木を川に流す職人の「メナダス（menadàs）」、筏を組む「筏師（zattieri）」という木材の流通に重要な職人が揃っていた。まさにヴァルスターニャは、こういった職人に支えられる街だったのである。

　さて、いよいよ筏師の旅が始まる。組まれた筏の上に貴重な物を積んで下流の都市まで運んだ >88。代表的なものは、チーズなどの食品やタバコである。

輸送方法はふたつあり、ピアーヴェ川のようにリレー方式で輸送する方法と、ヴァルスターニャの筏師がいっきにパドヴァやヴェネツィアまで輸送する方法である。そのため、数日間、筏の上で寝泊りや食事を行っていたという。パドヴァやヴェネツィアまで木材や商品を輸送した後、帰路は徒歩であった。そのため、なるべく軽装で戻れるよう、筏に組む際は、重い綱ではなく、細い木材が利用されたという。また、稼いだお金をもって、山賊に会うかもしれない山道を帰る際には、筏師にとって重要な、丸太をひっかける棒が武器の代わりになった。この棒は、筏の上で操作するためにある程度の長さがあり、先端に尖ったものがついている。この筏流しは20世紀前半まで続いた。

　筏の港として重要であったブレンタ川は、日常的にも使われていた。20世紀初頭の写真からは、女性は川で洗濯し、男性は釣りをしている様子がわかる >89。また、子どもたちが川で遊んでいた様子も写真に多く残っている。20世紀前半にできた護岸により、ブレンタ川と街が以前よりも切り離された現

88 ブレンタ川を通る筏（20世紀初頭）
Museo Canal di Brenta.

在でも、ブレンタ川はカヌーのようなレジャーに活用されている **>90**。オリンピックの選手もこの街から出たというほどカヌーは盛んであるようだ。

さらに、7月に筏を使った競技が開催される。これは、シエナの伝統的競馬のパリオのように、地区（contrada）対抗で行われ、まさに「筏のパリオ（Palio delle Zattere）」である **>91**。このイベントは、1987年に文化・観光のプロモーションを仕掛けるプロ・ロコ（Pro Loco）という観光振興機関によって考えられ、その数年後には、大勢の観光客が押し寄せるほどの盛り上がりを見せた。地区ごとに歴史的な衣装を身にまとった行列も行われる。2013年には、27回目のパリオが行われ、この競技は伝統になりつつある。

ヴァルスターニャの地区は、ブレンタ川に沿って細長く、川側の地区と山側の地区それぞれに特徴がある。川側の地区が商業的であるのに対し、山側は典型的な牧畜や農業の性格をもっている。さらに、地区は内向的であることから、地区ごとに方言も少しずつ違うという。こうした地区のアイデンティティを維持するために、パリオの仕掛けは重要なのである。

タバコの産業

ヴァルスターニャには、もうひとつの重要な経済基盤があった。それが、タバコ産業である。カンペーゼ修道士が伝道で訪問した中部アメリカから、100〜200の種を隠して持ち帰ったといわれており、史料では1620年からタバコ産業の確認ができる。木材と同様に17世紀から18世紀が、タバコの産業活動の最盛期であった。当時、法王はタバコに対して反対の立場をとっていたため、タバコの煙で病気が治るという理由をこじつけ一気に広がった。タバコ産業は、ヴァルスターニャが独占して、北の山奥やロンバルディア地方まで販路を広げていく。また、一緒に筏に載せてチーズなどの食料品とともにタバコも輸送された。

しかし、ヴァルスターニャは、原産国と地理的条件も気候も違うことから、亜熱帯性植物のタバコの栽培には厳しい環境であった。谷が狭く、川から離れた標高の高い水の乏しい地域で、日照時間が短く、気温も低いことから、川から水を運んだり、灌漑したりする以外にも、雨水や結露のような方法で

89 ブレンタ川沿いの洗濯場（20世紀初頭）
Museo Canal di Brenta.

90 ブレンタ川下り（2013年、樋渡撮影）

91 筏のパリオ

水を貯める工夫もされた。

そして、土地の狭さを解決すべく、急斜面を有効的に使った。段々畑の方法が取られ、それが今日のヴァルスターニャの魅力的な風景のひとつとなっている >92。段々畑の石造の壁が急斜面に連続し、人の手によってつくり上げた自然の風景が見事である >93。しかし、雑草が生えてくると段々畑の壁が崩壊してしまうため、つねにメンテナンスが必要なのだが、今日ではその石造の壁を修復できる人がおらず、コンクリートで固めてしまうという、残念な結果となっている。

さらに、タバコは収穫後、より短時間で乾燥させる必要があることから、建物にも工夫が施された。それは、住宅の最上階にタバコを乾燥させるための部屋が設けられ、1階の暖炉の熱を利用して、家全体を暖めつつも、屋根裏に溜まった熱により乾燥させるというものであった。住宅は南向きで高層に建てられ、最上階に小さな窓が設けられた >94。現在でも、山沿いで、このような特徴的な住宅を見ることができ、タバコ産業が盛んだった当時の姿を思い起こさせる。

1860年代から19世紀末までは、タバコは国が管理し、独占していた。管理は徹底されており、タバコが課税対象になっただけでなく、耕作地に番号が付けられ、さらには苗にも番号がつけられたほどであった。しかし、規定どおりにタバコを栽培し、製造するだけでは儲けられなくなってしまう。最終的に産業としては衰退していき、経済降下に陥り、19世紀末から第一次世

92 段々畑、右は発電所（1950年代）
Franco Signori, *Valstagna Album dei riordi,* Cassola : Tipografia Marco, 1995.

93 タバコ畑
Museo Canal di Brenta.

界大戦ごろまでは続いていたが、1960年代になり急に激減してしまった。

　国の管理が厳しかった当時、ヴァルスターニャでは、非合法のタバコの製造、販売が活発化していた。非合法で儲けている人たちが平然と自慢するほど、この地では一般的なことであった。製造されたタバコは、家の壁の穴や土のなかに、さらに女性はお腹に、子どもはズボンのなかに隠され流通し、まさに非合法で製造する側と政府側の戦いであった。さらには、密輸も行われていた。密輸は刑事施設（監獄）で8年収監されるという罰則があるにもかかわらず、ここでは密輸も誇りだったという。これほどまでにタバコ産業が重要であったのは、この地にはほかに特産物がなく、生活をしていくうえで、タバコ栽培に頼らざるをえなかったためである。タバコ産業の衰退とともに、ヴァルスターニャは経済が降下し、人口も減っていった。

　こうしたかつての産業が衰退した現在でも、段々畑の風景はヴァルスターニャのひとつの魅力として維持されている。

94 タバコを製造していた高層の住宅と段々畑（樋渡撮影）

ソラーニャ（Solagna）

　バッサーノ・デル・グラッパから約7km北上した谷間に位置するソラーニャ市は、ヴェネト州ヴィチェンツァ県に属す、人口約1,900人の街である >95。ブレンタ川に沿った街道沿いに街並みが続く >96。

　街の起源はランゴバルド人の居住であったとされており、谷全体を監視するため、ミニャーノ地区（contrada Mignano）に軍の駐屯地を設立し、領域を広げた。その後、フランク人の支配下に入り、続いてパドヴァの司教に管轄権が与えられ、12世紀末にはパドヴァの影響下であった。そして、バッサーノをはじめ、この谷間の自治都市全体を治めたエッツェリーニ家が滅びると、パドヴァとヴィチェンツァの間で領土争いが起き、14世紀はじめ、パドヴァの領土になった。その後も領土争いが続き、ヴェネツィア共和国もこの地に目をつけ、15世紀にはヴェネツィア共和国の支配下に入った。エッツェリーニ家がソラーニャの入り口に塔を建設したかったように、ソラーニャは地理的条件から、防衛に適していたのである。

　ソラーニャの街の構造は、ブレンタ川沿いに発展し、ヴァルスターニャの構造と似ている。川に正面を向けた教会は、堂々とした大階段を配し、格式の高さをより強調している >97。この街の構造は17世紀の史料からも確認できる >98。この史料はヴェネツィア出身の貴族が、絹の紡績所の建設に関する申請の際に描かれたものである。この史料から、ブレンタ川に水車を設置して産業を興していたことがわかる。1812年に作成された不動産台帳の地図には、モリーノ（Molino）地区が記載されており >99、17世紀の史料に描かれた産業施設は、ここにあったと考えられる >98。

　また、この地域で採れる石を利用した石灰工場もあり、特徴のある形をした煙突を現在も見ることができる >100。この石灰工場の煙突は1940年代まで使用されていたという。

　そして、湾曲した護岸には港があった。20世紀初頭の写真から、この上流でも舟で荷を運んでいたことがわかる >101。現在、この辺りの水流は穏やかで、川のなかで魚釣りをしている人もいるが、当時も穏やかな水の流れだったの

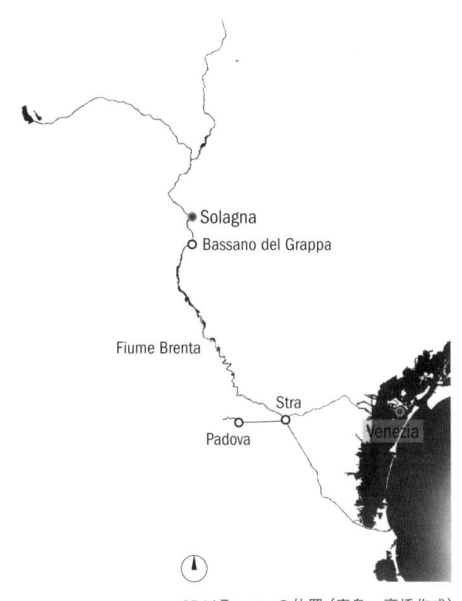

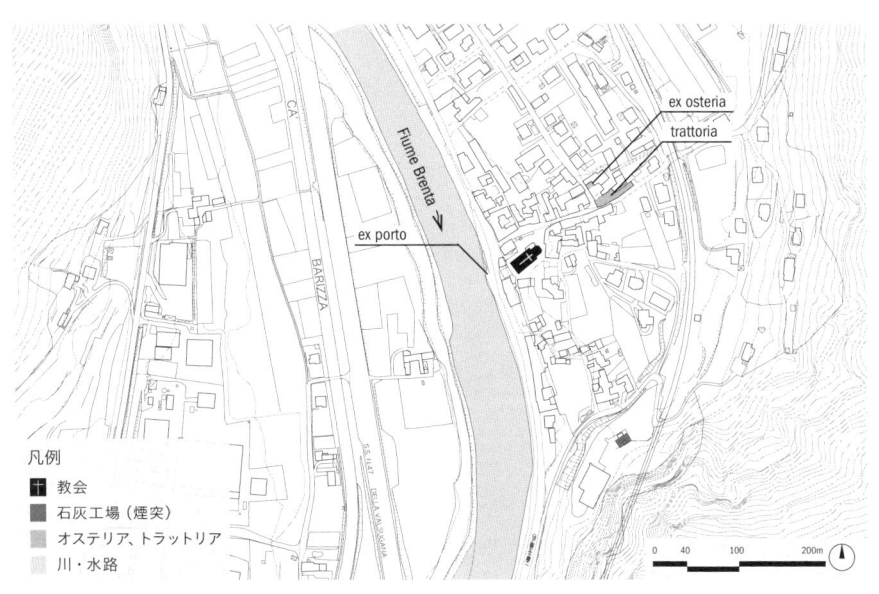

95 ソラーニャの位置（真島、高橋作成）

96 ソラーニャの都市機能の分布（真島作成）

凡例
- 教会
- 石灰工場（煙突）
- オステリア、トラットリア
- 川・水路

395

だろう **>102**。それゆえ、川と街の近さを感じさせるのかもしれない。さらに、このあたりはかつて筏を組む場所でもあった。この街に長く住む 89 歳の女性は、筏が流れていた当時の様子を覚えており、木材をヴェネツィアまで運んでいたと話す。

この女性は、以前バールを経営しており、この小さな街に 7 軒ものオステ

97 正面をブレンタ川に向ける教会（樋渡撮影）

99 不動産台帳の地図（1812〜1833年）

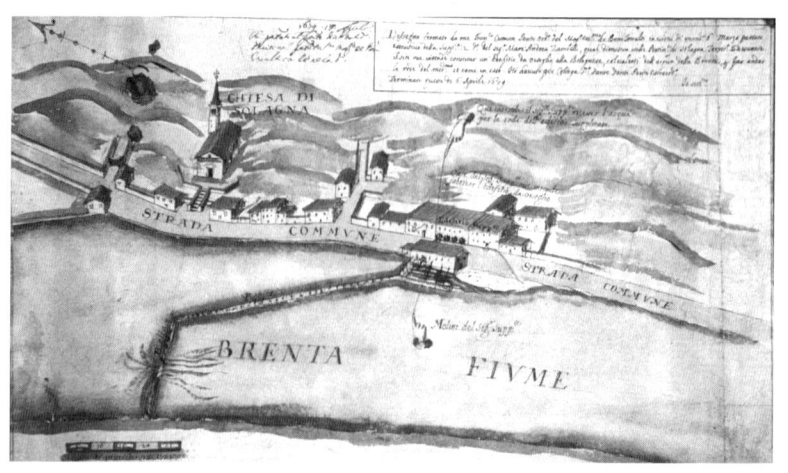

98 水車を配した産業施設に関する史料（1679年）
A.S.Ve, *Provveditori sopra beni inculti*, Disegni, Treviso Friuli, 430/23/17.

リアがあったという。現在は、若者の流出によりオステリアはほとんどなくなってしまったが、外壁に残るオステリア (osteria) の文字は、当時の賑わいを感じさせる **>103**。この街の住宅は、1階に家畜小屋を配する農家型都市とは違い、1階に居間を配置する都市型住宅である。ソラーニャは都市の性格の強い、重要な川港なのである。

100 元石灰工場（須長撮影）

101 河岸での舟の荷作業（20世紀初頭）
Museo Canal di Brenta.

102 穏やかな流れのブレンタ川（2013年、道明撮影）

103 ソラーニャの街並み。右はオステリアの跡（須長撮影）

バッサーノ・デル・グラッパ (Bassano del Grappa)

　ブレンタ川の左岸でグラッパ山の麓に位置するバッサーノ・デル・グラッパ市は人口約 44,000 人の都市である >104,105。1404 年にヴェネツィア共和国の支配下に入ったこの街は、それ以前に形成された中世の都市構造と、その上に重ねられたヴェネツィア共和国の影響とを見ることができる。洪水のたびにオリジナルの形に架け替えられるパラーディオ設計のヴェッキオ橋は、この街一番の観光名所となっている >106。また、フレスコ画の施された建物も多く、都市景観に彩りを与える。そして、蒸留酒のグラッパ (grappa) や 5 月になるとバッサーノ・デル・グラッパ産のホワイト・アスパラガスを求めてこの地を訪れる人も多い。そして、2011 年には、16 世紀建設のパラッツォ・ボナグロ (Palazzo Bonaguro) で「木材の川 (un fiume di legno)」の展覧会が行われ、筏流しが都市の重要な一部であったことを思い起こさせた。

　都市の歴史は古く、青銅器時代にまで遡る。ブレンタ川の右岸に位置するアンガラノ (Angarano) には、紀元前 11〜9 世紀に使われた古代ヴェネト人の墓地がある。596 年にはランゴバルド人、774 年にはフランク人の支配に入る。このときから、ブレンタ川の左岸に都市が建設され、ソラーニャ、ポヴェ (Pove) といった場所に軍事目的による要塞が建設される。ローマ時代にはローマの都市計画である碁盤目の道路網 (centuriazione) も敷かれ、この碁盤目に従って都市がつくられたという説もある。

　バッサーノ・デル・グラッパの北側には、998 年建設のサンタ・マリア教区教会 (Pieve di S. Maria) が立地している >105。この場所はブレンタ川に沿った崖地にあたる。ここは、10 世紀から 12 世紀にかけて頑丈な壁がめぐらされ、要塞の役割も果たした。現在でも、都市の中心部とは違う雰囲気が漂っている。

　1175 年、集落 (borgo) はトレヴィーゾの行政区域であったが、ヴィチェンツァの司教区がバッサーノ・デル・グラッパを管轄したことで、ヴィチェンツァが、事実上、バッサーノを支配した。このころ、すでに 11 世紀には、ドイツから南下してきた有力な貴族エッツェリーニ家もバッサーノ・デル・グラッパの政治経済に影響を与え、12 世紀末から 1259 年にかけて、支配権を握っていた。

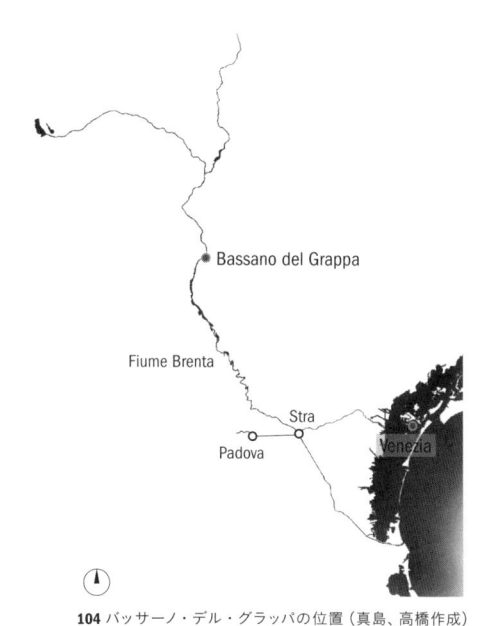

宗教施設の名称
1. Pieve di S. Maria in Colle
2. S. Francesco
3. S. Giovanni Batista
4. Piccola chiesa del Ángel
5. S. Maria dell Grazie

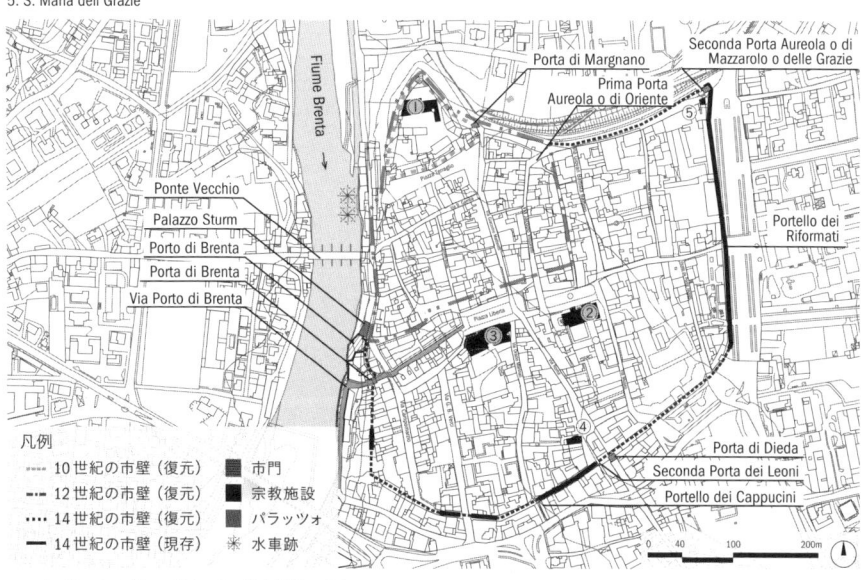

104 バッサーノ・デル・グラッパの位置（真島、高橋作成）

凡例
- ---- 10世紀の市壁（復元）
- -・- 12世紀の市壁（復元）
- ・・・・ 14世紀の市壁（復元）
- ─── 14世紀の市壁（現存）
- ■ 市門
- ■ 宗教施設
- ■ パラッツォ
- ✳ 水車跡

105 バッサーノ・デル・グラッパの都市機能の分布
Lucio Gambi (a cura di), *Città da scoprire : guida ai centri minori*, Milano : Touring Club Italiano, 1983 をもとに真島作成

399

この間バッサーノ・デル・グラッパでは、司教、ヴィチェンツァ、エッツェリーニ家の間で管轄権をめぐる争いが続いていたが、1259年、公式に自治都市（Comune）を誕生させた。

　しかし、エッツェリーニ家崩壊後、ヴェネツィア共和国の支配下に置かれる1404年まで、混乱が続く。まず、1268年までヴィチェンツァが支配し、続く1319年までパドヴァのゴリツィア伯爵（conte di Gorizia）領となる。1320年から1340年にはヴェローナのスカリゲリ（Scaligeri）家が支配し、その後、1388年まではパドヴァのダ・カッラーラ家に支配され、1404年までミラノ（Milano）のヴィスコンティ（Visconti）家の支配となる。そして1404年から1797年には、ヴェネツィア共和国の支配下に置かれる。

　1690年の絵には、市壁や塔のほかに、市壁の内側には宗教施設などの重要な施設が描かれており、17世紀末の都市の骨格がこのころ確立したことがわかる **>107**。また、この絵から、14世紀に建設された市壁の位置を知ることができる。現在もところどころ保存状態よく残っており、建物の一部に採り込まれている場合も多い。1m近い市壁の残る建物は重厚な雰囲気が漂う **>108**。

　リベルタ広場には、ヴェネツィア共和国の象徴である獅子の象が置かれている **>109**。この広場は12世紀の市壁の外側にあたる。広場に面して、15世

106 パラーディオ設計のヴェッキオ橋（道明撮影）

第4章　ブレンタ川流域　　Fiume Brenta

107 市壁、市門、城塞、水車（1690〜1691年）
出典は図7と同じ

108 市壁の遺構（道明撮影）

109 獅子の彫刻（樋渡撮影）

紀前半に建設されたロッジアが立地する >110。屋根にはふたつの角を模したようなヴェネツィアの影響を感じさせる装飾が施され、一際目を引く。1747年に設計された時計を配したこの建物は現在、市庁舎が置かれている。また、フレスコ画が多いのもこの街の特徴である。外観を美しく飾るフレスコ画がこの街をより華やかにしている >111。

商業の中心地として栄えたこの街は、同時に製粉業、革なめし工業、印刷業、絹の紡績業、陶器製造業、家具産業などの産業が発展した。また、ブレンタ川には港もあり、木材産業においても重要な場所であった。

鳥瞰図から読みとる川港の姿

次はその川港について見ていきたい。市壁で堅固に守られたバッサーノ・デル・グラッパにも川港が存在した。商業都市、産業都市であったことから、この港からヴェネツィアまであらゆる商品が輸送されていたと想像される。1583〜1610年の鳥瞰図や1690年ごろの図から、橋の下流側に門が設けられていることがわかる。これは12世紀の市壁のちょうど外側にあたる。1726年の鳥瞰図には川港の様子が詳細に描かれており、川岸には雁木（階段状の岸）が設けられていたことも読みとれる >112。この場所はブレンタ港（Porto di Brenta）と呼ばれ、現在もブレンタ港通り（Via Porto di Brenta）という通り名に川港だったかつての記憶が残されている。この川岸から急斜面のポルティチ・ルンギ通り（Via Portici Lunghi）方面に上る斜面には、ソランツァ門が配置されていた。この門はブレンタ門（Porta di Brenta）またはブレンタ港門とも呼ばれていた。ソランツァ（Soranza）の名前はポデスタのV・ソランツォ（Vettore Soranzo）から来ている。ソランツァは港に降りる道を舗装し、16世紀後半には門を威厳のあるモニュメントのようにつくり替えて新しくした。1866年に壊され、現在は残念ながら痕跡を見ることはできないが、門が位置していた建物の外壁には、門があったことを知らせる看板が貼られている。

また、川港は、洗濯場としても使われていた。1916年の写真には、洗濯をする女性の姿が写し出されており、人びとの暮らしが川と近かったことを表している >113。20世紀後半に洗濯機が普及するまではブレンタ川を利用して

110 リベルタ広場に面する15世紀のロッジア（樋渡撮影）　　　**111** フレスコ画（陣内撮影）

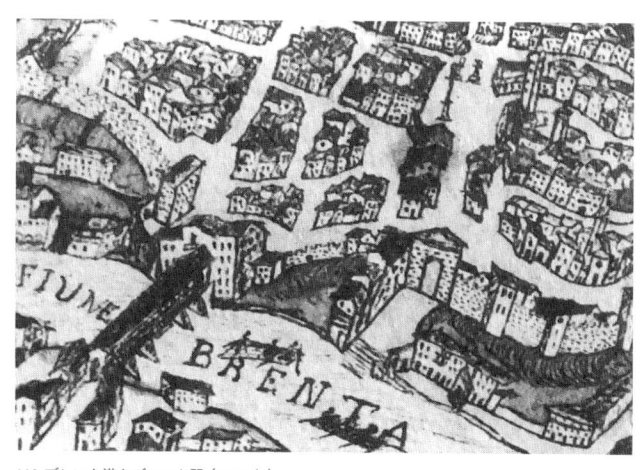

112 ブレンタ港とブレンタ門（1726年）
Bruno Passamani(a cura di), *Album bassanese : stampe e disegni di bassano e dintorni*, Bassano del Grappa : Rotary club, 1988.

113 ブレンタ川の洗濯場（1916年）

403

洗濯をしていたという。この港には、現在も階段が残っており、直接ブレンタ川にアクセスできるようになっているが、人通りは少なく、われわれのような調査隊が降りて観察するくらいである >114。

　さて、ブレンタ川の様子をより理解するために、1583年から1610年にかけて描かれた鳥瞰図から読みとれることを列挙しておく。この鳥瞰図は、1583年にF・ダ・ポンテ（Francesco da Ponte）によって描かれ、1610年に弟のL・ダ・ポンテ（Leandro da Ponte）によって完成された >115。この鳥瞰図から市壁内の建物の向き、屋根形状や煙突、さらには玄関や窓など開口部まで読みとることができる。また、市壁の外側の田園風景も描かれ、市壁の外側にも意識が及んでいたことがわかる。

114 ブレンタ港の雁木（2013年、陣内撮影）

ブレンタ川の上には、人の何倍もの大きさに組まれた筏がバッサーノ・デル・グラッパを通過する様子も描かれている。筏によっては7人も乗っていることが読みとれる >116。また、舟も描かれ、バッサーノ・デル・グラッパ辺りでも、舟運があったことがわかる。70歳前後の住民によると、かつてこの地を筏が通り、森から伐採した木をヴェネツィアまで運んでいたという。しかしブレンタ川から、おもにトウモロコシ用に灌漑用水を引いたため、水量が減ってしまい、さらには水力発電所の建設により、筏流しは難しくなったという。

　また、鳥瞰図からもうひとつ重要なこととして、橋より上流側には水車が描かれ、ブレンタ川の水を利用して産業が興っていたことも確認できる >117。1816年の絵画や1916年の写真から、同じ建物に水車が設置されており、長

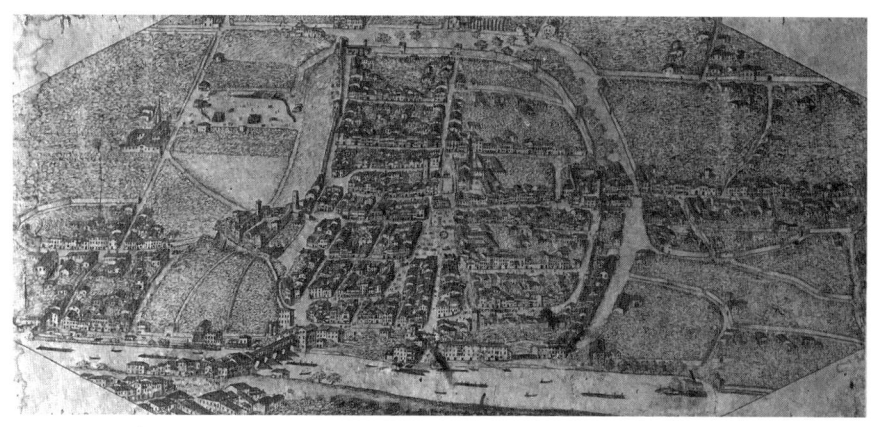

115 バッサーノ・デル・グラッパの鳥瞰図（1583〜1610年）
出典は図17と同じ

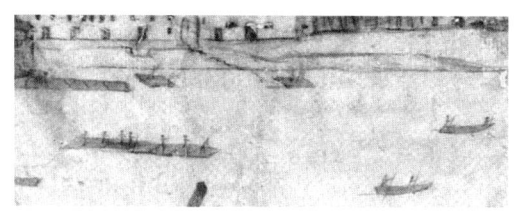

116 バッサーノ・デル・グラッパの鳥瞰図の部分。
ブレンタ川に描かれた筏、舟
出典は図17と同じ

117 バッサーノ・デル・グラッパの鳥瞰図の部分。水車のある産業施設
出典は図17と同じ

い間、同じ場所で水車が利用されてきたことがわかる **>118,119**。現在も同じ建物が建っているものの、水車は取り外されている **>120**。しかしながら、水路や底の落差などの水車を回していた当時のしくみは残っており、かつての趣を感じとることができる **>121**。イタリアでは、こうした本来の機能を失った施設でも、むやみに取り壊すことなく、現在のニーズに合わせて改築し、使い続けているのである。

　鳥瞰図の右端の橋より下流には、ブレンタ川に浮かべられた舟水車が描かれている **>122**。水量も速さもあるブレンタ川の水の力を直接動力のエネルギーに転換した面白い事例である。ブレンタ川では川に杭を打つのも、水車を利用した装置が使われていた **>123**。このように、バッサーノ・デル・グラッパでは、ブレンタ川をあらゆる場面で利用しながら、繁栄してきたのである。

118 ブレンタ川の筏流し、舟運、水車のある施設、洗濯場（1816年）
出典は図112と同じ

119 舟運、右は水車のある産業施設（1916年）

120 水車が配置されていた産業施設（M・ダリオ・パオルッチ撮影）

121 水車の設置跡。落水（M・ダリオ・パオルッチ撮影）

122 バッサーノ・デル・グラッパの鳥瞰図の部分。舟水車
出典は図17と同じ

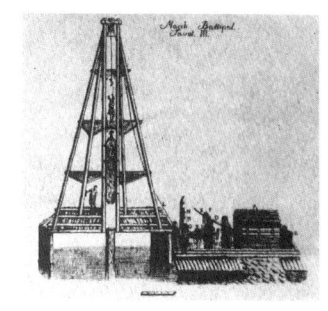

123 ブレンタ川の杭を打つ装置（1750年）
出典は図112と同じ

ヴェネツィア（Venezia）

　筏はついに目的地であるヴェネツィアにたどり着いた >124。本土から長い時間をかけてヴェネツィアまで運ばれてきた木材は、ヴェネツィア内で消費され、また外国へ輸出された。ヴェネツィア内の用途は、国営造船所（アルセナーレ）での造船をはじめとして、街中の造船所（スクエーロ）での造船、建物の基礎のための木杭、住宅用の建材、航路用の杭など多岐にわたる。またヴェネツィアは群島であるがゆえに、島の護岸を補強する資材としても木材が使われてきた。そのなかでも海の侵食を防ぐためには膨大な数の木杭が使用されてきた >125。17世紀には、ヴェネツィア共和国内で木材を供給することができず、諸地域から木材を購入し、不足分を補ってきた。その購入先のひとつがチズモン川流域である。高価な木材を使って護岸を修繕しなければならなかったことで、莫大な経費がかかり、国費に相当な重圧であったという。この問題を解決するべく、18世紀初頭には石造の堤防プロジェクトが持ち上がった。この石造の堤防は「ムラッツィ」と呼ばれ、1740年から1782年にかけて、リド島やペッレストリーナ島で建設された。その結果、木材の購入を軽減できたと推測される。

　ヴェネツィアの木場は、河川の河口の位置に合わせて、ヴェネツィア本島の南側と北側の2ヵ所にあった >126。1ヵ所は現在の通り名に残っているフォンダメタ・ザッテレ（Fondamenta Zattere）である。ここは、ヴェネツィア本島の南側に河口があるブレンタ川から運ばれた木材の集積地であった。15世紀末のヴェネツィアを描いたヤコポ・デ・バルバリ（Jacopo de Barbari）の鳥瞰図から、筏の上に商品を載せていることが読みとれ、ワイン樽のようなものが描かれている >127。フォンダメタ・ザッテレ沿いは、かつて木材倉庫が並んでいた。1808年の不動産台帳からも木材倉庫があったことがわかっている。現在は大空間の木材倉庫をリノベーションし、大学の図書館として活用されている例もある。もう1ヵ所の木場は、ヴェネツィア本島の北側で、現在のフォンダメンテ・ノーヴェにあたる >128。この木場には、ピアーヴェ川から運ばれた木材が届いた。フォンダメンテ・ノーヴェ沿いも木材置き場や倉庫

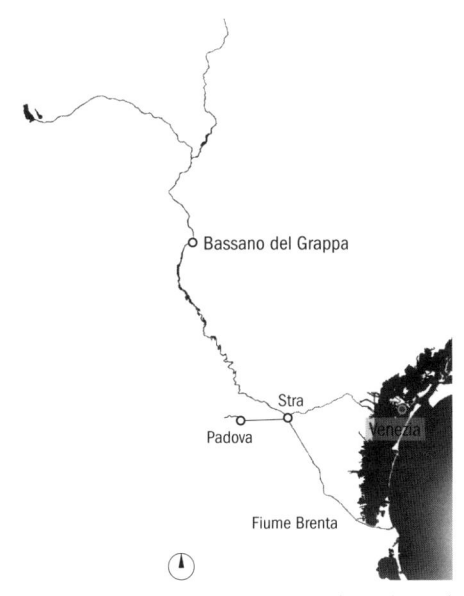

124 ヴェネツィアの位置（真島、高橋作成）

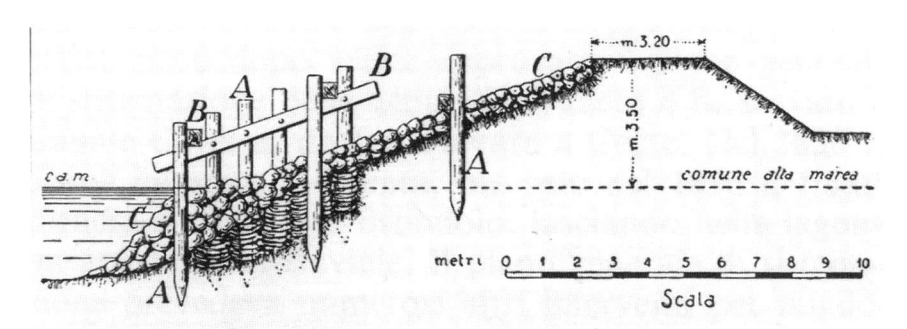

Profilo delle difese litorali nel Secolo XVII°
A-pali di legno rovere greggi detti "tolpi". - B-filagne di magazzino
C-sassi grossi e mezzani d'Istria e Lispida.

125 アドリア海に面する島の護岸（18世紀）。木杭で護岸を守る。後に石造中心の構造になる
V. Favero et al. (a cura di), *Morfologia storica della laguna di venezia*, Venezia : Arsenale, 1988.

が多く、現在は、倉庫をレストランにリノベーションし、人気を集めている。19世紀後半にヴェネツィア港が都市の西側に整備されると、資材置き場は都市の西側に集約されたと推測される。さらに1917年にヴェネツィアの本土側にマルゲーラ港が整備されると、次第に資材置き場もマルゲーラ港に移動し、ヴェネツィア本島内の木場は姿を消してしまう。

　しかしながら、ヴェネツィアは現在も木材なしでは成り立たない。護岸の基礎には木材が使われており、定期的なメンテナンスが必要であり、つねに、街中のどこかで修復作業を見かける **>129**。また、舟運都市ヴェネツィアでは、係留用の杭や航路を示す杭などさまざまな場面で木杭が活用されている。かつての木材輸送のルートは変わってしまったが、今もなお、ヴェネツィアは木材に支えられ成り立っているのである。このように、ヴェネツィアと周辺地域との関係を捉え直すなかで、ヴェネツィアにとって必要不可欠な木材に着目して、筏流しにより形成されてきた地域構造を再構築する視点はきわめて重要である。

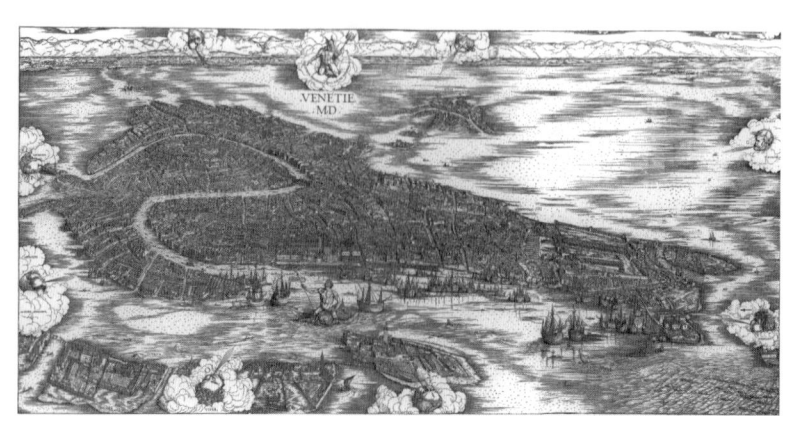

126 15世紀末のヴェネツィア（ヤコポ・デ・バルバリの鳥瞰図、1500年出版）
ヴェネツィア、コッレール博物館（Museo Correr, Venezia）

127 デ・バルバリの鳥瞰図の部分。ザッテレ
Museo Correr, Venezia.

128 デ・バルバリの鳥瞰図の部分。フォンダメンテ・ノーヴェ側の木場
Museo Correr, Venezia.

129 現在も行われる杭のメンテナンス（樋渡撮影）

3 ブレンタ川を利用した産業

多様な産業

　豊富な水量のブレンタ川では、水車の動力を利用してさまざまな産業が興ってきた **>130**。水車に関する研究の第一人者であるM・ピッテーリによると、かつてバッサーノ・デル・グラッパからドーロの間だけで、400の水車を用いた製造所があり、1,000基もの水輪があったという。その水車の多くは小麦や大麦などの穀物の製粉に用いられていたものであり、製粉所のあった場所には、現在も地名などにその名前が残っている。たとえば製粉所のヴェネト方言であるモリーノ（Molino）に由来するMolini、Moline、Molinèriなどが挙げられる。水車の活用は幅広く、製粉のほかに、精米所ではもみ殻をとる脱穀機の動力として用いられた。また、木槌やハンマーで金属を叩く際の動力として水車を用いる鍛冶工房もあった。羊毛に代表される織物業でも、不浸透性のフェルトを生産するための、木槌で生地を強く打つ縮絨機（gualchiera）に水車の動力が活用されたという。

　バッサーノ・デル・グラッパでは、紡績工場でも水車の動力が利用された。ブレンタ川上流に注ぐチズモン川沿いのプリミエーロ渓谷では、桑が生産され、蚕が育てられた。その蚕で糸を紡ぎ、絹を生産したのである。また、バッサーノ・デル・グラッパには製紙工場も存在し、木材をペースト状にするために水車の動力が利用された。この街で生産された紙は良質であったという。水車の立地には3つの方法があった。ひとつはブレンタ川沿いに水車を配し、川岸に産業の用途に合わせた施設を設置する方法である。もうひとつはブレンタ川から水を引き、用水路の上に水車を配する方法である。そして最も特徴的な方法が、台船に水車を設置してブレンタ川上に浮かべ、川の水を直接利用する舟水車という方法である **>131**。舟の上に水車と小屋を設置し、そこで

生産するという、非常に効率のいい方法である反面、洪水で水の勢いが増したときには危険がともなう方法でもあった。1789 年には、ブレンタ川に水車を配した平底船を浮かべ、ブレンタ川の水をポンプアップし、橋の南側の絹の紡績工場と橋の北側の製造所に水を送る装置も計画されていた **>132**。

さらに 18 世紀からバッサーノ・デル・グラッパでは、皮革製品業においては、動物の革を取り扱うのに必要なタンニンを抽出するために、バロニアガシの実（ghiande di vallonia）を粉砕する動力としても水車が利用されていた。

また、砂利を粉々にする水車は、ノーヴェとアンガリアーノ（Angariano）の間に多く分布する陶器製造所で見ることができる。そのほか、オリーブ・オイルの搾油用にも水車が利用された。

このように、水量の多いブレンタ川流域では、あらゆる産業の動力として水車が使われてきた。ここでは、その代表例として、陶器製造業で有名なノーヴェを取り上げる。中流域のノーヴェでは、ブレンタ川の水を引いて水路をつくり、人工的に水をコントロールして、安定した動力を得る方法が採られている。この中流域の代表的な手法に着目したい。

さて、ブレンタ川沿いには、水車を活用した産業以外にも特徴的な産業がある。それは、レンガ工場や石灰工場である。工場の煙突は独特な形をしており、地域を代表する風景を生んでいる。その事例として、われわれが調査中に出会ったバッサーノ・デル・グラッパ市の南端に位置する石灰工場も取り上げる。

130 用水路で水車を活用していたことがわかる（1798～1805年）
出典は図1と同じ

131 舟水車
Giuseppe Badin, *Storia di Dolo documenti ed Immagini*, Venezia : la Press, 1997.

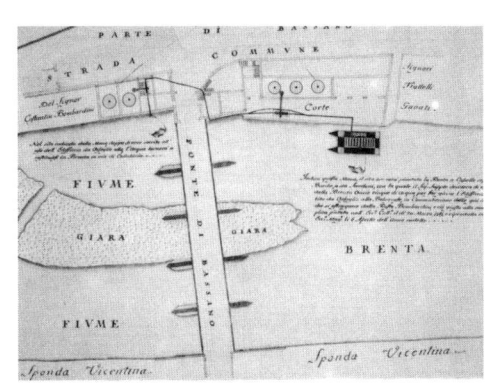

132 平底船に水車を配した装置と川沿いの紡績工場の平面図（1789年）。それぞれの工場にも水車が備えられている
Gina Fasoli (a cura di), *Atrante storico delle città italiane : Bassano del Grappa*, Bologna : Grafis, 1988.

ノーヴェ（Nove）

　ブレンタ川に沿って、バッサーノ・デル・グラッパの南西に位置するノーヴェはヴィツェンツァ県に属し、人口は5,000人程度の小さな街である >133,134。市街地はブレンタ川から離れた街道に平行して南北に伸びており、古くは街道の西側に建物が立地していた。かつてこの地域一帯は、ノーヴェの北西に位置したマロスティカ（Comunità di Marostica）に属していた。すでに14世紀には数家族が住んでおり、そのなかのトマゾーニ（Tomasoni）家は耕作地を所有し、ブレンタ川から引いた用水路で製材や製粉を行っていた。これは後にこの地に多大な富をもたらし、集落形成にまで発展した産業の出発点である。この集落はその後、1404年からヴェネツィア共和国支配下に置かれた。

　ノーヴェは陶器製造の街として広く知られ、日本にも輸出される。この地での陶器製造は18世紀に本格的に開始された。17世紀、ヨーロッパでは中国製の陶器が流行し、需要が高まっていた。そこに目をつけたヴェネツィア共和国の商人たちは、オランダ人の陶工を招き製造方法を模倣した。1728年、ヴェネツィア共和国は、陶器の国内生産を奨励するために陶器製造業者に対して、税の優遇措置を施した。G・B・アントニボン（Giovanni Battista Antonibon）は1727年、ノーヴェで開業し、これをきっかけにノーヴェはヴェネツィア共和国にとって重要な陶器製造業の街となったのである。さらにG・B・アントニボンは1732年に、すべての税が20年間免除される特権を得た。1738年、息子のP・アントニボン（Pasquale Antonibon）は父の陶器製造を継ぎ、これまでより安価な陶器を実現させたことで、1762年、大事業に発展させ、1770年にはイタリア全土に広がった。

　ノーヴェは陶器製造業で繁栄し、1875年には陶器芸術学校（Istituto Statale d'Arte per la Ceramica）を創設した。また、セラミック博物館には、1650年から20世紀までの陶器が保管され、ほかには、アントニボンによって生産された陶器も展示されている。現在でもノーヴェには、陶器製造所や販売店が多く、ノーヴェ市主催でイベントも開かれる。

　県道52号線に平行するブレンタ川からの用水路には、陶器製造の工房や販

133 ノーヴェの位置（真島、高橋作成）

134 ブレンタ川と用水路の関係
ヴェネト州の航空写真をもとに真島作成

135 ノーヴェの水車の分布（真島作成）

415

売店が並ぶ >135。そのひとつにストリンガ社（Ceramiche Stringa）がある。ここには、その昔バッチン製造所（mulino Baccin）が立地しており、水車を動力にして、陶器の原料となる石（sassi）を砕いていた >136。その当時の仕掛けは、今もそのままガラス張りにして展示されており、実際の歯車やそれに接続された木槌の大きさに目を引かれる >137。水車は最初木製だったが、金属製に変わり、現在は金属製の水車が展示されている。ストリンガ社は4つの製造所（mulino）と、陶器を焼く窯を所有していたという。1960年代前半まで日本にも輸出していた。

　ほかにもこの用水路には、かつて水車が設置してあった形跡がいくつか見られる >138。水路をまたぐように立地する陶器販売店（Bottega del Ceramista）では、1964年にこの店を建設する際、用水路から水車の跡が発見されたという >139。また、ここから少し南に下ると、製粉所を示すモリーノ・ヴェッキオ（Molino Vecchio）通りがあり、その付近には、水車が連続して配置されていた跡が見受けられる。そして、河口付近には、のこぎりを意味する通り（Sega Vecchia）もある。

　このように、ブレンタ川の水を引いた用水路で産業を興していた様子は、1701年の史料からも窺い知ることができる >140。ノーヴェで用水路の計画を示す史料には、多くの用水路が描かれており、ブレンタ川の水をコントロールしていたことがわかる。1701年の史料には、バッサーノ・デル・グラッパ出身のG・ロッシ（G. Rossi）が所有する5つの水車を配した大きな工場が描かれている。また、ヴェネツィア出身のディエド（Diedo）が所有する製造所には、毛織物業で必要な縮絨機に用いられたふたつの水車が描かれている。18世紀初頭のノーヴェは、ヴェネツィア共和国の重要な手工業生産の中心地となっており、それが現在も続いているである。

136 元バッチン製造所（M・ダリオ・パオルッチ撮影）

137 元バッチン製造所の石を砕く装置（樋渡撮影）

138 水車が設置されていたと思われる跡（樋渡撮影）

139 用水路をまたぐ店舗（樋渡撮影）

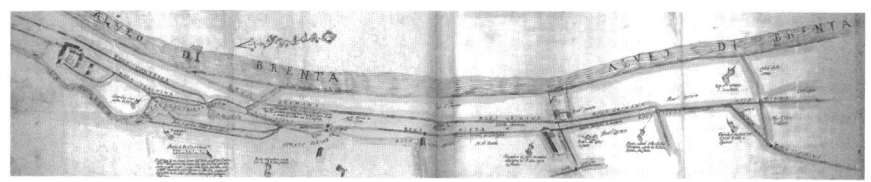

140 ノーヴェの用水路の絵図（1701年）
出典は図7と同じ

バッサーノの煙突

　ブレンタ川流域の街には印象的な煙突がいくつか見られ、バッサーノ・デル・グラッパ市の南端のエリアにも煙突がふたつ聳え立つ >141。これが石灰工場である。ブレンタ川がすぐそばを流れる特徴的な立地である >142,143,144。ここでは、石灰の生産が行われていた。ふたつの煙突は玉石を燃やし、石灰にするのに必要な炉と煙突が組み合わさったものである。南側の煙突は1780年代に建設されたが、現在は利用されていない。文化財認定をめざし、煙突を保護するように建物で囲まれているのが特徴的である。北側の煙突は20世紀初頭に建設されたもので、最も特徴的なことは、石灰生産のためにブレンタ川が活用されていることである。そこで、ここで行われる石灰生産の過程とあわせて川との関係や工場の特徴を探りたい >145,146,147。

　まず、石灰生産のためには原料となる石材が必要となる。石材はブレンタ川の川底の玉石である。原材料の玉石が工場の側の玉石港（porto di sassi）に集められる。玉石港と工場はトロッコで結ばれているため、集められた石材を容易に建物内部に搬入できるようになっている >148,149。川の側に建てられる理由がここにある。

　次に、トロッコに載せられた玉石は建物内部の昇降機によって煙突上部の投入口まで上げられる >150,151。1,000個もの玉石が投入され、炉は埋めつくされる。これらの玉石は2階にある炉で24時間、1万℃の高温の火で焼かれる。そのため、炉の部分は耐火性のある特別なレンガを使用する工夫がされている >152。

　最後に、石灰を取り出す工程であるが、生産された石灰は1階にある取り出し口から100個ずつ取り出される。しかし、投入されたときに2階より下に溜まったものは火があたらないため、石灰にはならない。生産された石灰を1階の取り出し口から順々に取り出すことで炉より上にある玉石が徐々に下に落ち、2階の炉に達したときに火にかけられるしくみである。最終的に生産される石灰は100個ほどで、投入した石の数の1割ほどと少ないが、この工場の石灰は非常に軽く、自重の90%もの水を吸い込むほど乾燥した石灰

141 ブレンタ川対岸から見た石灰工場（樋渡撮影）

142 ブレンタ川沿いに建つ石灰工場（樋渡撮影）

143 石灰工場の位置（真島、高橋作成）

144 石灰工場の立地
出典は図134と同じ

がつくられている。工場主によると石には男性と女性があるそうで、男性の石はまったく軽くならないが、女性の石は10分の1の軽さになるという>153。

　良質な石灰生産には施設のメンテナンスも怠ることができなかったため、1年に1回はボローニャから職人を呼び、点検をしてもらっていたという。そうしたこともあって、工場自体は現存し、印象的な風景を生み出しているが、別の地域にあった川沿いの工場は1960年代ごろから徐々に閉鎖し、取り壊されてしまったという。この工場は川とのつながりの深い石灰生産が繁栄していた時代を伝える貴重な施設である。

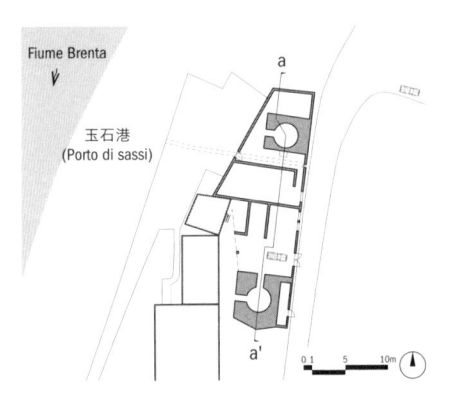

145 石灰工場1階平面図（真島作成）

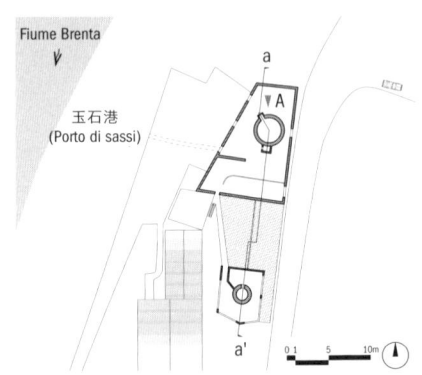

146 石灰工場2階平面図（真島作成）

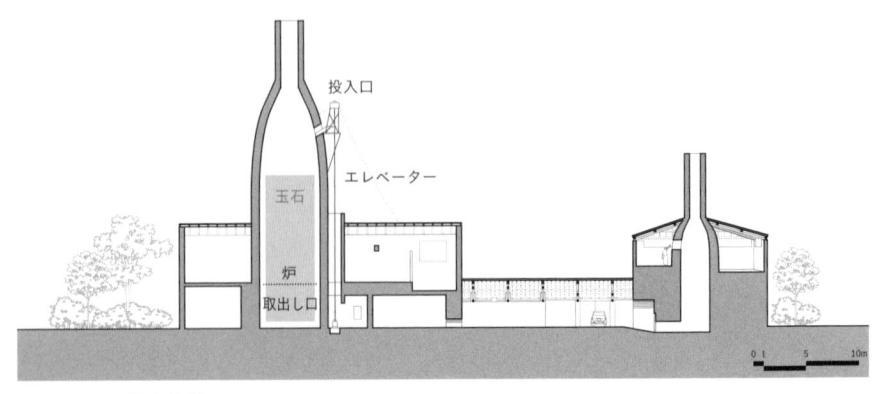

147 a-a' 断面図（真島作成）

148 石灰工場西側（道明撮影）

149 石灰工場と川を結ぶトロッコ（樋渡撮影）

150 石材を2階にあげる昇降機（樋渡撮影）

151 1階と2階をつなぐ昇降機。1階からの見上げ（樋渡撮影）

152 2階の石材投入口（A地点より、樋渡撮影）

153 石灰生産に使用される女性の玉石（樋渡撮影）

4　ヴェネツィア〜パドヴァ間の舟運

使われ続ける舟運ルート

　ブレンタ川はヴェネツィアと本土とを結ぶ重要な役割を担ってきた。とりわけ、ヴェネツィアとパドヴァを結ぶ区間は、物資や乗客を輸送する舟が頻繁に往来していた。ブレンタ川沿いには貴族の邸宅や別荘が建ち並び、「ブレンタ川の岸辺（Riviera del Brenta）」と呼ばれ、風格のある風景が広がった。また、ドーロやミーラ、オリアーゴ（Oriago）といった川港も発展した >154。

　ヴェネツィアからパドヴァへは、まずブレンタ川でストラ（Stra）まで上り、ストラからピオーヴェゴ（Piovego）運河を通って、パドヴァへ向かう >155。ピオーヴェゴ運河は、ブレンタ川の付け替えの工事が行われる以前の1201年から1210年には、すでに建設されていた。これは、パドヴァ〜ヴェネツィア間の舟運ルートの短縮が目的であった。この運河の掘削により、安定した水路でストラ〜パドヴァ間の航行が可能となった。パドヴァ周辺の運河網の発展についてはパドヴァのパートでくわしく見ていく。

　ブレンタ川は重要な川の道である一方、たびたび氾濫する暴れ川でもあった。またラグーナ内に大量の土砂の堆積をもたらすことで水循環を悪化させ、疫病が発生する原因にもつながった。ブレンタ川の河口はヴェネツィア本島のすぐ近くだったことから、それを回避するために、早くも14世後半には、ブレンタ川の河口を付け替える工事が行われた。このとき、ブレンタ川の本流はフジーナからサン・マルコ・ボッカ・ラマ島（Isola di S. Marco Bocca Lama）の方に河口を付け替えられ、マラモッコ港に流すよう整備がなされた。それと同時にフジーナを航行するパドヴァ〜ヴェネツィア間の舟運ルートも守られた。フジーナには、水位差の航行を解消するために「フジーナの貨車」と呼ばれる装置が設置された。この装置はすでに15世紀なかごろには存在して

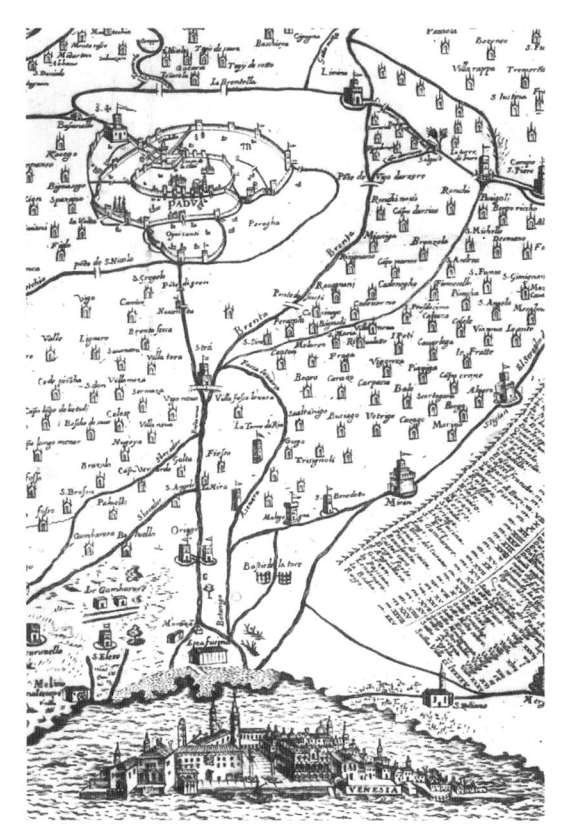

154 ヴェネツィア―パドヴァの地域 (1678年)
出典は図 131 と同じ

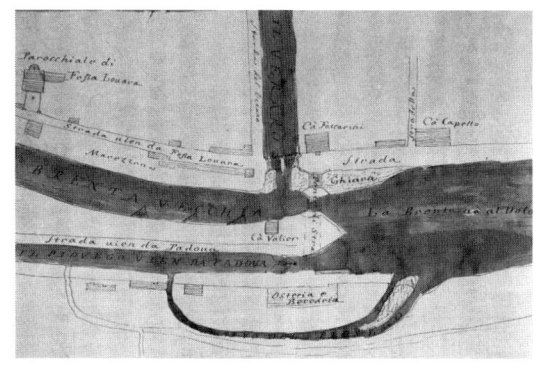

155 ストラ。水路の合流点 (1757年)
A.S.Ve, *Savi ed esecutori alle acque* (以下 S.E.A. と略す), *Brenta*, b. 40, dis. 8.

いたという。18世紀なかごろの絵図には、馬が舟を持ち上げる装置を回している様子も描かれている >**156**。

さらに15世紀半ば、ドーロから本流を分岐させて、サンブルゾン（Sambruson）方面に流し、ルーゴ（Lugo）を通り、ラグーナに注ぐサンブルゾン運河（Sborador di Sambruson）を計画した。しかし計画は変更され、1507年には結局、ドーロからサンブルゾンを通り、キオッジア付近に注ぐブレンタ・ヌオーヴァ運河（Taglio Brenta Nuova）に付け替えられた。このときも、本流を分岐させ、土砂の堆積をヴェネツィア本島から遠ざけながらも、フジーナに注ぐかつてのブレンタ川の流路は維持されたのである。旧ブレンタ川流路が維持された理由は容易に想像できる。ヴェネツィア本島からブレンタ川沿いの地域を結ぶ重要な航路であったからである。この流路を維持するため、本流となったブレンタ・ヌオーヴァ運河と旧ブレンタ川の本流との間に生じた水位差を解消すべく、ドーロには閘門が建設された。この閘門により航路は維持され、同時にドーロは川港として発展した。ここでは、そのドーロを取り上げ、ブレンタ川沿いの小集落が、河川の付け替えによってヴェネツィアを支える要の都市になっていく様子をくわしく見ていく。

そして1610年には、ミーラでさらにブレンタ川を分岐させるヌオヴィッシモ運河が計画され、ここでも閘門が建設され、旧ブレンタ川の本流の航路が維持された >**157,158**。

ミーラからさらに下ると、モランツァーノ（Moranzano）という川港がある。この街はヴェネツィアからフジーナを通ってブレンタ川を上ると、はじめて出会う閘門のある街である >**159**。ここで閘門にも少し触れておくと、ブレンタ川では、川の付け替えを行うと同時に閘門を建設し、航路を維持してきたのだが、その閘門の脇には必ずといってよいほど、飲食のできるオステリアが立地する。水位を調整する閘門の通航には、ある程度の時間がかかる。そのため人びとは閘門の開閉を待ちながら、オステリアで飲み、交流を楽しんでいたのであろう。また、オステリアは商談の場としても重要な機能を果たしていたという。

このモランツァーノの閘門は、ラグーナの海水とブレンタ川の淡水が混じ

156 フジーナの貨車（18世紀中ごろ）。
フジーナにあったという、水位差のある運河に舟を渡す装置
出典は図 7 と同じ

157 ミーラ（18世紀）
出典は図 7 と同じ

158 ミーラのかつての閘門（2013年、M・ダリオ・パオルッチ撮影）

159 モランツァーノの閘門（1750年ごろ）
出典は図 7 と同じ

る場所でもある。1766年の史料には、閘門を境に「海水（Brenta salsa）」と「淡水（Brenta dolce）」が記載されている >160。このことから、かつてヴェネツィアの飲料水は、ブレンタ川でも海水の上がってこないモランツァーノよりも上流で汲まれていたと考えられる。その後、1561年、ドーロからモランツァーノまでブレンタ川を分岐させて、飲料水用の水路（セリオラ）を引くことが決定された。このセリオラの水はモランツァーノから舟でヴェネツィアまで運ばれ、ヴェネツィアの住民を支える重要な役割を担っていた。セリオラについてはドーロのところでくわしく見ていきたい。

　最後に、ブレンタ川のイメージとして一般的に知られている貴族の別荘（ヴィラ）にも触れておく。モランツァーノの閘門を航行し、蛇行するブレンタ川をさらに上ると、ストラまで荘厳な別荘が立地する。たとえば、マルコンテンタ（Malcontenta）に立地するヴィラ・フォスカリ（Villa Foscari）やストラに立地するヴィラ・ピザーニ（Villa Pisani）などの豪華な別荘が多数挙げられる >161。ヴィラ・フォスカリは、16世紀のパラーディオの代表作で、ブレンタ川に向かって舞台のような大階段が施されている。貴族の別荘が建設された16世紀から18世紀には、ヴェネツィアの貴族は経済基盤を海上交易から農業にシフトさせていた。そのため、別荘のなかには、背後に広がる大庭園のほかに農場も備えていた。また、河川の付け替えと閘門の建設により、安定した流れと舟運を獲得したことで、ブレンタ川に沿って、貴族が安心して暮らせる環境を確保できたと考えられる。

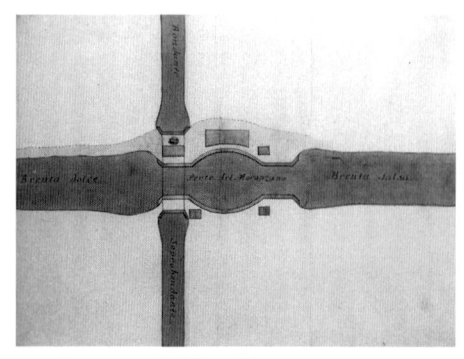

160 モランツァーノの閘門（1766年）
A.S.Ve, *S.E.A., Brenta*, b. 42, dis. 6.

また、安定した流れを確保できたブレンタ川では、現代のように舟にエンジンのない時代、川を上る舟を人や馬が引っ張っていた。1930年ごろの写真には馬がまだ活躍していた様子が収められている >162。

　現在では、夏季にヴェネツィア～ストラ間の観光船が運航しており、途中、豪華絢爛な別荘も見学でき、ヴェネツィア貴族と同じ空間を体験できる >163。また、船の上からブレンタ川の岸辺（Riviera del Brenta）の風景を楽しむ贅沢な時間が流れ、ブレンタ川に沿った草の道が馬で舟を引っ張っていた当時の様子を想像させる。残念ながら、楕円形の特徴的な閘門は閉鎖され、20世紀初頭の直線的な閘門を利用することにはなるが、やはり車社会とはまったく違うゆっくりとした時間の流れを感じることができる。さらに、運河に架けられた数ヵ所の回転橋の開閉を待つのも舟運の楽しみのひとつである >164。こうした、以前ほど使われなくなった水路を保存し、観光船を運航させることで、周辺地域の価値も維持されるのではないだろうか。

161 マルコンテンタに立地するヴィッラ・フォスカリ（1940年代）
Museo della Navigazione fluviale.

162 オリアーゴ辺りのレステーラ（1930年ごろ）
Museo della Navigazione fluviale.

163 ヴェネツィア～ストラ間の観光船（樋渡撮影）

164 回転橋（樋渡撮影）

ドーロ（Dolo）

　ヴェネツィアとパドヴァを結ぶ川の道に沿って位置するドーロは、ヴェネツィア共和国との結びつきが強い >165。集落の起源は古く、古代ローマ以前に遡るとされる。古代ローマ以前には、現在のブレンタ川の前身であるメドアクス（Medoacus）川が流れ、その河川に沿ってドーロの集落も存在したという。残念ながら史料では確認されていないが、漁師や農民、羊飼いが住んでいたといい伝えられている。

　ローマ時代には、パドヴァと同様の歴史をたどり、西ローマ帝国の崩壊で蛮族の侵入を受け、ダ・カッラーラ家の支配下に置かれた。

　15世紀はじめ、ヴェネツィア共和国の支配下に入り、治水事業を通して都市が大きく変わっていくことになる。史料では、15世紀（1425年6月15日の日付）の手紙からドーロが存在していたことがわかり、カ・デル・ボスコ（Ca' del Bosco）はそれ以前の世紀からあったとされている。そして、1540年から1551年にかけてヴェネツィア共和国が建設した製粉所によって、経済的、社会的な発展を遂げる。

　現在は人口約15,000人と少ないが、国内外から観光客の訪れるブレンタ川沿いのかわいらしい街である >166。

　ドーロには、周辺のどの場所からも見える建物がある。それはブレンタ川の左岸に立地するサン・ロッコ教会である >167,168。教会の史料から1572年にまで遡ることができる。その教会の正面は、ブレンタ川に向けられ、ドーロの都市の玄関口として威厳を誇っている。ここでサン・ロッコ教会の位置について考察してみる。まず16世紀後半の地図から、教会は集落の下流側に立地し、当時は集落の端にあったことが読みとれる >169。このサン・ロッコ教会から製粉所周辺まで建物が高密であることから、ブレンタ川の左岸に集落が形成され、河川沿いの道に沿って建物が立地したと考えられる。1830年の不動産台帳の地図を見ると、サン・ロッコ教会から北側に伸びる道に沿っても建物が集中して立地しており、この道は内陸の都市とをつなぐ重要な街道であることがわかる >170。つまり運河沿いの道、内陸の都市を結ぶ道、ブ

165 ドーロの位置（真島、高橋作成）

1…スクエーロ　　4…元製粉所
2…旧閘門　　　　5…元製粉所
3…オステリア

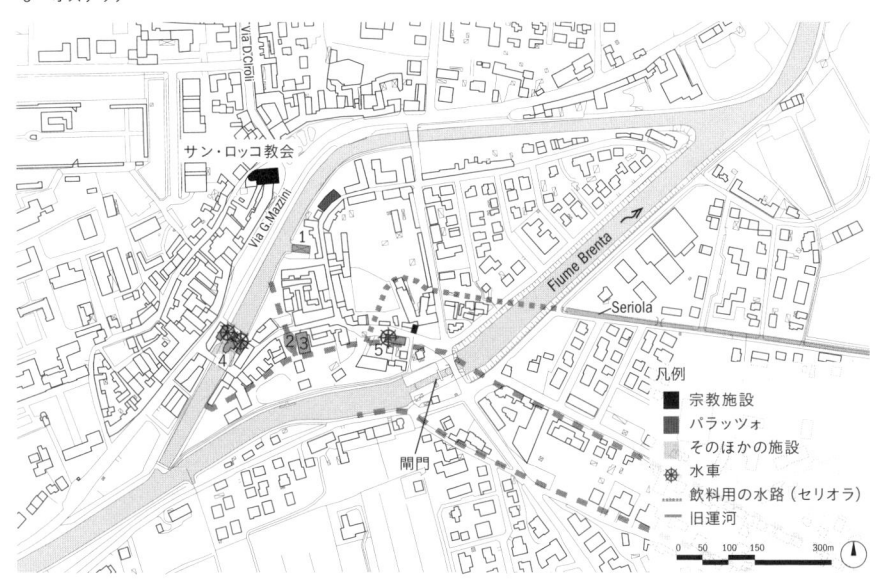

166 ドーロの都市機能、運河跡（樋渡作成）

レンタ川という川の道、これら3つの結節点であることから、サン・ロッコ教会は重要な場所に位置しているのである。

ところで、サン・ロッコ教会に付随する鐘楼は、街のシンボルでもある。その鐘楼はヴェネツィアのサン・マルコ広場に建つ鐘楼とよく似ているが、ヴェネツィアの鐘楼の高さを超えてはならない決まりがあったという。ヴェネツィアからブレンタ川を上る際に見えてくるこの鐘楼は、ドーロに近づいたことを知らせていたであろう。

さて、川港のドーロらしい施設も紹介しておこう。サン・ロッコ教会の対岸には、造船所（スクエーロ）が位置している **>171,172**。かつてヴェネツィア本島内にもいくつもスクエーロがあり、そのほとんどが中心部から離れたカンナレージョ地区やドルソドゥーロ地区に集中していた。ここドーロでもスクエーロは集落の中心部から離れ、ブレンタ川の右岸に立地していた。18世紀の絵画でもしばしば描かれ、ドーロの代表的な風景としても取り上げられていることがわかる。もともとは2棟あり、現在はそのうちの1棟がドーロ

167 サン・ロッコ教会正面（樋渡撮影）

168 サン・ロッコ教会の立地する川沿いの立面図（18世紀）
G. Baldan, *Ville Brenta : due rilievi a confronto 1750-2000*, Venezia : Marsilio, 2000.

169 閘門、製粉所、セリオラ、教会が描かれている（16世紀後半）
出典は図131と同じ

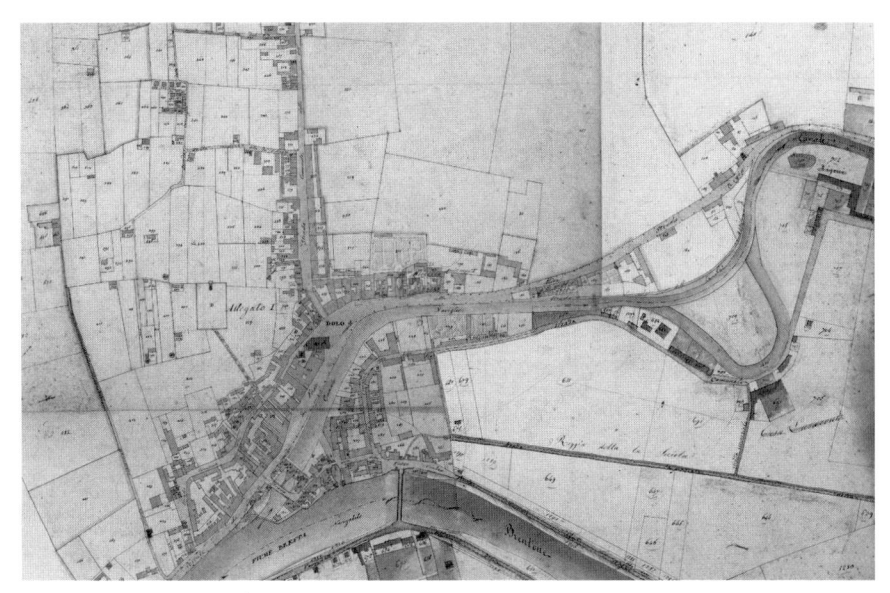

170 不動産台帳の地図（1830年）

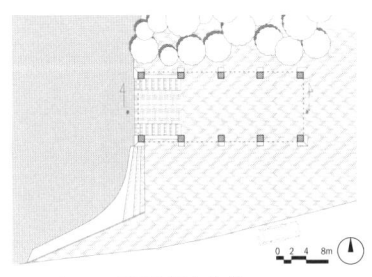

171 スクエーロ平面図（真島作成）

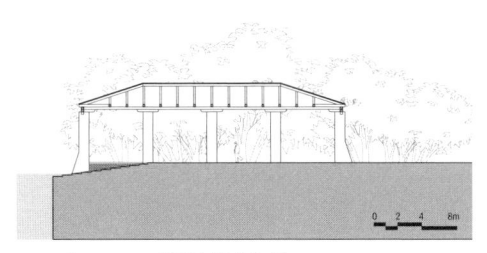

172 スクエーロ a-a' 断面図（真島作成）

市によって修復され、維持されている >173。もう 1 棟はレンガ舗装のみ残っている >174。魚の骨のように並べられたレンガ舗装は、ヴェネツィア本島内でもごくわずか残っている古い舗装のデザインである >175。この舗装はブレンタ川に向かってスロープ状に続いており、舟を扱うスクエーロの特徴でもある >176。こうした、かつてヴェネツィア共和国の川港として栄えていた都市の遺構を見出せることが現在のドーロの魅力のひとつである。

173 スクエーロの立地する川沿いの立面図（18世紀）。もともとは 2 棟あったとされている
出典は図168と同じ

174 現存する施設と跡地
レンガの舗装のみ残されている（樋渡撮影）

175 スクエーロの境界線
スクエーロの場所には魚の骨のように敷設された舗装が残されている（樋渡撮影）

176 現存するスクエーロの遺構（道明撮影）

ブレンタ・ヌオーヴァ運河と閘門の建設

さて、ここからはドーロの形成過程を見ていきたい。その出発点がブレンタ・ヌオーヴァ運河の建設である。

ヴェネツィア・ラグーナ内に注ぐブレンタ川の河口は、ヴェネツィア本島のすぐ北側に位置しており、川から運ばれてくる土砂の堆積により、ラグーナ内の水循環を悪化させていた。当時、ヴェネツィアではペストの流行により多くの人口を失ってきたが、その原因のひとつとして、ラグーナ内の水循環の悪さが挙げられていた。そのため、土砂を多くもたらすブレンタ川の河口をヴェネツィア本島から遠ざけるよう、河川の付け替え工事がたびたび行われ、最終的にはキオッジアの南側を通り、アドリア海に直接流れ込むように整備された。

1450年ごろには、ドーロでブレンタ川を分岐させ、サンブルゾン（Sanbruson）を通り、マラモッコ港（Porto di Malamocco）方面へ本流を流す計画が決定する。

1507年には、さらにヴェネツィア本島から遠ざけるようにブレンタ川の河口を付け替える計画が決定する。これがブレンタ・ヌオーヴァ運河またはブレントン運河（Taglio della Brenta Nuova o Brenton）である >177,178。この運河のおかげで、ブレンタ川による土砂の堆積は、ヴェネツィア本島からより遠ざかり、本島内の水循環を保ったと考えられる。

また同時に、ブレンタ川はブレンタ・ヌオーヴァ運河を本流にしながらも、ヴェネツィアとパドヴァとをつなぐ重要な舟運のルートであるため、ミーラ

177 16世紀の河川と運河の流路
V. Favero et al. (a cura di), *Morfologia storica della laguna di venezia*, Venezia : Arsenale, 1988の図に樋渡追記

178 閘門、製粉所、セリオラ、教会が描かれている（17世紀末〜18世紀初頭）
出典は図131と同じ

方面へ流れるこれまでの水位をある程度保つ必要があった。この問題は、ブレンタ川の下流とブレンタ・ヌオーヴァ運河とを楕円形の閘門で接続することで解決された **>179,180**。閘門の出入り口に木造の扉を設えており、水位を調整するしくみになっている。たとえば、下流から上流へ航行する場合、まず水位の低いブレンタ川の下流から、運河側の扉が閉まっている閘門に入る。楕円形の閘門に舟が入ったのを確認した後、下流側の扉を閉める。そして、ブレンタ・ヌオーヴァ運河から閘門に水を流し込み、ブレンタ・ヌオーヴァ運河と同じ水位になるまで水を溜め、運河側の扉を開け、上流へと航行するしくみである。上流から下流へ航行する場合は、逆の作業になる。これは、パナマ運河方式と呼ばれ、現在でもブレンタ川で利用されている。当時は門の開け閉めは人力で行われたため、水位を調整する時間は非常に長かったと推測される。また、閘門のなかに入る舟の数も限られることから、閘門の通航待ちもあっただろう。そのため、この閘門のまわりは、自然と人の憩う場所に発展したと考えられる。それを裏づけるものとして、閘門のすぐ脇に立地するオステリアというお酒を飲むことを中心とした飲食店が挙げられる **>181**。ここでは、長旅による乗客や船頭の疲れを癒す場だけでなく、商談の場でもあった。

　この楕円形の閘門は現在でも確認することができる **>182**。埋め立てられてはいるが、人が通行できるようになっており、舟が航行していたかつての姿をそのままとどめている。また、閘門の脇に立地したオステリアの建物も壁面にアーチを残し、当時の様子を思い起こさせる。さらに、閘門の通航に関する石盤も保存されている **>183**。その石盤には、上流から来る舟と下流から来る舟に分けて料金が設定されており、ブルキオ（burchio）やゴンドラ（gondola）といった舟の種類でも料金が異なるようである。また、この閘門を通ってすぐ上流のストラ、そしてパドヴァ、さらにはヴィチェンツァ、エステ（Este）、モンセリチェ（Monselice）のようなブレンタ川以外の河川沿いの街との交流もあったことがわかる。こうして、閘門のおかげでヴェネツィアとパドヴァやそのほかの街をつなぐ重要な舟運は守られ、同時にドーロがヴェネツィア共和国の重要な川港として発展するきっかけとなったのである。

179 埋め立てられる以前の閘門（1930年ごろ）
出典は図131と同じ

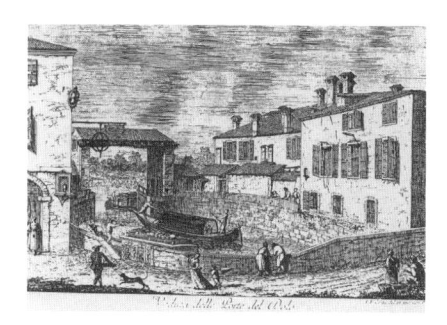

180 閘門を航行する舟
出典は図131と同じ

181 閘門の脇に立地するオステリア
出典は図131と同じ

182 閘門とオステリアの遺構（2013年、須長撮影）

183 通航税を記載した石盤（M・ダリオ・パオルッチ撮影）

小麦の国営製粉所（molino demagniale）の建設

　治水事業にともない、ブレンタ川の上流側と下流側で水位差が生じたことを利用して、ヴェネツィア共和国の管理のもと、1535年に小麦の製粉所の建設をめぐる議論が起こり、1540年に建設が開始された。そして1551年に完成した。

　このころ、ヴェネツィアの人口は10〜15万人におよんだ。当時のロンドンの人口は3万人、パリは5万人であったことから、ヴェネツィアがいかに大都市であったかがわかる。ドーロの製粉所は、この人口増加による大量の食糧供給の役目を果たし、またヴェネツィア共和国内外にも輸出され、一大産業を築いたのである。

　それまでは、ヴェネツィア本島に近い本土のメストレ（Mestre）で水車を利用した製粉が行われていた。メストレを流れる河川もラグーナに注いでおり、水車によって沈殿物が溜まると、結果的にラグーナの水循環に悪影響をおよぼす状況が生じていたのである。そこで、つねにラグーナの水循環を重要視してきた、キオッジア出身のC・サッバディーノは、沈殿物の溜まりやすい製粉所をラグーナからより遠い場所に移転しようと計画した。1550年にC・サッバディーノによって描かれた製粉所の計画図がある >184。この計画図には、4つの製粉所が描かれ、ドーロを一大生産拠点にすることを想定していたことが窺える。

　製粉所は16世紀までヴェネツィア共和国に所有され、その後は民間に貸され、最終的には民間に売却された。1740年ごろのカナレットの絵では、中心に製粉所を据え、水車の迫力を伝えている >185。その周辺には人びとの賑わう光景も広がり、さらにブレンタ川ではゴンドラや帆船、ブチントロなどさまざまな舟が行き交っている様子も描かれ、ドーロの華やかな時代を物語っている >186。

　しかし19世紀末には製粉所としてはすでに機能しておらず、1901年に公共事業として再建された。

　現在、製粉所はバール兼レストランとして、水の流れと音を聞きながら食事や会話を楽しむ場によみがえっている >187,188。この店は、従業員の親が1994〜1995年ごろ、水車を設置して製粉所を再生し、2001〜2002年には現

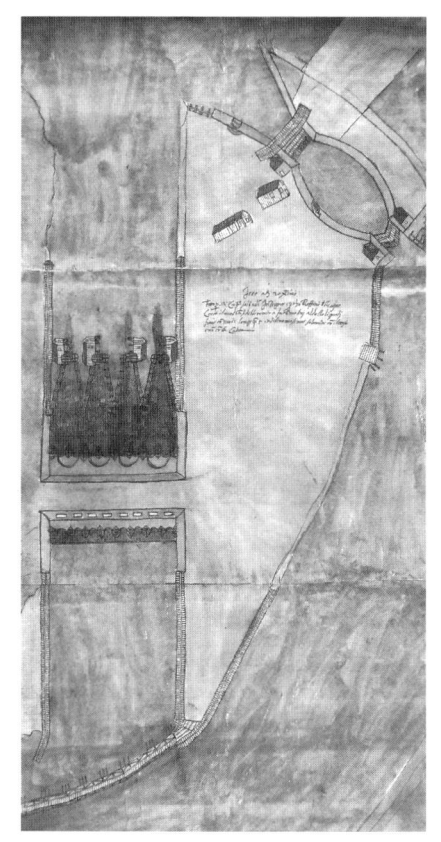

184 製粉所の計画図（C・サッバディーノ作成、1550年）
A.S.Ve, S.E.A., Disegni, Brenta, dis. 16.

185 賑わいのある製粉所周辺（1740年ごろ）
出典は図131と同じ

186 製粉所（1750年ごろ）
左岸には現在と同じ場所に小祭壇（capitello）が描かれている。製粉所の傍にはしばしば小祭壇が置かれる
出典は図131と同じ

187 人気の高いオープンテラス（2013年、須長撮影）

188 レストランにリノベーションされた元製粉所（2013年、須長撮影）

在の店を開業したという。元製粉所の周辺は、今では若者や観光客に人気のスポットとして夜も賑わっている **>189**。こうした歴史的遺産を活用した空間が、現代建築にはない迫力をもち、街の中心となっているのである。

飲料用の水路（セリオラ）

　ドーロにはもうひとつ重要な役割があった。それはヴェネツィアに飲料水を供給することである。ヴェネツィアは水に囲まれていたが、島から成ることからつねに飲料水に悩まされてきた。このことはヴェネツィア貴族のM・サヌート（Marino Sanuto、1466〜1536年）の『日記』にも指摘されている。ヴェネツィア本島では、ポッツォ（pozzo）という雨水を貯める貯水槽を広場や邸宅の中庭など街の至るところに設置し、島に降った雨をすべて飲料水や生活用水に有効活用する工夫がされてきた。しかし、それだけでは十分な飲料水を確保することが難しかった。そこで、ブレンタ川の海水の上がってこない場所まで行き、淡水を直接汲んでヴェネツィアのポッツォまで舟で運んでいたのである **>190**。その場所がここドーロであった。

　1561年にブレンタの水を分岐させることが決定された。その後、ドーロからモランツァーノまでブレンタ川からの水路が整備される **>191**。モランツァーノはヴェネツィア本島に近いラグーナの水際付近に位置する。水はモランツァーノからヴェネツィア本島へは舟で運ばれ、ヴェネツィアの貯水槽に供給された。この水路をセリオラ（seriola）と呼ぶ。

　取水口はかつて架けられていたジュデッカ橋の下にあり、ここを神聖な場所として意味づけるように、「都市のための飲料水（HINC URBIS POTUS）」と記載された石盤と聖マルコの獅子の彫刻が設置されていた **>192**。都市はヴェネツィアを示している。石盤は、現在も当時と同じ場所で確認することができ、獅子の彫刻は市庁舎に保管されている。

　セリオラは現在もその一部を見ることができる。ドーロの中心部からブレンタ川を渡ると南東に向かってセリオラ通り（Via Seriola）が通っている **>193**。その道路沿いを流れる水路がかつてのセリオラである。セリオラは段差を設けて水を浄化する工夫も施されていた。

189 深夜に若者で賑わう元製粉所の正面（2013年、樋渡撮影）

190 ブレンタ川から飲料用の水を汲む業者（18世紀）
Museo Correr, Venezia.

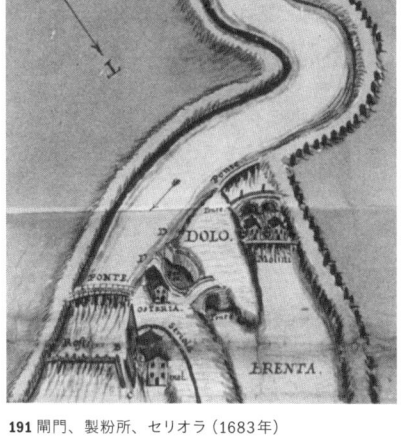

191 閘門、製粉所、セリオラ（1683年）
A.S.Ve, *S.E.A., Disegni, Brenta*, b. 71, dis. 6.

192 セリオラの跡
HINC URBIS POTUS（陣内撮影）

193 現存するセリオラの一部（樋渡撮影）

439

ヌオヴィッシモ運河の掘削

　1602年から1610年には、ブレンタ川に注ぐムゾン運河（Taglio del Muson）が掘削された >194。この運河はミラーノ（Mirano）からミーラを通り、ブレンタ川に注いだ。運河の河口にあるミーラでは、この運河による土砂の堆積が新たな問題として浮上したため、1610年、その解決策として、ブレンタ川の河口をアドリア海に流れるよう、ミーラでブレンタ川を分岐させるヌオヴィッシモ運河の掘削が計画された。ヌオヴィッシモ運河はミーラからブロンドロ（Brondolo）港の近くにブレンタ川を分岐させ、ラグーナ内のキオッジア近くに土砂が堆積するのを防いだのである。この計画は、キオッジア出身のC・サッバディーノがキオッジア周辺の水循環を懸念したためだと考えられる。こうして、ラグーナ内に注いでいたブレンタ川の本流は、アドリア海へ注ぐ大規模な治水事業が行われ、この治水事業によって、ヴェネツィア周辺の水循環は守られ、都市環境を維持してきたのである。

　また、ヌオヴィッシモ運河の掘削によって、上水のセリオラとヌオヴィッシモ運河が合流するのを避けるため、水路を立体交差させることでこの問題を解決した。セリオラは田園を抜け、ガンバラレ（Gambarare）、パラーディオ設計のヴィッラ・フォスカリのあるマルコンテンタを通り、ヴェネツィアに水を運ぶ舟（ブルッキオ）が集まるモランツァーノまで水を運んだ。このように、ヌオヴィッシモ運河を掘削し、ラグーナ環境を維持しつつも、水の供給を確保する工夫がなされた。ヴェネツィア共和国は絶え間ない努力でつねに水をコントロールしていたのである。

新たな閘門の建設

　1930年代、ブレンタ川とブレンタ・ヌオーヴァ運河をつなぐように運河が掘削された >195。現在のドーロにはブレンタ川に中洲があるが、もともと中洲はなく、この運河の掘削により形成されたものである。つまり、中洲の北側の流路がブレンタ川のかつての本流で、南側の流路は1930年代に掘削された新たな運河である。というのも16世紀に建設された閘門の老朽化や船の規模が大きく変化したことから、新たな運河と閘門が必要になったと考えられ

る >196。この運河の掘削により、航行の利便性は確保されたが、同時に都市の中心部から離れ、閘門の通航を待つ間のオステリアで談笑するような光景はいつしか消えてしまう。その後16世紀の特徴的な楕円形の閘門は不要になり、運河の部分は埋め立てられた。現在は楕円形の形状を保ったまま護岸部分が残され、当時の記憶をそのままとどめている。

　以上を踏まえ、ドーロの形成過程を考察してみたい >197。ブレンタ・ヌオーヴァ運河の掘削される以前の15世紀は、貴族の別荘がほとんどなく、藁葺屋根または茅葺屋根の住宅がぽつぽつ存在する程度だったと推測される。図197に示した集落の範囲は定かではないが、ブレンタ川沿いの道から一本奥には、自然地形に合わせてできたような道が通っており、ドーロのなかでも古い街区だと考えられる。そして16世紀のブレンタ・ヌオーヴァ運河の掘削をきっかけに、小集落から大都市へと大きな変化を遂げたことが窺える。17世紀末から18世紀初頭にかけてのドーロを示した鳥瞰図から、閘門を境にして、ブレンタ川の下流側には貴族の邸宅や別荘などのしっかりした建物が描かれ、市街地の中心も左岸にあることが読みとれる >178。一方、閘門よりも上流側では、藁葺屋根または茅葺屋根の住宅が点在し、都市化されていない地域であることがわかる。これは、旧ブレンタ川の本流がドーロとヴェネツィアを結ぶ舟運の軸線であったことに関係していると考えられ、閘門よりも下流側に都市が広がっていったと推測される。また、1830年には激しく蛇行してい

194 17世紀の河川と運河の流路
V. Favero et al. (a cura di), *Morfologia storica della laguna di venezia*, Venezia : Arsenale, 1988 の図に樋渡追記

195 運河の掘削と閘門の建設（1930年代）
出典は図131と同じ

た旧ブレンタ川の本流が、緩やかな曲線を描く程度に整備された。図197の1887年の図にかつての川床を点線で示した。

　1887年には、ブレンタ・ヌオーヴァ運河はその役目を終えているようである。その理由としては、ブレンタ川の上流で農業や工場などで水を使うようになったため、ドーロでは以前よりも水量が少なくなっていたのではないかと考えられる。もうひとつの理由は、ドーロより下流に位置するミーラで、アドリア海へ直接注ぐヌオヴィッシモ運河の掘削が行われたことにより、ブレンタ・ヌオーヴァ運河の持つ重要性が低くなったためだと推測される。これらの理由からブレンタ・ヌオーヴァ運河は宅地化されていくが、その一方で、セリオラの取水口として一部維持されている点は重要である。1884年にヴェネツィアへ上水道を引いた記念式典が、大きな噴水の設けられたサン・マルコ広場で盛大に行われた事実から、そのころまでセリオラが活用されていたことが知られる。

　そしてエンジンつきの船が行き交うようになった1930年代には、新たな運河と閘門が掘削され、今見るような島状の土地ができたのである。この島には、16世紀の楕円形の閘門やブレンタ・ヌオーヴァ運河の護岸が残っており▶198、島のなかに蓄積されたこのようなさまざまな痕跡は、ドーロの水を制御・活用して発展してきた街の特徴ある歴史をよく物語っている。

196 現在も頻繁に稼動する閘門（2013年、樋渡撮影）

198 ブレンタ・ヌオーヴァ運河の護岸の遺構（道明撮影）

15世紀

18世紀

サン・ロッコ教会
（1572年史料初出）
スクエーロ
製粉所（1540-1551年）
製粉所
Seriola（16世紀後半）
閘門
オステリア
Brenta Nuova（16世紀前半）

1887年

サン・ロッコ教会
元スクエーロ
元製粉所
Seriola
元製粉所
護岸の復元ライン
閘門
オステリア

凡例
河川・運河
道路
住居・集落・市街地の範囲
宗教施設
そのほかの施設
（元）製粉所

0　100　200　500m

2013年

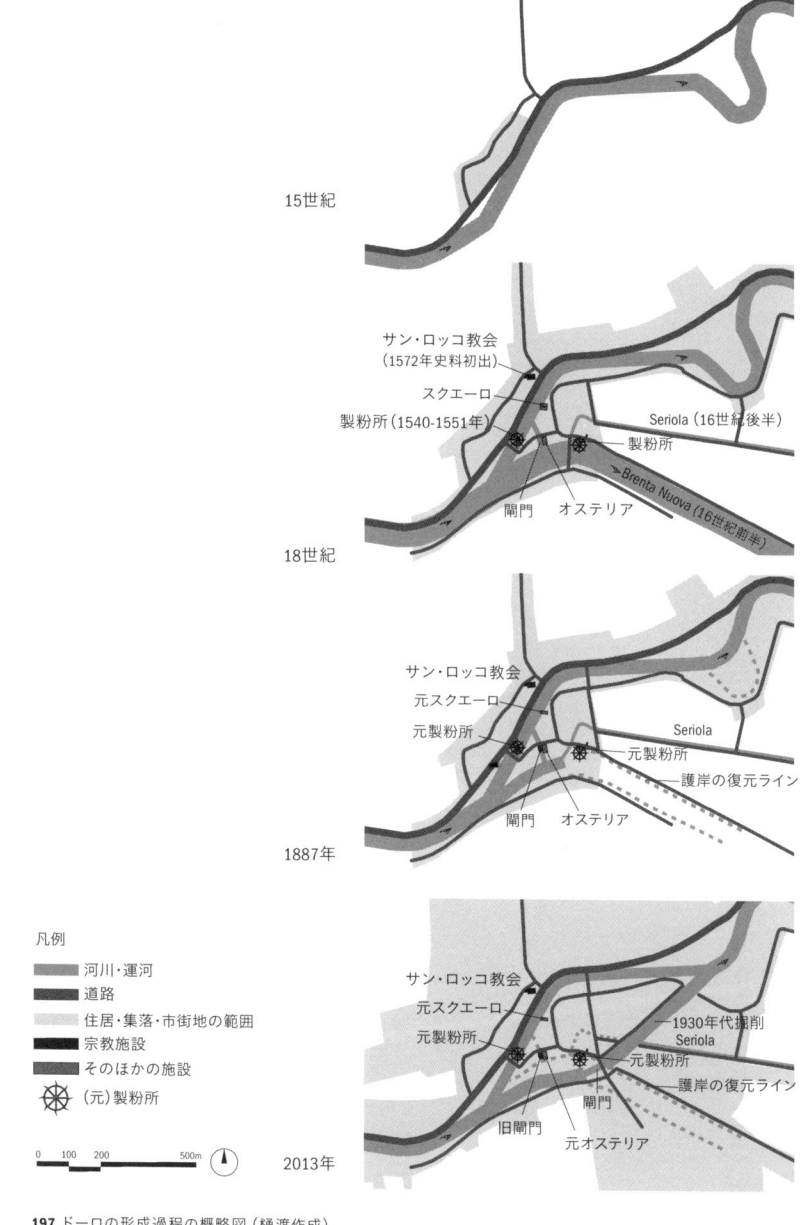

サン・ロッコ教会
元スクエーロ
元製粉所
1930年代掘削
Seriola
元製粉所
護岸の復元ライン
閘門
旧閘門
元オステリア

197 ドーロの形成過程の概略図（樋渡作成）

パドヴァ（Padova）

　パドヴァは、人口約 21 万人のヴェネト州で第 3 の規模を誇る内陸部にある都市で、文化や芸術の街として知られている **>199**。代表的な施設として、パドヴァ大学（1222 年設立）や、ヨーロッパ最古の植物園（1545 年設立、世界文化遺産）、ジョットのフレスコ画で有名なスクロヴェーニ礼拝堂（Cappella degli Scrovegni）などがある。

　街の起源は古く、紀元前 8 世紀ごろ、バッキリオーネ川が大きく湾曲した場所に、集落ができたことが始まりとされる。その後、何本もの運河がめぐる水の都市としてパドヴァは発展した **>200**。川や運河の水は、住民にとって生活用水としてだけではなく、水車を用いた製粉等の産業施設のための動力として、また周辺都市と結ぶ水運による物と人の輸送手段として、さらには市壁とともに防御の一部として活用されてきた。ときには、水をめぐり周辺都市との覇権争いも行われるほど、都市の発展に水は不可欠な存在であった。

　一方で、水路は天候によって大きく左右された。渇水や洪水などは人びとの生活にとって脅威でもあるため、水量のコントロールは不可欠であった。そのため人びとは数世紀にもわたり、水に関する制御技術を蓄積しつつ、街中に多くの運河をはりめぐらせ、多種多様な活用を行っていたのである。水位の差を乗り越えて船の航行を可能にするための閘門の遺構は今も残されている。まさにパドヴァは、イタリア内陸部を代表する水都のひとつだったといえよう。

　しかしながら、近代化の流れとともに、水路がもっていた多くの役割は失われ、人びとの生活は徐々に水辺から離れていった。中心部の一部では水路が暗渠化され、路面電車や自動車の幹線道路として利用されるなど、徐々に水辺は消えていった **>201**。

　現在残された水辺は、パドヴァの貴重なオープン・スペースとして住民の憩いの場となっている。中世に築かれた市壁の外堀にはボート乗り場があり、夏の暑い日などは家族連れやカップルなどがボート漕ぎを楽しんでいる **>202**。かつての舟運の拠点であった船着き場は、定期観光船の乗り場として再び活

用され、ヴェネツィアまでの優雅な船旅を楽しむことも可能である。

　ここでは、パドヴァの成り立ちを水の視点から見ていく。ヴェネツィアやヴィツェンツァなど主要な都市との水運による輸送・流通や、水資源をめぐる運河建設の覇権争いなど、これまであまり紹介されていなかった点にも注目する。パドヴァの形成史は、イタリア内陸部の河川沿いの都市における水と街との関係性を理解するうえでも、新たな示唆を与えてくれるに違いない。

199 パドヴァの位置（真島、高橋作成）

200 サン・グレゴリオ・バルバリゴ橋から見た運河沿いの街並み（宇野允撮影）

201 暗渠化されたナヴィーリオ・インテルノ（宇野撮影）

202 ボート遊び（宇野撮影）

445

水都パドヴァの歴史とその機能の変遷（Padova e le sue acque）

　パドヴァは、およそ2800年という長い歴史を積み重ねてできた都市である。その間、それぞれに大きく異なる歴史的な時代を背景にパドヴァは進化を続けた。最初の居住地域は紀元前8世紀ごろ、バッキリオーネ川に隣接するふたつの湾曲部の内側で生まれた。居住地域は、隣り合ういくつかの集落が集まり、拡大しながら一体化していった。その後の数世紀の間、基本的に場所を変えずに拡大し、さらに発展を続けた。これが"重層的"発展の所以である。つまり新しい建築物は、過去の建築物の廃墟の上に、あるいはその基盤の上に重ねて建設されることで、巨大なミルフィーユ状の街が完成したのだ。古い建築物は、新たな建築物に場所を譲るために、その大部分が取り壊され、各地に散らばった。その残骸は地層に残り、しばしば発掘の折に陽の目を見ることになる。現在の居住地区の取り壊しは実現不可能であるため、系統的な考古学的調査は困難な状況なのである。

　パドヴァの成長や発展を決定づけてきたのは、バッキリオーネ川や、中世に建設された数々の運河の存在である >203。都市の組織体が、河川の水やその資源に依拠する状態は、19世紀後半まで続いた。しかし、近代的産業の発達とともに、蒸気や電気が出現したことで、水路網に深く依存する時代は終わった。内燃機関の登場により、道路網の拡大が必須となった。そのため中世起源の運河はしばしばその建設の犠牲となった。ときを同じくして水力は衰退し、河川における航路の衰退と相まって、運河はもはやその存在価値を失っていった。

交通網の完備と経済発展

　パドヴァ誕生の舞台となったこの川は、紀元前2000年紀にブレンタ川、続いてバッキリオーネ川と名を変えた。同じころ、ヴェネト地方の諸都市と同様に、河川は家事や手工業に不可欠な水源を供給した。また、外敵の急襲に対しては防衛の役割を果たし、移動による利便性などさまざまな恩恵をもたらした。河川の航行は、水路の豊富な地域や沼沢地においてとりわけ重要な

役割を果たした。

　パドヴァは、ローマ帝国の勢力下に入ってからも、水路という特権を手放すことなく、むしろ帝国の全領土に広がる交通網を完備させていった。主要な拠点を挙げると、たとえば、アドリア海のアルティーノやアクイレイアと結ぶアンニア街道である。この道は、山脈地域やアーゾロへとまっすぐ続くアウレリア街道の起点で、さらにヴィチェンツァへ続くエミリア・ガッリカ街道の起点でもある。紀元前1世紀から紀元後1世紀にかけて、パドヴァは経済発展を謳歌し、巨大な富を手に入れた。居住地域は川のふたつの湾曲部を含みつつ著しい発展を見せ、その湾曲部に3連アーチを持つ2本の石橋を架けて両者を結んだ >204。これは今日、アルティナーテ橋とサン・ロレンツォ橋として名高い。その中間には、歩道や倉庫の並ぶ川港がある。そのほか、3連アーチを持つターディ橋やサン・ジョヴァンニ・デッレ・ナーヴィ橋は、エウガネイ丘陵やパドヴァ西部への道を拓いた。また5連アーチを持つモリーノ橋は、ヴィチェンツァ、アーゾロ、アルプス山脈へと続く道の終点である。

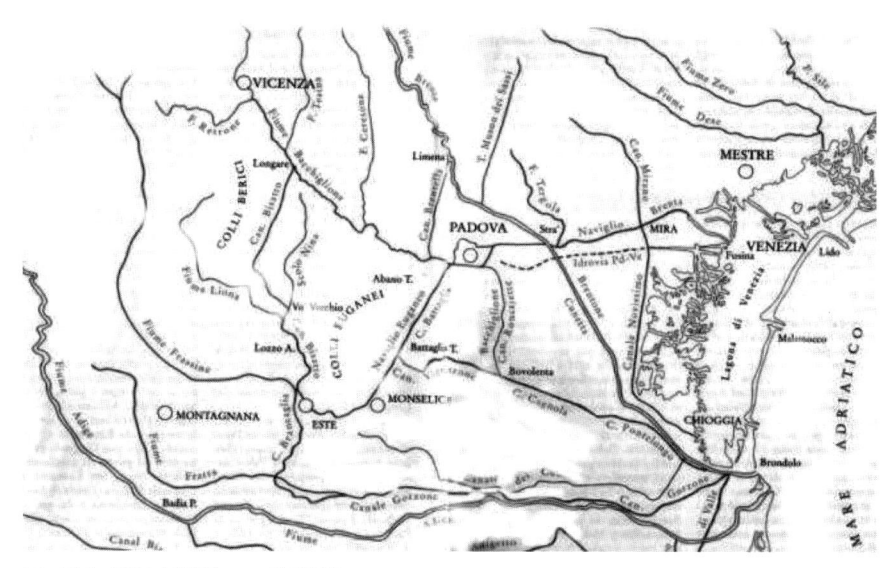

203 パドヴァ周辺の水路網（A・スーザ氏提供）

これらはすべて紀元前 1 世紀に建設された。1 世紀後、5 連アーチのポンテコルヴォ橋は、サン・ロレンツォ橋経由の、南西部や海へと通じる理想的な道を招いた。もうひとつ、3 連アーチの橋は、1000 年を迎えることなく取り壊されたと考えられる。その痕跡は、エレミターニ教会近くのストゥアという中世の橋の基部の下で発見された。おそらく中心部と、居住地域北部に位置する現アレーナ、円形劇場を結んでいたのであろう。

都市の縮小と流路の変化

　476 年のローマ帝国崩壊後、パドヴァはビザンティン帝国の勢力圏に残るものの、601〜602 年にランゴバルド族の侵略が始まった。2〜3 世紀後、都市は川の西側の湾曲部、おそらく大聖堂（Duomo）とスペーコラの間を含む小さな集落となった >205。同時期、ヴェネト州辺りの全域を襲った大洪水により、平野における水路の分布状況は一変した。バッキリオーネ川の流れは瞬く間に、ひとつ目の湾曲部の半ばあたりでモリーノ橋の下流へと逸れ、そのまま北東、そして海へと続く東部へと進んでいった。ひとつ目の湾曲部の東側と湾曲部の向かい側には、もはや水は届かず、おそらく湿地や水たまりを形成していった。

水車の登場

　9 世紀から 10 世紀までこの状態は続いたが、都市が活気を取り戻すころには生活環境は向上し、人口も増加した。居住地域は再びかつての湾曲部の西側全域に拡大したが、その周辺には 950 年ごろから侵略に対する防衛対策がなされた。おそらく土手を拠点にはじめての堤防が建設され、柵による強化もなされ、さらには物見やぐらが建てられた。
　一方で好景気により食糧需要が圧倒的に拡大し、穀物を挽く必要から、水力を利用した初期の水車がパドヴァにもたらされた。すでに 8 世紀ごろから、ヴェネト地方全域ではこうした製粉所が出現し始めていた。水車の稼働に適した条件が揃えば、あらゆる設置場所が想定できた。しかしパドヴァは、601〜602 年からのランゴバルド族の侵略以降、長い年月荒廃にさらされた。そ

のため初期にモリーノ橋下流域につくられた水車は、ようやく10世紀になって登場したものである >206,207,208。この建設により水車を意味する「モリーノ」がこの橋の名になった。河川の主流に沿って配置されるのは、水中で浮動する水車であり、こうした作業場にとって最も扱いやすい方法が採られた。というのも、設置には、特別な運河建設の必要もなく、水量の変化に対応可能であるからだ。すべての水車は、つなぎ合わされたふたつの大きな板で構成され、そのうち大きな方は「アルカ」と呼ばれ、粉引きの装置を持つ。もう一方は「サンドン」で、両板の間に位置する羽根車の軸を支える。橋との距離が近いのは、水車を地面に固定するのに、おそらく橋脚を活用し、また橋の5つの径間で分割される水流を利用するためである。水車の発展段階も、初期の台数についても不明である。推測できるのは、ときが経つにつれ技術が改良され、拡大を続ける都市からの高度な要求により、初期の一連の水車群（ピアルダ）が生まれたことである。橋のアーチにひとつ、続いてふたつ、3つと設置が進んだ。次第に河川の水路に大量の杭を手作業で打ちつける設備が発明され、水流はそれぞれの水車へと導かれた。水路における初期の水車の登場により、舟の航行には困難が生じ始めた。こうして設備により、橋

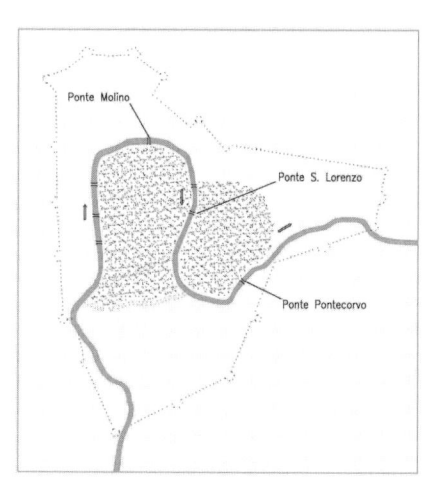

204 パドヴァを流れる河川（紀元前1世紀、A・スーザ氏提供）

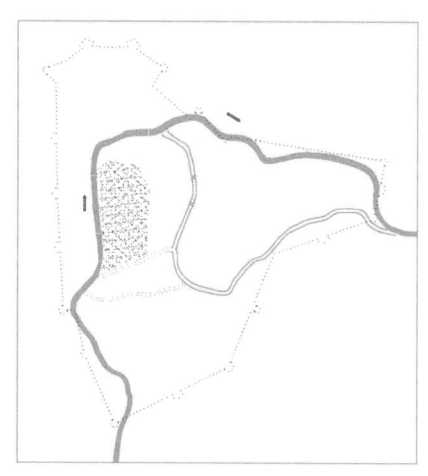

205 新たな流路（7〜9世紀、A・スーザ氏提供）

の径間は塞がれ、舟が長い列をつくり、打つ手がないほどに航路を阻害した。橋の上流と下流で、今日までその状態が続くように、水位の差が 2.5m ほどあるため、船は通航することはできず、航行はふたつの流域に分断された。

新たな市壁とバッターリア運河の建設

　好景気に加え、市当局が体制強化に本腰を入れ始め、当然、都市の防衛機能の増強にも重点が置かれるようになった。よって、十分使用に耐えうる古い堤防が残っていても、利用されることはなかった。こうして、新しく都市を取り囲む石造りやレンガ造りの市壁建設計画が立てられた。市壁の構造は、塔と塔の間に生まれた距離を外壁で埋めるものである。それ以前につくられた長い市壁跡を十中八九なぞったものだが、ローマ時代の湾曲部の境界に位置し、ほぼ1195年から1210年までの間に建設された **>209**。

　市壁の建設には高品質な建築資材が必要で、その最たるものは石材や石灰である。これらはエウガネイ丘陵でのみ潤沢に採掘できたが、ローマ起源の長い旧街道を使用しての輸送は困難をきわめた。より現実的な手段は、舟による水上輸送であった。こうして、パドヴァから丘陵の採掘地にたどり着くための運河を建設する構想が生まれた。この新しい運河はバッターリア運河と名づけられ、1189年から1201年までの間に建設された。これは街に流れる少し手前でバッキリオーネ川から分岐し、エウガネイ丘陵やモンセーリチェまで達した。そしてエウガネイ丘陵西部を迂回し、エステに着いた後、ヴィチェンツァの領地から流れるビザット運河につながった。この運河により、市当局が建設を計画する市壁や新たな公共建築物の資材調達問題が解決するのみならず、南部にはるかに広がるエステまでの地域へと、街から容易にたどり着ける道が誕生した。

　当時の軍事建築の定石に従い、新たな市壁には防衛対策としての堀が備わった。これは西側と北側に位置し、元から河川があった場所に掘られた。それ以外は6～7世紀以降、放棄されたモリーノ橋からトッリチェッレの橋まで広がる旧水路を工夫して建設された。この時点からスペーコラまで（トルロンガの時代）掘られ、もしくは、それほど遠くない過去に誕生した小川の痕跡

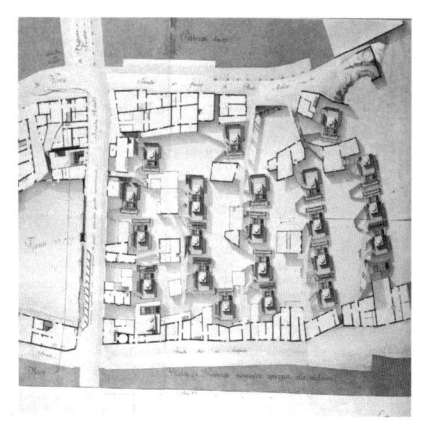

206 モリーノ橋の水車群の平面図（19世紀前半、A・スーザ氏提供）

207 モリーノ橋の水車群（A・スーザ氏提供）

208 カルミネ教会にある製粉業者の祭壇（A・スーザ氏提供）

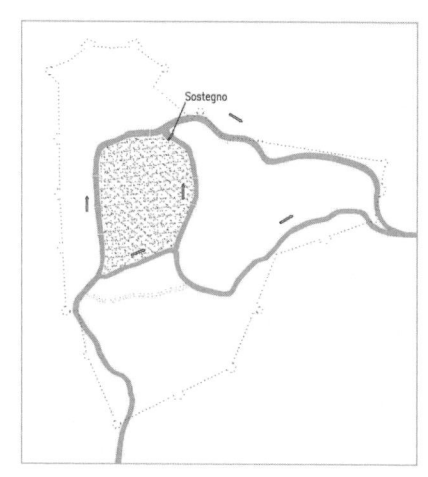

209 パドヴァの水路網（12〜13世紀、A・スーザ氏提供）

を再利用した。堤防がまだなかった時代、河川がしばしばその流れを変えると、蛇行跡や、水流が途絶えて湿地となった場所などは放置されていた。当時は、このような状態の場所を新たな運河建設に役立てる方法が、もっぱら普及していたのである。新たな堀には、おそらく木の切り株のような支柱が備わり、水車に運ばれる水量が途切れない程度に水深を調節していた。堀の横幅は、防衛に必要とされる広さであったが、かつての水路よりも極端に狭かった。この堀の建設の結果、ローマ時代に完全な状態にあったふたつの古橋、アルティナーテとサン・ロレンツォは、おそらく部分的に埋まり、ひとつのアーチだけが修復され、残るふたつは見棄てられた。その数世紀のうちに新たな建築物に徐々に埋もれながら、人びとの記憶からも消えていた。1773年の出版物には、沈んでいたサン・ロレンツォ橋のふたつのアーチが発見されたと記されている。雨水の排水溝であった小運河を整備する工事の最中に発見され、当時の人びとはその存在に大きな衝撃を受けた **>210,211**。

新しい運河網の建設と都市の発展

　13世紀、パドヴァは経済発展による繁栄を続け、人口は増加し、市壁外にまで居住地域を拡大するに至った。民衆の食料消費も増大し、とりわけ小麦の需要が高まった。稼働する水車の数を増やすべく、川の湾曲部向かいのかつてのローマ時代の土地にまで手を広げた。ここにトッリチェッレの橋から伸びてロンカジェッテ運河に合流するサンタ・キアーラ運河を建設した **>212,213,214**。トッリチェッレの名は、町へ続く門に備えられたふたつの小塔に由来する。また、バッキリオーネの名は町にある谷を意味するヴァッレ（valle）からとられた。1217年、水路にまたがる部分にトッリチェッレと呼ばれる新たな水車群が、市当局の主導で建設された。同年に、川の下流の同じ水路に沿って、港に近い場所にオンニッサンティ水車群が建設された。どちらも地面に建設される水車であり、後世に建てられたほぼすべての水車と同じしくみを持つ。

　続く20年で、市の宗教団体のいくつかは、市当局との事前合意のうえ、水を活用するために新しい運河建設を推進させる。サンタ・マリア・イン・ヴァンゾ修道院は、1220年から1230年までの間にアックエッテ運河を建設

210 古代ローマのサン・ロレンツォ橋の遺構（1930年代、A・スーザ氏提供）

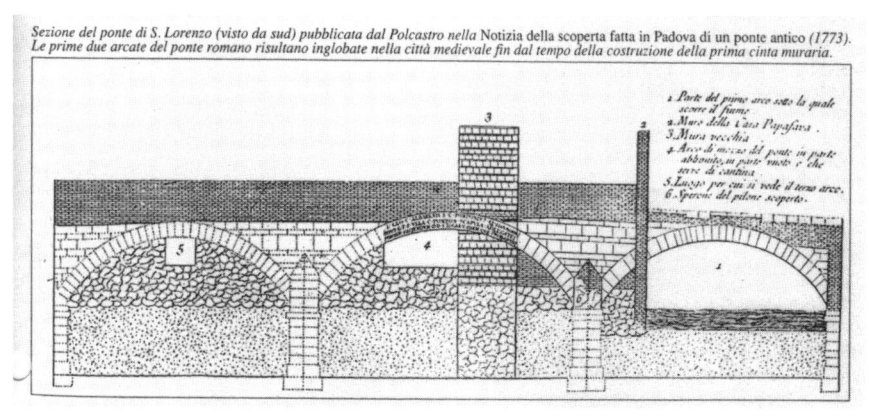

Sezione del ponte di S. Lorenzo (visto da sud) pubblicata dal Polcastro nella Notizia della scoperta fatta in Padova di un ponte antico (1773). Le prime due arcate del ponte romano risultano inglobate nella città medievale fin dal tempo della costruzione della prima cinta muraria.

211 古代ローマのサン・ロレンツォ橋の復元図（A・スーザ氏提供）

し、運河沿いには同名の水車群が設置された。サンタ・マリア・ディ・ポルチーリア修道院は、おそらく以前から存在しながらも部分的にしか機能していなかったサンタ・ソフィア運河の整備を行い、ほかの水車へと水を運んだ。1228年ごろ、サンタ・ジュスティーナ修道院は、バッキリオーネ川の水を部分的に利用する承諾を得て、聖堂に沿って広がる居住地域の山岳部から南部へと伸びる運河を掘らせる。その後、最終的にこの運河は、ポンテコルヴォのサン・マッシモ運河へと流れ、修道院周辺に設置された水車に水を供給した。年代は不明であるが、おそらく1236年以前、ようやくパドヴァ市当局主導で、ボエッタ運河が建設された。これらはコーダルンガの「小さな水車（ムリネッティ）」、サン・ジャコモの「小さな水車（ムリネッティ）」と呼ばれ、1609年6月22日からは、サン・ジャコモの「新しい歯車（フォッリ・ヌオーヴィ）」と呼ばれた。計画は、ピオキオーゾ・テッラネグラ橋の合流地点における水車の建設、そしてピオーヴェゴ運河の北部に向かう分岐点に設置されたそのほかの小型水車の建設によって完了した。この運河はモリーノ橋下流から街の東部のオンニッサンティへと合流する。

　新たな水車群が生まれることで、これに関連した職業に従事するすべての労働者たちの宿泊場所が必要となり、新たな建築工事の必要が生じた。労働者とは、たとえば粉屋やその関連作業につく者、設備整備のための大工や鍛冶屋といった職人、家畜を貸し出す者、運搬人、船乗りなどである。粉屋や商人の住居建設の必要から、次第にモリーノ橋周辺には、水車と水車の間、水路間などに、杭の基盤で支えられた木造の建物が建ち並んだ。川岸や河川の各所に散らばる迷路のような船橋がそれらを結びつけ、おかげで彼らの仕事ははかどった。しかし、一方で増水した水をさらに溢れさせることとなり、しばしば災害の原因ともなった。いびつに並んだ数々の製粉所も、当初の木造あばら屋が変化し、次第に堅固な構造を持つようになった。こうした変容はさらに新たな地区の創造を刺激した。経済力が増すことで、当然、都市防衛の必要も生じてくる。こうして新たな市壁が建設されるものの、川の湾曲部に位置していた当初の囲い地は分離された。港や近郊の水車の存在を考慮し、この地が選ばれた。

212 1217年建設の縮絨機用の水車跡。最後の所有者グレンデネの産業施設（A・スーザ氏提供）

213 産業施設の跡（A・スーザ氏提供） 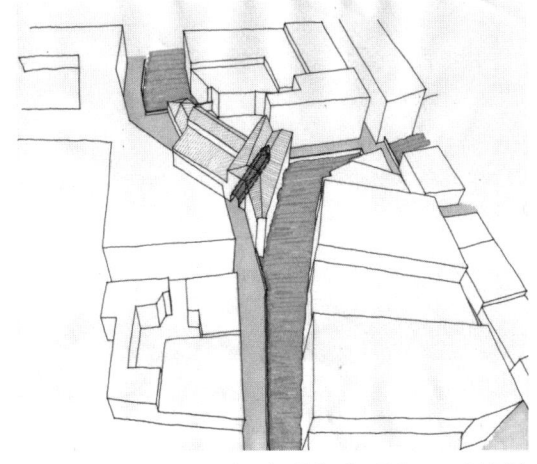　　**214** ナヴィーリオ・インテルノの埋め立て以前の復元図（A・スーザ氏提供）

ヴェネツィアへの短縮航路、ピオーヴェゴ運河の建設

　13世紀後半から、水車は、穀物や種を挽く以外にも、たとえば縮絨機、木槌、木材用のこぎりなど、職人の作業効率に応える必要から出番が増えた。とりわけ、パドヴァで名高い毛織物の縮絨作業を行なう縮絨機に水車は必要不可欠であった。この機械は、布を叩く木槌の応力に対応するため、地上に設置した。大抵は、作業の残留物を野原に廃棄できるよう、運河の水を居住地から排出できる場所に設置される。環境汚染の問題について規定はないものの、当然居住地域の中心部で、石けんや石灰で汚染した産業廃水をまき散らすなど問題外である。

　1201年から1210年、市街に運河網をはりめぐらせた同じ年、すでにアドリア海のみならず地中海における最大の商業的要所となったヴェネツィアへの航路を短縮するため、ピオーヴェゴ運河が建設された **>215**。ヴェネツィアにおいて、パドヴァ産の商品を売りさばく代わりに香辛料や東方から運ばれた商品を購入するのが目的であった。新たな運河は、バッキリオーネ川ーロンカジェッテ運河間を通り、キオッジアまで抜けた後に再びラグーナを遡ってヴェネツィアに到着すると、迂回することなく、ブレンタ運河を通過し、ノヴェンタ、ストラにたどり着いた。

　パドヴァは、このように運河網を発達させた。そして、エウガネイ丘陵やエステ、ヴェネツィアやさらにアドリア海にまで、商業中心地へ自由に行き来できるように、運河が整備されていった。その長い航行によって、パドヴァは、大型船や小型船などが溢れるばかりの運行量で賑わった。多くの商品が運び込まれ、また運ばれていった。さらに人間を運ぶ有効な輸送手段も生み出された。また、パドヴァには2ヵ所の港が建設された。そのひとつは東に位置するポルテッロである。ロンカジェッテ運河経由でキオッジア方面に往来する舟の寄港地にあたり、ピオーヴェゴ運河完成後は、ヴェネツィアを往復する舟も寄港した。もうひとつはサン・ジョヴァンニ・デッレ・ナーヴィ港で、同名の橋とトルロンガとの間に位置する。バッキリオーネ川とバッターリア運河との間の終着点でもある。市街の運河沿いに位置する小規模な接岸地の数々が、この計画を補完した。前述のとおり、ふたつの港にとって、上

流と下流で航行を妨げるモリーノ橋の水車はやっかい者となっていた。中世を通して、河川による航行では、ひとつの通過点からもうひとつの通過点へと移動する際、そのたびに商品を積み替える必要があり、航路の整備により分離されたふたつの地域がそれぞれに組織されてきた。16世紀初期、コンタリーネ門における閘門の建設後、ようやくこの間仕切りが取り除かれた。

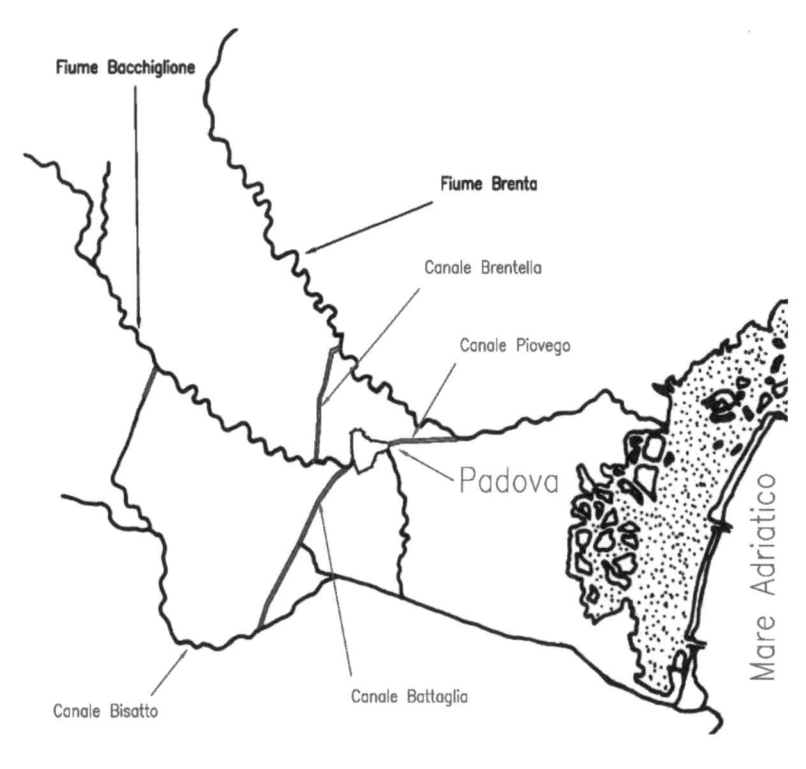

215 パドヴァ周辺の運河の建設（A・スーザ氏提供）

運河をめぐる論争

　1314年からパドヴァ市当局は、ブレンタ川の水の一部を都市に引く必要が生じたことから、リメーナ運河とバッキリオーネ川まで続くブレンテッラ運河の建設に着手した >216。すでに12世紀より、新たな工事の提案が出るたびに、パドヴァとヴィチェンツァとの間では、境界線に関する論争が繰り広げられてきた。前世紀、ヴィチェンツァ人はたびたびバッキリオーネ川の流れを変え、水をロンガーレの高さにまで上げ、ピザット運河に流れ込ませた。そのため、パドヴァ側の水は涸れ、水車はその機能を失い、田畑の灌漑も荒廃させられた。こうした妨害のたびにパドヴァは武力で対抗し、13世紀初期にはヴィチェンツァ監督官を設け、抜本的な解決を試みたが、1311年に論争は再燃。デッラ・スカーラ家のカングランデ（Cangrande）がヴィチェンツァを占領した際、パドヴァとの一連の紛争が勃発した。このとき、領域内に散在する小規模の水路を、唯一の運河であるブレンテッラに集約させて整備する提案がなされた。ブレンタ川の水流の一部をバッキリオーネ川へと逸らせ、バッターリア運河からの迂回が原因で水量が減少したことを補うために、流水量を増やそうとしたのである。この提案の最大の動機は、新しい運河が川を山岳部と結びつけ、アルトピアーノ・ディ・アジアーゴで産出される建築用木材や石炭などを輸送することである。このような小規模の水路は、中世に入ってからも、パドヴァの領域にはかつての河川の一部として多く残されていた。大きなものから小さなものまで、また水路が逸れて起きた水涸れの跡なども残っていた。水路に堤防がない時代にはよくある話だったという。

　数々の支流沿いにおける河川の水量を分配することは容易ではない。一定の水量を維持するだけでも非常に困難な作業であるだけに、これほど巨大な運河網を取り仕切るのは、はじめから相当な難題であることは明白である。水力を活用した新たな設備の建設や、すでに建設された設備の修理は、しばしば市街の運河網における広範な地域に、水流の停滞や居住地区での洪水などの不均衡をもたらしかねない。数々の水車を管理する人びとは、そのしくみが最大限に効率よく稼働する方法を模索し、水輪の水を内転させるしくみにあらゆる工夫を加えた。水車はしばしば近隣施設に被害を与え、舟の航行

を妨げる不安があった。船乗りとの間にも論争は絶えず、運河網の修正や、多様な活動を規制する処置など、市当局が仲介せざるをえない事態も繰り返された。居住地域より広範に洪水の危険性を取り除く術がない場合、市はしばしば新しい設備の建設を中止すべく働きかける必要があり、さらには既存の設備を停止させる必要もある。たとえば1270年代に、サンタ・マリア・ディ・ポルチーリア修道院は、河川の流水量を一定に維持し、舟を航行させるという理由で、サンタ・ソフィア運河沿いに設置された4台の水車と2台の縮絨機の稼働を禁止した。14世紀はじめには、ブレンテッラ運河が開通し、さらに状況は複雑となる。これを通じて、パドヴァにはバッキリオーネ川から流れ込む水に加えて、ブレンタ川から大量の水が流入するからである。

　パドヴァの好景気は、14世紀のダ・カッラーラ家による統治下で絶頂期を迎えた。職人たちの工房の活動が最高潮に達する時代、パドヴァは毛織物生産においてその覇権をたしかなものとした。その後1405年、ヴェネツィアと長期間続いた対立の末、ダ・カッラーラ家による統治は終焉を迎え、パドヴァはヴェネツィア共和国の占領下に甘んじることとなった。パドヴァにおける手工業活動は、ヴェネツィアにおける同業種の職人工房が持つ重要性に比べ

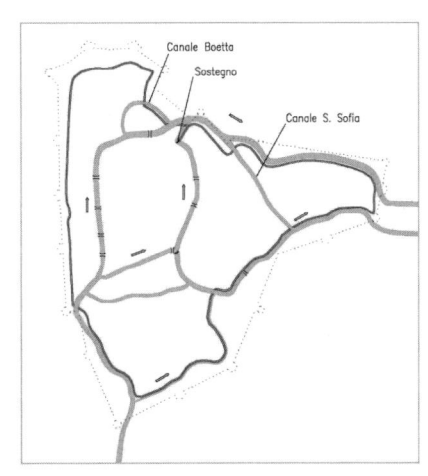

216 パドヴァの水路網（14世紀、A・スーザ氏提供）

て二次的な存在となり、とても競争できる立場にはなかった。こうして、それまでの勢いを失い緩やかな衰退が始まるが、これは1797年のヴェネツィア共和国崩壊まで続いた。

都市の再編成

　16世紀はじめの数十年に、砲兵隊から都市を防衛する目的で、新たな囲いの市壁が建設された **>217**。建築の新技術により、中世起源の市壁の設計にはさまざまな修正が加えられ、バッキリオーネ川やピオーヴェゴ運河の水路も部分的に移動させられた。まずバッキリオーネ川は、パドヴァの入り口からサラチネスカ門まで、次にピオーヴェゴ運河は、サンタ・ソフィア運河の分岐点からポルテッロ・ヌオーヴォの稜保まで、いずれも水路は直線的に修正されるが、そのまま防衛用の堀として機能した。アリコルノ運河もまた、サンタ・クローチェ門まで新しい市壁の横に平行に進んだ後に、流れを変更し、サンタ・ジュスティーナ聖堂の北を曲がり、サン・マッシモ運河へと流れ込んだ。植物園周辺では、このころには修道院の風車は動きを止め、新たに水車を利用したハンマーが登場した。水路が延びる新しい市壁の出入り口は、鉄格子で堰き止められているが、必要に応じて開閉可能であった **>218**。サラチネスカ門では、川が街に流れこむ場所の水路沿いに陽が落ちると、防衛のための鎖が岸から岸へとかけられ、監視が行われた。

　16世紀の市壁と同時期に、閘門が建設された **>219,220,221,222**。異なるふたつの運河間に生じる水深の差を調整して船を通過させるものである。閘門は、15世紀半ばから利用され始め、目を見張る効果をもたらした。それまでは、巻き上げ機の助けを借りたふたつの船架が使用され、舟の大きさや重量に制限があったが、閘門はこれに取って替わった。このため、1526年、初期の市壁に沿ってトッリチェッレから伸びる運河は、ピオーヴェゴ運河の下流で、相応に修正が加えられる。これは部分的に新しい市壁の下部に配置されたコンタリーネ門の閘門へと道を通すためである。パドヴァを横切る舟の乗り換え地点であった、現在ナヴィーリオ・インテルノ（内側の運河）と呼ばれるかつての堀は、姿を変え、ふたつの地域を結んだ。閘門の隣にある水車群

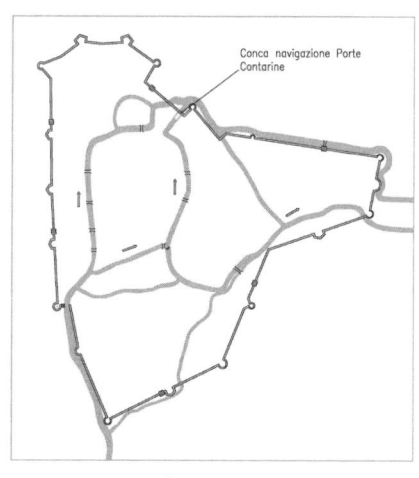

217 パドヴァの水路網（16世紀、A・スーザ氏提供）

218 市壁にある水門（A・スーザ氏提供）

219 コンタリーネ川港の閘門（A・スーザ氏提供）

220 ピオーヴェゴ運河に接続する閘門で待機する舟（A・スーザ氏提供）

221 機能していたときのコンタリーネ川港の閘門（A・スーザ氏提供）

461

は、落水の勢いを利用した。興味深いのは、市街の航路が合流するも、ポルテッロやサン・ジョヴァンニ・デッレ・ナーヴィの船乗りたちは諍いを生まず、さまざまな変化の後にも共存が続いていくことである **>223,224**。

　新しい堀の囲いが建設され、それまでは中世につくられた同名の門とともに、パドヴァの東の果てに位置していたポルテッロの港は移された **>225,226**。門は消滅し、港は西のオンニッサンティ門（同様にポルテッロ門と呼ばれていた）近くに移されたが、この配置は19世紀末まで変わらなかった。サン・ジョヴァンニ・デッレ・ナーヴィも何ら修正を受けず、実際に市街の運河網にも変化はなかった。

　景気の低迷やたび重なるペストも相まって、17～18世紀のパドヴァの人口は増加どころか減少し、市壁内部の建設可能地を増やす必要はなかった。

　市街の運河網に基本的な変化はなかった。1784年にG・ヴァッレ（Giovanni Valle）によって改良されたパドヴァの地図からわかるように、各運河に沿って立つ水車は稼働している **>227**。モリーノ橋には24もの舟水車があり、革なめし作業における原料として使用された特殊な樫の実で、タンニンを多く含むヴァロニアを挽くための設備や2台の縮絨機もある。ボヴェッタ運河近辺で

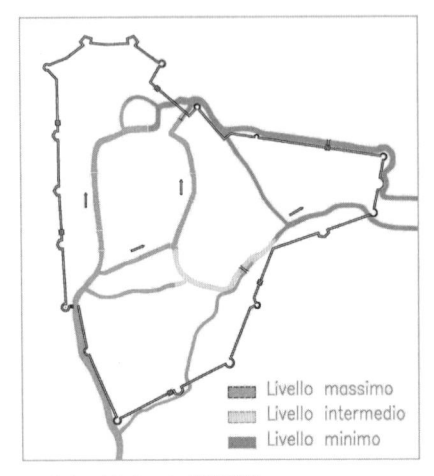

222 市内の水位（A・スーザ氏提供）

223 船乗りの組合の祭壇（A・スーザ氏提供）

224 船乗りの組合を表す彫刻（A・スーザ氏提供）

225 ヴェネツィア方面のポルテッロ川港（18世紀、A・スーザ氏提供）

226 ポルテッロの川港（A・スーザ氏提供）

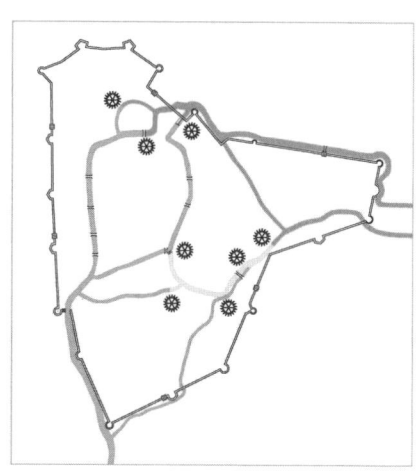

227 各運河に沿って立つ水車の分布（A・スーザ氏提供）

463

は2基の水輪のある縮絨機、サンタ・キアーラ運河の入り口では、それぞれについた水車や縮絨機、ピオーヴェゴ運河の出口やコンタリーネ門には4基の水輪のある水車があった。南部では、アックエッテ運河沿いに、やはり4基の水輪を設置した水車が、アリコルノ川沿いに4基の水輪を利用したハンマーが、さらにポンテコルヴォにも3つの設備がある。ジュスティニアーノ病院裏のサン・マッシモ運河にはジェズイーティと呼ばれた4基の水輪を備えた水車があった >228。リストの最後を飾るのは、ふたつの送水用水車で、ひとつは植物園近辺、もうひとつはサン・マッシモのサンタ・ソフィア運河の合流点に位置するが、これは植物園やバルツィッツァ邸への水源を確保するためのものである。

　河川の航行は、古くからあるふたつの港まで続く。ポルテッロとサン・ジョヴァンニ・デッレ・ナーヴィの港は、街中に散らばる数多くの公的、私的係留地を抱えるが、そこには運河沿いに建設された館の水路側玄関口も多く含まれ、守られてきたヴェネツィアの伝統がここにも息づいている。とりわけ、ナヴィーリオ・インテルノ沿いのベッケリエ橋近辺では魚市場が立ち、ここに来る舟の大半は、毎日魚を売りにキオッジアやラグーナからやってくる。ほぼその向かいにある、14世紀にダ・カッラーラ家が建設した雄牛や豚のと殺場は、1830年代に入りようやく新施設へと建て替えられ、ピオーヴェゴ運河からサンタ・ソフィア運河の分岐点にある市壁に沿った場所に移設された **>229,230,231,232**。

河川の洪水と防衛策の考案

　19世紀初頭にカッフェ・ペドロッキ向かいのレーニェ広場（カブール広場）に建てられた郵便局は、旧サン・マルコ修道院内にあり、魚市場より数十メートル離れたポルテッレット橋に係留する舟により、郵便物の受け取りや差し出しを行った。

　モリーノ橋とコンタリーニ門の閘門の間では、もっぱら革なめしが行われていたことから、なめしを意味する「コンチャ (concia)」と、革の複数形の「ペッリ (pelli)」に由来した「コンチャペッリ」と呼ばれた地域が広がり、革をなめし、

228 サン・マッシモ運河のジェズイーティの水車（A・スーザ氏提供）

229 ヴィツェンツァ方面のサン・ジョヴァンニ・デッレ・ナーヴィ川港（A・スーザ氏提供）

230 サン・ジョヴァンニ・デッレ・ナーヴィ（A・スーザ氏提供）

231 ナヴィーリオ・インテルノ沿い（A・スーザ氏提供）

232 ナヴィーリオ・インテルノの舟運（1950年代末、A・スーザ氏提供）

染色する作業に河川の水が活用されていた。なめしに必要な原料は主としてヴァロニアであり、この作業のためにわざわざ建設されたモリーノ橋の水車群のなかの1、2台により挽かれていた。

　サラチネスカ門、バッサネッロ運河、ポルテッロ港下流に囲まれた地域では、川岸に、丘やブレンタ川の小石や砂から成る粗面岩の集積場が散在し、これらは運搬船で運ばれた。そのほかの集積場では、ブレンタ川、ブレンテッラ運河沿いの山々から伐採され、筏で運ばれる木材がストックされた。

　スペーコラとバッサネッロ運河では、さらに「スクエーロ」と呼ばれる数々の造船所が活動を行い、河川をゆく船の造船や修理を行った >233,234。

　そのほか運河の水は洗濯にも使われた。家庭に水道水のない時代は、あちらこちらの岸を自由に使用できたため、彼らはそこで洗濯を行った >235。

　一方で、河川は市民経済にとって必要不可欠であるにもかかわらず、居住地域における洪水は頻繁に発生した。水路網はますます危険因子としての性格を強めていったのである。中世から続く問題に加え、もうひとつの問題があった。それは、ヴェネツィア人が土砂の堆積からラグーナを守るために建設したブレンタ川の迂回路が原因で生じた。1507年のブレンタ・ヌオーヴァ運河と1610年のヌオヴィッシモ運河のふたつの運河は、川の水をラグーナ外部へ流す目的で掘られたが、結果的に海への流れを、勾配を減らしながら伸ばすことになった。この伸びきった水路を流れる水は、平野と同様の高さに到達し、解決不可能な排水問題や危険な増水を周辺地にもたらした。この状況はパドヴァをも巻き込んだ。というのも、ブレンタ川が増水しても水は下流へ流れず、ブレンテッラ運河を通り、洪水の危険を加速させながら難なく市街へと流れ込んだのだ。運河には大した整備も施されず、共和国の経済状況は停滞し続けたまま、問題はより深刻化していった。

　18世紀には多くのプロジェクトが構想され、パドヴァ南東に広がる平野やラグーナにかけての地域から洪水の危険性を排除する提案もなされたが、ヴェネツィア共和国の深刻な経済危機により、すべて紙の上での計画案に留まった。ようやくナポレオン戦争終結後のオーストリア占領時代に、トスカーナ出身の水力学の権威フォッソンブローニ伯爵がこの任務につき、ピエトロ・

233 トルロンガにあるニコレッティ家の造船所（18世紀末、A・スーザ氏提供）

234 バッサネッロにあるニコレッティ家の造船所（A・スーザ氏提供）

235 洗濯場の岸辺（A・スーザ氏提供）

パレオカパの協力のもと、ブレンタ川〜バッキリオーネ川間の水路分布を整備する計画を取りまとめた。1830年までにこの計画は日の目を見る。川の水路を短縮し、水はけをより高めようと、ストラからキオッジアにかけて、ブレンタ川における新たな近道を集中的に掘り進めた。パドヴァに対する解決策は、スカリカトーレ運河の建設で、これはバッキリオーネ川が増水した際、水の流れを街へ導くことなく、直接、ロンカジェッテ運河へ迂回させるバイパスとなった **>236,237,238,239**。1850年から1875年の間には、新しい運河が建設されるが、さらにバッサネッロ運河には3つの新しい橋も建設された。これらは水量を調整する橋だが、水が通る径間部分に可動式の堰が設置されている。幹線水路のトロンコ・マエストロ、スカリカトーレ運河、そしてバッターリア運河の入り口には、それぞれ水門が設置され、ここでも都市へ流れる水量が管理された。

蒸気機関の登場と衰退する舟運の復興計画

　このように、居住地域の中心部には、洪水に対する防衛策がとられたが、その代償として、市街を流れる運河の水量は極端に減少した。サン・マッシモ運河における同様の近道は、あらためて事態を悪化させていた。これはサン・マッシモ運河を、パドヴァの出口ピオーヴェゴ運河へと結ぶものであるが、そのためにサンタ・ソフィア運河は、それまで担っていたピオーヴェゴ運河から水を集めてロンカジェッテ運河まで流すという機能を失い、加えて土砂の堆積を招いた。悲観的状況は、ほかのふたつの出来事と結びついてさらに悪化した。ひとつは1842年、ヴェネツィア〜パドヴァ間の鉄道開通で、遅ればせながら、蒸気機関によるはじめての鉄道が始動したことである。翌年、とくに鉄道はミラノやボローニャまで線路が伸び、水上貨物輸送にとっては大きな競争相手となり、水上輸送は徐々に減少していった。より熾烈で急速だったのは、ヴェネツィアやリヴィエラ・デル・ブレンタ（ストラ〜フジーナ間）をめざす乗客の減少で、数年のうちにこの間の運航は中止された。水力に頼る装置に未来はなく、運河の水量減少によってさらに稼働は困難をきわめた。

　舟運の回復には、何としても「ブタ（butà）」と呼ばれる措置の実施が必要で

236 スカリカトーレ運河の開削（18世紀半ば、A・スーザ氏提供）

237 スカリカトーレ運河（右下）とバッキリオーネ川（A・スーザ氏提供）

あった。これは、ナヴィーリオ・インテルノの水深を上昇させて、船の航行を正常に行わせるために、毎週木曜日と日曜日に水車の稼働を停止し、水を引くことを禁ずる措置である。

　ようやく1880年代に入り、河川を往来する船の減少を食い止めるため、河川や運河における水路のメンテナンスが行われた。ナヴィーリオ・インテルノ改修の検討が行われ、放置されていた過去のプロジェクトが息を吹き返した。その第一歩は、19世紀半ばにすでにフォッソンブローニ伯爵が想定していたが、経済的事情により中止されていた計画である。これは、モリーノ橋とナヴィーリオ・インテルノの出口の間のピオーヴェゴ運河で、船を規則正しく通過させるために、運河内部の水深を管理、調整する拠点をつくる計画である。まさに、建設中の新しい水道橋と結びつけて必要不可欠な水量調整を現実化させるときであった。新たな堰、ブリーリア・デル・カルミネが建設され、水深を調整する水門設置のために3つの径間が設けられた。さらに水の落差を利用する水力タービン設置のために4つの径間が設けられている。これらのしくみは、1882年、猛烈な洪水により崩壊したモリーノ橋の水車で利用されていたものと同様である。利用可能なふたつの径間には、水道ポンプとして機能する同数のタービンが備わり、ヴィチェンツァのドゥエヴィッレの水源から流れる水を汲み揚げ、モリーノ港の塔のふたつの貯水庫へと送った。そこからパドヴァの中心部の数ヵ所へと水が供給された。残るふたつの径間には、20世紀初頭に、公共照明にあてるための電力を生産する同様の装置が設置された。

　この建設の後、コンタリーネ門の閘門を上流に数百メートル進んだところにある、プンタ橋を取り壊す可能性も考案された。というのは、この場所の水深が低く幅が狭いことから、ナヴィーリオ・インテルノの北部やストゥア橋（現在、ガリバルディ通りとリヴィエラ・デイ・ポンティ・ロマーニと交わる部分）へと極端に流れが逸脱するのを防ぐためである。しかし、新しい道路ポポロ通りの建設計画中止命令と同様、このプロジェクトも、多くの抗議のもとに紛糾し、20世紀初頭までは、やはり紙上の企画のままであった。

238 バッサネッロの水門（A・スーザ氏提供）

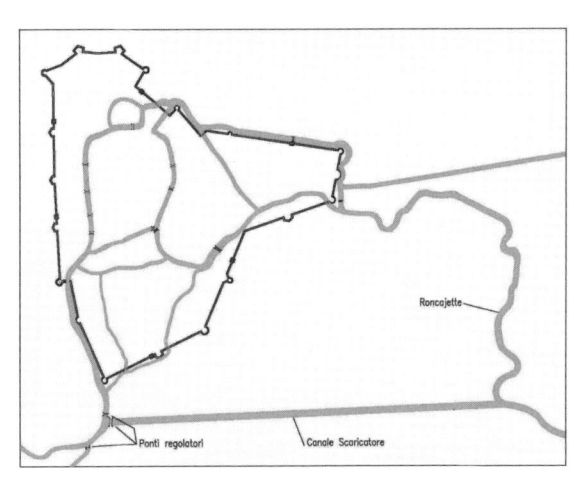

239 スカリカトーレ運河の建設と水路網（A・スーザ氏提供）

移りゆく時代の要請

　19世紀末、ポルテッロ港の機能が、ナヴィーリオ・インテルノの上流近くのピオーヴェゴ運河へ移設された。河川と鉄道との間に広がるこの場所を含む地域一帯に、パドヴァ初の産業地区が形成されるからである。ここには16世紀の市壁があり、これを取り囲む地域一帯は古い荒廃地の一部であったため、自由に建築物を建てることができた。新しい産業が展開すれば貨物が頻繁に行き来するため、北部の鉄道にとっても、南部のピオーヴェゴ運河の舟にとっても、この地は争奪の的となった。港機能の移設によって、もっぱら船乗りや肉体労働者などが住む地区であり、舟運にかかわる仕事に就ける場所であったポルテッロ港の近郊は、衰退が始まった。

　そのほか、ヴィチェンツァまでのバッキリオーネ川沿いの航路を良好に安定させるにはどうすればよいのか、閘門を備える新しい堰を建設しながら検討した。そこは、もはや小型船が違法な航行しか進むことができなかった。また、ヴィチェンツァからパドヴァの間に広がる岸辺においては排水の難題も持ち上がり、最優先課題となっていた。

　舟運の再生をめざすあらゆる試みは挫折した。一方、鉄道や内燃機関を持つ輸送手段は、ますます進行する道路網（アスファルト舗装の道、橋など）を最大限に有効利用した。ヴェネト地方の水路の大きさや長さには限度があり、運河の整備不全もまた危機的状況に拍車をかけた。数十年における無関心や放置を経て大きな遅れをとった後では、すでに事態は収拾不可能であった。近郊の産業地帯の拡大により、どれほど貨物が増え続けても、ピオーヴェゴ運河の新しい港に停泊する舟の数は、容赦なく減少し続けていった。船が一様にみすぼらしい貨物ばかりを運ぶ状況は、第二次世界大戦後も続いた。その貨物とは、粗面岩やレンガ、建設用石材、そして暖房に必要なガス生産のための石炭であった。また、その利益は些少であった。実際は、寄港料の節約のため、今でも市外の各拠点へと着岸する船を追いやるのが目的で、ナヴィーリオ・インテルノは荒廃し、ピオーヴェゴ運河は、ほとんどガス工場に石炭を運ぶためにのみ利用された >240,241。

　舟運の再生はもはや絶望的だった。こうした一連の舟運の復興措置と同時

240 ピオーヴェゴ運河に立地するガス製造工場に接岸する舟（A・スーザ氏提供）

241 ピオーヴェゴ運河のガス製造工場で石炭を降ろすのを待つ舟（A・スーザ氏提供）

に対策が講じられたのは、市街の広い地域を飲み込む深刻な洪水被害に対してであり、1882年、1905年、1907年、1919年と、頻繁に生じる洪水を繰り返さない対策が必要であった >242。フォッソンブローニ案に則った調査は、この地域における水力による設備を技術者に再検査させながら行われたが、結局、バッキリオーネ川の最大水量を過小評価していたことが判明した。さまざまな代替案との比較がなされ、長期にわたる計画審議の後に、発案者の名を取ったガスパリーニ案が採決された。この計画では、スカリカトーレ運河の川幅をほぼ2倍にまで広げ、ロンカジェッテ運河の代わりとなる排水口の必要性が主張された。少なくとも、スカリカトーレ運河の水量の一部を、街の下流に位置するピオーヴェゴ運河へ流すような新しい運河建設が必要であった。1930年に新しいプロジェクトが着手するが、1940年代に工事は延長し、実質的な完成を見るのは第二次世界大戦中であった。その結果、想定どおりにスカリカトーレ運河は拡大し、数々の既存の橋は改築され、パドヴァ下方のピオーヴェゴ運河へと通じるサン・ジョルジョ運河が建設された。バッサネッロ運河の水量調節システムは、ヴォルタバロッゾに位置するふたつの水門に取って代わった。閘門のあるロンカジェッテ運河に向かう支流とサン・グレゴリオ運河へと向かう支流である。新しく整備され、増水時はロンカジェッテ運河へ、さらに必要があればピオーヴェゴ運河へも水が流れるよう排水環境が改良された。閘門により、バッターリア運河やバッキリオーネ川から来る船は、幅の狭いパドヴァのナヴィーリオ・インテルノを通過することなく、ヴェネツィアへ航海することが可能となった。それまで旧ナヴィーリオ・インテルノ経由の航路は100t級の船が航行可能であったが、スカリカトーレ、サン・ジョルジョ、ピオーヴェゴ運河の各運河を通る新しい航路は300t級の船まで通過できた。

水路の喪失

　河川の航行に打撃を与えた運河の荒廃は、同様に水力に依存する製造所での産業活動にも多大な影響を与えた。19世紀前半にかけては、おもに燃料コストの問題で蒸気機関の普及は遅れ、あらゆる機械を稼働させるのに水力以

外の代替動力はありえなかった。前世紀と変わらず水輪が回転を続け、新しい技術革新への後押しもなかった。つまり、伝統に則り、もっぱら木造機械に頼って機器を稼働させていたのだ。1870年代に入って近代化の光が射し始め、蒸気機関がようやく普及し、木造の水輪は鉄製になり、水力タービンに取って替わっていった。しかしながらスカリカトーレ運河の建設により水量は減少し、また運河の水路の整備不良によって泥が堆積、各地の重要拠点は土に埋もれ、街の製造所は絶えず右往左往させられた。19世紀半ば、経済危機は当然パドヴァの繊維産業を停滞させた。まず、はるか長いときをかけて回り続けた水車の歯車がその動きを止め始めた。それは穀物を挽く水車で、挽き臼（石造りの円形挽き臼）に、粉挽きのための伝統的な装置がついていたが、19世紀末からは、蒸気機関や電気での稼働に適するシリンダー式水車へと席を譲った。新しい装置では、粉を挽く際、2セットある金属製シリンダーの一方が回転する間に、もう一方は逆回転した。その隙間に小麦の粒が通れば、細かく砕かれるしくみである。最大限の生産性を誇り、それぞれのシリンダーを分離し、良質の小麦粉を挽くこともできた。そして第一次世界大戦にかけて、

242 セミナリオ通りの洪水（A・スーザ氏提供）

次々と水車を利用していた製造所が閉鎖されていった。

　河川による通航量の減少や水車の稼働が停止したことで、市街の運河はその重要性を著しく失い、同時に、運河によりもたらされる水害に対する非難の声から、運河を守るという関心も薄れていった。運河は、もはや生活に必要不可欠な存在ではなくなり、次第に閉鎖の声は高まっていった。十分な整備を施されない運河は単なる小川になり、また、運河を車による交通の発展を邪魔するやっかい者であると考える政党が勢力を増した。

　1874年より部分的な埋め立てが始まり、まずサンタ・ソフィア運河が、1895年には十分な水量もなく屋外の下水道へと変わり果てたボヴェッタ運河が、1920年から1948年にかけてオルモ運河やアックエッテ運河も同じ道を進んだ **>243,244**。1958〜1959年には、ナヴィーリオ・インテルノが暗渠にされ、パドヴァを横断する道路が建設された **>245,246**。サン・マッシモ運河は、新しい市民病院建設のため、ポンテコルヴォ橋の下流から長距離埋め立てられた。アリコルノ運河も、サンタ・クローチェ門から植物園にかけて同様の運命をたどった。

　そして、1966年にはトリエステ通り沿いにあるガス施設が閉鎖され、石油輸送に終わりを告げた。その後も細々と続いていたが、施設がスタンガへと移設される1971年以降、完全にその動きは止まった。河川による輸送手段を利用するあらゆる構想は見棄てられた。1960年代に、幹線水路のトロンコ・マエストロ運河沿いに新しくサラチネスカ橋が建設されるが、その下を渡し船が通過するのにさえ水面からの高さが十分ではない橋であった。

　最後に、運河の喪失による都市の変化を見ておきたい **>247**。暗渠後、かつて存在した水辺の風景を思いおこすことは困難だが、路面電車の「ローマ橋」という停留所名にわずかながら当時の記憶をとどめている。

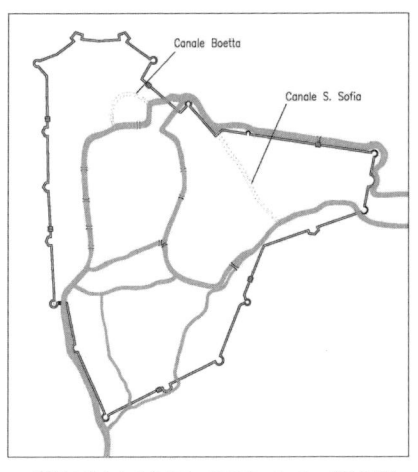

243 運河の埋め立て（1877〜1895年、A・スーザ氏提供）

244 埋め立て（1920年代、A・スーザ氏提供）

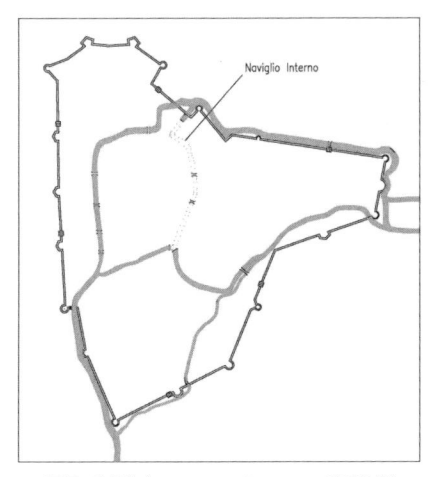

245 運河の暗渠化（1958〜1959年、A・スーザ氏提供）

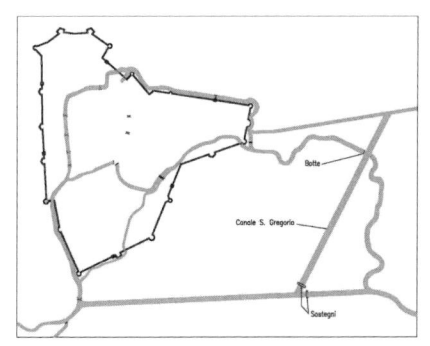

246 サン・グレゴリオ運河の掘削と現在の水路網（A・スーザ氏提供）

247 暗渠化の前後（A・スーザ氏提供）

478　第4章　ブレンタ川流域　　　　*Fiume Brenta*

図版掲載に関して

次の図はイタリア文化活動省の許可にもとづき、国立ヴェネツィア文書館から提供された。複製不可。
- 巻頭： 図 1, 14, 20
- 第 1 章： 図 18, 20
- 第 2 章： 図 3, 8, 52, 55, 162, 166
- 口絵： 図 8, 11
- 第 3 章： 図 3, 12, 15, 61, 62, 65, 66, 67, 69, 123, 124, 125, 129, 131, 132
- 第 4 章： 図 76, 98, 155, 160, 184, 191

次の図はイタリア文化活動省の許可にもとづき、国立トレヴィーゾ文書館から提供された。複製不可。
- 巻頭： 図 3, 4
- 第 1 章： 図 14, 30, 32, 34, 36
- 第 2 章： 図 5, 16-2, 19, 21, 22, 23, 50, 144, 151, 152, 153, 154, 155, 156, 157, 158, 159, 173, 174, 183, 190, 194
- 口絵： 図 3, 4, 5

Le seguenti immagini (con fotoriproduzioni eseguite dalla Sezione di fotoriproduzione dell'Archivio di Stato in Venezia) sono state usate su concessione del Ministero per i Beni e le Attività Culturali - Archivio di Stato di Venezia (A.S.Ve) (autorizzazione alla pubblicazione n. 63/2015).

Prima sezione a colori： figg. 1, 14, 20
Capitolo 1： figg. 18, 20
Capitolo 2： figg. 3, 8, 52, 55, 162, 166
Seconda sezione a colori： figg. 8, 11
Capitolo 3： figg. 3, 12, 15, 61, 62, 65, 66, 67, 69, 123, 124, 125, 129, 131, 132
Capitolo 4： figg. 76, 98, 155, 160, 184, 191

Le seguenti immagini sono state usate su concessione del Ministero per i Beni e le Attività Culturali - Archivio di Stato di Treviso (A.S.Tv) (autorizzazione alla pubblicazione n. 10/2015, prot.n° 2824).

Prima sezione a colori： figg. 3, 4
Capitolo 1： figg. 14, 30, 32, 34, 36
Capitolo 2： figg. 5, 16-2, 19, 21, 22, 23, 50, 144, 151, 152, 153, 154, 155, 156, 157, 158, 159, 173, 174, 183, 190, 194
Seconda sezione a colori： figg. 3, 4, 5

参考資料

1章

◆1 ヴェネツィア共和国とテッラフェルマ

COZZI Gaetano, KNAPTON Michael (a cura di), *Storia d'Italia*, volume XII, tomo I, *La Repubblica di Venezia nell'età moderna, Dalla guerra di Chioggia al 1517*, Torino : Utet, 1986.

COZZI Gaetano, KNAPTON Michael, SCARABELLO Giovanni (a cura di), *Storia d'Italia*, volume XII, tomo II, *La Repubblica di Venezia nell'eta moderna, Dal 1517 alla fine della Repubblica*, Torino : Utet, 1992.

DURSTELER Eric R., ed., *A companion to Venetian history, 1400-1797*, Leiden : Boston : Brill, 2013.

VIGGIANO Alfredo, *Governanti e governati : legittimità del potere ed esercizio dell'autorità sovrana nello Stato veneto della prima età moderna*, Treviso : Fondazione Benetton : Canova, 1993.

ZAMPERETTI Sergio, *I piccoli principi : signorie locali, feudi e comunità soggette nello Stato regionale veneto dall'espansione territoriale ai primi decenni del '600*, Venezia : Il Cardo, 1991.

PEZZOLO Luciano, *Il fisco dei veneziani : finanza pubblica ed economia tra 15. e 17. Secolo*, Sommacampagna : Cierre, 2003.

GULINO Giuseppe, *Atlante della repubblica veneta 1790*, Venezia, Caselle di Sommacampagna : Istituto veneto di scienze lettere ed arti : Cierre, 2007.

BOERIO Giuseppe, *Dizionario del dialetto veneziano*, Venezia : Tipografo di Giovanni Cecchini editore, 1856.

REZASCO Giulio, *Il dizionario del linguaggio italiano storico ed amministrativo*, Firenze : Le Monnier, 1881.

Tavole di ragguaglio dei pesi e delle misure : già in uso nelle varie provincie del Regno col sistema metrico decimale : approvate con decreto Reale 20 maggio 1877, n. 3836, Roma : Stamperia Reale, 1877.

VENTURA Angelo, *Il problema storico dei bilanci generali della Repubblica veneta*, in *Bilanci Generali della Repubblica di Venezia, volume IV, bilanci dal 1756 al 1783*, a cura di Ventura, Padova : Tipografico antoniana, 1972, p. LIX.

GIANIGHIAN Giorgio, e Pavanini Paola, *Venezia come*, Venezia : Gambier&Keller, 2010.

CHITTOLINI, Giorgio, *Città, comunità e feudi negli stati dell'Italia centro-settentrionale (14.-16. secolo)*, Milano : Unicopli, 1996.

CEINER VIEL Orietta, *Passate cronache : il sistema fiscale bellunese all'epoca della Serenissima* in "Archivio storico di Belluno Feltre e Cadore", A. 67 n. 297 (ott.-dic. 1996), pp. 247-253.

Istituto di storia economica dell'Università di Trieste, *Relazioni dei rettori veneti in terraferma III, Podestaria e capitanato di Treviso (con 5 Relazioni della Podestaria di Conegliano)*, Milano : Giuffrè, 1975.

PITTERI Mauro, *I mulini del Sile : Quinto, Santa Cristina al Tiveron e altri centri molitori attraverso la storia di un fiume*, Quinto di Treviso : Comune di Quinto di Treviso : Battaglia Terme : La Galiverna, 1988.

DEL TORRE Giuseppe, *Il Trevigiano nei secoli XV e XVI, L'assetto amministrativo e il sistema fiscale*, Treviso-Venezia : Fondazione Benetton : Il Cardo, 1990.

PITTERI Mauro, *Mestrina : proprieta, conduzione, colture nella prima metà del secolo 16.*, Treviso : Fondazione Benetton studi ricerche : Canova, 1994.

PIZZATI Anna, *Conegliano : una "quasi città" e il suo territorio nel secolo 16.*, Treviso : Fondazione Benetton studi ricerche : Canova, 1994.

湯上 良「17-18世紀のヴェネツィア共和国における税務文書の運用と管理」『知と技術の継承と展開―アーカイブズの日伊比較』中京大学社会科学研究所叢書34、東京、創泉堂、2014年、pp.149-180

湯上 良「18 世紀初頭のヴェネツィア共和国における財政・税制――1709 年の大寒波とトレヴィーゾにおける消費税・関税への影響」『地中海学研究』XXXVI 号、地中海学会、2013 年、pp.25-46

◆2 河川付け替えの変遷

AA.VV., *Murazzi : Le muraglie della paura*, Venezia : Consorzio Venezia Nuova, 1999.
CANESTRELLI P., et al., *1872-2004 La serie storia delle maree a Venezia*, Venezia, 2006.
FAVERO V., PAROLINI R., et al. (a cura di), *Morfologia storica della laguna di Venezia*, Venezia : Arsenale, 1988.
GUERZONI S., TAGLIAPIETRA D. (a cura di), *Atlante della laguna Venezia : tra terra e mare*, Venezia : Marsilio, 2006.
ZUCCHETTA Gianpietro, *I rii di Venezia : la storia degli ultimi tre secoli*, Venezia : Helvetia, 1985.
ZUCCHETTA Gianpietro, *Storia dell'acqua alta a Venezia dal Medioevo all'Ottocento*, Venezia : Marsilio, 2000.
陣内秀信「水とともに生きるヴェネツィア」『都市問題研究』都市問題研究会、1989 年 8 月、pp.52-68
陣内秀信、樋渡彩「水の都ヴェネツィアの危機」『21 世紀の環境とエネルギーを考える』時事通信社、2009 年
樋渡 彩「水都ヴェネツィア研究史」陣内秀信、高村雅彦編『水都学 I』法政大学出版局、2013 年、pp.95-135
樋渡 彩「水都ヴェネツィアの戦い――アックア・アルタの歴史と対策」『危機に際しての都市の衰退と再生に関する国際比較［若手奨励］特別研究委員会報告書』2015 年

◆3 ヴェネト州のラグーナ周辺における農家

BERENGO M., *L'agricoltura veneta dalla caduta della repubblica all'unità*, Milano, 1963.
CANDIDA L., *La casa rurale nella pianura e nella collina veneta*, Firenze : Olschki ed, 1959.
GEMIN L., *Documenti di architettura rurale nella marca trevigiana*, Asolo : Acelum ed., 1989.
MARANGON I., *Architetture venete*, Treviso : RG editore, 2013.
OLMI E., *L'albero degli zoccoli*, 1978 (film).
PIETRA G., "Mentre stanno scomparendo gli ultimi casoni dell'agro padovano" in *Atti e Memorie della R. Accademia di Scienze lettere ed arti in Padova*. LVI (1939-40) , pp. 58-76.
TIETO P., *I casoni veneti*, Padova : Panda ed., 1979.

2 章

◆シーレ川全体

ABITI Morena, *Il gioco del Sile : Alla scoperta del Sile*, Treviso : Grafiche Antiga, 1999.
BELLIO Rino, *Sile vita di un fiume*, Treviso : Tipografia Editrice Trevigiana, 1981.
BONDESAN A., CANIATO G., VALLERANI F., ZANETTI M. (a cura di), *Il Sile*, Sommacampagna : Cierre, 1998.
BRUNO Giuseppe, *Il Sile : immagine di un fiume*, Verona : Biblos, 1982.
CHIAPPINI F., GALLIAZZO V. (a cura di), *La terra il lavoro contadino e l'acqua di fiume*, Quinto di Treviso : Associazione a Cultura e Tradizione Contadina, 2006.

GALLLIAZZO V., GRAZIATI F., MANZATO E., PITTERI M., SACCHETTO M., *Lungo le rive dell'alto Sile : Aspetti di storia della cultura contadina a Quinto di Treviso*, Treviso : Tipolitografia Sile, 1983.
GARATTI Giorgio, *Lungo il Sile*, vol1, Treviso : T.E.T., 1980.
GARATTI Giorgio, *Lungo il Sile*, vol2, Treviso : T.E.T., 1980.
GARATTI Giorgio, *Lungo il Sile*, Treviso : T.E.T., 1983.
PAVAN Camillo, *Sile : alla scoperta del fiume, immagini, storia, itinerari*, Treviso, 1989.
PAVAN Camillo, *I paesi e la città in riva al Sile : un secolo di storia del fiume in 142 cartoline*, Treviso, 1991.
PAVAN Camillo, *La via del Sile*, Treviso, 1996.
PITTERI Mauro, *Segar le Acque : Quinto e Santa Cristina al Tiveron storia e cultura di due vilaggi ai bordi del Sile*, Zappelli : Dosson, 1984.
PITTERI Mauro, *I mulini del Sile : Quinto, Santa Cristina al Tiveron e altri centri molitori attraverso la storia di un fiume*, Battaglia Terme : La Galiverna, 1988.
ROSSI F., DAL BORGO M. (a cura di), *Un disegno in forma di libro*, Treviso : Compiano, 2011.
SEMENZATO Camillo (a cura di), *Dal Sile al Tagliamento*, Venezia : Corbo e Fiore, 1990.
SIMEONI Laura, *Fiabe e leggende del Sile*, Treviso : Santi Quaranta, 2006.
Touring club italiano, *Il Sile, fiume di risorgiva*, Milano : Touring Editore S.R.I., 2009.
ZOCCOLETTO Giorgio, *I quattro fiumi : Sile Zero Dese Marzenego*, Mestre : Centro studi storici, 2005.
陣内秀信、岡本哲志編『水辺から都市を読む――舟運で栄えた港町』法政大学出版局、2002 年
高田京比子「ヴェネツィアと後背地の関係」『中世・近世イタリアにおける地方文化の発展とその環境』科学研究費補助金基盤 B 研究成果報告書、2007 年、pp.27-48
高田京比子「ヴェネツィア・トレヴィーゾ間の私人の土地を巡る係争――都市間コミュニケーションの考察のために」『中・近世ヨーロッパにおけるコミュニケーションと紛争・秩序』科学研究費補助金基盤 A 研究成果報告書、2011年、pp.135-142
須長拓也、樋渡彩、真島嵩啓、陣内秀信「シーレ川沿いの街・集落の空間構造に関する考察」『2014年度大会（近畿）学術講演梗概集』日本建築学会、2014 年、pp.161-162
マウロ・ピッテリ（湯上良訳）「水のなかで水に事欠くヴェネツィア――14 〜 18 世紀の飲料水・水力・河川管理」陣内秀信、高村雅彦編『水都学 IV』法政大学出版局、2015年、pp.105-116
樋渡彩「シーレ川とヴェネツィア―舟運と水車を使った産業の分布の構造に関する考察」陣内秀信、高村雅彦編『水都学 IV』法政大学出版局、2015 年、pp.115-130

◆トレヴィーゾ

AZZI VISENTINI M., LENZI D., *Il Teatro Onigo di Treviso di Antonio Galli Bibiena in un album di disegni inediti*, Milano : Il polifilo, 2000.
BASSO Toni, *Un saluto da Treviso : centododici vecchie cartoline illustrate*, Treviso : Canova, 1973.
BASSO Toni., *Treviso illustrata : la città e il territorio in piante e vedute dal XV al XX secolo*, Padova : Programma, 1992.
BASSO T., CASON A., *Treviso ritrovata*, Treviso : Canova, 1977.
BELLIENI Andrea, *Treviso I Luoghi dell'Arte*, Ponzano Veneto : Grafiche Vianello, 2007.
BELLIO Rino, *Treviso da città romana a fortezza rinascimentale*, Bellio Rino Paese : Tarantola, 2012.
BRUNETTA Ernesto, *Treviso e la Marca tra Ottocento e Novecento*, Treviso : CANOVA, 1999.
Catasto napoleonico : mappa della città di Treviso, Venezia : Giunta Regionale del Veneto, Marsilio, 1990.
GALLETTI Giuliano, *Bocche e biade : popolazione e famiglie nelle campagne trevigiane dei secoli XV e XVI*, Treviso : Canova, 1994.
LAMANNA Claudio, *Treviso : la struttura urbana*, Roma : Officina, 1982.
NETTO Giovanni, *Guida di Treviso : La città, la storia, la cultura e l'arte*, Trieste : Lint Editoriale, 2000.

NETTO G., AUGUSTO MICHIELI A., *Storia di Treviso*, Treviso : S.I.T., 1988.
NICOLETTI Gianpier, *Le campagne : un'area rurale tra Sile e Montello nei secoli XV e XVI*, volume1, Treviso : Canova, 1999.
NICOLETTI Gianpier, *Le campagne : un'area rurale tra Sile e Montello nei secoli XV e XVI*, volume2, Treviso : Canova, 1999.
RENDA Anna, *Guida di Treviso in quattro itinerari*, Treviso : Canova, 2006.
ROSSI Massimo (a cura di), *Atlante Trevigiano cartografie e iconografie di città e territorio dal XV al XX secolo*, Treviso : Fondazione Benetton Studi Ricerche, Antiga, 2011.
SARTOR Ivano, *Treviso lungo il Sile : Vicende civili ed ecclesiastiche in San Martino*, Ponzano Veneto : Grafiche Vianello, 1989.
SCIBILIA Paola, Treviso : Guida ai musei, alle chiese, ai luoghi dell'arte, Ponzano Veneto : Grafiche Vianello, 2007.
SIMIONATO MARIA Assunta, *Treviso una città da scoprire*, Castagnole di Paese : Topolitografie NTL, 2008.
ZANINI Anna, TIVERON Luisa, *Treviso : vedute e cartografia dal XV al XIX secolo*, Vicenza : Terra Ferma, 2008.
ZANINI Anna, TIVERON Luisa, *Marca trevigiana : Vedute e cartografia dal XVI al XIX secolo*, Vicenza : Terra Ferma, 2010.
樋渡彩、須長拓也、真島嵩啓、陣内秀信「トレヴィーゾの水辺空間に関する考察——カタスト・ナポレオニコの分析から」『2014年度大会（近畿）学術講演梗概集』日本建築学会、2014年、pp.163-164

3章

BODESAN A., CANIATO G., et.al., (a cura di), *Il Piave*, Sommacampagna : Cierre, 2004.
CASANOVA BORCA Marco, *Il lavaro nei boschi : la tradizione ladina dell'alto bellunese*, San Vito di Cadore : Grafica Sanvitese, 2001.
CANIATO Giovanni (a cura di), *La via del fiume dalle Dolomiti a Venezia*, Sommacampagna : Cierre, 1993.
DA PONTE Augusto, *Belluno : storia arte cultura civilta*, Caerano di San Marco : Zanetti Danilo, 2000.
DAL MAS Mario, MATERA Fiovanni, PALMA Francesco, PISON Giuseppe, REZZI Stefano, *I manufatti e le aggregazioni rurali nella Comunita Montana Cadore – Longaronese – Zoldano*, Belluno : Tipografia Piave, 1984.
DANIELA Perco (a cura di), *Zattere, zattieri e menadàs : La fluitazione del legname lungo il Piave*, Feltre : Tipolitografia Castaldi, 1998.
DE MARTIN Danilo, TABACCHI Roberto, *Uomini e macchine idrauliche nel Cadore d'inizio Novecento*, Cortina d'Ampezzo : Tipolitografia Print House snc, 2010.
DE MARTIN Danilo, TABACCHI Roberto, *Val Montina*, Cortina d'Ampezzo : Tipolitografia Print House snc, 2008.
FABBIANI Giovanni, *Breve storia del Cadore*, Pieve di Cadore : magnifica comunita di cadore, 1947.
GIOVANNI VATTISTA Pellegrini, *Il museo archeologico cadorino e il Cadore preromano e romano*, Pieve di Cadore : Tipografia Tiziano, 1991.
PERCO Daniela, *Itinerari etnografici del Veneto la Piave*, Feltre : Graphic Group, 2000.
ROITER Fulvio, RIGONI STERN Mario, *Cansiglio : il bosco dei Dogi*, Ponzano, Vianello Libri, 1989.
SOTOR Ivano, *Altino : contemporanea*, Quarto d'Altino : Piazza, 2002.
TRAMOTIN POLLA Franca (a cura di), *Al magnar dei Zater : la cucina degli zattieri*, Seren del Grappa : Tipografia, 1993.
ZANGRANDO Fiorello, *Perarolo di Cadore dal Cidolo al duemila*, Treviso : Grafiche Crivellari s.r.l, 1990.
ZANGRANDO Fiorello, *Il porto del Piave : notizie storiche di Perarolo di Cadore*, Belluno : Tipografia Vescovile, 1951.
BELLATO E., DA DEPPO I., VERGANI R., *Museo del ferro e del chiodo : Forno di Zoldo*, Verona : Scripta - Comunicazione Editoria, 2011.
陣内秀信「地中海世界の信仰と水」陣内秀信、高村雅彦編『水都学 IV』法政大学出版局、2015年、pp.77-91
道明由衣、樋渡彩、陣内秀信「ピアーヴェ川の木材輸送における重要な施設に関する研究」『2014年度日本建築学会関東支部研究報告集』、85 (II)、日本建築学会、2015年、pp.669-672

4 章

◆ 1 ブレンタ川流域の地理的、歴史的特徴

BONDESAN A., CANIATO G., GASPARINI D., VALLERANI F., ZANETTI M. (a cura di), *Il Brenta*, Sommacampagna : Cierre, 2003.
CAPORALI G., EMO DE RAHO M., ZECCHIN F., *Brenta vecchia nova novissimo*, Venezia : Marsilio, 1980.
CASETTA Pietro (a cura di), *Memoria idraulica sulla regolazione dei fiumi Brenta e Bacchiglione : 1843*, Roma : Istituto poligrafico e Zecca dello Stato, 2002.
ZUNICA Marcello (a cura di), *Il territorio della Brenta*, Padova : Cleup, 1981.
陣内秀信『ヴェネツィア—水上の迷宮都市』講談社現代新書、1992年
樋渡彩「ヴェネツィアを支えた後背地の河川の役割」陣内秀信、高村雅彦編『水都学 III』法政大学出版局、2015年、pp.211-228

◆ 2 筏流しによる木材輸送

ASCHE R., BETTEGA G., PISTOIA U., *Un fiume di legno : fluitazione del legname dal Trentino a Venezia*, Scarmagno : Priuli & Verlucca editori, 2010.
PISTOIA Ugo, BETTEGA Gianfranco, *Un fiume di legno : la fluitazione del legname dal vanoi e primiero a Venezia*, Tonadico : Ente Parco Paneveggio Pale di San Martino, 1994.
TOLLARDO Giulio, *La lontra e il menadas*, Tonadico : Ente Parco Paneveggio Pale di San Martino, 2010.
TOFFOL Marco, *I Welsperg una famiglia tirolese in Primiero*, Trento : Litografia EFFE e ERRE, 2001.
AGOSTINI Piero, *Cordiali saluti da Primiero*, Belluno : Nuovi Sentieri editore, 1990.
ATTI Giuseppe, *San Martino di Castrozza*, 1980.
BERNARDi Alfonso, *Trentini sul Dhaulagiri i 8172m*, Trento : Alcione, 1978.
TOFFOL Marco, *San Martino di Castrozza : La storia*, Comitato Storico Rievocativo di Primiero, 2011.
Biblioteca intercomunale di Primiero, *Guide to Palazzo delle Miniere*, Trento : Litografia EFFE e ERRE.
GADENZ S., TOFFOL M., ZANETEL L. (a cura di), *Le miniere di Primiero : raccolta antologica di studi*, Trento : Manfrini R. arti grafihe vallagarina S.p.A., 1993.
SIMONATO ZASIO Bianca, *Taglie Bore Doppie Trequarti : Il commercio del legname dalla valle di Primiero a Fonzaso tra Seicento e Settecento*, Rasai di Seren del Grappa : Tipolitografia Editoria DBS, 2000.
VIGNA Angelo, *Fonzaso...ieri : Il territorio, la comunità, la storia*, Belluno : Tipografia Piave, 2004.
PERCO D., VAROTTO M. (a cura di), *Uomini e paesaggi del Canale di Brenta*, Sommacampagna : Cierre, 2004.
SIGNORI Franco, *Valstagna Album dei riordi*, Cassola : Tipografia Marco, 1995.
SIGNORI Franco, *Valstagna e la destra del Brenta*, Cittadella : Bertoncello Artigrafiche, 1981.
FASOLI Gina (a cura di), *Atrante storico delle città italiane : Bassano del Grappa*, Bologna : Grafis, 1988.
PASSAMANI Bruno (a cura di), *Album bassanese : stampe e disegni di bassano e dintorni*, Bassano del Grappa : Rotary club, 1988.
PETOELLO G., STRATI C., *Bassano : Il ponte degli Alpini, il Monte Grappa*, Bassano del Grappa : Tassotti, 1985.
樋渡彩、真島嵩啓、陣内秀信「イタリア北部の小都市に見られる農村的性格について——フォンツァーゾとアルシエを事例として」『研究紀要』第4号、早稲田大学イタリア研究所、2015年、pp.25-54

◆3　ブレンタ川を利用した産業

MANCUSO Franco (a cura di), *Archeologia industriale nel Veneto*, Milano : Silvana, 1990.
Touring club italiano, *Guida d'Italia : Veneto*, Milano : Quinta, 1969.

◆4　ヴェネツィア～パドヴァ間の舟運

BALDAN Alessandro, *Storia della Riviera del Brenta*, vol.1 - 3, Abano Terme : Aldo Francisci, 1988.
PIOVENE Guido, *Ville del Brenta : nelle vedute di Vincenzo Coronelli e Gianfrancesco Costa*, Milano : Il polifilo, 1994.
BALDAN G., Ville Brenta : due rilievi a confronto 1750-2000, Venezia : Marsilio, 2000.
VERGANI Raffaello, *Villa e acqua (1400-1600) : Il caso della Brentella trevigiana*, Treviso : Canova, 2006.
BADIN Giuseppe, *Storia di Dolo documenti ed Immagini*, Venezia : la Press, 1997.
PITTERI Mauro, *I mulini della repubblica di Venezia*, Roma : Istituti editoriali e poligrafici internazionali, 2000.
AZZI VISENTINI Margherita, *L'Orto botanico di Padova e il giardino del Rinascimento*, Milano : Il polifilo, 1984.
BEVILACQUA E., PUPPI L. (a cura di), *Padova : il volto della città alla pianta del Valle al fotopiano*, Padova : Progeamma, 1987.
FRANZIN Elio (a cura di), *Padova e le sue mura*, Padova : Signum, 1982.
GHIRONI Silviano, *Padova : piante e vedute (1449-1865)*, Padova : Panda, 1987.
GULLINO Giuseppe (a cura di), *Storia di Padova : dall'antichità all'età contemporanea*, Sommacampagna : Cierre, 2009.
MONTI G., RALLO G. (a cura di), *Vie d'acqua a Padova : ponti e giardini*, Padova : Il prato, 1999.
SEMENZATO Camillo, *Padova illustrata : la città e il territorio in piante e vedute dal XVI al XX secolo*, Padova : Programma, 1989.
ZANETTI Giovanni, *Andar per acque da Padova ai Colli Euganei lungo I navigli*, Padova : il Prato, 2002.

本書全般

◆ヴェネト州に関する文献・資料

BARBIERI G., GAMBI L. (a cura di), *La casa rurale in Italia*, Firenze : Olschki, 1970.
BERENGO Marino, *La società veneta alla fine del Settecento : ricerche storiche*, Firenze : G. C. Sansoni, 1956.
BEVILACQUA Piero, *Venezia e le acque : una metafora planetaria*, Roma : Donzelli, 1995.（北村暁夫訳『ヴェネツィアと水——環境と人間の歴史』岩波書店、2008年）
BORELLI Giorgio (a cura di), *Mercanti e vita economica nella Repubblica veneta, secoli 13.-18.*, Verona : Banca popolare di Verona, 1985.
CACCIAVILLANI Ivone, *Le leggi veneziane sul territorio, 1471-1789 : boschi, fiumi, bonifiche e irrigazioni*, Padova : Signum, 1984.
CASTAGNETTI A., VARANINI GIAN M.(a cura di), *Il Veneto nel medioevo*, Verona : Banca popolare di Verona, 1991.
CIRIACONO Salvatore, *Olio ed ebrei nella Repubblica veneta del Settecento*, Padova : Tipografia Antoniana, 1975.
CIRIACONO Salvatore, *Acque e agricoltura: Venezia, l'Olanda e la bonifica europea in età moderna*, Milano : F. Angeli, 1994.
COLTRO Dino, *Mondo contadino. Società e riti agrari del lunario veneto*, Sommacampagna : Cierre, 2009.

CONCINA Ennio (a cura di), *Ville, giardini e paesaggi del Veneto : nelle incisioni dell'opera di Johann Christoph Volkamer con la descrizione del lago di Garda e del monte Baldo*, Milano : Il polifilo, 1979.

CORTELAZZO Manlio (a cura di), *Culutura popolare del veneto La Civiltà delle Acque*, Padova : Amilcare Pizzi, 1993.

DALY Dorothy, The Veneto, London : B.T.Batsfodo, 1975.

DEL TORRE G., VIGGIANO A. (a cura di), *1509-2009, L'ombra di Agnadello : Venezia e la terraferma*, Venezia : Ateneo veneto, 2011 (= Ateneo Veneto, 197.1, A 197, ser. 3, 9/1 (2010)).

DEROSAS Renzo (a cura di), *Villa : siti e contesti*, Treviso : Canova, 2006.

DOLCETTA Bruno (a cura di), *Paesaggio veneto*, Venezia : Italo Zannier, 1984.

FELISARI G., PASTRELLO A. (a cura di), *Veneto : immagini di ieri e di oggi, Venezia, Padova, Treviso*, Padova : Programma, 2011.

GALLO D., ROSSETTO F. (a cura di), *Per terre e per acque : vie di comunicazione nel Veneto dal medioevo alla prima eta moderna*, atti del convegno : Castello di Monselice, 16 dicembre 2001, Padova : Il Poligrafo, 2003.

LAZZARINI Antonio, *Boschi e politiche forestali : Venezia e Veneto fra Sette e Ottocento*, Milano : Angeli, 2009.

MANCUSO F., MIONI A. (a cura di), *I centri storici del Veneto*, Milano : Silvana, 1979.

PALLUCCHINI Rodolfo, *Atti del terzo convegno sull'urbanistica Veneta*, Vicenza : Centro Internazionale di Studi di Architettura Andrea Palladio, 1966.

PAOLINI D., SARAN G., *Il gastronauta nel Veneto*, Faenza : gruppo 24 ore, 2010.

POSOCCO Franco, *Atlante del Veneto : la forma degli insediamenti urbani di antica origine nella rappresentazione fotografica e cartografica*, Venezia : Marsilio, 1991.

ROSSI Massimo (a cura di), *Kriegskarte 1798 - 1805 : Il Ducato di Venezia nella carta di Anton von Zach*, Treviso - Pieve di Soligo : Fondazione Benetton Studi Ricerche, Grafiche V. Bernardi, 2005. （1798～1805年作成の地図）

SCARPARI Gianfranco, *Le ville venete : dalle mirabili architetture del Palladio alle grandiose dimore del Settecento un itinerario affascinante e suggestivo nel verde di una terra ricca di antiche tradizioni*, Roma : Newton, 1980.

SIMONETTO Michele, *I lumi nelle campagne : accademie e agricoltura nella Repubblica di Venezia, 1768-1797*, Treviso : Fondazione Benetton studi ricerche : Canova, 2001.

Touring Club Italiano, *Città da scoprire 1 : Guida ai centri minori Italia settentrionale*, Bologna : Poligrafici, 1983.

TURATO G.F., SANDON F., ROMANO A., et.al., *Canali e Burci*, Battaglia Terme : La Galiverna, 1981.

VERGANI Raffaello, *Gli opifici sull'acqua : i mulini*, Padova : Cassa di Padova e Rovigo, 1993.

ZANNIER I., Maggi A., *Il Veneto : Fotografie tra '800 e '900 nelle collezioni Alinari*, Firenze : Alinari 24 Ore, 2010.

La casa rurale nel Veneto : valori culturali sociali ed economici dell'ambiente rurale e recupero del suo patrimonio edilizio : catalogo e atti della Mostra-convegno di Treviso, 6-22 aprile 1979. Spinea : Multigraf, 1983.

宇野允「イタリア内陸都市における水辺の変遷」2003年度法政大学大学院修士論文

陣内秀信『イタリアの都市再生の論理』鹿島出版会、1978年

陣内秀信『都市を読む＊イタリア』法政大学出版局、1988年

陣内秀信『ヴェネト：イタリア人のライフスタイル』プロセスアーキテクチュア、1993年

西村暢夫、渡辺和雄、玉井美子（日本語版監修）『イタリア旅行協会公式ガイド2　ヴェネツィア／イタリア北東部』NTT出版、1995年

樋渡彩「舟運都市ヴェネツィアの近代化に関する研究——19世紀から20世紀初頭を中心に」2008年度法政大学大学院修士論文

樋渡彩「近代ヴェネツィアにおける都市発展と舟運が果たした役割」『地中海学研究XXXV』2012年、pp.169-192

樋渡彩「ヴェネツィアの繁栄を支えたテッラフェルマの流域」『都市史研究の最前線「都市と大地」シリーズ、「都市史の基層として大地・地面・土地を考える」』日本建築学会、2014年、pp.13-18

法政大学デザイン工学部建築学科陣内研究室編『シーレ川とブレンタ川の流域に関する研究——ヴェネツィアを支える水のテリトーリオ』科学研究費補助金基盤S（報告書）、2014年

おわりに

　「ヴェネツィアだけは若いうちに絶対見ておけ」という大学のある教授の言葉を信じて2003年、友人と訪れたのがこの水の都との最初の出会いである。その旅では、ヨーロッパの数ヵ国の都市をまわり、とりわけイタリアの個性的な町に魅かれた。日本では想像もできない、小さくて高密な都市の空間を楽しんだ。そのなかでもヴェネツィアはとても印象的だった。地図を片手に歩いても、方向感覚を失い、目的にたどり着けないのである。水都ヴェネツィアに魅了されたというよりも、むしろ思いどおりに歩けない悔しさの方が強かった。この都市をどうしても理解したいという思いから、住みながらじっくりとヴェネツィアと付き合ってみよう、と考えるに至ったのである。

　帰国後すぐにヴェネツィアを勉強しようと手に取った本で法政大学の陣内秀信教授を知ることになる。教授の説く「水から都市を考える」視点の面白さで、それまで私のなかで眠っていた記憶が呼び起こされ、「都市と川」を自分の研究テーマにしようと強く思ったのである。

　そもそも川を軸に地域を考える視点は、私の育った環境にそのルーツがある。出身地の広島市は何本もの川がめぐる水の都市であり、幼いころから潮干狩りや魚釣り、散歩に花火など、川と人の結びつきを自分自身も経験してきた。また、平和公園周辺を遊覧する観光船にたびたび乗る機会もあり、川から都市を見る視点が身体にしみこんでいた。こうした日常生活のなかでふと「川がどうやって生まれるのか」疑問に思い、何気なく親に聞いたところ、「それならば川の始まりを見に行こう」ということになった。これが源流を初めて訪れた10歳の思い出である。こうした小さいころの経験が川を軸とした地域のありかたについて考える出発点になった。

　じつはこのことが本書を特徴づけるキーワードのひとつ、「テリトーリオ（地域）」に自分自身の関心が向く必然性を準備していたとも思える。

　今のイタリアを語るのにふさわしい言葉であるこのテリトーリオという視

点は、まだイタリア語の意味がわからないときから、自然と自分の身についていたかもしれない。それは、芝浦工業大学在学時の経験に遡る。2004年3月、私はイタリアのラクイラ大学とのワークショップに参加し、コロンネッラ（イタリア、ブルッツォ州）という小さな町の再生プロジェクトを提案した。ワークショップではまず、広域の地図を用いて、コロンネッラという場所の位置づけが行われた。アドリア海からの距離や、周辺の土地利用、経済、産業などコロンネッラ周辺の話から始まったのである。どれほど広域だったかははっきりと覚えていないが、「そこまで広域から小都市を位置づける必要があるのか」と感じたのが強く印象に残っている。それと同時に、自分たちの足で中心部のサーベイを行い、都市を内と外の両面から見る視点を学んだ。今にして思えば、イタリアの都市計画では当然のことのようだが、日本ではまだ浸透していないように思われる。

　もうひとつの経験として、2004年の卒業論文で江東区の小名木川をとり上げた際、芝浦工業大学の大先輩で陣内研究室のOBである難波匡甫氏から、小名木川は江戸東京にとって重要な航路のひとつに当たることを意識するようアドバイスを受けていた。小名木川は、利根川や江戸川水系と江戸との結節点に位置し、さまざまな物資が往来する重要な場所であったという。広範囲の視点で物事を捉え、そのなかのどの部分を掘り下げるのかを意識して研究を進めることの重要性を学んだ。今思えば、こうした経験によって「テリトーリオ」の概念を身体に自然と叩き込まれていたのであろう。

　そして2005年、水都研究をめざして陣内研究室に進学し、2006年10月からヴェネツィア建築大学に留学した。修士課程では、「ヴェネツィアの近代化による舟運の変遷」をテーマに研究に取り組んだ。ヴェネツィアを航行する舟には、アドリア海、テッラフェルマ、ラグーナ、ヴェネツィア本島内で、それぞれの規模がある。修士論文では、ラグーナ内とヴェネツィア本島内の変遷を掘り下げ、近代化の波のなかでヴェネツィアがどのようにして現在もなお島として成り立ち続けているのかを考察した。

　博士課程に進学後、2011〜2012（平成23〜24）年度、日本学術振興会の特別研究員奨励費「水の都市ヴェネツィアの近代化に関する研究」（研究代表者：

樋渡彩）によってヴェネツィアにたびたび滞在しながら、現地調査や文献収集など研究を進めてきた。その際、ヴェネツィア建築大学のG・ジャニギアン（Giorgio Gianighian）教授、パドヴァ大学のS・チリアーコノ（Salvatore Ciriacono）教授からたびたび助言をいただいた。この場を借りて感謝申し上げる。

G・ジャニギアン教授には、以前からピアーヴェ川筏師民俗博物館の訪問を勧められたが、博物館の立地からなかなか行けず、2014年8月の陣内研究室の調査で初めて訪れることができた。小さな村の小さな博物館ではあったが、ヴェネツィア共和国がつくり出したピアーヴェ川の木材産業システムに関する充実した展示内容であった。また、本研究を進めるにあたり、湯上良氏とM・ダリオ・パオルッチ氏にお世話になった。湯上氏とは修士課程で留学したときからたびたび助言をもらい、ヴェネツィア出身のダリオ・パオルッチ氏からは、この地方の方言や史料の読み方を指導していただいた。厚くお礼を述べたい。そして当時パドヴァ在住だった板倉満代氏には、パドヴァ県に位置するエウガネイの丘を案内していただき、ヴェネトの田園の魅力に触れることができた。このとき、石切り場や、バッタリア・テルメの河川航行博物館（Museo della Navigazione Fluviale）を教えてもらい、2011年にひとりで博物館を訪問した。この博物館の展示の充実ぶりに驚き、陣内研究室の調査に組み込みたいと思い続けた。

こうして少しずつ研究を進展させていたところ、2013年6月、ついに陣内研究室として調査を立ち上げることとなった。初の調査隊長である。2005年から提案してきたが、ようやく機が熟したということであろう。私自身の研究は、かつてラグーナに注いでいた河川の流域を対象としており、この調査では、まずは川の多様な機能を理解するためにシーレ川とブレンタ川の流域を対象に選んだ。大規模な調査を行う機会に恵まれ、河川沿いの都市や集落を連続して訪れることで、流域の土地勘が養われ、点ではなく、面的にその地域を認識することができた。

陣内研究室からは、当時修士課程2年の須長拓也氏、修士課程1年の真島嵩啓氏、学部4年の道明由衣氏が参加した。彼らのチームワークの良さが本調査の成功のカギとなったのはいうまでもない。また、地元出身で、イタリ

アの文書館の史料にも精通するダリオ・パオルッチ氏の参加は心強かった。そして、2003年に陣内研究室でパドヴァやトレヴィーゾなどを研究し、修士論文としてまとめた宇野允氏、さらに『プロセスアーキテクチュア』の特集「ヴェネト──イタリア人のライフスタイル」(1992年)でトレヴィーゾの取材を経験した植田曉氏にも再び調査に参加していただけた。また、調査に同行された早稲田大学教授の藪野健氏が現地であっという間に目の前の風景を描く姿に一同、深い感動を受けた。

　このようなメンバーに恵まれた2013年の調査は幸い成功を収め、翌年も調査を実施できることになった。この調査成果は、『シーレ川とブレンタ川の流域に関する研究──ヴェネツィアを支える水のテリトーリオ』(法政大学デザイン工学部建築学科陣内研究室編、科学研究費補助金基盤Ｓ［報告書］、2014年)として刊行された。

　2014年8月に行われた調査はさらにマニアックなものとなった。陣内教授を筆頭に、当時修士課程1年で前年度の調査にも参加した道明氏、ダリオ・パオルッチ氏、樋渡という4人の精鋭メンバーで、ピアーヴェ川流域の調査が行われた。木材輸送のシステムを把握するべく、上流から下流まで広範囲に渡り移動の連続であった。それはまるで筏師のように。

　そして2015年8月の調査では、バッキリオーネ川から水を引いた運河沿いに位置するバッタリア・テルメの河川航行博物館を訪問した。元船乗りの館長から当時の舟運状況を聞くことができ、ヴェネツィアを支えてきた舟運ネットワークを具体的にイメージできるようになった。

　本書はこうした私自身の長年の研究の積み重ねとこの3年間の陣内研究室でのダイナミックなフィールド調査により実現したのである。

　本研究を進めるにあたり、さまざまな方々にお世話になった。まず、2013年から3年にわたる夏の調査を研究室のプロジェクトとして立ち上げ、自らも先頭に立って参加し、上記報告書、さらにそれを発展させた本書の刊行の機会をつくってくださった陣内秀信教授に心から感謝申し上げる。

　2013年8月の調査では、この地域を熟知した歴史学者のM・ピッテーリ氏、パドヴァの郷土史家A・スーザ氏に現地での懇切な案内をいただき、歴史の

理解を深めることができた。また、カザーレ・スル・シーレの船会社社長のG・ステファナート（Glauco Stafanato）氏、フォンツァーゾの元市長B・スジン（Bartolo Susin）氏からは貴重な古写真を提供していただいた。そして、ブレンタ川博物館（Museo Canal di Brenta）のR・バッティストン（Roberto Battiston）氏、パネヴェッジョ公園（Ente Parco Paneveggio）のM・チェッコ（Mauro Cecco）氏、カナル・サン・ボーヴォの博物館のD・グベルト（Daniele Gubert）氏には興味深いレクチャーをしていただいた。これらの方々に心からお礼申し上げる。

2014年8月の調査については、われわれのためにチドロ・木材博物館（Museo del cidolo e del legname）のN・ボニ（Nadia Boni）氏、そしてピアーヴェ川筏師民俗博物館（Museo etnografico delgi zattieri del Piave）のA・オリヴェール（Arnaldo Oliver）氏、カドーレ大共同体文書館（Archivio della Magnifica Comunità di Cadore）のマッテオ（Matteo）氏、パドラ川に設置されたストゥアの説明係であるF・デ・マスティン（Fiorenza De Mastin）氏に心よりお礼を述べたい。こうした、われわれの訪問を快く迎え、調査に協力してくださった地元の方々に心から感謝したい。

さらに、現地の情報をつねに惜しみなく提供してくださるヴェネツィア在住の持丸史恵氏をはじめとするヴェネツィア周辺地域に住む友人、知人にも心から感謝申し上げる。このような方々のおかげで、日本に居ながらにして現地を把握することができ、本調査を円滑に進めることができた。

なお、2013〜2015年度の調査は2011〜2015（平成23〜27）年度科学研究費補助金基盤研究（S）「水都に関する歴史と環境の視点からの比較研究」（研究代表者：陣内秀信）による調査研究活動のひとつとして実施された。

そして最後に、この研究成果を1冊の本としてまとめる企画を提案し、編集・制作してくださった鹿島出版会の川尻大介氏に心より感謝申し上げる。原稿の隅々にまで目を配っていただき、懇切丁寧なご助言を数多く頂戴したことで、このような仕上がりが可能となった。また煩雑な文章を綺麗に整理し、校正してくださった横田紀子氏、膨大な図版や原稿のレイアウトを担当してくださった野本綾子氏に心よりお礼申し上げる。

2016年1月31日　樋渡 彩

略歴

編集・執筆（ページ数は担当パートを示す。以下同）

樋渡 彩 Aya HIWATASHI ＞ pp.3-16, 42-47, 68-189, 192-193, 226-235, 238-308, 321-326, 328-443, 487-491
1982年広島県生まれ。2006年イタリア政府奨学金留学生としてヴェネツィア建築大学に留学。2009年法政大学大学院修士課程修了。2011〜2013年日本学術振興会特別研究員。専門分野はイタリア都市史。おもな論文に「ヴェネツィアの水辺に立地したホテルと水上テラスの建設に関する研究」（『日本建築学会計画系論文集』80-709, 日本建築学会、2015年）、「近代ヴェネツィアにおける都市発展と舟運が果たした役割」（『地中海学研究』XXXV、地中海学会、2012年）、「水都ヴェネツィア研究史」（陣内秀信、高村雅彦編『水都学Ｉ』、法政大学出版局、2013年）ほか。現在、法政大学大学院博士後期課程として陣内秀信研究室にて研究を続けている。2016年3月に博士号（工学）取得見込み。

執筆・翻訳

陣内秀信 Hidenobu JINNAI ＞ pp. 20-26, 190-191, 236-237（以上執筆）, pp. 48-66, 194-208（以上翻訳）
1947年福岡県生まれ。東京大学大学院工学系研究科博士課程修了。イタリア政府給費留学生としてヴェネツィア建築大学に留学、ユネスコのローマ・センターで研修。専門はイタリア建築史・都市史。著書に『イタリア海洋都市の精神』（講談社、2008年）、『ヴェネツィア——都市のコンテクストを読む』（鹿島出版会、1986年）ほか多数。おもな受賞にサントリー学芸賞、地中海学会賞、イタリア共和国功労勲章（ウッフィチャーレ章）、ローマ大学名誉学士号、サルデーニャ建築賞2008、アマルフィ名誉市民ほか。現在、法政大学デザイン工学部教授、地中海学会・都市史学会会長。

執筆

マッテオ・ダリオ・パオルッチ Matteo DARIO PAOLUCCI ＞ pp. 48-66, 194-208, 497-512
1971年ヴェネツィア生まれ。2000年ヴェネツィア建築大学卒業。エディンバラ芸術大学で修復学を学んだ後、千葉大学大学院博士課程修了。博士（工学）。法政大学外国人招聘研究員として陣内研究室と共同研究を行う。専門は文化的景観及び修復学。おもな論文に "Rural landscape between conservation and restoration", *Urbanistica*, No.120, 2003. 現在、ヴェネツィア建築大学および千葉大学講師。法政大学エコ地域デザイン研究所兼任研究員。

湯上 良 Ryo YUGAMI ＞ pp.28-41
1975年埼玉県生まれ。東京外国語大学卒業。ヴェネツィア大学史学科に入学、イタリア政府奨学金留学生、学士号、修士号取得後、同大学大学院博士課程修了。博士（史学）。専門はヴェネツィア近世史・近代史、アーカイブズ学。訳書『アーカイブとは何か——石版からデジタル文書まで、イタリアにおける文書管理』（法政大学出版局、2012年）ほか論文・翻訳多数。現在、人間文化研究機構 国文学研究資料館特任助教。

アルベルト・スーザ Alberto SUSA ＞ pp. 446-478
1942年生まれ。1967年パドヴァ大学卒業後、エンジニアリング業界に勤務。2000年から産業考古学分野の研究を始め、パドヴァやその周辺における産業遺産を専門としている。*Storia di un borgo a vocazione manifatturiera : Piazzola sul Brenta*, Fondazione Villa Contarini, 2014 ほか著書、論文多数。

板倉満代　Mitsuyo ITAKURA　> pp. 309-320
1970年福井県生まれ。1992年神戸大学工学部建築学科卒業。卒業後、竹中工務店大阪本店設計部入社。退職後、2003年渡伊。ヴェネツィア建築大学卒業後、パドヴァの設計事務所に勤務。2013年より、竹中大工道具館の客員研究員としてイタリアの大工道具を調査・収集。現在、一級建築士事務所主宰。

宇野 允　Makoto UNO　> pp. 444-445
1979年兵庫県生まれ。2004年法政大学大学院修士課程修了。論文に「イタリア内陸都市における水辺の変遷」（2003年度修士論文）。現在、荒川区勤務。一級建築士。

須長拓也　Takuya SUNAGA　> pp. 104-111, 113-117, 124-126, 131-133
1990年埼玉県生まれ。2014年法政大学大学院修士課程修了。論文に「掘割の埋立てにみる東京の形成と変容——旧日本橋區・京橋區を事例として」（2013年度修士論文）。現在、東武鉄道勤務。

真島嵩啓　Takahiro MASHIMA　> pp. 122-124, 126-130, 134-137, 360-369, 372-377, 418-421
1990年千葉県生まれ。2015年法政大学大学院修士課程修了。論文に「十六島 利根川下流域の水郷集落に関する研究」（2014年度修士論文）。現在、鉄道会社建築職勤務。

道明由衣　Yui DOMYO　> pp. 242-245, 274-277, 288-291
1991年神奈川県生まれ。2014年法政大学卒業。論文に「荒川水系——筏流しと舟運」（陣内秀信、高村雅彦編『水都学III』、法政大学出版局、2013年）。現在、法政大学大学院博士課程在籍。2016年度から横浜市役所勤務。

翻訳
玉井美子　Yoshiko TAMAI　> pp. 48-66
学習院大学文学部卒業。著書に『ベルギーの小さな旅』。『イタリア旅行協会公式ガイド』ほか翻訳・監修多数。

田中宜子　Yoshiko TANAKA　> pp. 446-478
ヴェネツィア大学文学哲学学部卒業。現在、リョービツアーズ トゥッタイタリアカンパニー勤務。

協力
藪野 健　Ken YABUNO　> pp. 244
早稲田大学栄誉フェロー、同学名誉教授、日本藝術院会員

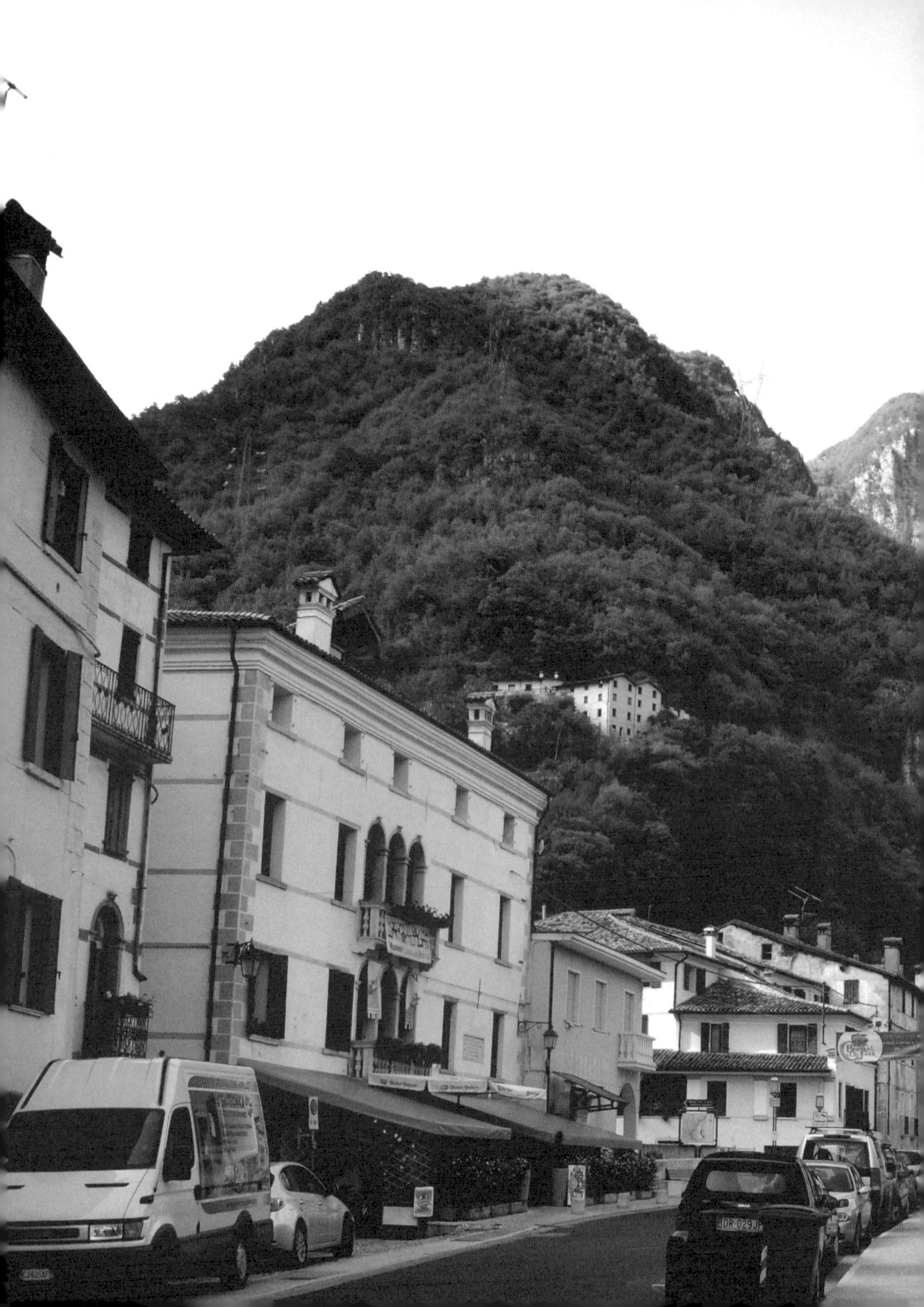

ヴェネツィアのテリトーリオ
水の都を支える流域の文化

2016年3月20日　第1刷発行

ISBN 978-4-306-07323-4 C3052

編者	樋渡 彩＋法政大学陣内秀信研究室
発行者	坪内文生
発行所	鹿島出版会
	〒104-0028 東京都中央区八重洲2-5-14
電話	03-6202-5200
振替	00160-2-180883
デザイン	野本綾子
印刷	壮光舎印刷
製本	牧製本

©Aya Hiwatashi + Hosei University,
Jinnai Laboratory, 2016, Printed in Japan

落丁・乱丁本はお取り替えいたします。
本書の無断複製（コピー）は著作権法上での例外を除き禁じられています。
また、代行業者等に依頼してスキャンやデジタル化することは、たとえ個人や家庭内の利用を目的とする場合でも著作権法違反です。
本書の内容に関するご意見・ご感想は下記までお寄せ下さい。

URL : http://www.kajima-publishing.co.jp
e-mail : info@kajima-publishing.co.jp

好評既刊書

アンダルシアの都市と田園

陣内秀信＋法政大学陣内研究室編
A5判変形、376ページ　定価（3,500円＋税）

ヨーロッパ南西端に位置し、アフリカ大陸とも至近なスペイン・アンダルシア地方。
ヨーロッパのなかで、イスラーム文化の影響を最も強く残すこの地域は、
多様な地勢を誇ることでも知られる。
低地と高地、都市と田園――歴史の潮流の十字路と称された小さな街々の
特異な空間文化を説くフィールドワークの集大成。

とくにこの地域では、都市の社会や文化を理解するのに、
都市だけを見ていたのでは不十分であり、田園との関係、農業のあり方、
それと結びついた地域社会の階級的な構造や土地所有などの
経済背景についても理解することが必要なのだ。

陣内秀信（アンダルシアの魅力――序にかえて）

鹿島出版会　kajima-publishing.co.jp

Appendix

LA CASA RURALE NEL CONTERMINE LAGUNARE VENETO [pp.48-66]

Matteo Dario Paolucci

Il patrimonio edificato di un territorio, se considerato dal punto di vista della tutela e conservazione, può essere ricondotto a due grandi insiemi: quello dei monumenti che, proprio per la loro unicità, vengono solitamente tutelati e quello degli edifici minori, così impropriamente chiamati perché non costituivano delle emergenze in quanto la loro progettazione e costruzione rispondeva a esigenze meno sontuose rispetto a ville, palazzi o chiese. L'architettura minore o vernacolare che dir si voglia rispondeva a semplici esigenze funzionali ed economiche dei tempi, senza la pur minima velleità artistica.

Solo nella seconda metà del novecento si è iniziato a rendersi conto che anche questi manufatti meritavano di essere studiati per la ricchezza di soluzioni progettuali nel rispondere alle varie esigenze funzionali e per l'armonia con cui si inserivano nel paesaggio agrario adattandosi ai diversi contesti morfologici e climatici.

La forte relazione tra edifici e territorio è ciò che ha permesso il loro sviluppo differenziato in simbiosi con il contesto; le relazioni sono moltissime e vanno da quelle di ordine funzionale a quelle costruttive. Per esempio, il colore degli edifici era quasi sempre condizionato dai pigmenti reperibili nelle terre o sabbie locali; ciò creava una sorta di piano colore spontaneo dove la variazione delle tinte era in un qualche modo decisa dalla natura.

Nonostante la casa rurale inizi ad essere oggetto di studio a partire dalla seconda metà del novecento, la sua tutela non ha sempre raggiunto livelli sufficienti a garantire la conservazione di tale patrimonio edilizio che ha iniziato ad essere pericolosamente eroso.

A fronte di questo non felice quadro, si cerca di offrire un contributo per la rivalutazione e tutela della casa rurale cercando, anche alla luce degli studi pregressi, di ripercorrerne l'evoluzione e di analizzarne le parti di cui è composta per poi focalizzare l'attenzione sulla relazione tra edificio e paesaggio agrario.

La casa rurale nella fascia di pianura prospicente la laguna di Venezia, come del resto in molte realtà locali d'Italia, presenta numerose diversità formali e tipologiche la cui origine è strettamente correlata ad un certo numero di fattori esterni quali il clima e la posizione geografica che ne caratterizzano la forma. Anche l'aspetto aspetto fondiario e sociale hanno un certo peso come, non da ultimo, il tipo di coltura praticata.

A questi elementi, che costituiscono le condizioni al contorno per lo sviluppo della casa rurale, si deve ovviamente aggiungere una sorta di modello locale, frutto di una lunga evoluzione storica, che deve avere senza dubbio influenzato le nuove costruzioni rurali del tempo. È plausibile ritenere valido questo modello fino alla prima metà del novecento, prima che le riforme agrarie e il grande sviluppo economico del dopoguerra stravolgessero molte delle relazioni tra i fattori appena citati.

Fatta questa considerazione di base, la casa rurale nell'area che si sviluppa lungo il corso del Sile e il contermine lagunare presenta alcuni elementi comuni a tutte le aree e altri che invece testimoniano l'adattamento alle singole realtà locali.

CENNI STORICI

Le origini della casa rurale non sono molto chiare, si nota comunque l'introduzione del mattone, probabilmente in epoca romana, nella graduale sostituzione dei materiali interamente vegetali dei primi modelli abitativi su palificate che sembrano essere stati i più diffusi in epoca preromana. Secondo quanto sostiene Marangon (2013, p.5) le origini delle case rurali non possono che essere successive al medioevo quando i territori veneti erano continuamente devastati da continue guerre e saccheggi. Solo con il raggiungimento di un periodo più tranquillo, come è stato durante la Repubblica di Venezia, la casa rurale ha potuto diffondersi. Precedentemente la popolazione contadina doveva vivere in centri fortificati di cui rimangono labili tracce o perlomeno aree rialzate, anticamente circondate da un fossato, dove i contadini trovavano un riparo sicuro che abbandonavano quotidianamente per recarsi a coltivare la terra.

Nonostante una possibile massiccia presenza nei centri fortificati, qualche edificio o borgo esisteva anche nell'aperta campagna. Le prime fonti iconografiche rappresentano infatti anche edifici isolati. Dal punto di vista dell'uso dei materiali da costruzione, l'introduzione del mattone e, nei casi di facile reperibilità, della pietra, deve essere stata molto lenta poiché in epoca medievale l'impiego di legno per le strutture e paglia per la copertura era ancora molto diffuso. Dai primi documenti iconografici in età moderna appaiono ancora numerosi edifici in legno con semplice pianta rettangolare e copertura in paglia ma anche qualche edificio in muratura come nei quadri dei Da Ponte, Bellini o Giorgione (figg.22-23). Talvolta, accanto all'edificio, compaiono le prime tettoie per gli animali.

Sin dall'epoca medievale iniziano ad apparire due distinte strutture: una a pianta rettangolare con muratura in mattoni e copertura in laterizi e una seconda, a pianta tendenzialmente quadrata, però con copertura in paglia. Da questi due tipi devono essersi sviluppati la casa rurale e il casone.

La casa rurale si sviluppa in modo molto articolato, a seconda dell'orografia, del clima, delle caratteristiche fondiarie e delle colture. Il casone invece, i cui elementi costruttivi e la semplicità della pianta fanno presumere che le sue origini risalgano all'ambiente lagunare dove i materiali da costruzione erano quasi inesistenti e l'estensione delle colture agrarie limitata, viene impiegato sia come abitazione molto modesta che come ricovero per animali o altri usi legati all'agricoltura, alla caccia e alla pesca.

LE FORME DELLA CASA RURALE

Le forme principali della casa rurale si differenziano prima di tutto a seconda dell'ambito geografico, sia esso montano, collinare o di pianura. Oltre a ciò il frazionamento della proprietà, il tipo di conduzione praticata (diretta, in affitto, mezzadria), la varietà e tipo di colture praticate e la presenza o meno di bestiame sono tutti fattori che influiscono nelle forme della casa rurale e di quella colonica.

Per ricondurre a dei modelli di base il Candida (1959, p.200) propone quattro forme (fig.24) secondo cui descrivere la maggior parte delle dimore rurali: i) forme a elementi giustapposti, ii) forme a elementi separati, iii) forme complesse, iv) forme a elementi sovrapposti. Il criterio per la distinzione di questi quattro tipi è quello della relazione tra i due spazi principali della casa colonica, l'abitazione e il rustico, rispettivamente destinati alla residenza degli abitanti e a quella degli animali.

La forma a elementi giustapposti viene anche chiamata dal Candida "tipo veneziano" in quanto la interpreta come una revisione del portico tipico dei fondaci veneziani. Senza arrivare a tanto il portico risponde alla semplice esigenza di avere uno spazio riparato dalle intemperie dove poter svolgere attività legate all'agricoltura o poter tenere al riparo attrezzi o anche le piante più delicate, come nel caso degli agrumi. La giustapposizione è da leggersi nella divisione funzionale tra la parte dell'abitazione e quella del rustico con stalla al piano terra e fienile al piano superiore. L'abitazione ha sempre la cucina e alcune camere al piano terra mentre al primo piano vi possono essere il granaio e altre camere da letto. La proporzione tra le due parti è in funzione del tipo di colture, in caso di allevamento del bestiame vi sarà un'asimmetria a favore del rustico. La diffusione della forma giustapposta interessa gran parte della pianura veneta, il "tipo veneziano" invece occupa l'area contermine alla laguna veneta e la parte meridionale del Trevigiano.

Le forme a elementi separati sono invece tipiche delle aree di più recente bonifica (parte nord orientale della provincia di Venezia) ove si riscontra anche la casa con pianta a L. In entrambi i casi si nota la scomparsa del portico, probabilmente per il clima troppo umido, e l'introduzione dell'aia, parte lastricata ove seccare vari prodotti.

Le forme complesse sono costituite dalla presenza di più edifici separati e specializzati a seconda del tipo di azienda agraria che ospitano.

Le forme a elementi sovrapposti invece vedono l'articolazione del rustico e abitazione in senso verticale. La loro diffusione è espressione di carenza di terreni pianeggianti e pertanto non interessa l'area di studio ma bensì i colli euganei e parte dell'area montana delle provincie di Verona, Vicenza e Treviso.

Tipo molto particolare è quello del casone **(fig.25)** che rappresenta l'anello di collegamento tra la capanna e la casa colonica più evoluta. Esso era realizzato interamente con materiali naturali reperibili in zona, aveva una pianta quadrata o rettangolare che si traduceva in un unico spazio interno. Successivamente vennero creati due vani interni, uno per l'uomo e uno per gli animali. Non vi erano aperture e al centro doveva esserci un fuoco libero il cui fumo passava attraverso la paglia del tetto caratterizzato da una forte pendenza per permettere il veloce scorrimento delle acque. Vista la facilità della struttura a prendere fuoco, venne sviluppata la soluzione di spostare il focolare nella parte più a nord del casone realizzando un piccolo vano sporgente in muratura così da limitare al minimo il pericolo d'incendio. Le sue dimensioni sono presto divenute consistenti in quanto, oltre a ospitare un camino di dimensioni notevoli, doveva permettere anche ai membri della famiglia di sedervisi attorno. Questa è l'evoluzione del caminetto alla vallesana che ancora oggi è visibile in ambito lagunare **(fig.26)** anche se non più in aggetto da casoni di paglia perché oggi sono stati ammodernati e ricostruiti tutti con murature in laterizio e dotati di finestre.

Il fatto che il caminetto alla vallesana si sia sviluppato in ambito lagunare, dove le stalle erano pressoché inesistenti, è significativo di quanto fosse sentita l'esigenza di uno spazio caldo dove raccogliersi per far fronte ai freddi e umidi inverni. Le dimensioni molto ampie del caminetto offrivano posto a tutti gli occupanti del casone rendendolo lo spazio sociale di maggior importanza dell'edificio.

Il casone può essere per una famiglia di pescatori ma anche di contadini. La struttura e tecnica costruttiva del casone è molto differente dagli altri edifici in quanto, almeno nelle sue forme originarie, esso veniva realizzato con murature perimetrali e interne a base di legno e canne intonacate. La diffusione del rustico interessa gran parte dell'area lagunare con alcune aree di penetrazione nel padovano.

L'area di studio, che rientra nelle provincie di Venezia e nella parte meridionale di quelle di Treviso e Padova, vede una sostanziale divisione tra ambito lagunare e ambito della pianura. Ad essi corrispondono diverse attività che vanno dalla pesca di valle e di laguna, l'orticoltura e l'agricoltura a cui si associano anche forme edilizie diverse.

Mentre all'estremo occidente e oriente della laguna si trovano quelle complesse a elementi separati e quelle a corte, nella parte centrale della laguna e, a proseguire verso nord, nell'area meridionale del trevigiano, si trovano le forme a elementi giustapposti la cui origine però è sempre riconducibile alla laguna veneta.

Possiamo distinguere infatti tra edifici a elementi giustapposti di tipo veneziano e originati nelle aree di bonifica. Per quanto riguarda gli edifici a elementi giustapposti di tipo veneziano, discorso a parte deve essere fatto per i casoni.

Il tipo veneziano a elementi giustapposti, ossia con l'accostamento della stalla e fienile alla parte residenziale dell'edificio, vede alcuni caratteri, come il portico nella parte meridionale della casa e la sporgenza del camino dal perimetro dell'edificio, influenzare molti edifici in area veneta. La posizione del portico dà poi luogo a diverse varietà: con portico su tutta la facciata (**fig.27.i**), con portico in corrispondenza solo dell'abitazione (**fig.27.ii**), con portico in corrispondenza solo della stalla (**fig.27.iii**), con portico a fianco del rustico ma con orientamento nord-sud (**fig.27.iv**).

Secondo quanto sostiene Candida (1959, p.116) il primo modello si è adattato alle diverse esigenze sociali e produttive generando gli altri tre sottotipi. Il portico, tipico delle aree più antiche, scompare nei terreni nuovi di bonifica dove la sua funzione è svolta da una più semplice tettoia posta di fronte al rustico. Essa è solitamente legata ai piccoli e medi sistemi produttivi tipici della mezzadria.

Nelle aree di recentissima bonifica la situazione è totalmente diversa in quanto il piano di bonifica risponde solitamente a grandi operazioni fondiarie, di conseguenza l'agricoltura diviene a carattere estensivo. Di conseguenza è richiesta una maggior specializzazione agli edifici che rispondono maggiormente agli schemi a forme complesse e a elementi separati. Il classico schema a elementi giustapposti viene frammentato per rispondere alle esigenze del latifondo; i singoli edifici specializzati vengono posizionati secondo schemi diversi, a volte anche a formare una corte (**figg.28-29**).

Proseguendo verso nord ed entrando nella provincia di Treviso le forme rimangono simili nella parte più meridionale dove la distribuzione degli edifici è ancora a carattere sparso e si differenzia dall'alta pianura dove gli insediamenti tendono ad essere più accentrati. Nella bassa pianura gli edifici tendono ad occupare una posizione marginale rispetto alla proprietà e più vicina alle strade ad essa tangenti. L'accesso alla proprietà avveniva spesso per mezzo di un ponticello che varcava un fossato delimitante la proprietà. Lo schema planimetrico più ricorrente vede ancora l'utilizzo di elementi giustapposti con portico su tutta o quasi la facciata meridionale. L'ambiente più importante dell'edificio, la cucina, è sempre al piano terra dove c'era anche la cantina e qualche camera. La cucina aveva spesso un piccolo spazio aggettante verso nord che ospitava il focolare e, a volte, un ulteriore piccolo vano con il secchiaio. Il focolare testimonia le origini derivanti dal casone di paglia che, per la natura estremamente infiammabile del materiale da costruzione, necessitava di tale sporgenza in laterizio per poter scaldare l'ambiente più importante della casa, riducendo al minimo il rischio incendi. Al piano superiore lo spazio era quasi interamente occupato dal granaio per depositare i cereali ma anche per allevare il baco da seta. Possibile altro spazio poteva venire destinato a ulteriori camere da letto. La parte del rustico vedeva sempre il piano terra destinato agli animali e quello superiore per depositare il fieno.

In alcuni casi i due elementi giustapposti sono separati da uno spazio intermedio, il teson, che serviva per riporre i carri e testimonia quindi un'azienda di una certa estensione. Organizzazione diversa ma con la stessa sequenza dei tre componenti, abitazione-teson-rustico, è quella che dispone la parte del rustico lungo l'asse nord-sud mantenendo invece l'abitazione con il classico orientamento est-ovest.

Al di la di queste variazioni sul tema rimangono comunque dei punti fissi dell'organizzazione planivolumetrica di quasi tutte le case rurali dell'area in questione: i) l'orientamento dell'edificio avviene lungo l'asse est-ovest; ii) la posizione della cucina è sempre al piano terra e con caminetto sul lato nord dell'edificio; iii) le camere da letto sono al piano terra e in qualche caso anche al primo piano; iv) in molti esempi il portico copre tutta la facciata sud o la parte prospiciente il rustico; v) sopra alla stalla quasi sempre c'è il fienile mentre sopra all'abitazione c'è il granaio; vi) il tetto, ora sempre in laterizio, è generalmente a due spioventi.

RELAZIONE TRA CASA COLONICA E PROPRIETÀ

La relazione tra edificio e fondo agrario è sempre molto stretta, esiste una relazione che porta spesso l'edificio ad assumere la forma più conforme alle caratteristiche agrarie del fondo. A titolo esemplificativo si riportano i rilievi di quattro case coloniche settecentesche (ASTV, CRS S. Paolo B58), appartenenti al Monastero di San Paolo di Treviso, che ben illustrano tale relazione. Innanzitutto le dimensioni della casa colonica sono in funzione dell'estensione del fondo e del numero di componenti familiari. La prima caratteristica deve avere avuto maggiore influenza in quanto il numero dei componenti familiari o lavoratori poteva variare più facilmente e vi si rimediava recuperando spazio dal granaio o aggiungendo vani all'edificio. Ciò che maggiormente influenza le case coloniche sono l'estensione del fondo e il tipo di coltura che rendevano necessari o meno determinati ambienti per il deposito dei relativi prodotti.

È così che la proprietà denominata in Costa Malla (**figg.30-31**) deve le dimensioni contenute della propria casa colonica al fatto che il bosco ricopriva il 58% del terreno e non richiedeva quindi particolari ambienti. Nella parte rimanente del terreno veniva praticata la coltura promiscua, ossia la coesistenza di diverse colture: arativo con seminativi, alberi, probabilmente da frutto, gelsi e infine vigneto. Una piccola porzione, il 4%, era destinata a prativo con tutta probabilità per nutrire i buoi impiegati nella coltivazione dell'arativo. È così che all'interno della casa colonica notiamo, come spazi extra-abitativi solo la stalla per i buoi con sopra il fienile e il portico centrale, probabilmente con il granaio al piano superiore. Gli spazi per la cucina e l'abitazione occupano poco meno di metà dell'edificio con, sembrerebbe, solo una camera da letto. Ciò fa pensare ad una famiglia con pochi componenti quasi a conferma della modesta estensione di terreno coltivato intensivamente (circa 8 ha).

Situazione differente è quella della villa di Morgan (**figg.32-33**), sempre di proprietà del convento di S. Paolo, in affitto a due fratelli e circondata da un'estensione di terreno coltivato maggiore rispetto al precedente esempio. Qui infatti, nonostante la superficie totale della proprietà sia molto simile al caso precedente, l'estensione di colture promiscue, e quindi richiedenti un maggior carico di lavoro, è maggiore di circa il 37%. In questo caso la complessità della casa colonica rispecchia quella della proprietà: la grande diversificazione di ambienti extra-abitativi trova il suo corrispondente nella varietà dell'uso suolo. L'edificio, caratterizzato dai soliti due blocchi della parte abitativa con granaio al piano superiore e della stalla con fienile al primo piano, non bastava ad accogliere i diversi prodotti agricoli della proprietà. Ed infatti, in aggiunta è stato costruito un secondo volume per ospitare una cantina e una seconda stalla dedicata alle pecore. Ciò si rispecchia nella proprietà che oltre ad avere una cospicua produzione di vino, almeno a giudicare dalla cantina, aveva anche delle aree dedicate al pascolo nonché a prativo per l'approvvigionamento del fieno necessario durante l'inverno. Il vigneto, come si era soliti fare all'epoca, era sempre costituito da viti maritate ad alberi da frutto o gelsi in forma di filari posti lungo i campi destinati alle colture cerealicole. Altro elemento di una certa importanza per la sussistenza della famiglia era l'orto, solitamente posto in prossimità dell'edificio e spesso recintato da una siepe morta per evitare che gli animali vi entrassero.

Altre particolarità che possiamo desumere dal disegno sono il tetto, ancora in paglia, della cantina e stalla per pecore. Considerato che l'area in cui era situato questo edificio era in prossimità di aree paludose, vi doveva essere una grande disponibilità di paglia e giunchi per la realizzazione di tetti simili. Un'ultima osservazione sull'edificio: vista la grande ricchezza e abbondanza colturale, anche il numero di lavoratori doveva essere consistente, si contano infatti sei camere da letto oltre che una terza stalla per un cavallo.

Un altro esempio (**figg.34-35**), sempre di una proprietà appartenente al convento di S. Paolo, dimostra come una casa colonica con una grande diversificazione degli ambienti non abitativi dipenda da una proprietà con una spiccata varietà colturale. La proprietà in questione è caratterizzata da un'inspiegabile grande estensione di terreni prativi (46%) seguiti subito da colture promiscue con arativo piantato vitato (circa 30%). Il dubbio viene però presto risolto da quanto scritto sulla tavola stessa, ossia la percentuale di arativo arborato vitato è del 90% e quella del prativo del 10% circa, contraddicendo quindi quanto disegnato. Anche in questo caso la produzione di vino doveva avere una certa importanza in quanto nella casa colonica è riservata l'intera porzione occidentale a tale funzione. Da notare come le camere al primo piano siano state ricavate a danno del granaio. Elemento minuto ma di importanza vitale è quello del pozzo che viene quasi sempre rappresentato o citato nella dotazione della casa colonica.

Nel quarto esempio (**figg.36-37**) possiamo vedere nuovamente come ci sia sempre una forte relazione tra casa colonica e proprietà: in questo caso un'area di soli sette ettari è quasi interamente dedicata ad arativo piantato vitato con grande produzione di vino. Rispetto ai casi precedenti, nonostante ci sia sempre una coltura promiscua, qui sembra esserci una maggiore specializzazione nella produzione di vino. La parte non abitativa dell'edificio non è così estesa come nei casi precedenti: oltre alla cantina e al probabile granaio sopra alla parte abitativa non ci sono altri ambienti. Come nel secondo caso, anche qui la copertura della cantina è in paglia; l'edificio è infatti nelle immediate vicinanze del fiume Musestre dove era facilmente reperibile la materia prima per la realizzazione della copertura. La mancanza del primo piano nella rappresentazione dell'edificio è compensata dalla minuzia con cui è stato rappresentato l'orto dotato di siepe morta.

PRINCIPALI AMBIENTI E LUOGHI DELLA CASA

[Cucina] Ambiente di fondamentale importanza per l'abitazione in quanto, assieme alla stalla, rappresentava l'unico punto di ritrovo per l'intera famiglia. Oltre all'uso più scontato del mangiare la cucina veniva utilizzata anche per la prima fase della coltivazione dei bachi da seta, era inoltre l'unico spazio riscaldato ove produrre attrezzi o fare altri piccoli lavori nelle giornate invernali. La cucina è l'unico ambiente riscaldato dal fuoco che originariamente era contenuto in una parte aggettante realizzata con mattoni crudi prima, cotti poi, in modo tale da ridurre al minimo il rischio incendi dei primi edifici realizzati interamente in paglia. Altro elemento sempre presente nella cucina è il lavello la cui acqua di scolo confluiva sempre in un fosso. L'acqua era invece attinta da un vicino pozzo o, nel peggiore dei casi, da corsi d'acqua o risorgive. Sempre relazionato alla cucina è il forno che però era sempre costruito all'esterno dell'abitazione per ovvie ragioni di sicurezza. L'uso era spesso diviso tra più famiglie che in tal modo cuocevano il pane una o due volte la settimana

[Portico] Dopo la cucina il portico è l'elemento più importante, funge da spazio polifunzionale in quanto può costituire l'estensione della cucina ma anche uno spazio riparato per svolgere lavori legati all'attività agraria. Dal punto di vista distributivo il portico rappresenta il baricentro dell'edificio in quanto da esso si può entrare in quasi tutti gli ambienti che raramente sono collegati tra loro. Anche la scala che conduce al primo piano ha solitamente accesso dal portico.
L'orientamento del portico è assolutamente verso sud, si estende per tutta o parte della lunghezza dell'edificio e non ha mai aperture verso est da dove può spirare la bora, un forte vento invernale. Il portico crea quindi un ottimo microclima, mite in inverno, quando il sole può riscaldarne l'interno e all'ombra in estate. La forma delle arcate è prevalentemente a tutto sesto anche se esistono soluzioni con archi ribassati o addirittura con un semplice architrave ligneo.

[Camere] Il loro numero dipendeva dalle dimensioni della famiglia, quando molto piccola, le camere erano solo al piano terra. Più probabile era invece una famiglia numerosa che richiedeva camere anche al primo piano. Preferibilmente il loro orientamento era verso sud per poter sfruttare al massimo i raggi del sole. Le dimensioni erano ridotte al minimo per dedicare maggior spazio al granaio dove però potevano anche dormire i componenti più piccoli della famiglia.

[Stalle] Si distinguevano in base agli animali ospitati che solitamente erano vacche da latte e buoi. In aggiunta qualche casa colonica poteva avere una seconda stalla per i cavalli. Altre piccole costruzioni, distaccate da quello principale, potevano ospitare i maiali, le pecore e altri piccoli animali. Le case coloniche più povere potevano anche non avere la stalla e limitarsi a piccoli animali da cortile come galline, oche, conigli. La stalla faceva parte del rustico e rappresentava sempre un monoblocco con il fienile o tesa sopra di essa. L'ingresso era solitamente da sud, spesso, ma non necessariamente, attraverso il portico. Le aperture erano decisamente più piccole rispetto alle finestre degli altri ambienti e specialmente verso nord la loro caratteristica forma rettangolare rendeva facilmente riconoscibili le stalle. All'interno gli animali erano disposti a pettine e rivolti verso il muro o i muri esterni dove c'era la mangiatoia. Al centro una canaletta faceva confluire i liquami nella poco distante concimaia dove veniva anche riposto il letame per poi essere reimpiegato come concime.

La stalla aveva spesso anche un'altra funzione di carattere sociale, essa ospitava il fiò o filò. Essendo essa l'ambiente "riscaldato" più ampio dell'edificio, permetteva un momento sociale a tutta la famiglia e vicini che si riunivano nelle serate invernali per parlare, raccontare storie e svolgere piccoli lavori manuali (E. Olmi, 1978).

[Fienile] Costituiva un tutt'uno con la stalla sopra alla quale era sempre posto. Dovendo il fienile custodire tutto il fieno necessario ad alimentare gli animali durante il periodo invernale, le sue dimensioni erano ragguardevoli. Solitamente era un unico ambiente dove il fieno veniva portato a braccia facendolo passare attraverso le grandi aperture sul lato sud. Per permettere poi una buona conservazione, senza farlo marcire, veniva sempre garantita una aerazione costante assicurata anche da piccole aperture sul fronte nord. Dal fienile il fieno veniva buttato nella stalla sottostante attraverso una semplice botola. Quando le dimensioni del fienile non erano sufficienti si realizzavano dei covoni a forma cilindrica nelle immediate vicinanze della stalla e a cui si attingeva nel corso dell'inverno. La loro struttura consisteva solo in un palo centrale, attorno a cui veniva compresso il foraggio, che sorreggeva una piccola copertura circolare in lamiera.

[Granaio] È l'equivalente del fienile però ad uso deposito di altre derrate; sempre posto sopra l'abitazione doveva custodire non solo il grano ma anche tutti i prodotti della campagna. Anche in questo caso l'aerazione era particolarmente importante per assicurare l'ottima conservazione dei prodotti. Al fine di avere pieno controllo di chi vi accedeva e anche di ripararli dai roditori, il piano più alto dell'edificio era quello che assicurava maggiori garanzie. Particolari espedienti erano poi impiegati per evitare l'attacco di roditori, di qui l'impiego di materiali difficilmente penetrabili dai roditori e anche la realizzazione di una fascia di intonaco a marmorino per evitare che i roditori potessero arrampicarsi sui muri. Nel granaio potevano essere associate altre attività come quella dell'allevamento dei bachi da seta.

[Cantina] Presente solo nelle aree di produzione di vino, doveva essere l'ambiente più fresco dell'edificio perciò l'esposizione era rigorosamente a nord, il pavimento, solitamente in terra battuta o in tavelle, era a quota inferiore rispetto all'abitazione. Vi si contenevano le botti e tutta la strumentazione necessaria alla produzione del vino ma anche prodotti da conservare in luogo fresco quali salami e insaccati vari.

LA NON TUTELA DELLE CASE COLONICHE

Da quanto descritto sinora emerge chiaramente la rilevanza di un patrimonio edilizio così specifico proprio perché fortemente collegato a quello che era il paesaggio agrario. L'estrema specializzazione degli edifici, collegata all'uso e al contesto territoriale, ha portato alla realizzazione di quanto documentato sinora. Purtroppo la storia della tutela, seppur estremamente lunga rispetto a molti altri paesi, non ha saputo comprenderne il valore per tempo nonostante l'allarme lanciato da qualche studioso. Mentre edifici più monumentali, quali possono essere le ville palladiane, sono stati tutelati e ne è stata garantita la conservazione, spesso con attenti restauri, l'architettura minore che comprende anche le case coloniche non ha avuto l'attenzione e lo spazio che meritava. Il risultato è stato di una grande perdita di questo variegato patrimonio con la scomparsa degli edifici più fragili, quali i casoni, o con ristrutturazioni irrispettose per l'antico manufatto. Il fenomeno dei casoni, vista la loro scomparsa, è forse quello più significativo; il loro numero agli inizi del '900 era ancora estremamente alto, a titolo esemplificativo nella provincia di Padova vi erano 2328 casoni che nel 1940 divengono 2122. Sennonché i cambiamenti socio-economici nonché i regolamenti di igiene ne hanno condannato il destino. Dati (incompleti) del 1959 riportano 181 casoni nel piovese mentre a fine anni '70 il numero totale in tutta la provincia di Padova si riduce a solo 10 unità (Tieto, p. 70-79).

Oggi, nonostante i casoni siano pressoché scomparsi, rimangono ancora limitati esempi di case coloniche dove l'utilizzo originario è ancora in corso. In tal caso sorge un problema diverso dato dalle nuove tecniche di lavorazione, dall'uso di mezzi agricoli ma anche dal diverso stile di vita (**figg.38-41**). Tutto ciò porta comunque ad uno stravolgimento se non altro degli innumerevoli satelliti che ruotavano attorno alla casa rurale ed erano costituiti dal pozzo, dalla colombaia, dal pagliaio che ormai è divenuto elemento introvabile nelle campagne venete. Tutto ciò potrebbe aprire la strada alla semplice rassegnazione ed accettazione del cambiamento dei tempi. Un simile approccio porterebbe però alla totale scomparsa delle ultime testimonianze architettoniche. Urge quindi la necessità di una rivalutazione della casa colonica come testimonianza della microstoria locale. Una rivalutazione impostata sulla sensibilizzazione degli elementi più caratteristici delle singole realtà ma anche incentivi per una corretta conservazione di quel poco che è ancora rimasto.

Bibliografia

M. Berengo, L'agricoltura veneta dalla caduta della repubblica all'unità, Milano, 1963
L. Candida, La casa rurale nella pianura e nella collina veneta, Olschki ed, Firenze, 1959
L. Gemin, Documenti di architettura rurale nella marca trevigiana, Acelum ed., Asolo, 1989
I. Marangon, Architetture venete, RG editore, Treviso, 2013
E. Olmi, L'albero degli zoccoli, 1978 (film)
G. Pietra "Mentre stanno scomparendo gli ultimi casoni dell'agro padovano" in "Atti e Memorie della R. Accademia di Scienze lettere ed arti in Padova". LVI (1939-40) pp. 58-76.
P. Tieto, I casoni veneti, Panda ed., Padova, 1979

Immagini

Fig. 22 - Testimonianza dei casoni con tetto in paglia (G. Bellini 1426?-1516, Allegoria sacra, particolare, Galleria degli Uffizi di Firenze)

Fig. 23 - Nel '500 la paglia sembra ancora largamente usata anche per casoni in muratura (Jacopo da Ponte 1515-1592, Estate, particolare, Kunsthistorisches Museum, Vienna)

Fig. 24 - Principali schemi organizzativi: i) forme a elementi giustapposti, ii) forme a elementi separati, iii) forme complesse, iv) forme a elementi sovrapposti.

Fig. 25 - Un casone i cui muri perimetrali sono stati ricostruiti in mattoni, probabilmente dopo la prima edificazione del caminetto.

Fig. 26 - Un casone con caminetto alla vallesana nel comune di Treporti.

Fig. 27 - Schema distributivo del portico negli edifici a elementi giustapposti

Figg. 28-29 Schemi planimetrici di case coloniche reperite da fonti bibliografiche e documenti d'archivio (legenda: G- forme a elementi giustapposti, I- forme a elementi separati, M- forme complesse, uso: 1- cucina, 2- camera, 3- portico, 4- cantina, 5- stalla, 6- granaio/fienile, 7- tinello)

Fig. 30 -Proprietà Costa Malla a Quinto di Treviso, 1795 (ASTV, CRS S. Paolo B58, Fig. 1)

Fig. 31 -Grafici della distribuzione uso suolo e della ripartizione tra spazio abitativo e quello dedicato alle attività agrarie

Fig. 32 -Proprietà fratelli Angelo e Mattio presso Morgan, 1791 (ASTV, CRS S. Paolo B58, Fig. 59)

Fig. 33 -Grafici della distribuzione uso suolo e della ripartizione tra spazio abitativo e quello dedicato alle attività agrarie

Fig. 34 -Proprietà di Santo Caunio, 1791 (ASTV, CRS S. Paolo B58, Fig. 62)

Fig. 35 -Grafici della distribuzione uso suolo e della ripartizione tra spazio abitativo e quello dedicato alle attività agrarie

Fig. 36 -Casa colonica e relativa proprietà presso Roncade, 1794 (ASTV, CRS S. Paolo B58, Fig. 60)

Fig. 37 -Grafici della distribuzione uso suolo e della ripartizione tra spazio abitativo e quello dedicato alle attività agrarie

Figg. 38-40 -Casa colonica a elementi giustapposti in località Portegrandi

Fig. 41 -Casa colonica a elementi giustapposti nei pressi di Gambarare

Appendix
LE TRASFORMAZIONI DEL PAESAGGIO AGRARIO DEL SILE [pp.194-208]

Matteo Dario Paolucci

Il Sile è un fiume alquanto particolare sia perché esso non nasce in area montana ma bensì dalle risorgive di pianura, sia perché il suo corso è molto breve, con uno sviluppo lineare che raggiunge appena i 90 km. Nonostante ciò il paesaggio agrario da esso attraversato presenta numerose diversità e peculiarità tali per cui le trasformazioni antropiche degli ultimi due secoli hanno portato alla definizione di alcuni ambiti paesaggistici diversi fra loro. La presente analisi cerca quindi di individuare e riassumere tali ambiti studiandone l'evoluzione storica attraverso le trasformazioni dell'uso del suolo al fine di comprendere le dinamiche di formazione ed anche le tendenze in atto, nonché il rapporto che tale territorio aveva con il fiume.

L'importanza dell'uso suolo risiede nel fatto che a determinati usi corrispondono precise forme di paesaggio agrario che avevano una grandissima influenza nel disegno del paesaggio storico, almeno fino a quando la componente antropica del costruito era minima. Da determinati usi del suolo possiamo quindi comprendere com'era il paesaggio storico e ricostruirne l'immagine. Destinazioni come quella dell'arativo arborato vitato rappresentano significativamente come il paesaggio storico fosse complesso ed estremamente vario: tale destinazione d'uso in realtà ne associa almeno tre all' interno dello stesso appezzamento di terreno. In tali situazioni anche la ricchezza visiva ma anche ecologica del paesaggio è decisamente maggiore.

Il metodo

Tenendo conto delle trasformazioni storiche e di quanto è ancora leggibile sul territorio sono stati individuati quattro ambiti paesaggistici (**fig. 255**), in base alla organizzazione spaziale degli appezzamenti. Successivamente, per poter studiare in modo più approfondito tali ambiti sono state considerate delle aree campione costituite da quattro sezioni territoriali di circa 800 ettari ciascuna. Ogni sezione taglia ortogonalmente il corso del fiume Sile e analiza il territorio ad esso adiacente sviluppandosi all'interno per circa 4 km su entrambi i lati (**figg.256, 257**). Per ogni sezione territoriale sono poi stati trasferiti i dati relativi all'uso del suolo ricavabile dalla cartografia storica di maggior omogeneità e facile reperibilità. La fonte storica più antica è la Kriegskarte (1798-1805) di Anton von Zach (**fig.256-A**) che, realizzata per fini militari, porta ad una definizione dell'uso suolo a scala non troppo approfondita, per tale motivo anche per la data successiva, ossia il 1887, si sono prese in considerazione le tavolette I.G.M. della prima levata (**fig.256-B**) che presentano circa la stessa quantità di informazioni. Il terzo ed ultimo stadio temporale riguarda lo stato di fatto che è stato ricavato da foto satellitari (**fig.256-C**). Per ciascuna fonte sono state realizzate delle mappe uso suolo (**figg.258, 264, 267, 270**) al fine di comprendere le trasformazioni occorse in poco più di due secoli e poter verificare quanto sia cambiato il paesaggio, specialmente in funzione della relazione fiume-territorio.

Primo ambito

Il primo ambito (**fig.258**) è quello delle risorgive e del paesaggio agrario a maglia regolare osservabile, specialmente nella sua struttura otto e novecentesca, nell'area a ovest di Treviso dove erano situate le risorgive, i "fontanazzi", e l'area palustre di S. Cristina (**figg. 259-260**). Osservandone la struttura nelle mappe ottocentesche si nota una certa regolarità nella divisione dei vari appezzamenti che presentano dimensioni medio - piccole. Relativamente all'uso suolo si nota la diffusione pressoché totale dell'arativo arborato vitato nel corso di tutto l'ottocento (81.9% nel 1800), le restanti aree erano destinate a prativo o costituivano paludi. Gli edifici erano posizionati secondo due schemi: a insiemi di case in linea disposti lungo le strade principali o a edifici isolati, posti anch'essi lungo strade, però di minor importanza perché destinate più alla conduzione agraria. Dal punto di vista delle trasformazioni dell'uso suolo si può constatare come da una situazione di paesaggio complesso, quale è quello dell'arativo arborato vitato (**fig.261-C, 269**), si sia gradatamente arrivati a un paesaggio più uniforme dato dall'arativo semplice (**fig.272**). La tappa intermedia del 1887 (**fig.258-2**) segna infatti la graduale sostituzione con arativo arborato che diventerà nel '900 arativo semplice. Se infatti si somma il totale di tutti gli arativi si nota che esso non varia nel corso dell'800. È a seguito delle trasformazioni novecentesche che esso subisce una forte erosione sostanzialmente per opera delle aree edificate e delle cave (**fig.262**). La situazione odierna vede quindi un forte grado di trasformazione: oltre alla semplificazione del paesaggio agrario vi è uno stravolgimento del rapporto abitato-territorio poiché lungo le strade principali è sorta una fascia di edilizia diffusa senza soluzione di continuità che da un lato omogeneizza il paesaggio, dall'altro impedisce la percezione del paesaggio agrario circostante. Dell'arativo arborato vitato non si è conservato che qualche labile lacerto, rimane solo la presenza saltuaria di chiusure (**fig.263**) che, sebbene non documentabili nelle mappe storiche utilizzate, sembrano ricalcare divisioni o altre demarcazioni territoriali adottate da dette mappe.

Secondo ambito

Il secondo ambito (**fig.264**) è quello peri-urbano e urbano che attraversa il centro di Treviso, ovviamente già densamente edificato anche ai primi dell'800 quando però il confine tra ambito urbano ed extra-urbano era chiaramente leggibile. Fuori dalle mura urbane vi era subito la campagna con, come già visto, concentrazione di edifici in linea lungo le principali direttrici di traffico e pochi edifici isolati in mezzo ai campi. Rispetto alle altre tre aeree di studio qui la concentrazione di edifici extra moenia era decisamente superiore (7.7% contro il 4.8% o meno delle altre sezioni). A partire da fine '800 (**fig.264-2**) si nota l'espansione dell'edificato nella parte immediatamente a nord della città con una superficie che è già doppia rispetto a quasi un secolo prima. La situazione attuale (**fig.264-3**) segna la capitolazione del territorio rurale extra urbano con l'edificato che copre quasi il 70% dell'area di studio a discapito di tutte le colture agrarie e della fitta rete idrica. Per quanto riguarda il paesaggio agrario, la sua tessitura ai primi dell'800 era ancora caratterizzata da una maglia di appezzamenti a piccola scala e irregolari perché delimitati da una fitta rete di piccoli canali. L'uso suolo vedeva la prevalenza dell'arativo vitato (46.5%) e a seguire dell'arativo arborato vitato (28.7%) che rendevano il paesaggio estremamente variegato. A fine ottocento (**fig. 264-2**) la situazione non cambia di molto anche se inizia il processo di erosione, specialmente ai danni dell'arativo arborato vitato, da parte dell'edificato che si espande dal centro di Treviso. La situazione attuale (**fig. 264-3**) vede infine la trasformazione in arativo semplice (15.9%) delle aree ad arativo arborato vitato e arativo arborato, con il conseguente impoverimento del paesaggio agrario.

Di un certo interesse è la rete idrica che sembra avere nella città di Treviso il cuore pulsante; nonostante il Sile passi tangente alla città, molti altri affluenti vi confluiscono creando un ambiente estremamente ricco d'acqua (**figg. 265, 266**).

Terzo ambito

Il terzo ambito (**fig. 267**) è quello del paesaggio agrario a maglia irregolare e con appezzamenti di piccole e medie dimensioni (**figg. 257-C, 268**). La sezione territoriale interseca la frazione di Cendon, poco a sud di Casier. La forma e l'orientamento delle varie particelle, che sembrano non seguire una regola organizzatrice, è probabile frutto di una lunga serie di frazionamenti e riorganizzazioni. Anche in quest'area la prevalenza di terreni destinati ai seminativi è indubbia (75.8%), quello che la differenzia dagli altri casi è però la distribuzione interna all'arativo. Contrariamente da quanto accaduto finora la presenza di vigneti sembra essere più ridotta in quanto l'arativo arborato vitato (20.9%) è meno esteso dell'arativo arborato (35%) e si attesta sui valori dell'arativo semplice (19.9%) che è insolitamente esteso per essere ai primi dell'ottocento. La grande estensione del prativo (18.3%) poi fa supporre che la natura dei terreni in questione avesse caratteristiche ritenute poco adatte al vigneto. La situazione di specializzazione colturale si accentua a fine ottocento (**fig. 267-2**) con la diminuzione dell'arativo arborato vitato (14%) e del prativo (7.2%) e l'aumento sia dell'arativo arborato (49.4%) che di diverse colture singolarmente abbinate al vigneto quasi che la commistione di tre colture (arativo, arborato e vitato) non fosse sostenibile. La specializzazione delle colture si estremizza ulteriormente nella situazione attuale dove l'arativo semplice (61%) sostituisce tutti gli altri arativi promiscui, rimane solo una modestissima area ad arativo arborato vitato (0,5%). La viticoltura invece trova la sua nicchia (6.4%) come coltura specializzata in diverse zone della sezione segnando comunque un consistente calo nella superficie totale che, associata all'arativo, all'arativo arborato e all'arborato, copriva nell' 800 una superficie ben più estesa (21.8%) e dava un aspetto senz'altro più complesso al paesaggio rurale (**fig. 269**). Altra trasformazione di rilievo riguarda ancora una volta l'edificato, esso aumenta dal 2-3% nell'ottocento a quasi il 20% nel 2010. La distribuzione rispetta il modello già visto di sviluppo lungo le arterie principali su cui sorgono anche numerose aree destinate ad attività commerciali o industriali.

Quarto ambito

L'ultimo ambito è quello del paesaggio a maglia larga delle grandi bonifiche; la sezione territoriale (**fig.270**) attraversa il Sile in località Trepalade, poco a nord di Taglio di Sile ed è la più particolare delle quattro in quanto registra la grande trasformazione territoriale legata alle opere di bonifica (**figg.271-272**). La forma delle particelle è completamente diversa dai casi precedenti e denuncia la sua storia molto più breve. Tutti gli appezzamenti hanno dimensioni considerevoli e unico orientamento lungo l'asse nord-est sud-ovest. Per quanto riguarda l'uso suolo la fotografia ottenibile dalle mappe del Von Zach (**fig.270-1**) documenta che gran parte dell'area (59.2%) era occupata da paludi. Il restante era coperto dal sempre presente arativo arborato vitato (17%) e, insolitamente, da aree boschive (13.9%) il cui approfondimento potrebbe portare a scoperte di un certo interesse. Le successive bonifiche ottocentesche portano ad uno stravolgimento del paesaggio che da lagunare diviene più agrario (**fig.270-2**). Nel 1887 l'area, ancora in corso di bonifica, era solo del 13.7% mentre la composizione delle altre colture diviene estremamente eterogenea, praticamente tutti i tipi di coltura sono presenti con una leggera prevalenza dell'arativo semplice. Guardando alla situazione attuale (**fig.270-3**) si registra un ulteriore stravolgimento dell'uso suolo dato dall'espansione pressoché totale dell'arativo semplice (90%) a danno di tutte le altre colture ormai scomparse (**figg.273, 274**); il restante 10%, infatti, è in buona parte occupato dall'edificato (6.6%) che si concentra nuovamente lungo le principali direttrici di traffico stradale. Del bosco, la permanenza ottocentesca forse di maggiore interesse, rimane solo una modestissima parte (0.5%) localizzata nei pressi di Ca' Tron (**fig.275**),.

Relazione fiume territorio

Un ultimo aspetto di un certo interesse ai fini della ricerca riguarda il rapporto, esistito o esistente, tra fiume e territorio. Tale rapporto può essere affrontato sia dal punto di vista delle aree edificate che da quello delle coltivazioni. In merito al primo punto si può osservare come vi sia la tendenza dell'edificato a collocarsi in prossimità dei corsi d'acqua, non solo del Sile, ma anche di piccoli affluenti. Oltre alla maggior facilità di approvvigionamento idrico per scopi civili c'è anche da tener conto degli edifici industriali il cui numero era ragguardevole se paragonato a quello delle abitazioni. La concentrazione in prossimità del Sile varia comunque anche in funzione dell'area studiata: quella più a ovest vede una concentrazione minore dovuta forse al fatto che a ovest di Treviso il Sile non è navigabile. La terza sezione (**fig.267**), invece, è quella con la maggior concentrazione di edifici lungo il fiume, probabilmente per il fatto che la navigazione e tutte le attività ad essa correlate fungevano da accentratore economico e sociale. La seconda sezione (**fig.264**), quella che attraversa Treviso, ovviamente vede lo sviluppo della città in prossimità del fiume anche se non lo ingloba come comunemente avviene in molte altre città italiane. La ricchezza e l'approvvigionamento di acqua della città sono stati ottenuti in modo più semplice derivando l'acqua del Piave attraverso la Brentella e la Piovesella che entrano a nord della città. Anche l'ultima sezione territoriale (**fig.270**), quella più a est, vede la quasi totalità dei seppur pochi edifici svilupparsi lungo il fiume. Anche questo dato appare scontato in quanto la situazione ottocentesca offriva pochissime aree edificabili. Tale situazione rimane sostanzialmente invariata tra 1800 e 1887, mentre cambia profondamente nello stato di fatto che vede l'edificato, come anche gli edifici produttivi o commerciali, sparpagliarsi in modo quasi omogeneo sul territorio e con qualche preferenza per gli assi stradali principali dimenticando, in un certo senso, le vie d'acqua.

La relazione tra colture agrarie e fiume non sembra prediligere una coltura in particolare; fiumi e piccoli canali sono affiancati sia da aree a prativo che ad arativo arborato vitato o arativo semplice. La vicinanza all'acqua era dunque importante per qualunque delle colture elencate. Più importate doveva essere quindi la natura del suolo visto che di acqua nel territorio trevigiano non ce n'era mancanza. La situazione attuale è irrilevante ai fini del rapporto fiume-colture in quanto si assiste, nelle aree non costruite, ad un'unica estensione monoculturale di arativo semplice. Una differenza ancora leggibile tra le sezioni con paesaggio agrario tradizionale (**figg.258-267**) e quella con paesaggio agrario di bonifica (**fig.270**) è la presenza di fasce verdi (arborate o prative) a chiusura dei campi e lungo i corsi d'acqua, anche minori (**fig.276**) Esse, oltre che rappresentare una forma di paesaggio tradizionale, esistito fino alla prima metà del novecento, conferiscono anche una maggior ricchezza dal punto di vista ambientale in quanto le siepi, oltre all'aspetto visivo, hanno innumerevoli effetti positivi sia dal punto di vista della biodiversità che per le varie colture.

In conclusione le quattro sezioni territoriali nel corso degli ultimi due secoli hanno subito tutte trasformazioni tali per cui si conservavo labilissimi frammenti di paesaggio "storico". Le sezioni meno trasformate sono la prima (**fig.258**), con l'area della palude di S. Cristina, e la terza (**fig. 267**) con alcune aree di paesaggio in parte semplificato ma non ancora divenuto monocultura (**figg.277-278**). La quarta sezione, a causa delle numerose trasformazioni succedutesi nel tempo, conserva solo un frammento di quello che fu il bosco di Ca' Tron (**fig.275**) e il sedime di alcuni edifici isolati (case coloniche, mulini, locande, conche).

L'utilità e la potenzialità di studi simili si colloca nell'ambito di possibili azioni di valorizzazione e tutela del paesaggio storico, da concertare anche con un'attenta pianificazione. Dalla mappatura degli ambiti di paesaggio storico o tradizionale è possibile comprendere quali sono le aree dove esso è maggiormente conservato ma anche quelle a maggior rischio di trasformazione. Il passaggio successivo a questo primo studio, che rappresenta una sorta di campionatura su un'area limitata ma comunque significativa, dovrebbe essere un'analisi dell'intero territorio per poter identificare con sicurezza gli ultimi relitti di un paesaggio agrario che fu sia nella direzione di una possibile tutela che, laddove la situazione sia già compromessa, di una riprogettazione attenta anche alla storia del territorio.

Immagini

Fig. 255 Sviluppo della parte centrale del Sile con evidenziate le 4 sezioni o ambiti territoriali

Fig. 256 Mappatura uso suolo dalle tre fonti impiegate, Anton von Zach, I.G.M., foto satellitari

Fig. 257 Dettaglio dei quattro ambiti paesaggistici individuati: i) a maglia regolare, ii) del costruito, iii) a maglia irregolare e con appezzamenti di piccole e medie dimensioni, iv) paesaggio delle bonifiche

Fig. 258 Prima sezione territoriale con relativi grafici della distribuzione uso suolo

Figg. 259-260 L'oasi di Cervara costituisce un relitto paesaggistico documentato in tutta la cartografia storica impiegata

Fig. 261 Ricostruzione di alcune colture promiscue: A- prativo vitato, B- Prativo vitato arborato, C- arativo arborato vitato. In B e C gli alberi fungono da tutori per le viti. Come nella ricostruzione, solitamente il campo era circondato da una siepe arboreo arbustiva

Fig. 262 Le ex cave di ghiaia, ora divenute dei bacini artificiali, sono un elemento frequente nelle sezioni 1 e 2

Fig. 263 Le chiusure sono la forma di paesaggio agrario tradizionale più ricorrente nella sezione num. 1

Fig. 264 Seconda sezione territoriale con relativi grafici della distribuzione uso suolo

Figg. 265-266 Il centro storico di Treviso caratterizzato da una fitta rete di canali

Fig. 267 Terza sezione territoriale riferita al 1800, 1870 e 2010 con relativi grafici della distribuzione uso suolo

Fig. 268 Appezzamenti di medie dimensioni, spesso circondati da siepi, sono la forma più frequente nella sezione num. 3

Fig. 269 Paesaggio agrario nei pressi di Casale sul Sile in una foto d'epoca (collezione Stefanato) dove si scorgono ancora forme di conduzione agraria tradizionale (arativo arborato vitato)

Fig. 270 Quarta sezione territoriale riferita al 1800, 1870 e 2010 con relativi grafici della distribuzione uso suolo

Fig. 271 L'ambito delle bonifiche è caratterizzato, oltre che da estensioni monocolturali, anche da una maglia molto regolare del territorio

Fig. 272 Le bonifiche novecentesche hanno portato a un paesaggio agrario caratterizzato da grandi estensioni monocolturali (arativo semplice)

Fig. 273 Una delle pochissime permanenze architettoniche all'interno della sezione num. 4, ora azienda agricola con 170 ettari a seminativo e pascolo.

Fig. 274 Terreni ad arativo arborato vitato sono stati destinati, a partire dal XX secolo, all'allevamento.

Fig. 275 L'unica permanenza, di una certa estensione, all'interno della sezione num. 4 è costituita da quest'area a bosco.

Fig. 276 La forma più irregolare degli appezzamenti della sezione 1 è sottolineata anche dai corsi d'acqua che, contrariamente a quanto avviene nella parte sud del Sile, hanno andamento curvilinee.

Fig. 277 Aree destinate ad arativo arborato vitato sono state completamente rettificate e trasformate in monoculture estensive (sezione num. 4).

Fig. 278 Permanenze di arativo arborato vitato nella sezione num. 3